“十三五”
国家重点图书

新型城镇化　规划与设计丛书

新型城镇住宅小区规划

骆中钊　方朝晖　杨锦河　等编著

U0286959

化学工业出版社

·北京·

本书是《新型城镇化　规划与设计丛书》中的一个分册，书中扼要地介绍了城镇住宅小区的演变和发展趋向，综述了将优秀传统融于自然的聚落布局意境的意义；分章详细地阐明了城镇住宅小区的规划原则和指导思想、城镇住宅小区住宅用地的规划布局、城镇公共服务设施的规划布局、城镇住宅小区道路交通规划和城镇住宅小区绿化景观设计；特辟专章探述了城镇生态住宅小区的规划与设计。精选历史文化名镇中的住宅小区、城镇小康住宅小区和福建省村镇住宅小区规划实例以及住宅小区规划设计范例进行介绍，以便于广大读者阅读参考。

　　本书内容丰富、观念新颖，具有通俗易懂和实用性、文化性、可读性强的特点，可供从事城镇建设规划设计和管理的建筑师、规划师和管理人员参考，也可供高等学校相关专业师生教学参考，还可作为城镇建设的管理人员的培训教材。

图书在版编目（CIP）数据

新型城镇住宅小区规划/骆中钊等编著. —北京：化
学工业出版社，2017.3（2018.9重印）
新型城镇化　规划与设计丛书
ISBN 978-7-122-24778-0

Ⅰ.①新…　Ⅱ.①骆…　Ⅲ.①居住区-城市规划　Ⅳ.①TU984.12

中国版本图书馆 CIP 数据核字（2015）第 181333 号

责任编辑：刘兴春　卢萌萌　　　　　　　　装帧设计：史利平
责任校对：宋　夏

出版发行：化学工业出版社（北京市东城区青年湖南街 13 号　邮政编码 100011）
印　　装：北京虎彩文化传播有限公司
787mm×1092mm　1/16　印张 27¾　字数 681 千字　　2018 年 9 月北京第 1 版第 2 次印刷

购书咨询：010-64518888　　　　　　售后服务：010-64518899
网　　址：http://www.cip.com.cn
凡购买本书，如有缺损质量问题，本社销售中心负责调换。

定　　价：98.00 元　　　　　　　　　　　　　　版权所有　违者必究

丛 书 前 言

从 20 世纪 80 年代费孝通提出"小城镇，大问题"到国家层面的"小城镇，大战略"，尤其是改革开放以来，以专业镇、重点镇、中心镇等为主要表现形式的特色镇，其发展壮大、联城进村，越来越成为做强镇域经济，壮大县区域经济，建设社会主义新农村，推动工业化、信息化、城镇化、农业现代化同步发展的重要力量。特色镇是大中小城市和小城镇协调发展的重要核心，对联城进村起着重要作用，是城市发展的重要梯度增长空间，是小城镇发展最显活力与竞争力的表现形态，是以"万镇千城"为主要内容的新型城镇化发展的关键节点，已成为城镇经济最具代表性的核心竞争力，是我国数万个镇形成县区城经济增长的最佳平台。特色与创新是新型城镇可持续发展的核心动力，生态文明、科学发展是中国新型城镇永恒的主题。发展中国新型城镇化是坚持和发展中国特色社会主义的具体实践。建设美丽新型城镇是推进城镇化、推动城乡发展一体化的重要载体与平台，是丰富美丽中国内涵的重要内容，是实现"中国梦"的基础元素。新型城镇的建设与发展，对于积极扩大国内有效需求，大力发展服务业，开发和培育信息消费、医疗、养老、文化等新的消费热点，增强消费的拉动作用，夯实农业基础，着力保障和改善民生，深化改革开放等方面，都会产生现实的积极意义。而对新型城镇的发展规律、建设路径等展开学术探讨与研究，必将对解决城镇发展的模式转变、建设新型城镇化、打造中国经济的升级版，起着实践、探索、提升、影响的重大作用。

随着社会进步和经济发展，城镇规模不断扩大，城镇化进程日益加快。党的十五届三中全会明确提出："发展小城镇，是带动农村经济和社会发展的一个大战略"。党的十六届五中全会通过的《中共中央关于制定国民经济和社会发展第十一个五年规划的建议》中明确提出了建设社会主义新农村的重大历史任务。2012 年 11 月党的十八大第一次明确提出了"新型城镇化"概念，新型城镇化是以城乡统筹、城乡一体、产城互动、节约集约、生态宜居、和谐发展为基本特征的城镇化，是大中小城市、小城镇、新型农村社区协调发展、互促共进的城镇化。2013 年党的十八届三中全会则进一步阐明新型城镇化的内涵和目标，即"坚持走中国特色新型城镇化道路，推进以人为核心的城镇化，推动大中小城市和小城镇协调发展"。稳步推进新型城镇化建设，实现新型城镇的可持续发展，其社会经济发展必须要与自然生态环境相协调，必须重视新型城镇的环境保护工作。

中共十八大明确提出坚持走中国特色的新型工业化、信息化、城镇化、农业现代化道路，推动信息化和工业化的深度融合、工业化和城镇化的良性互动、城镇化和农业现代化的相互协调，促进工业化、信息化、城镇化、农业现代化同步发展。以改善需求结构、优化结构、促进区域协调发展、推进城镇化为重点，科学规划城市群规模和布局，增强中小城市和小城镇产业发展、公共服务、吸纳就业、人口集聚功能，推动城乡发展一体化。

城镇化对任何国家来说，都是实现现代化进程中不可跨越的环节，没有城镇化就不可能有现代化。城镇化水平是一个国家或地区经济发展的重要标志，也是衡量一个国家或地区社会组织强度和管理水平的标志，城镇化综合体现一国或地区的发展水平。

十八届三中全会审议通过的《中共中央关于全面深化改革若干重大问题的决定》中，明确提出完善城镇化体制机制，坚持走中国特色新型城镇化道路，推进以人为核心的城镇化，成为中国新一轮持续发展的新形势下全面深化改革的纲领性文件。发展中国新型城镇也是全面深化改革不可缺少的内容之一。正如习近平同志所指出的"当前城镇化的重点应该放在使中小城市、小城镇得到良性的、健康的、较快的发展上"，由"小城镇，大战略"到"新型城镇化"，发展中国新型城镇是坚持和发展中国特色社会主义的具体实践，中国新型城镇的发展已成为推动中国特色的新型工业化、信息化、城镇化、农业现代化同步发展的核心力量之一。建设美丽新型城镇是推动城镇化、推动城乡一体化的重要载体与平台，是丰富美丽中国内涵的重要内容，是实现"中国梦"的基础元素。实现中国梦，需要走中国道路、弘扬中国精神、凝聚中国力量，更需要中国行动与中国实践。建设、发展中国新型城镇，就是实现中国梦最直接的中国行动与中国实践。

2013年12月12～13日，中央城镇化工作会议在北京举行。在本次会议上，中央对新型城镇化工作方向和内容做了很大调整，在城镇化的核心目标、主要任务、实现路径、城镇化特色、城镇体系布局、空间规划等多个方面，都有很多新的提法。新型城镇化成为未来我国城镇化发展的主要方向和战略。

新型城镇化指农村人口不断向城镇转移，第二、第三产业不断向城镇聚集，从而使城镇数量增加、城镇规模扩大的一种历史过程，它主要表现为随着一个国家或地区社会生产力的发展、科学技术的进步以及产业结构的调整，其农村人口居住地点向城镇的迁移和农村劳动力从事职业向城镇第二、第三产业的转移。城镇化的过程也是各个国家在实现工业化、现代化过程中所经历社会变迁的一种反映。新型城镇化的核心在于不以牺牲农业和粮食、生态和环境为代价，着眼农民，涵盖农村，实现城乡基础设施一体化和公共服务均等化，促进经济社会发展，实现共同富裕。

2015年12月20～21日，中央城市工作会议提出：要提升规划水平，增强城市规划的科学性和权威性，促进"多规合一"，全面开展城市设计，完善新时期建筑方针，科学谋划城市"成长坐标"。2016年2月21日，新华社发布了与中央城市工作会议配套文件《中共中央 国务院关于进一步加强城市规划建设管理工作的若干意见》，在第三节以"塑造城市特色风貌"为题目，提出了"提高城市设计水平、加强建筑设计管理、保护历史文化风貌"三条内容，其中关于提高城市设计水平提出"城市设计是落实城市规划、指导建筑设计、塑造城市特色风貌的有效手段。"

在化学工业出版社支持下，特组织专家、学者编写了《新型城镇化 规划与设计丛书》（共6个分册）。丛书的编写坚持3个原则。

（1）弘扬传统文化 中华文明是世界四大文明中唯一没有中断而且至今依然生机勃勃的人类文明，是中华民族的精神纽带和凝聚力所在。中华文化中的"天人合一"思想，是最传统的生态哲学思想。丛书各分册开篇都优先介绍了我国优秀传统建筑文化中的精华，并以科学历史的态度和辩证唯物主义的观点来认识和对待，取其精华，去其糟粕，运用到城镇生态建设中。

（2）突出实用技术 城镇化涉及广大人民群众的切身利益，城镇规划和建设必须让群众得到好处，才能得以顺利实施。丛书各分册注重实用技术的筛选和介绍，力争通过简单的理论介绍说明原理，通过详实的案例和分析指导城镇的规划和建设。

（3）注重文化创意 随着城镇化建设的突飞猛进，我国不少城镇建设不约而同地大拆大建，缺乏对自然历史文化遗产的保护，形成"千城一面"的局面。但我国幅员辽阔，区域气候、地形、资源、文化乃至传统差异大，社会经济发展不平衡，城镇化建设必须因地制宜，分类实施。丛书各分册注重城镇建设中的区域差异，突出因地制宜原则，充分运用当地的资源、风俗、传统文化等，给出不同的建设规划与设计实用技术。

发展新型城镇化是面向 21 世纪国家的重要发展战略，要建设好城镇，规划是龙头。城镇规划涉及政治、经济、文化、建筑、技术、艺术、生态、环境和管理等诸多领域，是一个正在发展的综合性、实践性很强的学科。建设管理即是规划编制、设计、审批、建设及经营等管理的统称，是城镇建设全过程顺利实施的有效保证。新型城镇化建设目标要清晰、特色要突出，这就要求规划观念要新、起点要高。在《新型城镇建设总体规划》中，提出了繁荣新农村，积极推进新型城镇化建设；系统地阐述了城镇与城镇规划、城镇镇域体系规划、城镇建设规划的各项规划的基本原理、原则、依据和内容；针对当前城镇建设中亟待解决的问题特辟专章对城镇的城市设计规划、历史文化名镇（村）的保护与发展规划以及城镇特色风貌规划进行探讨，并介绍了城镇建设管理。同时还编入规划案例。

住宅是人类赖以生存的基本条件之一，住宅必然成为一个人类关心的永恒话题。城镇有着规模小、贴近自然、人际关系密切、传统文化深厚的特点，使得城镇居民对住宅的要求是一般的城市住宅远不能满足的，也是城市住宅所不能替代的。新型城镇化建设目标要清晰、特色要突出，这就要求城镇住宅的建筑设计观念要新、起点要高。《新型城镇住宅建筑设计》一书，在分析城镇住宅的建设概况和发展趋向中，重点阐明了弘扬中华建筑家居环境文化的重要意义；深入地对城镇住宅的设计理念、城镇住宅的分类和城镇住宅的建筑设计进行了系统的探索；编入城镇住宅的生态设计，并特辟专章介绍城镇低层、多层、中高层、高层住宅的设计实例。

住宅小区规划是城镇详细规划的主要组成部分，是实现城镇总体规划的重要步骤。现在人们已经开始追求适应小康生活的居住水平，这不仅要求住宅的建设必须适应可持续发展的需要，同时还要求必须具备与其相配套的居住环境，城镇的住宅建设必然趋向于小区开放化。在《新型城镇住宅小区规划》中，扼要地介绍了城镇住宅小区的演变和发展趋向，综述了弘扬优秀传统融于自然的聚落布局意境的意义；分章详细地阐明了城镇住宅小区的规划原则和指导思想、城镇住宅小区住宅用地的规划布局、城镇公共服务设施的规划布局、城镇住宅小区道路交通规划和城镇住宅小区绿化景观设计；特辟专章探述了城镇生态住区的规划与设计，并精选历史文化名镇中的住宅小区、城镇小康住宅小区和福建省村镇住宅小区规划实例以及住宅小区规划设计范例进行介绍。

城镇的街道和广场，作为最能直接展现新型城镇化特色风貌的具体形象，在城镇建设的规划设计中必须引起足够的重视，不但要使各项设施布局合理，为居民创造方便、合理的生产、生活条件，同时亦应使它具有优美的景观，给人们提供整洁、文明、舒适的居住环境。在《新型城镇街道广场设计》中，试图针对城镇街道和广场设计的理念和方法进行探讨，以期能够对新型城镇化建设中的街道和广场设计有所帮助。书中阐述了我国传统聚落街道和广场的历史演变和作用，分析了传统聚落街道和广场的空间特点；在剖析当代城镇街道和广场的发展现状和主要问题的基础上，结合当代城镇环境空间设计的相关理论，提出了现代城镇街道和广场的设计理念；分别对城镇的街道和广场设计进行了系统阐述，分析了城镇街道和广场的功能和作用，街道和广场设计的影响因素以及相应的设计要点；针对我国城镇中的历史文化街区的保护与发展做了深入的探讨，以引导传统城镇在新型城镇化建设中进行较为合理地保护与更新；同时分类对城镇街道和广场环境设施设计做了介绍。为了方便读者参考，还分别编入历史文化街区保护、城镇广场和城镇街道道路设计实例。

城镇园林景观建设是营造优美舒适的生活环境和特色的重要途径。城镇园林景观是农村与城市景观的过渡与纽带，城镇的园林景观建设必须与住区、住宅、街道、广场、公共建筑和生产性建筑的建设紧密配合，形成统一和谐、各具特色的城镇风貌。做好城镇园林景观建设是社会进步的展现，是城镇统筹发展的需要，是城市人回归自然的追崇，是广大群众的强烈愿望。在《新型城镇园林景观设计》中，系统地介绍了城镇园林景观建设的特点及发展趋势；阐述了世界园林景观探异；探述了传统聚落乡村园林的弘扬与发展；深入地分析了城镇园林景观设计的指导思想与设计原则、提出了城镇园林景观设计的主要模式和设计要素；着重地探析了城镇园林景观中住宅小区、道路、街旁绿地、水系、山地等与自然景观紧密结合的城镇园林景观的设计方法与设计要点以及城镇园林景观建设的管理；并分章推荐了一些规划设计实例。

新型城镇生态环境保护是城镇可持续发展的前提条件和重要保障。因此，在城镇建设规划中，应充分利用环境要素和资源循环利用规律，科学设计水资源保护、能源利用、交通、建筑、景观和固废处置的基础设施，力求城镇生态环境建设做到科学和自然人文特色的完整结合。在《新型城镇生态环保设计》中，明确了城镇的定义和范围，介绍了国内外的城镇生态环保建设概况；分章阐述了城镇生态建设的理论基础、城镇生态功能区划、可持续生态城镇的指标体系和城镇生态环境建设；系统探述了城镇环境保护规划与环境基础设施建设、城镇水资源保护与合理利用以及城镇能源系统规划与建设。该书亮点在于，从实用技术角度出发，以理论结合生动的实例，集中介绍了城镇化建设过程中，如何从水、能源、交通、建筑、景观和固废处置等具体环节实现污染防治和资源高效利用的双赢目标，从而保证新型城镇化建设的可持续发展。

《新型城镇化　规划与设计丛书》的编写，得到很多领导、专家、学者的关心和指导，借此特致以衷心的感谢！

《新型城镇化　规划与设计丛书》编委会

2016 年夏于北京

前言 FOREWORD

改革开放 30 多年，是我国城镇发展和建设最快的时期，特别是在沿海较发达地区，星罗棋布的城镇生气勃勃，如雨后春笋，迅速成长，向世人充分展示着其拉动农村经济社会发展的巨大力量。

要建设好城镇，规划是龙头。搞好城镇的规划设计是促进城镇健康发展的保证，这对推动城乡统筹发展，加快我国的新型城镇化进程，缩小城乡差别、扩大内需、拉动国民经济持续增长都发挥着极其重要的作用。

住宅小区规划是城镇详细规划的主要组成部分，是实现城镇总体规划的重要步骤。现在人们已经开始追求适应小康生活的居住水平，这不仅要求住宅的建设必须适应可持续发展的需要，同时还要求必须具备与其相配套的居住环境，城镇的住宅建设必然趋向于小区化。改革开放以来，经过众多专家、学者和社会各界的努力，城市住宅小区的规划设计和研究工作取得很多可喜的成果，为促进我国的城市住宅小区建设发挥了极为积极的作用。城镇住宅小区与城市住宅小区虽然同是住宅小区，有着很多的共性，但在实质上，还是有着不少的差异，具有特殊性。在过去相当长的一段时间里，由于对城镇住宅小区规划设计的特点缺乏深入研究，导致城镇住宅小区建设生硬地套用一般城市住宅小区规划设计的理念和方法，采用简单化和小型化了的城市住宅小区规划。甚至将城市住宅小区由于种种原因难能避免的远离自然、人际关系冷漠也带到城镇住宅小区，使得介于城市与乡村之间、处于广阔乡村包围之中的城镇，自然环境贴近、人际关系密切、传统文化深厚的特征遭受到严重的摧残，使得"国际化"和"现代化"对中华民族优秀传统文化的冲击也波及至广泛的城镇。导致很多城镇丧失了独具的中国特色和地方风貌，破坏了生态环境，严重地影响到人们的生活，阻挠了城镇的经济发展。

十八届三中全会审议通过的《中共中央关于全面深化改革若干重大问题的决定》中，明确提出完善新型城镇化体制机制，坚持走中国特色新型城镇化道路，推进以人为核心的新型城镇化。2013 年 12 月 12 日至 13 日，中央城镇化工作会议在北京举行。在本次会议上，中央对新型城镇化工作方向和内容做了很大调整，在新型城镇化的核心目标、主要任务、实现路径、新型城镇化特色、城镇体系布局、空间规划等多个方面，都有很多新的提法。新型城镇化成为未来我国城镇化发展的主要方向和战略。

新型城镇化指农村人口不断向城镇转移，第二、第三产业不断向城镇聚集，从而使城镇数量增加，城镇规模扩大的一种历史过程，它主要表现为随着一个国家或地区社会生产力的发展、科学技术的进步以及产业结构的调整，其农村人口居住地点向城镇的迁移和农村劳动力从事职业向城镇第二、第三产业的转移。城镇化的过程也是各个国家在实现工业化、现代化过程中所经历社会变迁的一种反映。新型城镇化则是以城乡统筹、城乡一体、产城互动、节约集约、生态宜居、和谐发展为基本特征的城镇化，是大中小城市、城镇、新型农村社区协调发展、互促共进的城镇化。新型城镇化的核心在于不以牺牲农业和粮食、生态和环境为代价，着眼农民，涵盖农村，实现城乡基础设施一体化和公共服务均等化，促进经济社会发展，实现共同富裕。

现在，正当处于我国新型城镇化又一个发展历史时期的城镇将会加快发展。东部沿海较为发达地区，中西部地区的城镇也将迅速发展。这就要求我们必须认真总结经验和教训。充分利用城镇比起城市，有着环境优美贴近自然、乡土文化丰富多彩、民情风俗淳朴真诚、传统风貌鲜明独特以及依然保留着人与自然、人与人、人与社会和谐融合的特点。努力弘扬优秀传统建筑文化，借鉴我国传统民居聚落的布局，讲究"境态的藏风聚气，形态的礼乐秩序，势态和形态并重，动态和静态互释，心态的厌胜辟邪等"。十分重视人与自然的协调，强调人与自然融为一体的"天人合一"。在处理居住环境和自然环境的关系时，注意巧妙地利用自然来形成"天趣"。对外相对封闭，内部却极富亲和力和凝聚力，以适应人的居住、生活、生存、发展的物质和心理需求。因此，新型城镇化住宅小区的规划设计应立足于满足城镇居民当代并可持续发展的物质和精神生活的需求，融入地理气候条件、文化传统及风俗习惯等，体现地方特色和传统风貌，以精心规划设计为手段，努力营造融于自然、环境优美、颇具人性化和各具独特风貌的城镇住宅小区。

通过对实践案例的总结，特将对城镇住宅小区规划设计的认识和理解整理成书，旨在抛砖引玉。

住宅小区规划是城镇详细规划的主要组成部分，是实现城镇总体规划的重要步骤。现在人们已经开始追求适应小康生活的居住水平，这不仅要求住宅的建设必须适应可持续发展的需要，同时还要求必须具备与其相配套的居住环境，城镇的住宅建设必然趋向于小区化。

本书是《新型城镇化 规划与设计丛书》中的一册，书中扼要地介绍了城镇住宅小区的演变和发展趋向，综述了弘扬优秀传统融于自然的聚落布局意境的意义；分章详细地阐明了城镇住宅小区的规划原则和指导思想、城镇住宅小区住宅用地的规划布局、城镇公共服务设施的规划布局、城镇住宅小区道路交通规划和城镇住宅小区绿化景观设计；特辟专章探述了城镇生态住宅小区的规划与设计。精选历史文化名镇中的住宅小区、城镇小康住宅小区和福建省村镇住宅小区规划实例以及住宅小区规划设计范例进行介绍，以便于广大读者阅读参考。书中内容丰富、观念新颖，具有通俗易懂和实用性、文化性、可读性强的特点，是一本较为全面、系统地介绍新型城镇化住宅小区规划设计和建设管理的专业性实用读物。可供从事城镇建设规划设计和管理的建筑师、规划师和管理人员工作中参考，也可供大专院校相关专业师生教学参考。还可作为对从事城镇建设的管理人员进行培训的教材。

本书在编著中得到许多领导、专家、学者的指导和支持；引用了许多专家、学者的专著、论文和资料；李松梅、刘蔚、刘静、张志兴、骆毅、黄山、庄耿、柳碧波、王倩等参加资料的整理和编纂工作，借此一并致以衷心的感谢。

限于水平，书中不足之处，敬请广大读者批评指正。

骆中钊

2016年夏于北京什刹海畔滋善轩乡魂建筑研究学社

目录
CONTENTS

❺ 城镇住宅小区公共服务设施的规划布局 92

6　城镇住宅小区道路交通规划　117

7　城镇住宅小区绿化景观规划设计　171

1 城镇住宅小区的演变和发展趋向

1.1 相关概念界定

1.1.1 城镇

随着社会经济的快速发展，中国城镇化进程有着不可阻挡的迅猛之势，在这过程中很多的专家学者开始更多地关注城镇建设的相关研究，因而城镇成为了使用频率较高的名词之一，然而对于城镇的概念界定还没有一个统一的规范标准，无论是理论工作者还是实际工作者，他们站在不同的角度对城镇的概念存在很多不同的看法和建议。

有的学者认为城镇的范畴可以包括规模较小的城市和建制镇，从人数规模来说，可囊括人口小于 20 万的小城市，或者一些县级市；有的学者还把几千人的农村集镇也称为城镇；还有的将一些特大城市周围人口多达 20 万～30 万人的卫星城称为城镇。

如果将城镇按狭义和广义的概念进行区分，狭义上的城镇是指除设市以外的建制镇，包括县城。这一概念较符合《中华人民共和国城市规划法》的法定含义。建制镇是农村一定区域内政治、经济、文化和生活服务的中心。1984 年国务院转批的民政部《关于调整建制镇标准的报告》中关于设镇的规定调整如下：a. 凡县级地方国家机关所在地，均应设置镇的建制；b. 总人口在 2 万以下的乡，乡政府驻地非农业人口超过 20％的，可以建镇；总人口在 2 万以上的乡、乡政府驻地非农业人口占全乡人口 10％以上的亦可建镇；c. 少数民族地区，人口稀少的边远地区，山区和小型工矿区，小港口，风景旅游，边境口岸等地，非农业人口虽不足 20％，如确有必要，也可设置镇的建制。广义上的城镇，除了狭义概念中所指的县城和建制镇外，还包括了集镇的概念。这一观点强调了城镇发展的动态性和乡村性，是我国目前城镇研究领域更为普遍的观点。根据 1993 年发布的《村庄和集镇规划建设管理条例》对集镇提出的明确界定：集镇指乡、民族乡人民政府所在地和经县级人民政府确认由集市发展而成的作为农村一定区域经济、文化和生活服务中心的非建制镇。

城镇介于城乡之间，地位特殊，从农村发展而来，向城市迈进，有着城乡混合的多种表现。国家在解决农业、农民、农村问题的工作部署中，十分重视城镇的作用，视城镇为区域发展的支撑点。各级政府的建设行政主管部门虽然把"村"和"镇"并提，但也注意到城镇与狭义农村、与大中城市核心区的差别。城镇指人口在 20 万以下设市的城市、县城和建制镇。在建设管理中，还包括广大的乡镇和农村。就实际情况而言，所有县（县级市）的城关镇、建制镇和集镇都包括周边的行政村和自然村。为此，本书所介绍的"城镇住区和住宅"包括县城关镇、建制镇、集镇和农村的住区和住宅。

到 2001 年年底，在我们祖国 960 万平方公里的广袤大地上，有 387 个县级市，1689 个县城，19126 个建制镇，29118 个乡集镇和 3458852 个村庄。城镇建设是一项量大面广的任务。搞好城镇建设关系到我国九亿多村镇人口全面建设小康社会的重大任务。

最基础、最接近人民生活的是城镇。因此，搞好城镇建设对于广泛提高全体人民的生活水平和文化素质有着极为紧密的关系。

1.1.2　城镇住宅小区

居住是人类永恒的主题，是人类生产、生活最基本的需求。人们对居住的需求随着经济社会的发展是不断增长的，首先是满足较低级的需求，即生理需求，就是应该有能够遮风避雨、安全舒适的房子，在这种基本需求得到满足之后，人们必然会提出更高的需求，更深层次地说就是精神需求，它包括对环境美好品质的追求，对精彩丰富的居住生活的向往，对邻里交往的需要。基于此，住区是一个有一定数量的舒适住宅和相应的服务设施的地区，是按照一定的邻里关系形成并为人们提供居住、休憩和日常生活活动的社区。

1.1.3　城镇住宅小区环境

广义的城镇住宅小区环境指一切与城镇相关的物质和非物质要素的总和，包括城镇居民居住和活动的有形空间及贯穿于其中的社会、文化、心理等无形空间。还可进一步细分为自然生态环境、社会人文环境、经济环境和城乡建设环境四个子系统。

狭义的城镇住宅小区环境是广义城镇住宅小区环境的核心部分，指在城镇居民日常生活活动所达的空间里，与居住生活紧密相关，相互渗透，并为居民所感知的客观环境。它包括居住硬环境和居住软环境两个方面。前者指为城镇居民所用，以居民行为活动为载体的各种物质设施的统一体，包括居住条件、公共设施、基础设施和景观生态环境四个部分。后者是城镇居民在利用和发挥硬环境系统功能中所形成的社区人文环境，如邻里关系、生活情趣、信息交流与沟通、社会秩序、安全和归属感等。

1.2 城镇住宅小区的发展演变

1.2.1　住宅小区的历史演进

人都是聚居的动物，聚居是人类的本性。人类社会的发展是从聚居开始，大致经历了以下几个过程：巢居、穴居和逐水草而居—分散的半固定的乡村聚落—固定的乡村聚落—集镇聚落—城市聚落。

（1）巢居和穴居

在生产力水平低下的状况下，人类的生活场所基本依靠于自然，天然洞穴和巢显然首先成为最宜居住的"家"。这些居住方式都能在很多的古籍文献和考古遗址中得到证实。根据《庄子·盗跖》中记载："古者禽兽多而人少，于是皆巢居以避之，昼拾橡栗，暮栖树上，故命之曰有巢氏之民。"《韩非子·五蠹》中也有类似的记载。从考古发现的北京周口店遗址、西安半坡遗址、浙江河姆渡遗址等都能证实穴居是当时人类主要的居住方式，它满足了原始人对生存的最低要求。

进入氏族社会以后，随着生产力水平的提高，房屋建筑也开始出现。但是在环境适宜的地区，穴居依然是当地氏族部落主要的居住方式，只不过人工洞穴取代了天然洞穴，且形式日渐多样，更加适合人类的活动。例如在黄河流域有广阔而丰厚的黄土层，土质均匀，含有石灰质，有壁立不易倒塌的特点，便于挖作洞穴。因此原始社会晚期，竖穴上覆盖草顶的穴居成为这一区域氏族部落广泛采用的一种居住方式。同时，在黄土沟壁上开挖横穴而成的窑洞式住宅，也在山西、甘肃、宁夏等地广泛出现，其平面多为圆形，和一般竖穴式穴居并无差别。随着原始人营建经验的不断积累和技术提高，穴居从竖穴逐步发展到半穴居，最后又被地面建筑所代替。

巢居和穴居是原始聚落发生的两大渊源。

（2）逐水草而居

逐水草而居是游牧民族主要的生活方式。《汉书·匈奴传》中记载："匈奴逐水草迁徙，无城郭常居耕田之业，然亦各有分地。"匈奴人是中国历史上最早的草原游牧民族。为了追寻水草丰美的草场，游牧社会中人与牲畜均作定期迁移，这种迁移既有冬夏之间季节性牧场的变更，也有同一季节内水草营地的选择。由于这种居无定所的状况，游牧民们的住所基本都是帐篷或蒙古包，方便移动。

这种居住文化是草原游牧民族所特有的，是一种历史的传承。

（3）乡村聚落

聚落约始于新石器时代，由于生产工具的进步，促进了农业的发展，出现了人类社会的第一次劳动大分工，即农业与狩猎、畜牧业的分离。随着原始农业的兴起，人类居住方式也由流动转化为定居，从而出现了真正意义上的原始乡村聚落——以农业生产为主的固定村落。河南磁山和裴李岗等遗址，是我国目前发现的时代最早的新石器时代遗址之一，距今7000多年。从发掘情况看，磁山遗址已是一个相当大的村落。

乡村聚落的发展是历史的、动态的，都有一个定居、发展、改造和定型的过程。从乡村聚落形态的演化过程看，上述过程实际是一种由无序到有序，由自然状态慢慢过渡到有意识的规划状态。已经发掘的原始乡村聚落遗址，如陕西宝鸡北首岭聚落、河南密县莪沟北岗聚落、郑州大河村聚落、黄河下游大汶口文化聚落、浙江嘉兴的马家滨聚落以及余姚的河姆渡聚落等，明显表现出以居住区为主体的功能分区结构形式。这说明中国的村落规划思想早在原始聚落结构中，已有了明显的和普遍的表现。

原始的乡村聚落都是成群的房屋与穴居的组合，一般范围较大，居住也较密集。到了仰韶文化时代，聚落的规模已相当可观，并出现了简单的内部功能划分，形成了住宅区、墓葬区以及陶窑区的功能布局。陕西西安半坡氏族公社聚落，形成于距今五六千年前的母系氏族社会。遗址位于西安城以东6km的浐河二级阶地上，平面呈南北略长、东西较窄的不规则圆形，面积约5万平方米，规模相当庞大。陕西临潼的姜寨聚落，也属于仰韶文化遗存，遗址面积5万多平方米。

原始的乡村聚落并非单独的居住地，而是与生活、生产等各种用地配套建置在一起。这种配套建置的原始乡村聚落，孕育着规划思想的萌芽。

（4）集镇聚落

集镇聚落产生于商品交换开始发展的奴隶社会。在众多的乡村聚落中，那些具有交通优势或一定中心地作用的聚落，有可能发展成为当地某一范围内的商品集散地，即集市。在集市的基础上渐次建立经常性商业服务设施，逐渐成长为集镇。在集镇形成后，大都保留着传统的定期集市，继续成为集镇发展的重要因素。

集镇内部结构的主要特征，是商业街道居于核心的地位。集镇的平面形态则受当地环境以及与相邻村镇联络的道路格局的影响，或作带状伸展，或作块状集聚，并随其自身的成长而逐步扩展。

集镇的形态和经济职能兼有乡村和城市两种特点，是介于乡村和城市间的过渡型居民点，其形成和发展多与集市场所有关。

（5）城市聚落

规模大于乡村和集镇的以非农业活动和非农业人口为主的聚落。城市一般人口数量大、密度高、职业和需求异质性强，是一定地域范围内的政治、经济、文化中心。

一般说来，城市聚落具有大片的住宅、密集的道路，有工厂等生产性设施，以及较多的商店、医院、学校、影剧院等生活服务和文化设施。

1.2.2　城镇住宅小区建设的发展概况

解决好城镇住宅建设，对解决"三农"问题无疑具有重大的意义。城镇住宅的建设，不仅关系到广大城镇居民和农民居住条件的改善，而且对于节约土地、节约能源以及进行经济发展、缩小城乡差别、加快城镇化进程等都具有十分重要的意义。

经过多年的改革和发展，我国农村经济、社会发展水平日益提高，农村面貌发生了历史性的巨大变化。城镇的经济实力和聚集效应增强、人口规模扩大，住宅建设也随之蓬勃发展，基础设施和公共设施也日益完善。全国各地涌现了一大批各具特色、欣欣向荣的新型城镇，这些城镇也都成为各具特色的区域发展中心。城镇建设，在国家经济发展大局中的地位和作用不断提升，形势十分喜人。

进入 20 世纪 90 年代后，城镇住宅建设保持稳定的规模，质量明显提高。居民不仅看重室内外设施配套和住宅的室内外装修，更为可喜的是已经认识到居住环境优化、绿化、美化的重要性。

1990～2000 年间，全国建制镇与集镇累计住宅建设投资 4567 亿元，累计竣工住宅 16 亿平方米。人均建设面积从 $19.5m^2$ 增加到 $22.6m^2$。到 2000 年年底，当年新建住宅的 76％是楼房，大多实现内外设施配套、功能合理、环境优美并有适度装修。

现在人们已经开始追求适应小康生活的居住水平。小康是由贫穷向比较富裕过渡相当长的一个特殊历史阶段。因此，现阶段的城镇住宅应该是一种由生存型向舒适性过渡的实用住宅，它应能承上启下，既要适应当前城镇居民生活的需要，又要适应经济不断发展引起居住形态发生变化可持续发展的需要，这就要求必须进行深入的调查研究和分析，树立新的观念，用新的设计理念进行设计，以满足广大群众的需要。

1.3 城镇住宅小区发展现状及存在的问题

改革开放三十多年来的城镇住宅小区建设，在标准、数量、规模、建设体制等方面，都取得了很大的成绩，住宅建筑面积每年均数以亿计，形成一定规模和建设标准的住宅小区也有相当的数量；但一分为二地看，我国大部分城镇住宅小区还存在着居住条件落后、小区功能不完善、公共服务设施配套水平低、基础设施残缺不全、居住质量和环境质量差等方面的问题与不足。城镇在社会经济迅速发展的同时，既带来了住宅小区建设高速发展的契机，也暴露出了居住环境上的重大隐患，出现了诸多问题，亟待研究解决。

1.3.1　城镇住宅小区的现状

（1）住宅建设由追求"量"的增加转变为对"质"的提高

城镇住宅建设经过数量上的急剧扩张后，现已趋于平缓，居民对住房的要求由"量"的增加转变为对"质"的提高，开始注重住宅的平面布局、使用功能和建设质量；住宅的设计和建造水平有了显著提高；多层公寓式住宅节约用地，配套齐全、安全卫生、私密性较强的特点逐渐为城镇居民所认同并接纳，使一些农民在走出"土地"的同时，也走出了独门独院的居住方式。

（2）住宅小区规模扩大，设施配套有所提高

随着我国城镇化进程的加快，乡镇和农村居民进一步向城镇聚集。现代化的镇区环境、配套的公共服务设施、较为丰富的文化生活、高质量的教学水平吸引着大批的农民，他们中有一定经商和务工能力的农民选择在城镇定居下来，因此住宅小区的规模进一步扩大，住宅的建设量进一步增加，相应的设施配套水平也有所提高。

（3）住宅小区由自建为主向统一开发的方向发展

过去分散的、以自建为主的传统建设方式已经开始被摒弃，住宅小区建设向成片集中、统一开发、统一规划、统一建设、统一配套、统一管理的方向发展，将零星分散的建设投资，逐步纳入综合开发，配套建设的轨道上来。在许多城镇，综合开发和建设商品房已成为主流。这种开发建设住宅小区的方式使许多城镇彻底改变了过去毫无规划的混乱状况，同时也改善了住宅的设计及施工质量，城镇居民的居住环境和生活方式发生了根本的改变。

（4）开始注重住宅小区的规划水平与建设质量

加强了对住宅小区的规划设计研究，在小区的规划布局、设施配套和小区特色等方面有了很大的提高。由国家科委和建设部共同组织策划的"2000年小康型城乡住宅科技产业工程"现已部分进入实施阶段，一批示范小区相继建成，并投入使用，如河北恒利庄园、宜兴市高腾镇小区、温州市永中镇小区等，这些小区在规划设计、住宅建设、施工安装和物业管理等方面做出了示范性和先导性的探索，强调新技术、新材料和新工艺的运用，对于推动住宅产业的发展，提高居住环境质量、功能质量、工程质量和服务质量，把我国城镇住宅小区的规划和建设提高到一个新的水平，具有积极而重大的意义。

1.3.2　城镇住宅小区存在的主要问题

（1）居住条件发展极不平衡，经济欠发达地区居住条件落后

自改革开放以来，全国的城镇兴起了大规模的住宅建设热潮，发展速度令世界刮目。但大部分城镇（包括村镇）的居住条件至今还比较落后，而且发达地区与贫困地区的发展极不平衡，差距越来越大。经济比较富裕的城镇居民住房面积大，居住环境尚佳，设施配套相对较好。许多经济欠发达地区由于经济形态的落后和传统习惯的根深蒂固，加上建筑材料的一成不变，使得居民住宅区无论是规划布局、建筑设计、施工技术还是装修标准，几乎没有任

何改变，更谈不上新技术和新材料的应用，居住环境十分恶劣。

（2）住宅小区建设缺乏规划，功能不完善

就我国城镇住宅小区的整体水平来看，大部分住宅布局是单调划一的"排排座"。有些地区重视住宅单体却忽视了住宅区规划的科学价值；有些地区，特别是经济落后地区的规划意识普遍淡薄，传统的落后思想认为规划无用；有些地区即使有了建设规划，但规划起不到"龙头"的作用，自建行为和长官意志比较强。由于上述的盲目建设导致大部分城镇住宅小区的生活功能和生产功能相混杂，住宅楼栋之间的关系混乱，缺乏必要的功能分区和层次结构，小区的可识别性差；道路系统不分等级，没有必要的生活服务设施，绿化和公共空间缺乏，更谈不上有完整的居住功能，与当前城镇社会经济的快速发展和居民生活水平的日益提高严重脱节。

（3）建筑空间布局单调，建筑缺乏特色

就我国城镇住宅小区的整体水平来看，住宅多以行列式布置，建筑形式、高度都一模一样，小区内部围合空间过于闭塞；即便是新开发的小区，也存在住区的建筑形式和色彩等方面极为相似的"雷同版"，建筑缺乏地区特征，很难体现城镇发展的文脉或地方特色，也缺少亲切感和归属感。

（4）公共服务设施薄弱，基础设施配套不足

许多城镇新建的住宅小区缺乏市政设施依托，除供电情况稍好外，给水、排水、通讯、有线电视等存在许多欠缺的方面，尤其是污水处理和垃圾处理设施几乎还是空白；一些设备良好的卫生间和厨房，由于没有排污系统，使卫生设备和厨房设施不能很好发挥作用。国家"小康住宅示范小区规划设计优化研究"进行的实态调查表明，采暖地区有90%以上的小区无集中供暖设施；60%以上的地区系雨污合流且无污水处理设备；25%以上的村镇住宅区道路铺装率较低。

（5）公共绿地严重缺乏，环境质量差

城镇住宅小区的户外空间缺少统一的规划与建设，一般无公共绿地供居民使用，除必要的建筑和道路外，其他所谓的花园或花坛都是杂草丛生或是被居民们开垦为菜地，还有垃圾乱堆乱放的现象。一些虽然也进行了小区绿化，但绿化缺乏系统的规划设计，后期管理又不到位，导致花草树木、建筑雕塑、山水池泉等景观要素无法发挥景观生态效应和美感，限制了居民日常行为、活动和交往。

（6）公寓式住宅照搬大城市的模式，使用不方便

有些地区在城镇住宅小区多层公寓式住宅的建设中，一方面，不考虑城镇居民实际的生活特点，没有将居民对这类住宅的特殊要求如建筑层数、院落、储藏空间等问题予以重视并解决，而是盲目照搬大城市的建设模式，套用城市住宅的设计图纸，过分追求"高"与"大"，片面讲究"洋"与"阔"，把城镇与城市相等同，脱离了城镇的实际情况，结果建了一批不适合城镇居民生活特点的住宅，由于生活习惯和使用要求上的差别，给生活带来了很大不便。另一方面，一张图纸只经过简单修改，被重复使用，造成城镇住宅千镇同面、百城同貌，毫无地方特色可言，从而直接影响了整个住宅小区的景观环境建设。

在我国城镇繁荣发展时期，应该认真对待城镇住宅小区建设中存在的问题。如何合理地利用我国的建设资源，科学地组织和引导全国城镇的住宅建设，大力提高其规划、设计、施工质量和科技含量，促进我国住宅建设的可持续发展是全社会的共同责任，这要求我们在总结近二十多年工作的基础上，采取科学、正确、果断的措施予以综合解决。

1.4 城镇住宅小区规划研究的必要性和趋向

人居环境是现在备受关注的一个问题，也是一个急需解决的问题。吴良镛院士的《人居环境科学导论》中有这样一句话：我们的目标是建设可持续发展的宜人的居住环境。

发展城镇是我国城镇化的重要组成部分，《中共中央关于制定国民经济和社会发展第十个五年计划的建议》就已提出："要积极稳妥地推进城镇化。"而发展城镇是推进城镇化的重要途径。住宅小区是城镇规划组织结构中的一个重要组成部分，是现代城镇建设的一个重要起点，在很大程度上反映了一个城镇的发展水平。我国有13亿多人口，其中有超过9.88亿的人口生活在城镇和村庄。他们的居住条件和居住环境的好坏直接影响着整个城镇的发展建设，直接关系到我国国民经济能否健康发展、社会能否保持稳定的重大问题。

1.4.1 城镇住宅小区规划研究的必要性

城镇住宅小区量多面广，要想建设优美的城镇景观，就要从城镇最基本的组成部分——住宅小区环境的规划抓起。

（1）应注重研究

城镇处于周边的广大农村之中，比起城市更贴近自然、保留着许多在城市之中已散失的中华民族优良传统和民情风俗，在城镇住宅小区的规划设计如何弘扬和发展，亟待深入研究。

（2）创造良好的城镇居住环境，满足城镇居民不断提高的居住需求

随着经济的迅猛发展，城镇居民居住生活水平不断提高，人们对居住的需求已经从有房住、住得宽敞这些基本生理要求，向具有良好居住环境和社会环境过渡，并渴望有一个具有认同感、归属感、缓解压力的生活场所。

（3）规范和理论也不健全

我国目前有的《城市居住区规划设计规范》主要适用于城市，城市和城镇的实际情况是不符的，因此无法科学合理地指导城镇住宅小区的规划建设。正是由于没有配套的相关法规与标准的指导，造成城镇住宅小区的规划及建设很不完善或无章可循。

城镇在社会经济迅速发展的同时，既带来了住宅小区建设高速发展的契机，也暴露出了居住环境上的重大隐患，出现了诸多问题亟待研究解决。本书以此为出发点，分析当前城镇住宅小区建设的现状及存在的问题，从理论和实践例证方面，研究城镇住宅小区建设的方法和措施，得出一些科学合理并切实可行的理论和方法体系，用以指导城镇住宅小区发展建设，从而为居民创造舒适、实用并安全的居住环境，促进城镇人居环境规划和建设的可持续发展。

1.4.2 城镇住宅小区的环境特征

城镇住宅小区环境的特征，表现在其介于城市和乡村两种居住环境之间，它一方面具有乡村更接近生态自然环境的特点；另一方面也拥有城市性的相对完善的公共和基础设施。同时，因城镇形成与发展的差异，其住宅小区环境内部也具有类型多样性和地方差异性等

特征。

（1）类型多样性

虽然城镇人口规模小，经济结构比较单一，但因其分布广、数量多，类型比较复杂，使城镇住宅小区环境存在多样性和多变性。不同要素（如地形、气候、交通、文化等）可形成相应的居住环境类型；而且，城镇功能定位的不稳定性导致居住环境容易发生转变。

（2）结构双重性

受城乡二元结构和管理制度差异的影响，城镇居民户籍存在双重性，这一特征也造成城镇居住环境在组织方式、投资体制、用地制度、规划手段、建设方式以及维护方式等方面的双重特征。基于此，城镇住宅小区环境无论在物质环境居住形态上，还是在社会人文环境方面均体现为城镇型和乡村型共存的格局。

（3）社区单一性

城镇通常是一个完整的独立社区。镇区居民之间的邻里交往和关系状况保持良好，居民对本镇的心理归属感和社区荣誉感较强，社区文化传统和生活方式能得到很好地延续和保护。近年来，虽然城镇人口急增，流动频率加快，但因人口流向主要是从城镇农村腹地进入镇区，新入住居民与原镇区居民具有本质上相同的生活文化属性，因此，城镇社区仍保持着较高的单一性与和谐性。

（4）地区差异性

这一方面由区域的自然条件差异造成，如平原与山区、南方与北方，城镇住宅小区环境存在着显著的差别。另一方面也由各地的经济社会发展不均衡所致，如东部城镇发展较快，居民生活水平较高，城镇居住环境现代化成分较浓，城市性质显著；西部城镇发展较慢，传统的社会文化习俗保存较好，农村属性突出。

1.4.3　城镇住宅小区的规划研究

（1）努力探索城镇住宅设计的特点

我国城镇住区经过几千年的发展变化，各地都有不少具有特色的传统居住模式和居住形态。但近年来城镇建设普遍存在"普通城市"的理论影响，在"城市化"的口号之下，城镇住宅建设向城市看齐，力求缩小与城市之间的"差距"，使城镇住宅小区建设缺少或破坏了原有的建筑传统和文脉，千屋一面，万镇一统，居住群景观单调乏味。

城镇与城市住宅有很多的相似之处，也有许多完全不同的地方。对城镇与城市住宅的特征进行分析、比较和研究，有利于我们弄清楚它们之间的相似与不同之处，以界定城镇住宅及环境的特征，也是我们构建城镇住宅小区生活场所的基础。

（2）深入研究城镇住宅小区的规划布局

通过以上的比较我们看到，城镇与城市住宅小区有很多相似之处，也有许多完全不同的地方，特别是在社会经济、历史文化、人口结构和价值观念等方面存在很大的差异。所以，城镇住宅小区环境规划不同于城市的居住区环境规划，这不仅是人口和用地规模上的差别，而更主要的是住宅小区的用户——使用对象的不同。一方面，城镇居民生活节奏慢，余暇时间多，较城市居民而言，人与人之间关系密切，来往较多，另一方面，城镇因为缺少城市中众多的交往渠道（如酒吧、咖啡厅、舞厅、网吧、影剧院等），所以对住宅小区户外交往的需求比城市居民要强烈；城镇居民依恋土地，较之人工构筑物更喜欢亲近天然构筑物，较之多层住宅更喜欢低层住宅；另外，城镇居民的经济收入和文化水平比城市居民要低，不少地方传统习俗对人的影响非常大，在城镇居家养老的情况比较多等。

对于这些种种不同，我们在进行环境设计时，都不能忽略。要充分了解城镇居民的生活状况与居住意愿，满足其生理的、心理的、社会的、情感的需求，从而有可能为他们建构富于人情味的美好家园。否则，如果一味按照城市住区环境设计的方法去设计城镇住宅小区，现实往往会与设计师的美好构想相差甚远，从而造成生活场所的失落。

2 融于自然的传统聚落布局意境

2.1 中国建筑具魅力　独树一帜惊世殊

人类修造建筑，目的是在变幻无常的自然界中取得安全、舒适和身心愉悦的栖身之所。从人类的先祖们用原始的材料搭建棚舍开始（图 2-1），世界建筑文明的历史已经延续了上万年。建筑承载了丰富的历史信息，凝聚了人们的思想情感，体现了人与自然的关系。纵观当今世界各地的城市、房屋和园林，所有这些可以纳入建筑范畴的人工环境，都是人类改造自然、发展自我的有力见证。

图 2-1　《建筑十书》中描绘的原始人棚舍

俗话说："一方水土养一方人"，同样，不同的水土也会滋养出具有不同地域特色的建筑。

西方建筑文明是以地中海为纽带建立起来的。这一地区幅员辽阔，文化各异，各地区、各国家、各民族之间交流得很频繁，相互影响和融合得很深。古埃及、古巴比伦、古希腊为西方建筑文明奠定了坚实的基础。波斯帝国、马其顿帝国、罗马帝国、拜占庭帝国、奥斯曼帝国，在促进这一地区建筑的交流和整合方面扮演了主要角色。中世纪以后，西欧各民族国家相继崛起，意大利、法兰西、西班牙、德意志，各领风骚。18 世纪，工业革命首先在英格兰爆发，掀起了一场席卷全世界的变革风暴，开启了人类历史的新篇章。

纵观西方建筑，虽历经古典建筑风格、哥特风格、文艺复兴风格、巴洛克风格、古典主义风格，变化起伏跌宕，但无论法老王的陵墓、希腊诸神的庙宇、罗马的公共建筑、基督教的大教堂，抑或是帝王的宫廷，都是以砖石为最基本的建筑材料。西方各个历史时期大多数的标志性建筑都具有惊人的尺度，迥异于普通的平民建筑。

　　中国的建筑体系迥异于西方。究其原因，一方面是因为东西方相距遥远，彼此虽屡有渗透，但大都限于表层和局部，并未触及本质。更重要的原因在于中国早在两千多年前就已经形成了独立而完备的思想观念体系，这一思想体系博大精深、成熟厚重、独树一帜。在这一体系下形成的建筑，必然呈现出与西方完全不同的面貌。在四大文明古国中，只有中国的建筑体系完整地延续下来，在数千年间未曾出现过断层，可以说是建筑文明史奇迹中的奇迹。这不是历史的偶然，这正是中国建筑的伟大之处。究其原因，是由于独特的汉字是象形文字（图 2-2）。

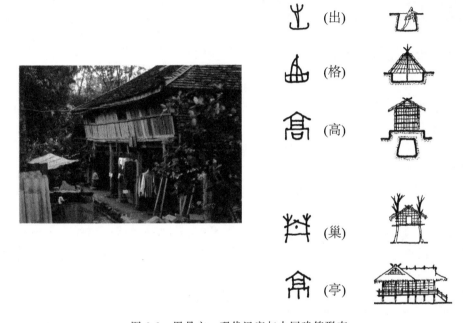

图 2-2　甲骨文、现代汉字与中国建筑形态

　　20 世纪以来，东西方建筑之间的隔离状态被打破了，殊途同归成为东西方建筑发展的主流方向，但全球一体化的主旋律中仍不能缺少地方性和多元化的和弦音。

　　让我们用心去体会和感悟中国建筑的伟大文明史，增强中华文化自信，努力思考和开拓全人类建筑的未来。

2.2 华夏意匠和人天　传统聚落融自然

　　当人类摆脱野外生存的原始状态，开始有目的地营造有利于人类生存和发展的居住环境，也是人类认识和调谐自然的开始。在历史的发展长河中，经历了顺其自然—改造自然—和谐共生的不同发展阶段，使人类充分认识到只有尊重自然、利用自然、顺应自然、与自然和谐共生，才能使人类获得优良的生存和发展环境，现存的很多优秀传统聚落都展现了具有优良生态特征的环境景观。只是到了近代和现代，由于科技的迅猛发展，扩大了对人类能力的过度崇信。盲目的"现代化"和"工业化"以及"疯狂的城市化"，孤立地解决人类衣、食、住、行问题，导致了人与自然的矛盾，严重地恶化了居住环境。环境问题已成为 21 世纪亟待解决的重大问题，引起了人们的普遍关注。因此，人们才感悟到古代先民营造优良生态环境景观的聪明智慧。乡村优美的田园风光和秀丽的青山碧水，便成为现代城市人的迫切追崇。

优美的传统聚落，有着以民居宅舍为主体的人文景观及其以山水林木和田园风光为主体的自然景观。形成了集山、水、田、人、文、宅为一体的和谐生态环境。

传统聚落民居之所以美，之所以能引起当代人的共鸣，主要还在于传统的聚落民居蕴含着深厚的中华文化的传统。传统聚落民居的美与传统中国画的章法与黑色所形成的美，在形式上是一致的，这种美包括无形无色虚空的空间美和疏密相间形成的造型美。

传统聚落民居之所以具有魅人的感染力，在于民房具有融于自然的环境和人文的意境所形成的意境美，这种美，由于能够引人遐思，而给人以启迪。这些都是颇为值得当代人追寻宜居环境时努力借鉴和弘扬的。

2.2.1 传统聚落美在环境

传统民居之美包括山水自然、顺应地势和调谐营造所形成的环境景观之美。

（1）山水自然

营造和谐优美的聚落环境景观就必须把民居与自然山水植被融合在一起，相得益彰，使人们获得心灵上的慰藉，这种"山水情怀"的意境展现中国人欣赏"天在有大美"，以求心灵的解决所形成对山水环境的自然情结；并巧妙地就地取材，使民居宅舍与自然环境融为一体，形成了别具一格的山水自然环境景观之美。

（2）顺应地势

为了适应我国多山的地理特点，传统民居宅舍多顺应地势，依山而建。巧妙利用坡地，只进行少量的局部填挖，尽量保存自然形态；利用建筑本身解决地形高差，或挖填互补、或高脚吊柱、或院内台地、或室内高差等手法，将地形的坡差融合到民居宅舍的空间设计之中。使得传统民居形成了疏密相间、布局灵活、植被映衬的整体景观，展现了诗画意境的山水情趣。

在雨量充沛、水网密布的江南；临水而建的聚落，民居滨水形成倒影，因水生景；溪河架设拱桥与廊桥，富于变化的造型为水乡增添诱人的魅力；而水边泊岸、码头往来的船舶和休息亭廊所形成的建筑景观与植物，水体动态景观交相辉映，使得聚落民居呈现出亲水的无穷活力；再加上四季差异晨昏阴晴所形成的色彩、光线万千变幻，使得民居建筑与山水植物等自然景象所形成的亲和景观，极大地补充、丰富了视觉画面，令人心旷神怡。

（3）调谐营造

传统民居，当处于水系不利的环境，先民们善于利用开塘、引渠、截水、筑坝等举措。筑坝以提高水位，引水入村、入户；开塘可人造水面以利生产、生活之所需；引渠可用于灌溉。这些所形成的滚水坝体浪花飞溅、村边池塘微波涟漪，水口园林田坎风光等人水相融、妙趣洋溢。

为了增补山形地势之不足，先民们又采用增植林木以补砂，作为改善环境的根本措施。为了补山形之不足，先民们在村后山坡广植林木，以防风。栽种树木，成为先民的保护生态环境的优先选择，聚落中百年古树，时常成为聚落文化底蕴的标志。

不同农作物所形成的田园风光，也是传统聚落民居景观的重要形成因素。江南四月油茶花盛开，使大地尽染嫩黄；北方麦熟季节，田野一片金黄；西南一带山区的层层梯田和新疆吐鲁番的连绵葡萄架等，都为传统聚落增添乡村气息，也使得传统聚落民居宅舍掩映在绿树和田野的传统聚落美景之中。

2.2.2　传统聚落美在整体

传统民居之美还体现在建筑群体的整体美。首先是风格的一致性，为达到统一协调创造了必要的条件。相似的风格促使形成和谐的风貌，从而产生秩序感、归属感和认同感。有了统一的前提，也就可以为局部的变化提供可能。其次是聚落的重要位置布置独特的建筑，使统一的聚落风貌有所变化，形成获取聚落景观独特性的因素之一。再者就是经营好通道的艺术变化，通过线型通道的艺术变化，使得传统聚落形成丰富多变的街巷景观，使得传统聚落能够各具特色，而绽放异彩。

（1）风格统一

建筑风格是由建筑材料、营造方式、生活模式、艺术取向和人们的哲学观念等诸多因素综合决定的，每一因素在不同的民族、不同的地区、不同的聚落都会有着不同的表现。对于同一个地区或聚落，其建筑风格应该是统一的、相似的和相对稳定的，展现出聚落的和谐风貌。传统聚落因地制宜、就地取材，使得建筑材料具有独特的地方性和自然性；传统技艺的传承和"从众"心理的影响，使得传统民居宅舍都能融入传统聚落的整体之中，促成了聚落风貌的统一性，展现了平和安定之美。

传统聚落民居宅舍风格主要取决于民居宅舍融入自然的色彩和包括墙体、屋顶、门窗、主体结构和局部装饰等建筑外观的造型因素。这其中最重要的因素是屋顶形式、墙体材料、建筑高度和色彩运用的统一性。

（2）重点突出

传统聚落以民居宅舍风格统一为前提，努力把聚落中的重要建筑突显出来，使得传统聚落展露出独特的景观效果。这些建筑除了在体量、规模、高度和装饰上均超出一般的民居宅舍外，还特别强调其建造地点均布置在要冲之处，如聚落的中心、路口、村口等居民常到达的场所，以展现其公共使用的性质，成为聚落的视觉中心和亮点，传统聚落还经常把重点建筑布置在聚落周边的高地或山坡上，从远处即能看见，成为聚落的地方标志，使得传统聚落形成独具特色的中国乡土景观。

（3）通道变化

通道指聚落的街、巷、河滨和蹬道等交通道路，包括平原地区的陆巷、山区的山巷、河网地区的水巷。通道是聚落的血脉，借助通道以通达全聚落、认识全聚落、记忆全聚落。通道是聚落历史文化的传承和当地居民生活的缩影，因此通道是聚落独特性的重要载体。传统聚落通道景观的独特性表现出"步移景异"和比较产生差异的两大特点，给人以美感、令人获得富于变化、引人入胜的景观感受。

通道的景观取决于两侧建筑的垂直界面和道路的水平界面两大因素，两大因素之间的尺度比例关系，给人以不同的空间感受，而不同的建筑色彩、造型和高度变化使得通道景观极具多样性。如平原地区传统聚落陆巷大多是平直或略带弯曲，路面简单，其景观变化主要是依靠两侧沿巷住户院门和院墙的变化，不同的聚落都能使人感受到不同的气息和景观感受，山区的街巷，由于增加了地形变化的因素，蹬道、平台、栈道、挡土墙使得路面景观变化万千，而山区大量使用石材和木材的民居宅舍，吊脚楼、干栏房、挑楼、挑台等造型特色形成了独具风采的山乡景观。

水网地区的河滨通道（水巷），利用船舶作为交通工具。由于水元素的介入，因水而设的船、桥、码头、栏杆、廊道和临水民居宅舍的挑台、挑廊、吊脚等，使得水乡景观更具生活气息和诱人的魅力。水巷景观其功能上的合理性和景观上的独特性。成为中国山水园林造园技艺的借鉴题材。

（4）聚族而居

传统聚落的形成和发展，呈现着聚族而居的特点。多为独立民居并以聚族组群布置。另外一种是为了防御侵扰而建造的大型土楼聚族而居，其形式多种多样，有圆形、方形、长方形、椭圆形和五凤楼，一般皆高为三四层，外墙不开窗，顶层为防御而设箭窗。内部有大庭院，可设祠堂及各户辅助用房及水井等。造型变化较多，尤以五凤楼和长方楼的形式更为活泼。最具代表的福建土楼被誉为神奇的山乡民居而列入世界文化遗产名录。

2.2.3　传统聚落美在民居

在近距离内形态是主要的景观因素，而民居宅舍外在形态因素的景观效果即取决于其结构形式、墙体构造、屋顶形式、院落空间和立面造型等诸多因素的不同组合方式所形成的各民族、各地区的独具特色的民居宅舍。

（1）造型丰富

构成民居宅舍造型的独特之处，乃在于其空间、构架、色彩、质感等方面的不同表征。营造了各异的形体特色。其不同之处，源于各地居民的不同生活方式。所决定的不同空间组织，而空间要求又决定了采用何种结构形式，民居宅舍的就地取材充分利用地方材料，使得其承重及围护结构形式各富特色，造就了民居宅舍丰富多彩的造型风貌。

院落组织是中国民居建筑的独特所在，院落是由建筑和院墙围合的空间，院落空间与建筑内部空间相为穿插、彼此渗透，成为中国民居宅舍的"天人合一"使用方式而有别于西方建筑。院落的大小、封透、高低、分割与串联等不同的组织方式，给人以不同的感受。院落配以花木、叠石、鱼池和台凳等，在充实院落空间内涵中展现着中国人的自然情结和诗画情趣。

立面造型是民居宅舍整体（或组合体）及其相关部位合宜的比例配置关系以及细部丰富多变和图案装饰配置的综合展现。

木结构坡屋顶的运用，充分展现了华夏意匠的聪明才智，各种坡屋顶、坡檐的组织和配置以及封火山墙形成的建筑立面造型的垂直三段中屋顶部分的变化，形成了民居宅舍富于变化的个性所在。

中国民居宅舍以其外观独特、庭院多样、形体均衡、屋顶多变的造型美，而成为世界建筑的一朵璀璨的奇葩。

（2）院门多样

中国传统的庭院式民居宅舍是门堂分立的，全宅的数幢建筑是被建筑物和墙垣包围着，形成封闭的院落。院门是院落的入口，也是一座民居宅舍的个性表现最为重要的部分，它是"门第"高低的标志。因此，院门的规格、形式、色彩、装饰便成为人们极为重视的关键所在。北京合院民居的院门有王府大门、合院大门和随墙门之别，合院大门又分为广亮大门、金柱大门、蛮子门和如意门；山西中部民居院门分为三间屋宅式大门、单间木柱式大门和砖褪子大门；苏州民居院门有将军门（三开间大的）、大门（单开间大的）、库门（亦称墙门）和板门（店铺可装卸的大板门）等。院门的形制可分为宫室式大门、屋宇式大门、门楼式门和贴墙式门。院门从实用角度分析，仅是一个可开闭的、有防卫功能的出入口，或兼有避雨、遮阳的功能要求。但人们为突出门户的标志性含义，对院门创意进行加工装饰，形成多变的形式和独特的构图，以达到美感的要求。纵观传统民居宅舍院门的艺术处理，主要集中在门扇及其周围的附件（包括槛框、门头、门枕、门饰等）、门罩（包括贴墙式、出桃式、立柱式等诸种门罩形式）和门口（包括周围的墙壁、山墙、廊心墙等）。不同地区的民居宅舍院门仅就其中的某个部分进行深入的设计加工，采用多样性和个性的手法，从而形成千变万化的造型效果，成为展现各具地方特色风貌的文脉传承。

（3）结构巧妙

在中国传统民居宅舍中占主导地位的是木结构，持续应用了近两千年。中国传统的木结构不仅坚固、稳定、合理，而且有着造型艺术美，这是华夏意匠聪明才智的展现。结构的美表现在其形式的有序性和多变性。结构，为了传力简单明确，方便施工，因此其形式都是有序的，有着极强的统一感。工匠们只能在统一中求变化，以显露其个性。结构的变化多表现在节点、端头及附属构件上，既不伤本，又有变化。

木结构的形制包括抬梁式、插梁式、穿斗式和平置密檩式四大类，每种结构因构造形式的差异，而有着不同的艺术处理，使得中国传统民居宅舍具有结构美的特性。

（4）材料天然

优秀传统民居宅舍本着就地取材的原则，大量的建造材料是包括木、石、土、竹、草、石灰、石膏以及由土加工而成的砖、瓦等天然材料。天然材料的应用不仅实用经济，工匠们还善于掌握材料的特性和质感、形体、颜色的美学价值，运用独特的雕、塑、绘等手工工艺进行艺术加工，使之增加思想表现的内涵，形成建筑装饰艺术。传统民居宅舍材料的美，包括材料运用的技巧性、材料搭配的对比性、材料加工的精细性、珍稀材料的独特性。

天然材料由于产地不同、地质状况差异，因此在材质、色泽方面也会产生变化。巧妙地利用视觉特征，创造不同的观感，天然材料的运用造就了传统民居融于自然的美感，天然材料也就成为传统民居美的源泉。

（5）装修精美

装修是在主体结构完成之后，所进行的一项保护性、实用性和美观性的工作。传统民居建筑的装修主要表现在外墙和内隔墙两方面。

外墙包括山墙、后檐墙及朝向庭院的前檐墙。传统民居宅舍的前檐墙大部分为木制，具有灵活多变的形制，采光及出入的门窗种类十分多样，是造型艺术处理的重点。

山墙和檐墙均为在木结构基础上的围护墙，建筑材料都以天然的石、土和经烤制的砖为主。不同的材料运用和搭配、不同砌筑方法和细部处理、不同的颜色选择等都为传统民居宅舍增添了诱人的魅力。

2.3 弘扬传统聚落的布局特点

不只是我们人类，即使是动物，也懂得选择适当的环境居留，因为环境与其安危有密切的关系。一般的动物，总会选择最安全的地方作为其栖息之处，而且该地方一定能让它们吃得饱并能养育下一代，像我们常说的"狡兔三窟""牛羊择水草而居""鸟择高而居"等就包含着这样的意思。

人类从风餐露宿、穴居野外或巢居树上逐渐发展到聚落、村庄直到城市，正是人类创造生存环境的漫长历史变迁。中国传统民居聚落产生于以农为主、自给自足的封建经济历史条件下，世代繁衍生息于农业社会循规蹈矩的模式之中。先民们奉行着"天人合一""人与自然共存"的传统宇宙观创造生存环境，是受儒家、道教传统思想的影响，多以"礼"这一特定的伦理、精神和文化意识为核心的传统社会观、审美观来指导建设村寨。从而构成了千百年传统民居聚落发展的文化脉络。尽管我国幅员辽阔、分布各地的多姿多彩的民居聚落都具有不同的地域条件和生活习俗而形成各具特色古朴典雅、秀丽恬静的民居聚落，同时又一同受中国历史条件的制约，受"伦理"和"天人合一"这两个特殊因素的影响而具有共性。

在传统的聚落中，先民们不仅注重住宅本身的建造，还特别重视居住环境的质量。

在《黄帝宅经》总论的修宅次第法中，称"宅以形势为身体，以泉水为血脉，以土地为皮肉，以草木为毛皮，以舍室为衣服，以门户为冠带。若得如斯，是为俨雅，乃为上堂。"精辟地阐明了住宅与自然环境的亲密关系，以及居室对于人类来说有如穿衣的作用。

"地灵人杰"即是人们对风景秀丽，物产富饶，人才聚集的赞美。

在总体布局上，民居建筑一般都能根据自然环境的特点，充分利用地形地势，并在不同的条件下，组织成各种不同的群体和聚落。

在中国优秀传统建筑文化影响下的传统村镇聚落，其布局特点突出表现其追崇和谐的人文性和"天人合一"的自然观，形成极富创意的"天趣"。这些都为我们开展住宅小区规划设计奠定了坚实的基础。

(1) 成街成坊的街巷式建筑组群布局

传统聚落街巷式建筑组群布局的特点是房连房、屋靠屋。如北京的胡同、上海的里弄。福州的三坊七巷堪称传统民居街巷式布局的典型实例，福州三坊七巷和宫巷如图 2-3 所示。巷与坊均呈东西向，由于各宅轴线垂直于巷和坊，因而各宅的主要房间则呈南北向，各户入

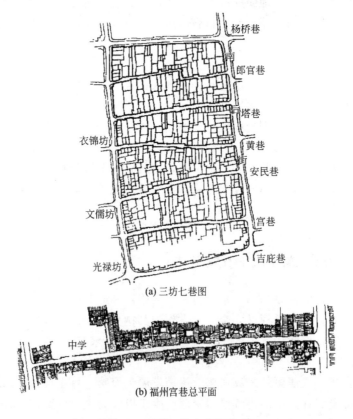

(a) 三坊七巷图

(b) 福州宫巷总平面

图 2-3　福州三坊七巷和宫巷

口大门都面向坊、巷而开。出入通过坊、巷可到东西大街。坊巷内各宅院随宅主财力不等而大小不一。一户有在一条轴线上安排几进院落的；也有占两三条轴线，建八九进院落的；有的在侧面或后面还建有花园。各户毗邻且紧紧相连，只有入口面向坊、巷。泉州的旧街区也划分为若干街坊，泉州的街巷两侧是由和线户占有几条轴线的大型室邸和每户只占一条轴线的纵向布局呈狭长的"手巾寮"组成。泉州一带的大型宅邸有着中国传统合院民居的文化内涵，当地称为"皇宫起的古大厝"。这种民居风格独特，面阔、进深都很大，两边有厢房，前面有庭院、通过垂花的"塌寿式"大门进入中庭（天井）。这种大宅朝南，占有好朝向，每户占有一条或几条轴线，面积也很大。是为当时的官吏所用，街巷对面即是朝西北开门的"手巾寮"，是只有一间小厅面阔的三进条形院落，因很像一条长形的手巾，故称其为"手巾寮"，如图2-4所示。它多是夹在河流和街巷之间的南河北街式宅院。这种宅院，由于前后左右都受限制而无法发展，唯一出路就是向上发展，所以"手巾寮"带夹层与阁楼的甚多，其沿街巷的一间厅堂一般为店面或手工作坊，以便为当时"皇宫起古大厝"的宅院服务。一幢"皇宫起古大厝"有三条轴线，九个厅堂。相邻两宅之间以防火巷相隔。而对面的"手中寮"以九条轴线与之相对，每条轴线之间砖砌山墙作为防火墙。这种大小悬殊而混杂布置在一条街巷的布局形式与福州的三坊七巷形成了不同的空间环境。

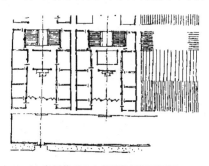

(a) 泉州某巷大小悬殊的居民平面图

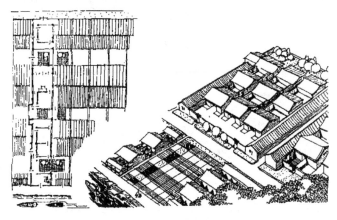

(b) 泉州某巷鸟瞰图

图 2-4　泉州传统街坊

（2）传统聚落民居的布局形态

① 传统聚落民居常沿河流或自然地形而灵活布置。聚落内道路曲折蜿蜒，建筑布局较为自由而不拘一格。一般村内都有一条热闹的集市街或商业街，并以此形成村落的中心，再从这个中心延伸出几条小街巷，沿街巷两侧布置住宅。此外，在村入口处往往建有小型庙

宇，成为居民举行宗教活动和休息的场所（图 2-5）。总体布局有时沿河滨溪建宅（图 2-6）；有时傍桥靠路筑屋（图 2-7）。

图 2-5　新泉桥头居民总体布置及村口透视

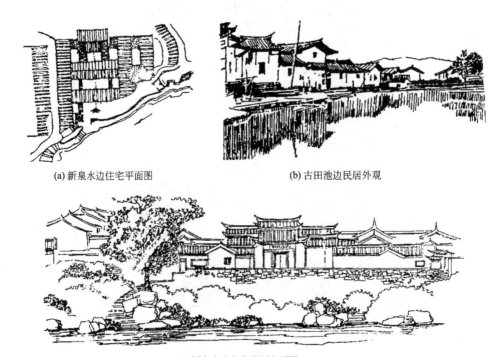

(a) 新泉水边住宅平面图　　　　　　　　(b) 古田池边民居外观

(c) 新泉水边住宅沿河立面图

图 2-6　新泉水边住宅

② 在斜坡、台地和那些狭小不规则的地段，在河边、山谷、悬崖等特殊的自然环境中，巧妙地利用地形所提供的特定条件，可以创造出各具特色的民居建筑组群和聚落，它们与自

然环境融为一体，构成耐人寻味的和谐景观。

(a) 莒溪罗宅北立面图

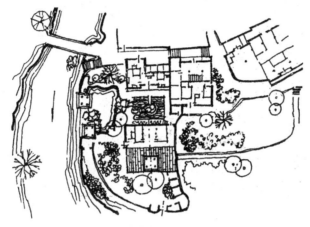

（b）莒溪罗宅平面图

图 2-7 莒溪罗宅北立面图和平面图

③ 利用山坡地形，建筑一组组的民居，各组之间有山路相联系，这种山村建筑平面自然、灵活，顺地形地势而建。自山下往上看，在绿树环抱之中露出青瓦土墙，一栋栋素朴的民居十分突出，加之参差错落层次分明，颇具山村建筑特色（图 2-8）。

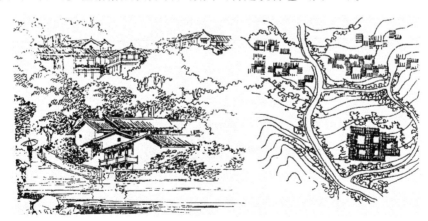

图 2-8 下洋山坡上民居分布图及外观

④ 台地地形的利用。在地形陡峻和特殊地段，常常以两幢或几幢民居成组布置，形成对比鲜明而又协调统一的组群，进而形成民居聚落。福建永定的和平楼（图 2-9）是利用不同高度山坡上所形成的台地，建筑了上、下两幢方形土楼。它们一前一后，一低一高，巧妙

地利用山坡台地的特点。前面一幢土楼是坐落在不同标高的两层台地上，从侧面看上去，前面低而后面高。相差一层，加上后面的一幢土楼正门入口随山势略微偏西面，打破了重复一条轴线的呆板布局。从而形成了一组高低错落、变化有序的民居组群。

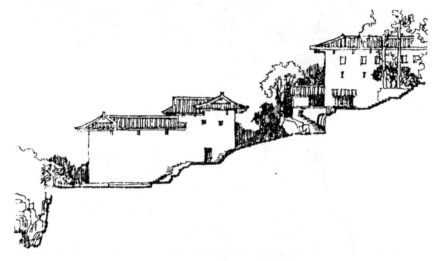

图 2-9　永定和平土楼侧立面

⑤ 街巷坡地的利用。坐落在坡地上城镇，它的街巷本身带有坡度。在这些不平坦的街巷两侧建造民居，两侧的院落座落在不同的标高上，通过台阶组建各个院落，组成了富于高低层次变化的建筑布局。福建长汀洪家巷罗宅（图 2-10）坐落在从低到高的狭长小巷内，巷中石板铺砌的台阶一级一级层叠而上。洪宅大门入口开在较低一层的宅院侧面。随高度不同而分成三个地坪不等高的院落，中庭有侧门通向小巷，后为花园。以平行阶梯形外墙相围，接连的是两个高低不同的厅堂山墙及两厢的背立面。以其本来面目出现该高则高，该低则低，使人感到淳朴自然，亲切宜人。

(a) 长汀洪家巷罗宅侧立面

(b) 集美陈宅侧立面

图 2-10　坡地街巷

（3）聚族而居的聚落布局

家族制度的兴盛，使得传统民居聚落的形式和民居建筑各富特色，独具风采。

家族制度的一个重要表现形式，就是聚族而居，很多聚落，大都是一个聚落一个姓。所谓"聚落多聚族而居，建立宗祠，岁时醵集，风犹近古"。这种的聚落形态，虽然在布局上往往因地制宜，呈现出许多不同的造型，但由于家族制度的影响，聚落中必须具备应有的宗族组织设施，特别是敬神祭祖的活动，已成为民间社会生活的一项重要内容。因此，聚落内的宗祠、宗庙的建造，成为各个家族聚落显示势力的一个重要标志和象征。这种宗祠、宗庙大多建筑在聚落的核心地带，而一般的民居，则环绕着宗祠、宗庙依次建造，从而形成了以家族祠堂为中心的聚落布局形态。福建泉港区的玉湖，这里是陈姓的聚居地，现有陈姓族人近5000人。全村共有总祠1座，分祠8座。总祠坐落在聚落的最中心，背西朝东，总祠的近周为陈姓大房子孙聚居。二房、三房的分祠坐落在总祠的左边（南面），坐南朝北，围绕着二房、三房分祠而修建的民居。也都是坐南朝北。总祠的右边（北面）是六、七、八房的聚居点，这三房的分祠则坐北朝南，民居亦坐北朝南。四房、五房的子孙则聚居在总祠的前面，背着总祠、大房，面朝东边。四房、五房的分祠也是背西朝东。这样，整个村落的布局，实际上便是一个以分祠围绕总祠，以民居围绕祠堂的布局形态（图2-11）。

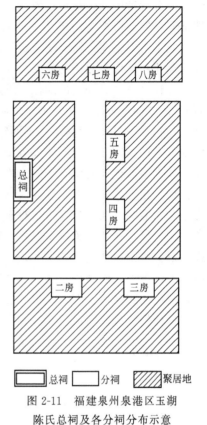

图 2-11　福建泉州泉港区玉湖陈氏总祠及各分祠分布示意

福建连城的汤背村，这是张氏家族聚居的村落，全族共分六房，大小宗祠、房祠不下30座。由于汤背村背山面水，地形呈缓坡状态，因此，这个聚落的所有房屋均为背山（北）朝水（南）。家族的总祠建造在聚落的最中心，占地数百平方米，高大壮观，装饰华丽。大房、二房、三房的分祠和民居分别建造在总祠的左侧；四房、五房、六房的分祠和民居则建造在总祠的右侧，层次分明，布局有序（图2-12）。

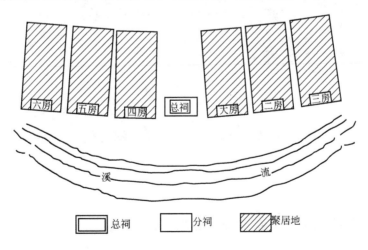

图 2-12　福建省连城县汤背张氏总祠及各分祠分布示意

广东东莞茶山镇的南社，保存着较好的古村落文化生态，它把民居、祠堂、书院、店铺、古榕、围墙、古井、里巷、门楼、古墓等融合为一体，组成很有珠江三角洲特色的农业聚落文化景观（图2-13）。聚落以中间地势较低的长形水池为中心，两旁建筑依自然山势而建，呈合掌对居状，显示了农耕社会的内敛性和向心力。南社在谢氏入迁前，虽然已有十三姓杂居，但至清末谢氏则几乎取其他姓而代之，除零星几户他姓外，基本上全都是谢氏人口，成了谢氏聚落。历经明清近600年的繁衍，谢氏人口达3000多人。在这个过程中，宗族的经营和管理对谢氏的发展壮大显得尤为重要。南社聚落现存的祠堂建筑反映了宗族制度在南社社会中举足轻重的地位。珠江三角洲一带把聚落称"围"，聚落显著的地方则称"围面"。南社祠堂大多位于长形水池两岸的围面，处于聚落的中心位置，鼎盛时期达36间，现存25间。其中建于明嘉靖三十四年（1555年）的谢氏大宗祠为南社整个谢氏宗族所有，其余则为家祠或家庙，分属谢氏各个家族。与一般民居相比，祠堂建筑显得规模宏大、装饰华丽。各家祠给族人提供一个追思先人的静谧空间。祠堂是宗族或家族定期祭拜祖先，举办红白喜事，族长或家长召集族人议事的场所。宗族制度在南社明清时期的权威性可以从围墙的修建与守卫制度的制定和实施得到很好的印证。建筑作为一种文化要素携带了其背后更深层的文化内涵，通过建筑形态或建筑现象可以发现其蕴含的思想意识、哲学观念、思维行为方式、审美法则以及文化品位等。南社明清聚落之布局、道路走向、建筑形制、装饰装修等方面无不包含丰富的文化意喻。南社明清古村落的布局和规划反映了农耕社会对土地的节制、有效使用和对自然生态的保护。使得自然生态与人类农业生产处于和谐状态。对于我们现在规划设计仍然是颇为值得学习和借鉴的。

图 2-13　南社聚落以长形水池为中心合掌而居

2.4 极富哲理和寓意的聚落布局

中华建筑文化理想环境景观理念在创造优美的环境景观和建筑造型艺术中，不仅十分注意与居住生活有着密切关系的生态环境质量问题，同样重视与视觉艺术感受有着极为密切关系的景观质量问题。在这种环境景观的创作中，景观的功能与审美是不可分割的统一体。在中华建筑文化的理想环境景观与建筑空间组织中，鲜明地体现了受儒家、道教等哲学理想以及中国传统美学思想的深刻影响。因此，中华建筑文化是中国优秀传统文化在聚落选址、规划和建设中的具体指导和展现。至今能保护完好的一些传统聚落便是最好的例证。

中华建筑文化的理念，不仅要求聚落通过相地构形为寻找外部环境的独特景观，而且在聚落内部布局中更是企求努力营造耐人寻味的景象。英国科技史学者李约瑟在《中国科学技术史》中惊叹地称赞："再也没有别的地方表现得像中国人那样热心体现他们伟大设想'人不能离开自然'的原则，皇宫、庙宇等重大建筑当然不在话下，城乡中无论集中的，或是散布在田园中的宅舍，也都经常显现出一种'宇宙图案'的感觉，以及作为方向、节令、风向和星宿的象征主义。"那么，能被当做科学技术历史现象的"宇宙图案"，显然不是一条笔直的大街或是十字正交的道路，这些横平竖直的图形在自然界中是难以找到的。宇宙中最容易见到的是日月星辰山峰水流，这就是中华建筑文化所强调的"法天象地"，也就是李约瑟先生所称的"宇宙图案"。

2.4.1　八卦太极的图式布局

（1）浙江兰溪诸葛村

诸葛亮后裔营造的聚落，人称八卦村的浙江兰溪诸葛村是一个用九宫八卦阵图式布局的村庄（图2-14）。从高处看，村落位于八座小山的环抱中，小山似连非连，形成了八卦方位的外八卦；村落房屋呈放射状分布，向外延伸的八条巷道，将全村分为八块，从而形成了内八卦；圆形钟池位于村落中心，一半水体为阴，一半旱地为阳，恰似太极阴阳鱼图形。整个村落的布局曲折变幻，奥妙无穷。

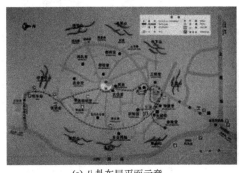 

(a) 八卦布局平面示意　　　　　　　　　　　(b) 诸葛村中心景观

图2-14　浙江兰溪诸葛村

（2）新疆特克斯县八卦城

新疆特克斯县的八卦城，是座体现易经文化内涵和八卦奇特奥妙思想呈放射状图形的城镇（图2-15）。街道布局如神奇迷宫般，路路相通、街街相连，马路上没有一盏红绿灯，但交通秩序井然。同时，八卦城具有浓郁的民俗风情、厚重的历史文化和秀美的自然风光。

（3）浙江武义县俞源太极星象村

位于浙江武义县境内西南部的俞源太极星象村，是明朝开国谋士刘伯温按天体星象排练布局营造的（图2-16）。村中有"七星塘""七星井"，人文景观与自然景观密切融合，是古生态"天人合一"的经典遗存。

（4）福建平和县秀峰乡福塘村

福建平和县秀峰乡的福塘村，一泓名为仙溪的溪水自东向西，左转右旋成S形状流经村

(a) 航拍图　　　　　　　　　(b) 鸟瞰图　　　　　　　　(c) 中心区鸟瞰图

图 2-15　新疆特克斯县的八卦城

(a) 全貌　　　　　　　　　　　　　　　(b) 伯温草堂

图 2-16　浙江俞源太极星象村

中，正好是一条阴阳鱼的界限，将村庄南北分割成"太极两仪"，溪南为"阳鱼"、溪北为"阴鱼"，鱼眼处各建有一座圆形土楼：南阳楼和聚魁楼（图 2-17）。从高处俯瞰，全村宛如一个阴阳的太极图，为村落笼罩着浓厚的神秘色彩。福塘村是一座大致形成于明代万历年间至清代顺治、康熙乾隆年间，由南宋理学家朱熹的 18 代孙朱宜伯（名方毅，字宜伯，生活在清代康熙乾隆年间）根据当地上大峰的自然条件、山川地形，以"聚山通泽气，山泽通处是乾坤"的理念，精心策划，建成的著名"太极村"。朱宜伯谙知天文地理，广施仁德，秉承朱子学说，穷追理学本源，又在其号称永定下坑钟半仙的舅父指点之下，"依太极图形，取不败之意"，定点土楼、筑码头、建城池、学馆、祠堂及大批民宅，为"福塘太极村"奠定基本格局。"福塘太极村"四面环山，南面五凤山（又称南山），高俊挺拔、郁郁葱葱，其状为"火"，号称"南天一柱"，被当地堪舆家誉为"南龙起火顶"；北面谓之秀峰山，连绵起伏，其貌似"水"，缠绵而锦簇；故云靠南为"阳"，居北为"阴"。而太极双仪定位之点的南太极鱼目"南阳楼"位于南山，始建于乾隆年间，由朱宜伯首创，楼高三层，状如蘑菇，装修别致，气势恢宏。北太极之鱼目的"聚奎楼"位于塘背科。据称，聚奎楼圆楼的所

(a) 鸟瞰示意　　　　　　　　　　　　　(b) 实景

图 2-17　福建平和县秀峰乡福塘村

在地，原来只是一口稍大的古井，井水清澈甘甜，源源不断，被当地堪舆家视为北太极之鱼目，"聚魁楼"楼高三层，呈八卦形式，楼内三间一单元，是目前已发现的土楼中最具独特的平面布局。

福塘村被称为"太极村"，不仅是从高处俯瞰该村颇像阴阳太极图，其在很多民居建筑中也留存着很多对太极文化崇拜的遗迹。留秀楼里客厅的天花板至今尚留存着建于明清时期的太极八卦图形。客厅上的天花板依照太极八卦图形修建，其巨型八卦图案更让人耳目一新；同是建于明清时期的茂桂园楼阴阳井，中间以一墙把井一分为二，两户人家共用这样一口井，土墙把两户人家隔开，水井又把两家人的心连在一起，这样的立意，除了可以节省建筑成本，还显示了古人和谐共处的良苦用心。而从福塘村数十栋古民居建筑上发现的镶嵌着太极八卦图形的屋脊和多个太极图形装饰，又可以清晰地发现，村民们对太极文化的崇拜，已由原先的敬佩变成自觉的认同。

2.4.2 隐涵"牛形"的村落布局

安徽黟县的宏村是个"牛形"结构的村落 ［图 2-18（a）］。全村以高昂挺拔的雷岗山为牛头，苍郁青翠的村口古树为牛角，以村内鳞次栉比、整齐有序的屋舍为牛身，以泉眼扩建成形如半月的月塘为牛胃，以碧波荡漾的南湖为牛肚，以穿堂绕户、九曲十弯、终年清澈见底的人工水圳为牛肠，加上村边四座木桥组成牛腿，远远望去，一头惟妙惟肖的卧牛在青山环绕、碧水涟涟的山谷之间跃然而生，整个村落在群山映衬下展示出勃勃生机，真不愧是牛形图腾的"世界第一村"，理所当然地被列入《世界文化遗产名录》。宏村祖辈们"遍阅山川、详审脉络"尊重自然环境的文化修养，以牛的精神、以牛形结构来规划聚落布局，展现聚落的精神追求。专家们赞誉道："人们赋予环境以意义和象征性，又从它的意义和象征中得到精神的支持与满足。"宏村人将聚落周边突出的山、树、桥、塘、湖等景物以牛形组织起来，一方面让村民意识到人与动物的和谐关系，时时刻刻都能感受到牛的吃苦耐劳品格对人精神的熏陶；另一方面，以牛头、牛角、牛腿、牛胃、牛肚标定山、树、桥、塘、湖，容易形成简明空间标识，换句话说，在牛形关联位置的控制下，村民出行交往、农耕活动更能方便地判别村落各个角落的方位距离，人地配合之默契必然巩固人际的和谐关系，因此，卧牛图腾成为宏村人的集体记忆而代代传承。

(a) 平面图 (b) 村庄风貌 (c) 南湖

图 2-18 安徽黟县宏村

2.4.3 巧夺天工的聚落布局

浙江秀丽的楠溪江风景区，江流清澈、山林优美、田园宁静。这里聚落处处阡陌相连，特别是保存尚好的古老传统民居聚落，更具诱惑力。

　　"芙蓉"、"苍坡"两个聚落位居雁荡山脉与括苍山脉之间永嘉县岩头镇南、北两侧。这里土地肥沃、气候宜人，风景秀丽，交通便捷，是历代经济、文化发达地区。两个聚落历史悠久，始建于唐末，经宋、元、明、清历代经营得以发展。始祖均为在京城做官之后，在此择地隐居而建。在宋代提倡"耕读"，入仕为官、不仕则民的历史背景和以农为主、自给自足的自然经济条件下，两个聚落由耕读世家逐渐形成封闭的家族结构，世代繁衍生息。经世代创造、建设，使得聚落的整体环境、建筑模式、空间组合及风情民俗等，都体现了先民对顺应自然的追求。两个聚落富有哲理和寓意的聚落布局、精致多彩的礼制建筑、质朴多姿的民居、古朴的传统文明、融于自然山水之中的清新，优美的乡土环境，独具风采，令人叹为观止。

　　"芙蓉"聚落是以"七星八斗"立意构思（图 2-19），结合自然地形规划布局而建。星即是在道路交汇点处，构筑高出地面约 10cm、面积约 2.2m² 的方形平台。斗即是散布于聚落中心及聚落中的大小水池。它象征吉祥，寓意聚落中可容纳天上星宿、魁星立斗、人才辈出、光宗耀祖。聚落布局以七颗"星"控制和联系东、西、南、北道路，构成完整的道路系统。其中以寨门入口处的一颗大"星"（4m×4m 的平台）作为控制东西走向主干道的起点，

(a)芙蓉村规划图
1—村口门楼；2—大"星"平台；
3—大"斗"中心水池；4—文化中心；
5—商业集市；6—扩建新宅

(b) 芙蓉村口门楼

(c) 芙蓉池

(d)"七星八斗"的隐喻布局

(e)"大斗"芙蓉池

图 2-19　浙江永嘉芙蓉古村落

同时此"星"也作为出仕人回聚落时在此接见族人的宝地。聚落中的宅院组团结合道路结构自然布置。整个聚落又以"八斗"为中心分别布置公共活动中心和宅院，并将八个水池进行有机地组织，使其形成聚落内外紧密联系的流动水系，这不仅保证了生产、生活、防卫、防火、调节气候等的用水，而且还创造了优美奇妙的水景，丰富了聚落的景观。经过精心规划建造的"芙蓉"聚落，不仅布局严谨、功能分区明确、空间层次分明有序，而且"七星八斗"的象征和寓意更激发乡人的心理追求，创造了一个亲切而富有美好联想的聚落自然环境。

(a) 苍坡村规划图
1—村口门楼；2—砚池；3—笔街；
4—望兄亭；5—水月塘；6—文化中心；
7—商业集市；8—扩建新宅

(b) 苍坡村景象

(c) 苍坡村砚池与笔架山

(d) 苍坡村笔街、石条墨和笔架山

(e) 苍坡村望兄亭

(f) 苍坡村溪门

图 2-20　浙江永嘉苍坡古村落

"苍坡"聚落的布局以"文房四宝"立意构思进行建设（图 2-20）。在村落的前面开池蓄水以象征"砚"；池边摆设长石象征"墨"；设平行水池的主街象征"笔"（称笔街）；借形似笔架的远山（称笔架山）。象征"笔架"有意欠纸，意在万物不宜过于周全，这一构思寓意村内"文房四宝"皆有，人文荟萃，人才辈出。据此立意精心进行布置的"苍坡"村形成了笔街商业交往空间，并与村落的民居组群相连；以砚池为公共活动中心，巧借自然远山景色融于人工造景之中，构成了极富自然的村落景观。这种富含寓意的村落布局，给乡人居住、生活的环境赋予了文化的内涵，创造了蕴含想象力和激发力的乡土气息。陶冶着人们的心灵。

古村落位居山野，与大自然青山绿水融为一体的乡土环境和古村落风貌具有独特的魅力。造村者利用大自然赋予的奇峰、群山的优美形态，丰富村落的空间轮廓线，衬托出古村落完美的形象。借自然山水之美，巧造村景。"芙蓉"村的美名正是由造村者因借村外状似三朵待放的芙蓉奇峰之美，映入村内中心水池，每当晚霞印池有如芙蓉盛开的美景而得名；引山泉入村、沿村落寨墙、道路和宅边的水渠潺潺而流，沟通村内水池形成流动水系，使古村落充满无穷的活力。古村落的美景，令人陶醉。

2.4.4　融于环境的山村布局

爨底下古村是位于北京门头沟区斋堂镇京西古驿道深山峡谷的一座小村（图 2-21），相传该村始祖于明朝永乐年间（1403～1424 年）随山西向北京移民之举，由山西洪洞县迁移至此，为韩氏聚族而居的山村，因村址住居险隘谷下而取名爨底下村。

图 2-21　深山峡谷中的北京爨底下古村落

爨底下古村是在中国内陆环境和小农经济、宗法社会、"伦礼""礼乐"文化等社会条件支撑下发展的。它展现出中国传统文化以土地为基础的人与自然和谐相生的环境，以家族血缘为主体的人与人的社会群体聚落特征和以"伦礼""礼乐"为信心的精神文化风尚。

人与自然和谐相生是人类永恒的追求，也是中国人崇尚自然的最高境界。爨底下古村环境的创造正是尊奉"天人合一""天人相应"的传统观念，按天、地、生、人保持"循环"与"和谐"的自然规律，以村民的智慧把自然创建了人、自然、建筑相融合的山村环境。

（1）运用中华建筑文化理论择吉地建村

爨底下古村运用中华建筑文化地理五诀"寻龙""观砂""察水""点穴"和"面屏"勘察山、水、气和朝向等生态条件，科学地选址于京西古驿道上这一处山势起伏蜿蜒、群山环抱、环境优美独特的向阳坡上。山村地理环境格局封闭回合，气势壮观，"中华建筑文化"选址要素俱全（图 2-22）。村后有圆润的龙头山"玄武"为依托，前有形如玉带的泉源和青翠挺拔的锦屏山"朱雀"相照，左有形如龟虎、蝙蝠的群山"青龙"相护，右有低垂的青山"白虎"环抱。形成"负阴抱阳、背山面水""藏风聚气、紫气东来"的背山挡风、向阳纳气的封闭回合格局，使爨底下古村不仅获得能避北部寒风，善纳南向阳光的良好气候，更有青山绿水、林木葱郁、四时光色、景象变幻的自然风光，构成了动人的山水田园画卷，实为营造人与自然高度和谐的山村环境之典范。

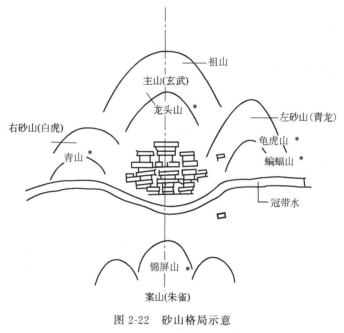

图 2-22　砂山格局示意

（注：带"＊"者为当地地名）

（2）"因地制宜"巧建自然造化的环境空间

充分发挥地利和自然环境优势，结合村民生产、生活之所需，引水修塘，随坡开田，依山就势，筑宅造院。爨底下古村落"顺应自然""因地制宜"的村落布局，以龙头山和锦屏山相连构成南北的"中华建筑文化轴"，将 70 余座精巧玲珑的四合院随山势高低变化，大小不同地分上下两层，呈放射状灵活布置于有限的山坡上。俯瞰村落的整体布局宛如"葫芦"，又似"元宝"。巧妙地将山村空间布局与环境意趣融于自然，赋予古山村"福禄""富贵"的吉利寓意。

在山地四合院的群体布置中，巧用院落布置的高低错落和以院落为单元依坡而建所形成的高差，使得每个四合院和组合院落的每幢建筑都能获得充足的日照、良好的自然通风和开阔的景观视野；采用密集型的山地立体式布置，以获取高密度的空间效益，充分体现古人珍惜和节约有限的土地，保持耕地能持续利用发展的追求和实践。

充分利用山地高差和村址两侧山谷地势，建涵洞、排水沟等完备有效的防洪排水设施；利用高山地势建山顶观察哨、应急天梯、太平通道及暗道等防卫系统；村内道路街巷顺应自然，随山势高低弯曲的变化延伸，构成生动多变的山村街巷道路空间，依坡而建的山地建筑构成了丰富多变的山村立体轮廓。采用青、紫、灰色彩斑斓的山石和原木建房铺路，塑造出朴实无华、宛若天开的山村建筑独特风貌，充满着大自然的生机和活力。

（3）质朴的山村环境精神文化

爨底下古村落不仅环境清新优美，充满自然活力。还以它那由富有人性情感品质的精神环境和浓郁的乡土文化气氛所形成的亲和性，令人叹为观止。

古村落巧借似虎、龟、蝙蝠的形象特征，构建"威虎镇山""神龟啸天""蝙蝠献福"、"金蟾坐月"等富有寓意的村景，以自然景象唤起人们美好的遐想。村中道路和院落多与蝙蝠山景相呼应，用蝙蝠图像装饰影壁，石墩以寓示"福"到的心灵感受。巧借笔峰、笔架山寓为"天赐文宝、神笔有人"之意象，激励村民读书明理、求知向上等喻示手法来营造山村环境的精神文化。

在兴造家族同居的四合院、立家谱族谱、祭祖坟等营造村落宗族崇拜、血缘凝聚的家园精神文化的同时，建造公用石碾、水井等道路节点空间、幽深的巷道台阶和槐树林荫等富有人文精神的公共交往空间，成为大人小孩谈笑交流家事、村事、天下事，情系邻里的精神文化空间，使古村落和谐的社会群众关系更加密切。修建"关帝庙"，"私塾学堂"等伦理教化，读书求知的活动中心，弘扬关帝"仁、义、忠、孝"的精神，以施"伦礼"教化和敦示，规范村民的道德行为，构建和谐环境的精神基础。

2.4.5 以水融情的水乡布局

小洲水乡位于广州市海珠区东南端万亩果树保护区内，保护区由珠江和海潮共同冲积形成，区内水道纵横交错，蜿蜒曲折，并随潮起潮落而枯盈。"岭南水乡"是珠江三角洲地区以连片桑基鱼塘或果林、花卉商品性农业区为开敞外部空间的，具有浓郁广府民系地域建筑风格和岭南亚热带气候植被自然景观特征的中国水乡聚落类型，岭南水乡民居风情融于其中，富蕴岭南水乡和广府民俗风情。

（1）果林掩映的外部环境

在广阔的珠江三角洲，果木的种植，历史悠久，品种繁多，花卉、果林水乡区东北起自珠江前航道，西南止于潭州水道、东平水道（图2-23）。位于海珠区果林水乡的沥村，至今已有600年历史，是典型的岭南水乡集镇。这里河涌密布，四面环水，大艇昼夜穿梭，出门过桥渡河。海珠区水乡龙潭村的中央是一处开阔的深潭，处于村中"Y"字形水道交汇处，

图2-23 登瀛码头和登瀛码头外的万亩果林

那是旧时渔船停靠之地，也是全村的形胜之地，由于四周河水汇集此潭，有如巨龙盘踞，故称"龙潭"。除了村口的迎龙桥外，在"龙潭"北面布置有利溥、汇源、康济三座建于清末的平板石桥；南岸有"乐善好施"古牌坊；东北岸有兴仁书院；东岸不远处有白公祠。古村四周古榕参天，河道驳岸、古桥、书院、古民居、古牌坊、祠堂等古建筑群和参天古榕围合成多层次、疏密有序的岭南水乡空间格局。

（2）潮道密布的水网系统

珠江水系进入三角洲地区后，越向下游分汊越多，河道迂回曲折，时离时合，纵横交错。密布交错的河网为这一带具有广府文化特色的水乡聚落孕育形成了天然的水网环境基础。

小洲就是以"洲"命名的明清下番禺水乡村落之一。小洲位于海珠区东南部的赤沙滘-石溪涌河网区，村落中心区的水网由西江涌、大涌及其分汊支流大冈、细涌等组成，区内河道迂环曲折，潮涨水满，潮退水浅。西江涌是流经小洲的最大河涌，从村西边自南向北绕村而过，到村北约一公里处拐了个大弯，自北而东南，又自东南而东北，这一段至河口称为"大涌"，在村的东北角汇入牌坊河；村西的西江涌分别在西北角和西南角处各分支成两条小河汊，西北分汊一支南流经村中心汇合西江涌从南面过来的另一支小涌后迂回东折，最后汇入细涌，这一"Y"字形水系当地通称"大冈"；西江涌另一分支东流在天后庙，泗海公祠的"水口"位置汇入细涌，西江涌在西南角的另两支河汊，一支北流在村中心汇入大冈，一支绕过村落南缘汇入村东的细涌。绕村东而过的细涌，是流经小洲的第二大河涌，它接纳村中的三支小涌后，呈S形自南向北在村东北角流入大涌，整个小洲水乡聚落的河网，呈明显的网状结构。而在这个水网外围，还存在着与之相通的果园中细长的小河沟，形成一个庞大的水网系统，这个河网水位随潮汐而涨落，就像人的血管一样，成为小洲水乡村落和居民疏通生活污水，完成新陈代谢的生命网络。

（3）村落水巷景观

小洲的水巷景观大致可分为以下四类。

① 外围单边水巷。小洲外围的河涌水巷一般在靠村的一侧砌筑红砂岩或麻石（花岗岩）驳（堤）岸，在巷口对出的地方设置埠头，岸上铺上与河道平行的麻石条三至五条，在民居围合的街巷，临街处往往会修筑闸门楼，直对并垂直条石街和河涌。西江涌的另一侧河岸是连片的果林、水塘和泥筑果基，村西的西江涌和村北的河道水巷多数呈现村落，一侧是麻石道，村外是大片水塘、果林、泥基的单边水巷景观。

② 内部双边水巷。穿过村中心的大冈是小洲村民联系外界的主要通道，也是本村最典型的双边水巷，大冈北段是由西、北两组建筑围合成的水巷，民居的街巷巷门大都垂直朝向河涌，河涌两岸的民居，街巷两两相对或相错。道路双边均铺设与河道平行的麻石铺砌的石板路，在石板路与河道之间，靠水岸的地方一般种植龙眼、榕树等岭南树种，形成宽敞、树木葱茏的水道景观。

河涌对出的河堤大都砌筑凹进或凸出河面的私家小埠头，可谓家家临水，举步登舟。流经村落的河道两岸用麻石，红砂岩砌筑驳岸，驳岸每隔一段设置小埠头，有的为跌落河涌的阶梯状，有的凸出河岸两边或一边开石阶，一般正对一侧的巷门方便村民上下船和洗衣物。小洲内河大冈的埠头区分十分严格，各房族及家族、家庭各用不同的埠头，有的埠头还特意加以说明。

大冈东折的一段由北、南两组建筑围合，北部组团的巷门正对垂直河涌，西南部组团的民居则背倚河岸而建，在后面开门窗或开小院落，一正一反的建筑围合成水巷空间。

小洲村中以麻石平板桥居多，著名的有细桥（白石）、翰墨桥（又称"大桥"）、娘妈桥（白石）、东园公桥（白石）、东池公桥（白石）、无名石桥等；竹木桥有牌坊桥、青云桥等。大岗这一段河涌铺砌了六七座简易的平板石桥，或一板或二三板，平直、别致而稳当，连通南北。细桥和翰墨桥是这段河涌中最为著名的平板古石桥（图 2-24）。

(a) 龙舟试水

(b) 翰墨桥

(c) 简氏宗祠前的百年老榕树

(d) 横跨一涌两岸的石板桥

(e) 古街和老铺

(f) 巷门与镬耳大屋民居

(g) 小舟老铺流水

(h) 小洲刺绣工艺

(i) 小桥流水人家

图 2-24　水乡风貌

③ 街市。小洲的水乡街市主要集中在村东的东庆大街—东道大街—登瀛大街，一直延伸到本村最大的对外交通码头——登瀛古码头一带，是村中古商铺最为集中、商业最为繁华的地方。从商铺分布的格局来看，这里初具小镇规模。

④ 街巷景观。走进小洲水乡内巷，古村的空间结构，以里巷为单位布局规整，整齐通畅的巷道起到交通、通风和防火作用；在村落的朝向上，把民居、祠堂等乡土建筑面向河涌，建筑构成的里巷与河涌垂直，直对小埠头。与麻石或红砂岩石板巷道平行的排水道在接纳各家各户的生活污水后顺地势而下汇入河涌。

小洲内巷中偶尔还会见到一种珠江三角洲独特的蚝壳屋（图2-25），蚝壳屋的每堵墙都挑选大蚝壳两两并排，堆积成列建成，后再用泥沙封住，使墙的厚度达80cm。用这种方式构建的大屋，冬暖夏凉，而且不积雨水，不怕虫蛀，很适合岭南的气候。

图2-25　蚝壳砌筑的
镬耳大屋民居

2.4.6　传统聚落空间布局的启迪

将聚落形态加以形象化的布局，颇富哲理和寓意，看似有点神话般的故事，但这种把直观自然现象的"宇宙图案"作为聚落布局的结构模式，对于突出聚落的空间特色和规划管理是有很多好处的，这对现代的聚落规划仍然颇有启迪的意义。

（1）识别性强

有图像形态的聚落，空间特色明显，容易让人建立简洁的心理意象，记忆牢固，回忆轻松。

（2）秩序良好

有结构模式的聚落，各个部位都要符合整体的布局，各就各位，不许跑调也不能走样，在宏观控制下形成良好的秩序。

（3）不易改变

有"宇宙图案"的聚落，居民会认为这个图案是神灵所赐，是与外部永恒的山川形胜相对应的，聚落的兴旺安危全都系在这个图案的完整上，他们不轻易改变聚落的形态，保持聚落布局的连续性，使聚落的布局管理始终处于自组织的状态中，从而有效地延续空间特色。

（4）人地融洽

有图式构形的聚落，人们容易体会到聚落是在大自然中生根，从大自然中萌芽，与大自然共同生长的，每时每刻都散发着泥土芳香和美感韵味，因而人们能以爱抚的心情来珍惜生活里的一草一木，善待脚下的每一寸土地，来爱护聚落中的每一项公共设施。

总之，聚落的形象化布局不仅是先哲们创立的中华建筑文化"天人合一"传统文化的引申，对聚落布局的形成、环境景观的营造和持续发展都有着极为深刻的意义，为此，在现代城乡规划设计中应加以弘扬，以确保城乡规划设计更富科学性、文化性和合理性，传承中华建筑文化为营造各具特色的城镇风貌，发挥中华建筑文化的积极作用。

2.5　中华文明蕴真谛　　传统文化启睿智

我们伟大的中华民族，以灿烂的文化和悠久的历史著称于世。纵观人类文明发展的进程，举世公认有独立起源的四大古文明，即古巴比伦文明、古埃及文明、古印度文明、古中华文明。随着岁月的流逝，古巴比伦、古埃及、古印度文明不是散失就是中断了，而只有中华文明历经数千年不仅没有散失和中断，时至今日依然充满着勃勃生机。这是值得我们每一个中国人为之自豪的。这种独特的现象，耐人寻味，引起很多专家、学者的关注。究其根源，主要是中华传统文化最具生命力、凝聚力和影响力，在数千年的历史长河中，江山可以易主，朝代可以更替，但唯有文化不能中断，这是一个民族的灵魂，一个民族的精神纽带，一个民族的凝聚之所在。我们应该倍加珍惜和爱护，并努力加以弘扬。

传统民居建筑文化是一部活动的人类生活史，它记载着人类社会发展的历史。研究，运用传统民居的文化是一项复杂的动态体系，它涉及历史的和现实的社会、经济、文化、历史、自然生态、民族心理特征等多种因素。需要以历史的、发展的、整体的观念进行研究，才能从深层次中提示传统民居的内在特征和生生不息的生命力。研究传统民居的目的，是要继承和发扬我国传统民居中规划布局、空间利用、构架装修以及材料选择等方面的建筑精华及其文化内涵，古为今用，创造具有中国特色、地方风貌和时代气息的新建筑。

2.5.1 传统民居建筑文化的继承

我国传统聚落的规划布局，一方面奉行"天人合一"、"人与自然共存"的传统宇宙观；另一方面，受儒、道、释传统思想的影响，多以"礼"这一特定伦理、精神和文化意识为核心的传统社会观、审美观来作为指导。因此，在聚落建设中，讲究"境态的藏风聚气，形态的礼乐秩序，势态和形态并重，动态和静态互释等"。十分重视与自然环境的协调，强调人与自然融为一体。在处理居住环境与自然环境关系时，注意巧妙地利用自然形成的"天趣"，以适应人们居住、贸易、文化交流、社群交往以及民族的心理和生理需要。重视建筑群体的有机组合和内在理性的逻辑安排，建筑单体形式虽然千篇一律，但群体空间组成则千变万化。加上民居的内院天、井和房前屋后种植的花卉林木，与聚落中虽为人作，宛自天开的园林景观组成生态平衡的宜人环境。形成各具特色的古朴典雅、秀丽恬静的村庄聚落。

在传统的民居中，大多都以"天井"为中心，四周围以房间；外围是基本不开窗的高厚墙垣，以避风沙侵袭；主房朝南，各房间面向天井，这个称作"天井"的庭院，既满足采光、日照、通风、晒粮等的需要，又可作为社交的中心，并在其中种植花木、陈列假山盆景、筑池养鱼，引入自然情趣，面对天井有敞厅、檐廊，作为操持家务，进行副业、手工业活动和接待宾客的日常活动场所。天井里姹紫嫣红、绿树成荫、鸟语花香，这种恬静、舒适"天人合一"的居住环境都引起国内外有识之士的广泛兴趣。

2.5.2 传统民居建筑文化的发展

传统民居建筑文化要继承、发展，传统民居要延续其生命力，根本的出路在于变革，这就必须顺应时代，立足现实、坚持发展的观点。突出"变革""新陈代谢"是一切事物发展的永恒规律。传统村庄聚落，作为人类生活、生产空间的实体，也是随时代的变迁而不断更新发展的动态系统。优秀的传统建筑文化，之所以具有生命力，在于可持续发展，它能随着社会的变革、生产力的提高、技术的进步而不断地创新。因此，传统应包含着变革。只有通过与现代科学技术相结合的途径，将传统民居按新的居住理念和生产要求加以变革。只有通过与现代科学技术相结合的途径，在传统民居中注入新的"血液"，使传统形式有所发展而获得新的生命力，才能展现出传统民居文脉的延伸和发展。综观各地民居的发展，它是人们根据具体的地理环境，依据文化的传承、历史的沉淀，形成了较为成熟的模式，具有无限的活力。其中的精髓，值得我们借鉴。

2.5.3 传统民居建筑文化的弘扬

要创造有中国特色、地方风貌和时代气息的新型农村住宅，离不开继承、借鉴和弘扬。

在弘扬传统民居建筑文化的实践中，应以整体的观念，分析掌握传统民居聚落整体的、内在的有机规律，切不可持固定、守旧的观念，采取"复古""仿古"的方法来简单模仿传统建筑形式，或在建筑上简单地加几个所谓的建筑符号。传统民居建筑的优秀文化是新建筑生长的活土。必须从传统民居建筑"形"与"神"的传统精神中吸取营养，寻求"新"与"旧"功能上的结合、地域上的结合、时间上的结合。突出社会、文化、经济、自然环境、时间和技术上的协调发展。才能创造出具有中国特色、地方风貌和时代气息的新型农村住宅。在各界有识之士的大力呼吁下，在各级政府的支持下，我国很多传统的村庄聚落和优秀的传统民居得到保护，学术研究也取得了丰硕的成果。在研究、借鉴传统民居建筑文化，创造有中国特色的新型农村住宅方面也进行了很多可喜的探索。要继承、发展传统民居的优秀建筑文化，还必须在全民中树立保护、继承、弘扬地方文化意识，充分领先社会的整体力量，才能使珍贵的传统民居建筑文化得到弘扬光大，也才能共同营造富有浓郁地方优秀传统文化特色的新型时代建筑。

2.6 特色风貌精气神　乡魂建筑翰墨耘

世情国情的变化，促使我们中国人重新认真地审视中华优秀的传统文化，发现原来传统优秀文化中的好东西如此丰饶、如此渊源；原来近代以来创业史里前辈们的精神世界如此丰富、如此强大；原来我们对待外来文化的态度如此谦虚、如此包容，而这些都已构成了今天我们中华文化的有机组成部分，这就是文化自觉。对已经接触、对话、学习了上百年的西方文化，不再仰视、而是平视；视角变得平等，心态变得平和；不仅心平气和地"拿进来"，而且精神抖擞地"走出去"，这就是文化自信。文化自觉和自信，是实现繁荣的展现。

历史是根，文化是魂。文化自信关乎精气神，文化自觉是推动文化大发展和大繁荣的重要前提，文化自信是提升民族自信心的重要源泉。

建筑风貌作为一种环境景观文化的创作，饱含着丰富的审美因素，人们自然会利用它的美学特征对人的启迪，净化人们的心灵。正如先民们将大地也当做美育题材，创造自然审美形象，教化人们端正品行，去恶从善，提高社会文明。

虽然"喝形"所创造的形象具有丰富的审美内涵，但过于抽象的简化形象却也会带来观赏上的困难和误解，面对自然山水，每个人都会根据自己知识水平和文化素养做出不同的解读和辨认。对待建筑造型艺术和城乡风貌的创作意境，也会有着不同的认知，难以达到家喻户晓、人人明白，而且很有可能在一遍遍的传播中失真，使原始创作意境和形象模糊走样，失去了真正的吸引力。城乡建筑风貌应该是当地历史文化的传承和当地居民生活的缩影，只有在城乡建筑风貌的创作中注入文化内涵，传承当地的历史文化，展现时代精神，才能提高人们的文化自觉和自信，更好地引导人们的审美能力，从而激发人们的自豪感和进取心。

建筑文化作家赵鑫珊先生极力赞美这样的建筑："一座典雅、高贵和气派的建筑，应像晨钟暮鼓一样，他日日夜夜、月月年年在提示该城市的广大居民，教他们明白做人的尊严和生命的价值；教他们挺起胸来走路、堂堂正正地做人等，这才是建筑的精神功能。""它们屹立在那里，说着自己无音的语言，比十本教科书和市民手册还管用。""是的，一批卓越的建筑能潜移默化地改变这座城市，使这座城市有自信心。"

北京天安门就是一座具有精神感染力的建筑，它不仅是中华人民共和国成立的标志，也是中华民族崛起的象征，它每时每刻都在发挥着唤起中华民族增强自信的美化教育作用，成为真真正正的"中华魂"。

因此，能否正确地理解和认识建筑的历史性、文化性和现实性，关系到能否正确引导建筑风貌的创作、把握和坚持。

3 城镇住宅小区规划的原则和指导思想

住宅小区规划是城镇详细规划的主要组成部分，是实现新型城镇总体规划的重要步骤。新型城镇住宅小区规划设计的指导思想，立足于满足城镇居民当代并可持续发展的物质和精神生活需求，融入地理气候条件、文化传统及风俗习惯等特征，体现地方特色，以精心规划设计为手段，努力营造融于自然、环境优美、颇具人性化和各具独特风貌的新型城镇住宅小区。

3.1 城镇住宅小区规划的任务与原则

3.1.1 城镇住宅小区的规划任务

住宅小区规划的任务就是为居民创造一个满足日常物质和文化生活需要的、舒适、经济、方便、卫生、安宁和优美的环境。在小区内，除了布置住宅建筑外，还需布置居民日常生活所需的各类公共服务设施、绿地、活动场地、道路、市政工程设施等。

住宅小区规划必须根据镇区规划和近期建设的要求，对小区内各项建设做好综合的全面安排。还必须考虑一定时期内城镇经济发展水平和居民的文化、经济生活水平，居民的生活需要和习惯，物质技术条件，以及气候、地形和现状等条件，同时应注意近远期结合，留有发展余地。一般新建小区的规划任务比较明确，而旧区的改建必须在对现状情况进行较为详细调查的基础上，根据改建的需要和可能，留有发展余地。

3.1.2 城镇住宅小区的规划原则

城镇住宅小区的规划设计，应遵循下列 8 项基本原则：a. 以城镇总体规划为指导，符合总体规划要求及有关规定；b. 统一规划，合理布局，因地制宜，综合开发，配套建设；c. 城镇住宅小区的人口规模、规划组织、用地标准、建筑密度、道路网络、绿化系统以及基础设施和公共服务设施的配置，必须按城镇自身经济社会发展水平、生活方式及地方特点合理构建；d. 城镇住宅小区规划、住宅建筑设计应综合考虑城镇与城市的差别以及建设标准、用地条件、日照间距、公共绿地、建筑密度、平面布局和空间组合等因素合理确定，并应满足防灾救灾、配建设施及小区物业管理等需求，从而创造一个方便、舒适、安全、卫生和优美的居住环境；e. 为方便老年人、残疾人的生活和社会活动提供环境条件；f. 城镇住宅小区配建设施的项目与规模既要与该区居住人口相适应，又要在以城镇级公建设施为依托的原则下与之有机衔接，其配建设施的面积总指标，可按设施配置要求统一安排，灵活使用；g. 城镇住宅小区的平面布局、空间组合和建筑形态应注意体现民族风情、传统习俗和地方风貌，还应充分利用规划用地内有保留价值的河湖水域、历史名胜、人文景观和地形等规划要素，并将其纳入住宅小区规划；h. 城镇住宅小区的规划建设要顺应社会主义市场经济机制的需求，为方便小区建设的商品化经营、分期滚动式开发以及社会化管理创造条件。

3.2 城镇住宅小区规划的指导思想

现代化是城镇发展的必然趋势。城镇和城市是不可分划的整体。这一论点直到 20 世纪 60 年代以后才逐渐被世人所认识。在国外发达的国家中，城镇的住宅小区建设，已逐渐完成城乡一体化、乡村现代化。在我国，城市的迅速发展使部分乡村在短期内发展成为卫星城镇，这对城镇的住宅小区建设起到促进作用，也对城镇的住宅小区规划提出新的要求。优雅的自然环境和人文景观，安静和舒适的生活条件以及发达的交通、电信及能源设施。使部分城镇完全改观。为了适应 21 世纪我国城镇居住水平，在住宅小区的规划中应根据城镇的住宅小区有着方便的就近从业、密切的邻里关系、优雅的田园风光和浓厚的乡土气息等特点。以新的构思，顺应自然、因地制宜。重视节约用地；强化环境保障措施；合理组织功能结构；精心安排道路交通；巧妙布置住宅群体空间；努力完善基础设施；切实加强物业管理。使城镇住宅小区环境整洁优美，住宅小区服务设施配套完善，符合现代家居生活行为的需要。从而达到舒适文明型的居住标准。

3.2.1　重视节约用地　尽可能不占用耕地良田

如何把改善城镇居住条件同节约用地统一起来，是城镇住宅小区规划中急需解决的重要课题。根据城镇住宅小区的规划和建设的情况，应着重考虑以下几个问题。

（1）充分挖掘旧城镇宅基地的潜力

目前有两种"喜新厌旧"的倾向。一种是建新村，弃旧村。认为放弃旧区，另建新址，从头新建，一切从新。这样，在建设期间，则形成两边占地的问题，新区建了新房，占了一片土地，而旧区照旧，一时腾不出土地，两边都占地，实际上减少了耕地面积，影响了生产。另一种即是建新房，弃旧房。即在旧区的外围建新房，而把旧区中的旧房放弃不住，形成空心村，不仅造成土地大量浪费，也极其严重地影响着镇容镇貌。

我们的城镇住宅小区建设，应尽可能在旧区的基础上改造扩建，把城镇内的闲散土地，如废弃的河沟、池塘、零星杂地加以平整，对原有建筑和设施的质量以及可利用的程度做出实事求是的评价，然后从总体布局上综合考虑，凡是布局上合理的，又可以继续利用的原有建筑和设施，就要充分利用，并作为现状统一组织到新的规划中去，在布局上不合理的，严重影响生产发展和居住环境的，以及质量很差、不能居住的和不宜继续利用的原有建筑和设施，则逐步按规划进行调整，对新平整出来的城镇用地，应在规划指导下统一布置，使这些闲置的土地得到充分的利用。对一些过于分散的村落，也应该根据乡镇域规划布局进行调整，做到迁村并点，相对紧凑集中，既可节约土地，又使布局合理，方便生产和生活。

（2）利用地形，因地制宜，尽可能不占或少占耕地良田应充分利用山地、劣地、坡地。各种坡地的适用情况如下。

a. 坡度为 1%～3%，称平坡地。规划布局不受限制，各类建筑和道路可以自由布置。

b. 坡度为 3%～10%，称缓坡地。对规划布局影响不大，对大型建筑和通车道路布置略有限制，但容易处理，自然排水方便。

c. 坡度为 10%～25%，称中坡地。规划布局和建筑、道路布置均受到一定限制，土方工程量也比较大。但只要精心设计，巧作安排，不难克服。在城镇建设中应该充分利用这种土地。

d. 坡度为 25%～50%，称陡坡地。规划设计难度大，建设工程造价高，一般不宜作为城镇建设用地。但是，对一个规模不太大的城镇或村落，利用陡坡地也是可以的。

（3）合理确定宅基地面积

对于城镇范围内周边村庄聚落的低层住宅，其宅基地面积的大小是决定城镇用地大小的重要因素，也是广大群众十分关心的问题之一。为了节约用地，为了在城镇建设中减少管线和道路的长度，提高建设项目的经济性，应当合理地确定每户的宅基地用地面积。宅基地面积大小应严格执行各地政府的规定。以能满足广大群众家居生活的要求，城镇低层住宅应以家居生活对一层所需布置的功能空间最小面积来确定。一般城镇低层住宅的一层应布置的功能空间包括厅堂、餐厅、厨房、卫生间、楼梯间和一间老年人卧室为宜，因此，按照各类户型的不同需要，低层住宅每户的宅基地面积一般应在 80～100m² 较为适宜。当小于 80m² 时就较难保证一层功能齐全。而当城镇所在用地极为紧张时，也可把一层的功能空间合理地进行分层布置，也还是有缩小宅基地的可能，但宅基地的面积也不应少于 70m²。

（4）努力实行"一户一宅"

目前，城镇居民一户多宅的现象比较普遍，在经济较发达地区更为严重，人少房多，没人住。造成土地严重浪费，为此，必须下大力气，制定有效的政策，坚决实行"一户一宅"的制度。

（5）合理确定道路网和道路宽度

根据一些实例分析，不少城镇在规划中，道路用地占城镇总用地的 20% 左右，有的甚至达到 30% 以上。因此，合理的布置道路网和确定道路宽度，对节约用地有很重要的意义。从一般的城镇情况来看，平时人流和车辆通行不多，即使是考虑到今后车辆的发展，也由于城镇住宅小区一般规模较小，居住户数和人口也较少。根据一般经验，只要经过合理规划，道路占地面积一般可控制在城镇建设总用地的 5%～8%。

（6）合理确定房屋间距

房屋间距的大小是决定城镇用地大小的重要因素之一。城镇住宅前后的间距在基本满足采光、通风、防灾、避免视线干扰及组织宅院等要求的情况下，应尽量缩小其间距。

城镇低层住宅山墙的间距一般可控制在 4m 左右，最好是 6m。

（7）适当加长每栋住宅的长度

城镇的独立式低层住宅，每户一栋，过多的通道和间距，浪费了土地。所以在地形条件允许的情况下，应尽量采取拼联式的做法。但城镇低层住宅应以两户拼联为主。当采用多户拼联时，住宅的单体设计应处理好各功能空间的采光、通风及相互关系的组织。

（8）合理地加大住宅进深，减少面宽

住宅建筑的用地占城镇总用地的 70% 以上，比例很大，因此，应从住宅建筑设计本身来寻找节约土地的措施。根据测算，住宅进深 11m 以内时，每增加 1m，每公顷可增加建筑面积 1000m² 左右。实践也证明减少面宽，加大进深是节约用地的有效途径。

（9）住宅平面应力求简单整齐，避免太多的凹凸进退，可大大减少住宅的建筑用地

（10）提倡建设多层的公寓式住宅和二、三层的低层住宅

根据各地的调查研究，和对设计方案的分析比较，建造二层住宅的每户平均占用宅基地面积比建造一层的要少 20％ 左右，因此，我们应该提倡修建二、三层的低层住宅或多层公寓式住宅。

（11）在满足使用功能的前提下，尽量降低层高对节约用地的效果是十分显著的

（12）尽量减少取土烧砖，节约用地

应逐步改革城镇建筑材料，挖掘地方建材的潜力，尽量利用工业废料制造建筑材料。减少取土烧砖，尤其应杜绝毁坏良田的现象。

3.2.2　强化环境保障措施　展现秀丽的田园风光

在我国的传统民居聚落中，都应尽可能地顺应自然，或者虽然改造自然却加以补偿，聚落的发生和发展，充分利用自然生态资源，非常注意节约资源、巧妙地综合利用这类资源，形成重视局部生态平衡的天人合一生态观。它主要表现在：

① 节约土地　盖房不占好地或少占好地；农田精耕细作，保护地力；以耕保田养土；

② 充分利用自然资源　建房"负阴抱阳"，以取得充沛的日照；房屋前低后高，以防遮挡阳光；

③ 保护和节约资源　如广泛利用人畜粪肥、腐草、污泥乃至炕土等，以保护地力；封山育林或以"风水林"等形式保护森林资源；

④ 重视理水、节约水资源　聚落一般都靠近河溪建设；饮用水倍加保护；为灌溉田亩的水道、水渠、水闸等设施都相当完备；

⑤ 利用自然温差御寒防暑　新疆喀什地区高台民居和台湾兰屿岛雅美人民居，都有凉棚、院房和穴居室三个空间，以根据时令季节利用自然温差调节使用；南方居民即广泛利用天井宅巷阴凉通风；

⑥ 充分利用乡土建筑材料，发挥构件材料的天然性能。

先民们天人合一的生态平衡乃至表现为风俗的具体措施，至今仍有其积极意义，尤其是充分利用自然资源、节约和综合利用等思想和实践，仍然可以在今天有分析地选择和汲取。

"城镇是山水的儿子"。中国的传统民居亲山亲水，充沛的阳光、深邃的阴影、明亮的天空、浓密的树林，建筑生长于其中。福建东南沿海一带，由那"如翚斯飞"的弧曲形屋脊民居组成的聚落，镶嵌在连绵起伏的山峦及碧波万顷的大海之间，浑然一体，从而创造出耐人寻味、颇具乡土气息的景观。苏东坡诗曰"宁可食无肉，不可居无竹"。因此，在城镇住宅小区和住宅的设计中应充分利用基地的地形地貌，保护生态环境。强化生态绿地系统的规划建设，努力实现大地园林化、道路林荫化、住宅小区花园化。

（1）环境净化

生态环境是人类赖以生存发展的基础，城镇住宅小区的规划、设计、建设和管理对其附近环境的依赖性较城市更为直接和明显。恶劣的环境对住宅小区的人与设施、设备的伤害非常严重，同时人类不合理的资源利用方式对环境也存在着不同程度的破坏。一旦形成恶性循环，其后果可能是灾害性的。因此，首先应对住宅小区周围的环境进行调查，包括大气、水体、地下水、土壤、噪声、振动、电磁波、辐射、光、热、灰尘、垃圾处理等方面均应符合

国家有关环境保护的规定。在住宅小区内公共活动地段和主要道路两边应设置符合环境保护要求的公共厕所。对垃圾应进行定点收集、封闭运输和统一消纳。

（2）环境绿化

1）城镇绿化是大地园林化的重要内容，也是城镇建设规划的重要组成部分。绿化对住宅小区小气候的改良、对住宅小区卫生的改善，都具有极其重要的作用。

① 遮荫覆盖、调节气候　良好的绿化环境能降低太阳的辐射和辐射温度、调节气温和空气湿度及降低风速，对住宅小区小气候的改善和调节均有明显的效果。

② 净化空气、保护环境　由于植物在进行光合作用时是吸收二氧化碳，放出氧气，同时对空气中的有害气体，如二氧化硫、一氧化碳也有一定的吸收作用，所以树木是一个天然的空气净化工厂。

③ 结合生产，创造财富　城镇绿化和结合生产具有普遍和特殊意义的重要作用。可以根据不同的地点和条件，因地制宜地多种植有经济价值的树木。植树是项很好的副业生产，是一项有益当前、造福后代的长远事业。

④ 美化环境，为城镇添色　城镇的面貌，除建筑本身外，同时也决定于绿地的组织，树木花草一年四季色彩的季相变化，千姿百态的树形、高矮参差、层层叠叠、生机勃勃、欣欣向荣的美丽景观，装饰着各种建筑、道路、河流，增加环境中生动活泼的气氛，丰富了城镇的主体轮廓；也为人们有了茂盛的花草树木供观赏，而增加精神上的愉快，为人们的生活休息提供良好的自然环境。

⑤ 防风固沙　树木的根系可以固沙，树枝叶可防止雨水对地面的冲刷，防止水土流失。

⑥ 安全防护　绿化还能起到良好的安全防护作用，如防风、防火、防洪和防震等。所以树木也是最好的"天然掩体"和"安全绿洲"。

因此，城镇绿化水平的高低是衡量一个城镇环境好坏的重要标志。

2）在现在社会里，人们的物质生活水平不断提高，而在心灵上与精神上却日渐缺少宁静与和谐，即便是生活在城镇中，由于民营企业的不断发展，产业结构的变化，节奏紧张的工作，使得人们难以感受到绿树、红花、青草与泥土的芬芳气息。用绿色感受生活已成为现代人对家居环境的迫切要求。植物的绿色是生命与和平的象征，具有生命的活力，会带给人们一种柔和的感觉和一种安全感。优美的绿化布置，可以显得更加怡情悦性、富有生气。绿色的植物能够调节温度、湿度。干燥季节，绿化较好的室内其湿度比一般室内湿度约高20%。植物能遮挡直射阳光，吸收热辐射，从而发挥隔热作用。盛夏季节栽种爬墙虎、牵牛花等攀缘植物，可将墙壁上的热量吸走。花卉也还能使人产生赏心悦目的感觉。绿化是提高住宅小区及其住宅室内生态环境质量的必要条件和自然基础。

① 住宅小区的绿地面积不应低于总用地的30%，并应尽可能地增加绿地率。村庄公共绿地≥2m²/人，集镇公共绿地≥4m²/人。要充分利用墙面、屋顶、露台、阳台等，扩大绿化覆盖，同时提高绿化的质量。

② 绿地的分布应结合住宅及其组群布置，既丰富建筑景观，又活跃住宅小区的生活气息。采取集中与分散相结合的方式，便于居民就近使用。

③ 住宅小区的环境绿化应结合地形地貌，保护和利用城镇住宅小区范围内有保留价值的河流小溪等水系、树木植被并加以改造整治；利用坡地，尽可能减少土方量，以创造高低变化、层次丰富、错落有致的自然景观。同时根据用地布局和城镇现状绿化的特点，结合生产经营统一安排，使其形成综合效益好，富有田园风光和各具地方特色的绿化系统。

④ 应注重垂直绿化、立体绿化以及住宅的室内绿化，使其与住宅小区的环境绿化，互为映衬，形成一个完整的绿化环境。

⑤ 城镇住宅还应努力利用内庭，或在入口处设一方小庭院，栽花种草、布置园林小景，以展现田园风光，提高生活情趣。

（3）环境景观

① 对能体现地方历史与文化的名胜古迹，名树古木及碑陵等人文景观和生态系统景观等就应采取积极的保护措施，并充分发挥其作用。

② 对建筑单体和群体的体型、色彩、群体组合、街巷走向与宽度、绿化的配置等进行综合设计，使其形成新的景点，使其与现状地形、自然风貌和传统建筑文化相协调。

③ 利用各种具有特色的建筑小品、形成景点、创造美好的意境，增强住宅小区和住宅组群的识别性。

④ 建在山坡的城镇，应重视挡土墙的美化和绿化，或利用天然岩石砌起凹凸不平的墙面，或镶嵌花池，植以盆栽，或以攀缘爬藤，增加绿化覆盖，以避免单调生硬感，增强环境意识。

⑤ 山地中的山泉，应努力加以创作，再现泉水叮咚响和路边小沟流水清澈涟漪的自然景观，给人以返璞归真的追思。

⑥ 水是生命的源泉，人们对水有着极其深厚的感情，亲近水是人类的自然天性。因此在住宅小区规划中，就应该充分利用水系，创造耐人寻味的水环境的艺术景观。

3.2.3 合理组织功能结构　适应现代生活的需要

城镇住宅小区应是所在城镇总体规划的居住用地范围。住宅小区应做到功能结构清晰、整合有序，用地布局合理，设施配置得当。要处理好住宅小区之间、住宅组群之间以及与邻近用地功能和道路交通的关系，相互协调、合理布局，避免彼此干扰，以确保方便居民生活和物业管理的要求。

应根据住宅小区的规模，结合地形地貌和民情风俗，组织住宅组群，布置相应的公共服务设施和绿地，以组织好公共中心，适应现代生活的需要，并具浓郁的地方特色。

要提高城镇住宅小区的空间结构及其建筑文化内涵，主体建筑意象要具有个性。

3.2.4 精心安排道路交通　方便居民出行

道路交通无论在城镇总体规划或住宅小区规划中都是极其重要的组成部分。如果把住宅小区比喻为人的身躯，则道路就如同人的骨架或动脉，是道路沟通了所有静止的因素。道路保证了住宅小区内外交通的联系，保证了人们的正常进行生产与生活，相互协作与联系。不仅如此，道路还与各项工程设施有着密切的关系，许多管道、线路都与道路相联系而进行布设。道路与建筑景观的形成起着相辅相成的作用。因此，布置便捷、安全、景观丰富的道路系统，可为方便居民出行，创造舒适的环境、安全的交通、组织住宅小区的景观提供了先决条件。

① 应根据住宅小区的用地布置与对外联系，结合自然条件和环境特点，恰当地选择住宅小区的出入口，组织通达顺畅（但应避免穿行）和景观丰富的道路系统，满足消防、救护、抗灾等要求，并为住宅小区的住宅组群布置以及管线的敷设提供方便。同时不能让过境

公路穿越城镇的住宅小区。

② 城镇住宅小区的道路走向应沿着夏季的主导风向布置，对通风极为有利（尤其是在南方气候炎热的盆地或山丘地带，作用更为显著）。但又应避免顺着冬季主风向布置，以防寒风对住宅小区的侵袭。

③ 城镇住宅小区的道路布局应符合车流、人行的轨迹，努力做到便捷通畅、构架清楚、分级明确、宽度适宜，严格区分车行道、步行道和绿地小道。由于道路的建设投资大，因此在满足消防、救护、抗灾及方便出行的前提下，应努力减少车行道的长度。

④ 要组织好住宅小区和住宅组群（院落）的人行、非机动车及机动车的流线，减少人车相互干扰，保证交通安全。

⑤ 解决好停车。在很多地方，家庭的农用车已经普及。随之而来的，小汽车进入城镇居民的家庭也已为期不远了。为了适应这种变化，应结合住宅的设计和住宅小区的规划，采用每户分别设置和适当集中就近布置相结合，解决家庭停车问题。在住宅小区的规划中，还应为增加停车场地留有发展余地。在住宅小区主要出入口附近，适当布置公共停车场地供来访客人停车。

⑥ 应设置必要的路障、标志和图示，限速行驶。并用不同的铺地、绿化、台阶明确指示车行、人行的道路，防止车辆长驱直入，切实做到人车分流。

⑦ 在有条件的住宅小区可为残疾人和老年人车辆的通行设置残疾人的专用道路（设专用铺装和信号）。

3.2.5 灵活布置住宅群体空间　丰富住宅小区的整体景观

城镇住宅的立面造型为使人造的围合空间能与大自然及既存的历史文化场景密切地配合，创造出自然、和谐与宁静的城镇住宅景观提供极为重要的条件。而城镇住宅小区的整体景观又必须运用住宅与住宅或与其附近的建筑物组成开放、封闭或轴线式的各种空间，来配合自然条件，以达到丰富住宅小区整体景观的目的。

① 应根据当地居民的不同要求，同时考虑住宅功能变化的趋向，确定住宅标准。

② 为有利于提高土地利用率，丰富建筑空间环境，形成绿荫掩映的田园风光。城镇住宅应以多层公寓式住宅和低层楼房为主。

③ 住宅的单体设计（或选用通用设计）要结合住宅组群的空间组织。统一考虑，使之成为有机的整体。

④ 住宅的朝向、间距除了要满足日照、通风和防灾的要求外，还应避免视线干扰，确保住宅的私密性以及建筑视觉等保证室内外环境质量的要求。同时又做到节地、节能。低层住宅山墙的间距一般应控制在 4m 左右，布置时应注意住宅的挑出物对间距的影响。

⑤ 每个住宅组群的居住户数不宜太多，应根据当地的地形地貌、经济发展状况和城镇的不同层次等具体条件合理确定。

⑥ 应发挥设计人员的积极性，创造性地组织住宅群体空间，提高住宅组群的功能与环境质量，增强住宅群体形态的识别性。

3.2.6 努力完善基础设施　提供舒适的生活条件

改革开放以来，我国的城镇建设取得了辉煌的成就，但基础设施仍然十分薄弱。对于城镇住宅和住宅小区的建设，只有完善的基础设施，才能为广大居民提供现代化、安全舒适的生活条件，也才能确保环境质量。

① 给水　生活用水应符合卫生标准，给水设施应做到供水到户。

② 排水　排水系统宜采用雨污分流制。污水需经处理并符合标准后方可排放。用于农业灌溉时应符合相关标准的规定。

③ 供电　应根据当地实际情况选择电源。供电负荷需有适度的增容可能。供电线路可根据具体情况采用架空或埋地敷设，道路、广场和公共绿地应设置照明设施。

④ 电讯　应保证每户安装电话的需要。设置有线电视网，电信线路宜埋地敷设。

⑤ 燃气与供热　应改变每户燃烧煤柴的炊事、采暖方式，以减少能源消耗以及垃圾、烟尘的污染。可根据当地的条件选择经济合理、集中或分散的供热和供燃气方法。

⑥ 管线综合　所有的给排水、燃气、供热的管线应配备齐全，地下敷设，并应与埋地电缆等一起结合道路规划进行管线综合设计、合理安排。争取一次建成，但也可根据具体情况分期建设。

⑦ 应完善住宅小区的环卫设施　在城镇住宅小区的公共活动地段和主要干道附近布置符合环保要求的公共厕所。建立垃圾收集、运输及消纳措施。

⑧ 应根据地区特点，在规划设计中设置必要的防灾措施。

3.2.7　切实加强物业管理　创建文明住宅小区

物业管理是方便居民生活，创造环境优美、高度文明城镇住宅小区的必需条件，也是创造温馨家居环境的重要组成环节。应努力塑造一个适应社会行为和物业管理的空间环境系列。空间组织要便于安全防范、交通布局要考虑安全，合理安排生活服务设施，完善配套工程，方便居民的日常生活。商业、集贸、幼托及文化活动中心等公共建筑应顺应居民的行为轨迹。城镇住宅小区小孩上学和居民就医应有可行的措施。解决好垃圾的收集以及车辆的管理。强化住宅小区环境绿化和清洁卫生的管理。同时还应设置设备维修、信报收发、便民商店和社区居委会等服务设施。

3.3　城镇住宅小区规划的布局原则

住宅建筑是居民生活居住的三维空间，住宅建筑群规划布置合理与否将直接影响到居民的工作、生活、休息、游憩等方面。因此，住宅建筑群的规划布置应满足使用合理、技术经济、安全卫生和面貌美观的要求。

3.3.1　使用要求

住宅建筑群的规划布置要从居民的基本生活需要来考虑，为居民创造一个方便、舒适的居住环境。居民的使用要求是多方面的，例如，根据住户家庭不同的人口构成和气候特点，选择合适的住宅类型；合理地组织居民户外活动和休息场地、绿地、内外交通等。由于年龄、地区、民族、职业、生活习惯等不同，其生活活动的内容也有所差异，这些差异必然提出对规划布置的一些内容的客观要求，不应忽视。

3.3.2　卫生要求

卫生要求的目的是为居民创造一个卫生、安静的居住环境。它既包括住宅的室内卫生要求、良好的日照、朝向、通风、采光条件，防止噪声、空气、电磁及光热等污染。也包括室外和住宅建筑群周围的环境卫生；既要考虑居住心理、生理等方面的需要，也应赋予居民精神上的健康和美的感受。

（1）日照

日光对人的健康有很大的影响，因此，在布置住宅建筑时应适当利用日照，冬季应争取最多的阳光，夏季则应尽量避免阳光照射时间太长。住宅建筑的朝向和间距也就在很大程度上取决于日照的要求，尤其在纬度较高的地区（$\phi = 45°$ 以上），为了保证居室的日照时间，必须要有良好的朝向和一定的间距。为了确定前后两排建筑之间合理的间距，须进行日照计算。平地日照间距的计算，一般以农历

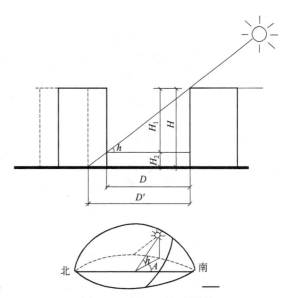

图 3-1　平地日照间距计算

h—冬至日正午该地区的太阳高度角；
H—前排房屋檐口至地坪高度；
H_1—前排房屋檐口至后排房屋窗台的高差；
H_2—后排房屋低层窗台至地坪高度；
D—太阳照射到住宅底层窗台时的日照间距；
D'—太阳照射到住宅的墙脚时的日照间距；
A—太阳方位角

冬至日正午太阳能照射到住宅底层窗台的高度为依据；寒冷地区可考虑太阳能照射到住宅的墙脚为宜。

平地日照间距计算如图 3-1 所示。

由图 3-1 可得出计算公式：

$$D = \frac{H - H_2}{\tan h} \qquad\qquad D' = \frac{H}{\tan h}$$

表 3-1　不同方位间距折减系数

方　　位	0°～15°	15°～30°	30°～45°	45°～60°	＞60°
折减系数	1.0	0.9	0.8	0.9	0.95

当建筑朝向不是正南向时，日照间距应按表 3-1 中不同方位间距折减系数相应折减。

由于太阳高度角与各地所处的地理纬度有关，纬度越高，同一时日的高度角也就越小。所以在我国一般越往南的地方日照间距越小，相反，往北则越大。根据这种情况，应对日照间距进行适当的调整，表 3-2 对各地区日照间距系数做出了相应的规定。

居民对日照的要求不仅局限于居室内部，室外活动场地的日照也同样重要。住宅布置时不可能在每幢住宅之间留出许多日照标准以外不受遮挡的开阔地，但可在一组住宅里开辟一定面积的宽敞空间，让居民活动时获得更多的日照。如在行列式布置的住宅组团里，将其中的一幢住宅去掉 1、2 单元，就能为居民提供获得更多日照的活动场地。尤其是托儿所、幼儿园等建筑的前面应有更开阔的场地，获得更多的日照，这类建筑在冬至日的满窗日照不少

于 3h。

表 3-2　我国不同纬度地区建筑日照间距表

地　名	北　纬	冬至日太阳高度角	日　照　间　距	
			理论计算	实际采用
济南	36°41′	29°52′	1.74H	1.5～1.7H
徐州	34°19′	32°14′	1.59H	1.2～1.3H
南京	32°04′	34°29′	1.46H	1～1.5H
合肥	31°53′	34°40′	1.45H	
上海	31°12′	35°21′	1.41H	1.1～1.2H
杭州	30°20′	36°13′	1.37H	1H
福州	26°05′	40°28′	1.18H	1.2H
南昌	28°40′	37°43′	1.30H	1～1.2H，≤1.5H
武汉	30°38′	35°55′	1.38H	1.1～1.2H
西安	34°18′	32°15′	1.48H	1～1.2H
北京	39°57′	26°36′	1.86H	1.6～1.7H
沈阳	41°46′	24°45′	2.02H	1.7H

（2）朝向

住宅建筑的朝向是指主要居室的朝向。在规划布置中应根据当地自然条件——主要是太阳的辐射强度和风向，来综合分析得出较佳的朝向，以满足居室获得较好的采光和通风。在高纬度寒冷地区，夏季西晒不是主要矛盾，而以冬季获得必要的日照为主要条件，所以，住宅居室布置应避免朝北。在中纬度炎热地带，既要争取冬季的日照，又要避免西晒。在Ⅱ、Ⅲ、Ⅳ气候区，住宅朝向应使夏季风向入射角大于 15°，在其他气候区，应避免夏季风向入射角为 0°。

（3）通风

良好的通风不仅能保持室内空气新鲜，也有利于降低室内温度、湿度，所以建筑布置应保证居室及院落有良好的通风条件。特别在我国南方或由于地区性气候特点而造成夏季气候炎热和潮湿的地区，通风要求尤为重要。建筑密度过大，住宅小区内的空间面积过小，都会阻碍空气流通。在夏季炎热的地区，解决居室自然通风的办法通常是将居室尽量朝向主导风向，若不能垂直主导风向时，应保证风向入射角在 30°～60°之间。此外，还应注意建筑的排列、院落的组织，以及建筑的体型，使之布置与设计合理，以加强通风效果，如将院落布置敞开处朝向主导风向或采用交错的建筑排列，使之通风流畅。但在某些寒冷地区，院落布置则应考虑风沙、暴风的袭击或减少积雪，而采用较封闭的庭院布置。

在城镇住宅小区和住宅组团布置中，组织通风也是很重要的内容，针对不同地区考虑保温隔热和通风降温。我国地域辽阔，南北气候差异大，各地对通风的要求也不同。在住宅小区和住宅组团布置时，应根据当地不同的季节的主导风向，通过住宅位置、形状的变化，满足通风降温和避风保温的实际要求（图 3-2）。

（4）防止污染

1）防止空气污染

① 油烟扰民　油烟指食物烹饪和生产加工过程中挥发的油脂、细小的油、有机质以及热氧化和热裂解的产物。饭店、酒楼在食品加工过程中会散发大量的油烟，长期以来，都是无组织排放，严重污染着周围居民的生活环境，并破坏城市的大气环境。

② 机动车的尾气　汽车尾气已成为城市空气的主要污染源。主要交通干线和路口等车

流越密集、汽车尾气的浓度越高，污染越严重。虽然现在全面推行使用无铅汽油，但是大量货运车辆都是使用柴油发动机，其排放出来的含铅尾气依然对整个城市造成污染。

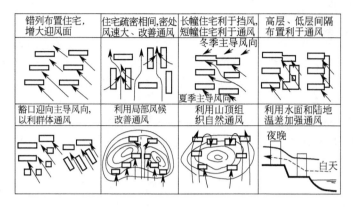

图 3-2　住宅组团的通风和防风

机动车排放的尾气中有毒有害物质达 200 多种。比较严重的有一氧化碳、氮氧化物、烃类化合物、光化学物（光气）、铅尘及苯并芘等充斥在人们的呼吸带附近。

③ 臭气　由于生活垃圾中含有较多的有机物，如剩饭剩菜，蔬菜的根与叶，家禽、动物及鱼类的皮、毛、脂肪和蛋白质等。在收集、中转以及填埋的各个环节中，这些有机物质受到微生物的作用而腐烂。同时产生一定量的氨、硫化物、有机胺、甲烷等有毒又有异味的气体污染物。俗称为垃圾臭气。垃圾臭气中含有机挥发性气体就多达 100 多种，其中含有许多致癌致畸形物。

④ 其他臭气。

2）防止噪声污染

人们渴望宁静的生活。然而由于现代化生活的快节奏和多元化造成许许多多的噪声，使得人们往往遭受噪声污染的干扰，不仅影响到人们的健康，也干扰了人们的正常生活。

3）防止光污染

光污染已经成为一种新的环境污染，它时刻威胁和损害着我们健康。光污染在国内尚无立法，目前也还没有专家开展专门研究，甚至对"光污染"一词也尚无权威解释。在国外对光污染已引起极大的重视，许多企业在产品生产时，开始考虑其对视觉的影响并采取相应的措施。

4）防止电磁污染

据介绍，不少城市电磁辐射污染日趋严重。随处可见的手机、遍布市区的无线电发射基站，甚至微波炉，都可能产生电磁污染源。高压线不仅产生无线电辐射污染，而且放射 X射线、γ 射线等。在一些城市的居民住宅区、移动天线的无线电辐射严重超标。电磁污染对人体的危害是多方面的。

5）防止热污染

大气热污染现象也称"热岛"现象。它指因城镇气温比周边地区气温高，导致气候变化异常和能源消耗增大，从而给居民生活和健康带来影响的现象。热污染是由于日益现代化的工农业生产和人类生活中排出的各种废热所导致的环境污染，它会导致大气和水体的污染。

6）防止其他污染

除了上述的多种污染外，建筑工地打桩所引起的震动也是扰民的污染源，另外过于单调的景观、杂乱无章的景观以及与环境极不和谐的景观也会给人们造成一种与优美环境背道而驰的视觉污染。在国内已引起重视，并开始进行研究。

3.3.3 安全要求

住宅建筑的规划布置除了满足正常情况下居住生活要求的结构安全外，还必须考虑一旦发生火灾、地震、洪水侵犯时，抢运转移的方便与安全。因此，在规划布置中，必须按照有关规范，对建筑的防火、防震、安全疏散等做统一的安排，使之能有利防灾、救灾或减少其危害程度。

① 防火　当发生火灾时为了保证居民的安全、防止火灾的蔓延，建筑物之间要保持一定的防火距离。防火距离的大小随建筑物的耐火等级以及建筑物外墙门窗、洞口等情况而异。《建筑设计防火规范》（GB 50016—2014）中有具体的规定。

② 防震　地震区必须考虑防震问题。住宅建筑必须采取合理的房屋层数、间距和建筑密度。房屋的层数应符合《工业与民用建筑抗震设计规范》要求，房屋体型力求简单。对于房屋防震间距，一般应为两侧建筑物主体部分平均高度的 1.5～2.5 倍。住房的布置要与道路、公共建筑、绿化用地、体育活动用地等相结合，合理组织必要的安全隔离地带。

3.3.4 经济要求

住宅建筑的规划与建设应同城镇经济发展水平、居民生活水平和生活习俗相适应，也就是说在确定住宅建筑的标准、院落的布置等均需要考虑当时、当地的建设投资及居民的生活习俗和经济状况，正确处理需要和可能的关系。降低建设费用和节约用地，是住宅建筑群规划布置的一项重要原则。要达到这一目的，必须对住宅建筑的相关标准、用地指标严格控制。此外，还要善于运用各种规划布局的手法和技巧，对各种地形、地貌进行合理改造，充分利用，以节约经济投入。

3.3.5 美观要求

一个优美的居住环境的形成，不是单体建筑设计所能奏效的，主要还取决于建筑群体的组合。现代规划理论，已完全改变了那种把住宅孤立地作为单个建筑来进行的设计，而应把居住环境作为一个有机整体来进行规划。居民的居住环境不仅要有较浓厚的居住生活气息，而且要反映出欣欣向荣、生机勃勃的时代精神面貌。因此，在规划布置中应将住宅建筑结合道路、绿化等各种物质要素，运用规划、建筑以及园林等的手法，组织完整的、丰富的建筑空间，为居民创造明朗、大方、优美、生动的生活环境，显示美丽的城镇面貌。

3.4 城镇住宅小区的规模

当前，全国建制镇（不含县城城关镇）平均人口规模接近万人，在长江三角洲、珠江三角洲等城镇密集地区甚至出现了一批 5 万～20 万人口的城镇。因此，作为城镇的住宅小区比起城市住宅小区规模也相应较小。住宅小区的规模包括人口及用地两个方面。

3.4.1 住宅小区的人口规模

住宅小区一般由城镇主要道路或自然分界线围合而成，是一个相对独立的社会单位，住宅区的规划组织结构由住宅小区、住宅组群、住宅庭院组成。其人口规模见表 3-3。

表 3-3　住宅小区人口规模

居住单位名称		居 住 规 模	
		人口数	住户数
住宅小区	Ⅰ级	8000～12000	2000～3000
	Ⅱ级	5000～7000	1250～1750
住宅群组	Ⅰ级	1500～2000	375～500
	Ⅱ级	1000～1400	250～350
住宅庭院	Ⅰ级	250～340	63～85
	Ⅱ级	180～240	45～60

3.4.2　住宅小区的用地规模

住宅小区用地规模是以规划用地指标为依据，规划用地指标包括住宅建筑用地、公共建筑用地、道路用地和公共绿地各项用地指标和总用地指标。住宅小区用地规模应采取人均建设用地指标、用地构成比例加以控制。详见表 3-4、表 3-5。

表 3-4　城镇住宅小区人均建设用地指标

层　　数	人均用地指标/(m²/人)					
	住宅小区		住宅组群		住宅庭院	
	Ⅰ级	Ⅱ级	Ⅰ级	Ⅱ级	Ⅰ级	Ⅱ级
低层	48～55	40～47	35～38	31～34	29～31	26～28
低层、多层	36～40	30～35	28～30	25～27	23～25	22～24
多层	27～30	23～26	21～22	18～20	19～20	17～18

表 3-5　城镇住宅小区用地构成控制指标

用 地 类 别	各类用地构成比例/%					
	住宅小区		住宅组群		住宅庭院	
	Ⅰ级	Ⅱ级	Ⅰ级	Ⅱ级	Ⅰ级	Ⅱ级
住宅建筑用地	54～62	58～66	72～82	75～85	76～86	78～88
公共建筑用地	16～22	12～18	4～8	3～6	2～5	1.5～4
道路用地	10～16	10～13	2～6	2～5	1～3	1～2
公共绿地	8～13	7～12	3～4	2～3	2～3	1.5～2.5
总计用地	100	100	100	100	100	100

3.5　城镇住宅小区的用地选择

3.5.1　优秀传统建筑文化的环境选择原则

优秀传统建筑文化，实际上就是融合了地球物理磁向、宇宙星体气象、山川水文地质、生态建筑景观和宇宙生命信息等多门科学、哲学、美学、伦理学以及宗教、民俗等众多智慧，最终形成内涵丰富，具有综合性的系统性很强的独特文化体系。其环境选择的原则，概括起来有如下 5 项原则。

（1）立足整体　适中合宜

整体系统论，作为一门完整的科学，它是在 20 世纪才产生的。但作为一种朴素的方法，中国的先哲很早就开始运用了。传统建筑文化把环境作为一个整体系统，这个系统以人为中心，包括天地万物。环境中的每一个子系统都是相互联系、相互制约、相互依存、相互对立、相互转化的要素，传统建筑文化的功能就是要宏观地把握协调各子系统之间的关系优化结构，寻求最佳组合。

传统建筑文化充分注意到环境的整体性。立足整体原则是传统建筑文化的总原则，其他原则都从属于整体原则，以立足整体的原则处理人与环境的关系，是传统建筑文化的基本点。

适中合宜，就是恰到好处，不偏不倚，不大不小，不高不低，尽可能优化，接近至善至美。

传统建筑文化主张山脉、水流、朝向都要与穴地协调，房屋的大与小也要协调，房大人少不吉，房小人多不吉，房小门大不吉，房大门小不吉。

适中合宜的原则还要求突出中心，布局整齐，附加设旋紧紧围绕轴心。

（2）观形察势　顺乘生气

从大环境观察小环境，便可知道小环境受到外界的制约和影响，诸如水源、气候、物产、地质等。任何一块宅地表现出来的好坏都是由大环境所决定的，犹如中医切脉，从脉象之洪细弦虚紧滑浮沉迟速，就可知道身体的一般状况，因为这是由心血管的机能状态所决定的。只有形势完美，宅地才完美。每建一座城市，每盖一栋楼房，每修一个工厂，都应当先考山川大环境。大处着眼，小处着手，必无后顾之忧，而后富乃大。

传统建筑文化认为：气是万物的本源。太极即气，一气积而生两仪，一生三而五行具，土得之于气，水得之于气，人得之于气，气感而应，万物莫不得于气。

传统建筑文化认为：房屋的大门为气口，如果有路有水环曲而至，即为得气，这样便于交流，可以得到信息，又可以反馈信息。如果把大门设在闭塞的一方，谓之不得气。得气有利于空气流通，对人的身体有好处。宅内光明透亮为吉，阴暗灰秃为凶。只有顺乘生气，才能称得上贵格。

（3）因地制宜　调谐自然

因地制宜，即根据环境的客观性，采取适宜于自然的生活方式。《周易·大壮卦》提出："适形而止。"先秦时的姜太公倡导因地制宜，《史记·货殖列传》记载："太公望封于营丘，地舄卤，人民寡，于是太公劝其女功，极技巧，通鱼盐。"

我国传统的村镇聚落很注重改造环境、调谐自然。如果下工夫，花力气翻拣一遍历史上留下来的地方志书和村谱、族谱，每部书的首卷都叙述了自然环境，细加归纳，一定会有许多改造环境、调谐自然的记载。就目前来说，如深圳、珠海、广州、汕头、上海、北京等许多开放城市，都进行了许多的移山填海，建桥铺路，折旧建新的环境改造工作，而且取得了很好的效果。

研究传统建筑文化的目的，在于努力使城市和村镇的格局更合理，更有益于人民的健康长寿和经济的发展。

（4）依山傍水　负阴抱阳

依山傍水是传统建筑文化最基本的原则之一。山体是大地的骨架，水域是万物生机之源泉，没有水，人就不能生存。考古发现的原始部落几乎都在河边台地，这与当时的狩猎和捕捞、采摘经济相适应。

依山的形势有两类。

一类是"土包屋"，即三面群山环绕，奥中有旷，南面敞开，房屋隐于万树丛中。湖南岳阳县渭洞乡张谷英村就处于这样的地形，五百里幕阜山余脉绵延至此，在东北西三方突起三座大峰，如三大花瓣拥成一朵莲花。明代宣德年间，张谷英来这里定居，五百年来发展六百多户、三千多人的赫赫大族，全村八百多间房子串通一气，男女老幼尊卑有序，过着安宁祥和的生活。

依山另一类形式是"屋包山"，即成片的房屋覆盖着山坡，从山脚一直到山腰，长江中上游沿岸的码头城镇都是这样，背枕山坡，拾级而上，气宇轩昂。有近百年历史的武汉大学建筑在青翠的珞珈山麓，设计师充分考虑到特定的环境，依山建房，学生宿舍贴着山坡，像环曲的城墙，有个城门形的出入口。山顶平台上以中孔城门洞为轴线，图书馆居中，教学楼分别立于两侧。主从有序，严谨对称。学校得天然之势，有城堡之壮，显示了高等学府的宏大气派。

中国处于地球北半球，欧亚大陆东部，大部分陆地位于北回归线（北纬 23°26′）以北，一年四季的阳光都由南方射入。朝南的房屋便于采集阳光。阳光对人的好处很多：一是可以取暖，冬季时，朝南的房间比朝北的房间温度高 $1\sim2℃$；二是参与人体维生素 D 的合成，小儿常晒太阳可预防佝偻病；三是阳光中的紫外线具有杀菌作用，尤其对经呼吸道传播的疾病有较强的灭菌作用；四是可以增强人体免疫功能。因此，对于处在地球北半球的中国来说，传统建筑文化的环境选择原则负阴抱阳就是要求坐北朝南。

（5）地质检验　水质分析

传统建筑文化对地质很讲究，甚至是挑剔，认为地质决定人的体质，现代科学也证明这并不是危言耸听。地质对人体的影响至少有以下 4 个方面。

① 土壤中含有微量元素锌、钼、硒、氟等，在光合作用下放射到空气中直接影响人的健康。

② 潮湿或臭烂的地质，会导致关节炎、风湿性心脏病、皮肤病等。潮湿腐败地是细菌的天然培养基地，是产生各种疾病的根源，因此，不宜建宅。

③ 地球磁场的影响。地球是一个被磁场包围的星球，人感觉不到它的存在，但它时刻对人发生着作用。强烈的磁场可以治病，也可以伤人，甚至引起头晕、嗜睡或神经衰弱。

④ 有害波影响。如果在住宅地面 3m 以下有地下河流，或者有双层交叉的河流，或者有坑洞，或者有复杂的地质结构，都可能放射出长振波或污染辐射线或粒子流，导致人头痛、眩晕、内分泌失调等症状。

传统建筑文化主张考察水的来龙去脉，辨析水质，掌握水的流量，优化水环境，这条原则值得深入研究和推广。

3.5.2　城镇住宅小区用地的选择原则

城镇住宅小区用地的选择关系到城镇的功能布局、居住环境质量、城镇建设经济及景观组织等各个方面，必须慎重对待。城镇住宅小区用地的选择应遵循以下原则。

① 具有良好的自然条件　应选择适于各项建筑工程所需要的地形和地质条件的用地，

避免不良条件（洪水、地震、滑坡、沼泽、风口等）的危害，以节约工程准备和建设的投资；在山地丘陵地区，选择向阳和通风的坡面，少占或不占基本农田；在可能的条件下，最好接近水面和环境优美的地区。

② 紧凑布置，集中完整　居住用地宜集中而完整，以利紧凑布置，从而节约市政工程管线和公共服务设施配套的费用。

③ 尽量靠近城镇中心区　城镇住宅小区规模一般不太大，部分城镇级公共设施可兼有居住宅小区的公共服务设施的职责，因此居住用地宜靠近城镇中心区，节省开发的投资。

④ 尽可能接近就业区　居住用地的位置，应按照工业企业的性质和环境保护的要求，确定相应的距离和部位。一般情况，城镇工业区根据当地主导风向，应位于居住用地的下风向、河流的下游地段。在保证安全、卫生和良好生态环境的前提下，居住用地尽可能接近工厂等就业区。

⑤ 留有发展余地　居住用地的选择在规模和空间上要留有必要的余地。发展空间不仅要考虑居住用地本身，而且还要兼顾相邻的工业或其他用地发展的需要，不因其他用地的扩展而影响到自身的发展及布局的合理性。

3.6　城镇住宅小区的构成要素

城镇住宅小区的构成要素包括用地构成和建设内容构成两个方面。

3.6.1　用地构成

住宅小区的用地根据不同的功能要求，一般可分为以下五类：

① 住宅用地　指住宅建筑基底占有的用地及其四周合理间距内的用地。其用地包括通向住宅入口的小路、宅旁绿地和住宅底层庭院；

② 公共建筑用地　指住宅小区内各类公共服务设施建筑物基底占有的用地及其四周的用地（包括道路、场地和绿化用地等）；

③ 道路用地　指住宅小区内各级道路的用地，还应包括回车场和停车场用地；

④ 公共绿地　指住宅小区内公共使用的绿地，包括住宅小区级公共绿地、小游园、运动场、林荫道、小面积和带状的绿地、儿童游戏场地、青少年和成年人、老年人的活动和休息场地；

⑤ 其他用地　指上述用地以外的用地，例如小工厂和作坊用地，镇级公共设施用地、企业单位用地、防护用地等。

3.6.2　建设内容构成

根据住宅小区内建设工程的类型可分为以下两类：

① 建筑工程　主要为居住建筑，其次是公共建筑、生产性建筑、市政公用设施用房以及小品建筑等；

② 室外工程　包括地上、地下两部分，地上部分主要有道路工程、绿化工程等；地下部分主要为各种工程管线及人防工程等。

3.7 城镇住宅小区规划深度和要求

城镇住宅小区的规划图纸深度和要求应包括：说明书、区位图、总平面规划图、结构分析图、道路交通系统图、绿化景观系统图、电力电信规划图、给水排水规划图、燃气供热规划图以及公共建筑和住宅单体设计图等。

3.8 城镇住宅小区规划的技术经济指标

城镇住宅小区的技术经济分析一般包括用地分析、技术经济指标和建设投资等方面，在具体规划工作中一般作为依据和控制的标准。它是从量的方面衡量和评价规划质量和综合效益的重要依据，使住宅小区建设在技术上达到经济合理性的数据，使其规划内容，既符合客观要求、设施标准、建筑规模和速度，又与经济发展水平相适应，充分发挥投资效果，节约用地。

3.8.1 用地分析

（1）用地分析的作用和表现形式

用地分析是经济分析工作中的一个基本环节。它主要是对住宅小区现状和规划设计方案的用地使用情况进行分析和比较，其作用主要有以下几点：

① 对土地使用现状情况进行分析，作为调整用地和制定规划的依据之一；

② 用数量表明规划设计方案的各项用地分配和所占总用地比例，检验各项用地的分配比例是否符合国家规定的指标；

③ 作为住宅小区规划设计方案评定和建设管理机构审定方案的依据。

用地分析的内容和指标数据通常用用地平衡表来表示，其内容见表 3-6。

表 3-6 住宅小区用地平衡表

	用　　途	面积/hm²	所占比例/%	人均面积/(m²/人)
	一、住宅小区用地	▲	100	▲
1	住宅用地	▲	▲	▲
2	公共建筑用地	▲	▲	▲
3	道路用地	▲	▲	▲
4	公共绿地	▲	▲	▲
	二、其他用地	△	—	—
	住宅小区规划总用地	△	—	—

注："▲"为参与住宅小区用地平衡的项目；"△"为不参与住宅小区用地平衡的项目。

（2）用地平衡表中各项用地界限的划定（图 3-3）

1）住宅小区规划总用地范围的确定

① 当住宅小区规划总用地周界为城镇道路、住宅小区（级）道路、住宅小区路或自然分界线时，用地范围划至道路中心线或自然分界线。

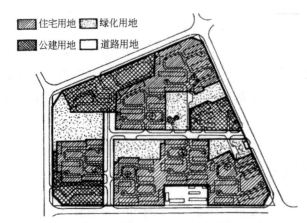

图 3-3　住宅小区各项用地界限

② 当规划总用地与其他用地相邻，用地范围划至双方用地的交界处。

2）住宅小区用地范围的确定

① 住宅小区以道路为界线时：属城镇干道时，以道路红线为界；属住宅小区干道时，以道路中心线为界；属公路时，以公路的道路红线为界。

② 同其他用地相邻时，以用地边线为界。

③ 同天然障碍物或人工障碍物相毗邻时，以障碍物用地边缘为界。

④ 住宅小区内的非居住用地或住宅小区级以上的公共建筑用地应扣除。

3）住宅用地范围的确定

① 以住宅小区内部道路红线为界，宅前宅后小路属住宅用地。

② 住宅与公共绿地相邻时，没有道路或其他明确界线时，如果在住宅的长边，通常以住宅高度的 1/2 计算；如果在住宅的两侧，一般按 3～6m 计算。

③ 住宅与公共建筑相邻而无明显界限的，则以公共建筑实际所占用地的界线为界。

4）公共建筑用地范围的确定

① 有明显界限的公共建筑，如幼托、学校均按实际用地界限计算。

② 无明显界限的公共建筑，例如菜店、饮食店等，则按建筑物基底占用土地及建筑物四周所需利用的土地划定界线。

③ 当公共建筑设在住宅建筑底层或住宅公共建筑综合楼时，用地面积应按住宅和公共建筑各占该幢建筑总面积的比例分摊用地，并分别计入住宅用地和公共建筑用地；底层公共建筑突出于上部住宅或占有专用场院或因公共建筑需要后退红线的用地，均应计入公共建筑用地。

5）道路用地范围的确定

① 住宅小区道路作为住宅小区用地界线时，以道路红线宽度的一半计算。

② 住宅小区路、组团路，按路面宽度计算。当住宅小区路设有人行便道时，人行便道计入道路用地面积。

③ 非公共建筑配建的居民小汽车和单位通勤车停放场地，按实际占地面积计入道路用地。

④ 公共建筑用地界限外的人行道或车行道均按道路用地计算。属公共建筑用地界限内的路用地不计入道路用地，应计入公共建筑用地。

⑤ 宅间小路不计入道路用地面积。

6）公共绿地范围的确定

① 公共绿地指规划中确定的住宅小区公园、组团绿地，以及儿童游戏场和其他的块状、带状公共绿地等。

② 宅前宅后绿地，以及公共建筑的专用绿地不计入公共绿地。

③ 组团绿地面积的确定，是绿地边界距宅间路、组团路和小区路边 1m；距房屋墙脚 1.5m（图 3-4）。

7）其他用地

其他用地指规划范围内除住宅小区用地以外的各种用地，应包括非直接为住宅小区居民配建的道路用地、其他单位用地、保留的村落或不可建设用地等，如住宅小区级以上的公共建筑，工厂（包括街道工业）或单位用地等。在具体进行用地计算时，可先计算公共建筑用地、道路用地、公共绿地和其他用地，然后从住宅小区总用地中扣除，即得居住建筑用地。

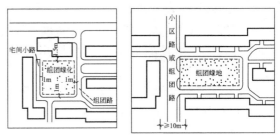

图 3-4　组团绿地面积的确定

3.8.2　技术经济指标内容和计算

（1）技术经济指标的内容（表 3-7）

表 3-7　住宅小区主要技术经济指标项目

项目	居住户数	居住人数	总建筑面积			住宅平均层数	人口毛密度	人口净密度	建筑密度	住宅面积毛密度	住宅面积净密度	容积率	绿地率
			住宅建筑面积	公共建筑面积	其他建筑面积								
单位	户	人	m²	m²	m²	层	人/hm²	人/hm²	%	m²/hm²	m²/hm²	%	%

（2）各项技术经济指标的计算

① 住宅平均层数　平均层数指各种住宅层数的平均值，公式表示为：平均层数＝各种层数的住宅建筑面积之和（住宅总建筑面积）/底层占地面积之和

[例] 已知某住宅小区住宅建筑分别为五层、六层、十层，其中五层住宅建筑面积为20000m²，六层住宅建筑面积为90000m²，十层住宅建筑面积为30000m²，求该住宅小区的平均层数。

解：　　　　　住宅总建筑面积＝20000＋90000＋30000＝140000（m²）

底层占地面积＝（20000/5＋90000/6＋30000/10）＝22000（m²）

所以，平均层数＝住宅总建筑面积/底层占地面积＝140000/22000≈6.36（层）

② 建筑密度　建筑密度＝（各居住建筑底层建筑面积之和/居住建筑用地）×100%

建筑密度主要取决于房屋布置对气候、防火、防震、地形条件和院落使用等要求，直接与房屋间距、建筑层数、层高、房屋排列有关。在同样条件下，住宅层数越多，居住建筑密度越低。

③ 人口毛密度　人口毛密度＝居住总人口数/小区用地总面积（人/hm²）

④ 人口净密度　人口净密度＝居住总人口数/住宅用地面积（人/hm²）

人口净密度与人口毛密度不仅反映了住宅和小区各建筑物分布的密集程度，还反映了平均居住水平。在同样居住面积密度条件下，平均每人居住面积越高，则人口密度相对越低。

⑤ 住宅面积毛密度　是指每公顷住宅小区用地上拥有的住宅建筑面积。

住宅面积毛密度＝住宅建筑面积/居住小区用地面积（m²/hm²）

⑥ 住宅面积净密度（住宅容积率）　指每公顷住宅用地上拥有的住宅建筑面积。住宅面积净密度＝住宅建筑总面积/住宅用地（m²/hm²）

⑦ 住宅小区建筑面积毛密度（容积率）　是每公顷住宅小区用地上拥有的各类建筑的建

筑面积。容积率＝总建筑面积/居住宅小区用地总面积

⑧ 住宅建筑净密度 住宅建筑净密度＝住宅建筑基底总面积/住宅总用地（%）

⑨ 绿地率 绿地率＝居住宅小区用地范围内各类绿地总和/居住宅小区用地总面积（%）

绿地应包括公共绿地、宅旁绿地、公共服务设施所属绿地和道路绿地（即道路红线内绿地），不应包括屋顶、晒台的人工绿地。

3.8.3 建设投资

城镇住宅小区建设的投资主要包括居住建筑、公共建筑和室外工程设施、绿化工程等造价。此外还包括土地使用准备费（如土地征用、房屋拆迁、青苗补偿等），以及其他费用（如工程建设中未能预见到的后备费用，一般预留总造价的5%）。在住宅小区建设投资中，住宅建筑的造价所占比重最大，约占70%，其次是公共建筑造价。因此降低居住建筑单方造价是降低住宅小区总造价的一个重要方面。住宅小区建筑投资内容见表3-8。

表3-8 住宅小区造价概算表

编号	项　目	单位	数量	单价	造价	占总造价比重	备注
一	土地使用准备费 1.土地使用准备费 2.房屋拆迁费 3.青苗补偿费 ……	hm² 间 hm²					
二	居住建筑 1.住宅 2.单身宿舍	m² m²					
三	公共建筑 1.儿童教育 2.医疗 3.经济 4.文娱 5.商业服务 ……	m² m² m² m² m²					
四	室外市政工程设施 1.土石方工程 2.道路 3.水、暖、电外线	m³ m² m²					
五	绿化	m²					
六	其他						
七	住宅小区总造价	万元					
八	平均每居民总造价	元/人					
九	平均每公顷居住用地造价	元/hm²					
十	平均每平方米居住建筑面积造价	元/m²					

4 城镇住宅小区住宅用地的规划布局

4.1 住宅小区的功能结构

　　建设良好的住宅小区，就应该创造一个功能合理、结构明晰、特色鲜明的住宅小区。城镇住宅小区的功能结构是以住宅和群体组织为主，为了适应城镇居民人际交往密切、小区规模较小的特点。一般可按住宅小区——住宅组群（团）——住宅院落、住宅小区——住宅族群（团）住宅小区——住宅院落的结构布局方式。

　　福清市龙田镇上一住宅小区为独立式住宅的低层住宅小区，根据道路系统的组织和用地条件，以小区中心广场为核心，形成两环的 13 个住宅组群，组群以公共绿地为中心，以道路的绿化相互隔离，加上各组团建筑色彩的变化，形成了形态、色彩各异的空间环境，提高了住宅组群的识别性（图 4-1）。

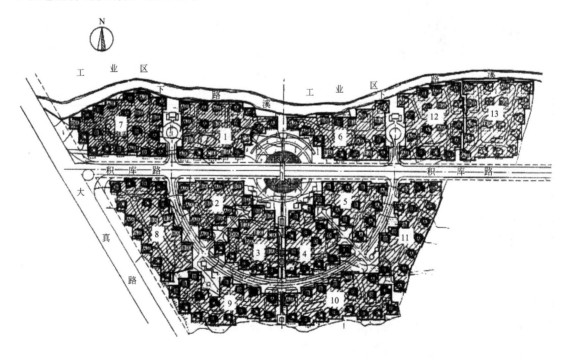

图 4-1　福清市龙田镇上一住宅小区组团分析

图 4-2 温州市永中镇小康住宅示意小区规划总平面图

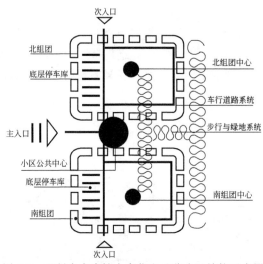

图 4-3 温州市永中镇小康住宅示范小区结构示意图

为了探索具有江南水乡特色，且适应 21 世纪生活的小康住宅区的规划设计手法，温州市永中镇在小康住宅示范小区的规划中，延续传统水乡空间肌理，将颇受群众欢迎的两排三层联立式住宅布置在两个组团的相邻处，中间规划人工河，河上布置石拱桥，河边设步行道，形成"一河两路（花园）两房"的格局，其格局、空间尺度、建筑形式均有传统神韵，联立式住宅背河面有车库，运用传统街巷的转折、视线的阻挡，创造丰富的路边小广场、河埠码头等过渡空间。紧邻组团绿地的住宅架空层，为居民提供了交往、喜庆聚会的场所，符合地方生活习惯。借用传统城镇符号、利用地方材料，如台门、亭子、石拱桥、石埠码头、驳岸以及丰富的地方石材、大榕树等，强化环境的地方特色。同时结合现代规划设计手法，形成结构清晰、布局合理、功能完善、设施配套和地方特色浓郁的小康住宅区（图 4-2、图 4-3）。

宜兴市高塍镇居住小区规划从人的需求出发，依据小区道路的布局将小区划分为 3 个组团，再将 3 个组团分为 12 个"交往单元"。"交往单元"不仅使居住者享受阳光绿色的自然环境，而且还是家居生活的空间延伸。住宅布局力求打破行列式格局，增加空间的个性，采用院落式布局，增强了空间的私密性和可防卫性，使居住者有归属感和安全感，从而提高了居住者户外活动的机会，促进邻里间的接触和交往。

组团和"交往单元"具有较明确的领域界限，一般设 1～2 个出入口，在出入口处设信报箱、袋装垃圾存放处、停车场等设施；小区中低层住宅的住户按户均拥有一部小汽车考虑，住宅中各有自己的车库；多层公寓式住宅按 20% 户拥有小汽车的考虑，在"交往单元"出入口附近设置停车场，考虑到既要停放方便，又要尽量减少对居住环境的干扰（图 4-4）。

张家港市南沙镇东山村居住小区共分 6 个组团，为公众服务的各项公建和商业处于小区中部及南北向的城区道路两侧，结合水面组织广场步行系统；布置公共设施，改变以往农村商业沿街"一层皮"的做法，形成由自然水面步行系统、绿化、广场共同构成富于情趣、气氛活跃、舒适方便的公共活动环境。

居住的 6 大组团，各有特色：第 2、第 4 组团临近水面，采取较为灵活的组合方式，以流畅富有动感的曲线围合，组成住宅间的内部空间，与自由的驳岸相得益彰，互相呼应；第 1、第 5 组团，临近南北向的城区道路，采用较规整的组合方式，以直线或折线围合出住宅间的空间；第 3 组团，围绕公共中心区域，采用点式自由布置，生动变化；第 6 组团依山就势布局，形成高低错落的山地建筑风貌，各组团间过渡自然，整体和谐（图 4-5、图 4-6）。

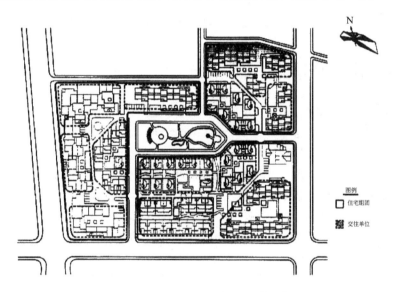

图 4-4　宜兴市高塍镇居住小区结构分析

图 4-5　张家港市南沙镇东山村总平面图

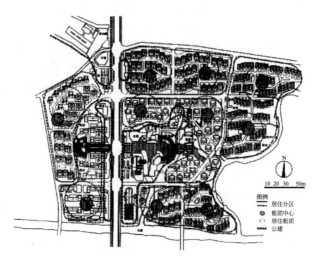

图 4-6　张家港市南沙镇东山村居住小区功能结构分析图

4.2 平面规划布局的基本形式

在城镇住宅小区中，住宅的平面布置受多方面因素的影响，如气候、地形、地质、现状条件以及选用的住宅类型都对布局方式产生一定影响，因而形成各种不同的布局方式。比如，一般地形平坦的地区，布局可以比较整齐；山地丘陵地区需要结合地形灵活布局。规划区的住宅用地，其划分的形状、周围道路的性质和走向，以及现状的房屋、道路、公共设施在规划中如何利用、改造，也影响着住宅的布局方式。因此，城镇住宅小区住宅的布局必须因地制宜。住宅组群通常是构成住宅小区的基本单位。一般情况下，住宅小区是由若干个住宅组群配合公用服务设施构成的，再由几个住区配合公用服务设施构成住宅区；也就是说，住宅单体设计和住宅组群布局是相互协调和相互制约的关系。下面主要介绍住宅组群布局的几种形式。

4.2.1　行列式

行列式指住宅建筑按一定的朝向和合理的间距成行成排地布置，如图 4-7 所示。形式比较整齐，有较强的规律性。在我国大部分地区，这种布置方式能使每个住户都能获得良好的日照和通风条件。道路和各种管线的布置比较容易，是目前应用较为广泛的布置形式。但行列式布置形成的空间往往比较单调、呆板，归属感不强，容易受交通穿越的干扰。因此，在住宅群体组合中，注意避免"兵营式"的布置，多考虑住宅建筑组群空间的变化，通过在"原型"基础上的恰当变化，就能达到良好的形态特征和景观效果，如采用山墙错落、单元错接、短墙分隔以及成组改变朝向等手法，既可以使组群内建筑向夏季主导风向敞开，更好地组织通风，也可使建筑群体生动活泼，更好地结合地形、道路，避免交通干扰，丰富院落景观。同是采用行列式的住宅群体布局，但由于住宅小区主干道结合地形的有机布置和公共绿地的合理安排，使得住宅组群布局多有变化。

福建明溪余厝住宅小区是典型的行列式族群布置方式，但由于其城镇干道和小区主干道均略带弧形，且近街住宅单元错接，使得由两排住宅组成人车分离的院落式庭院空间富于变

（a）行列式布置的
基本形式

（b）某城镇住区鸟瞰图

住宅区整整齐齐地排列着外形式样雷同
的独立式二层坡顶别墅，道路和住宅的
布局呈"双棋盘"格局，设施配套齐
全；外观和外装饰整齐划一。但规划
过于整齐、单调，缺乏个性

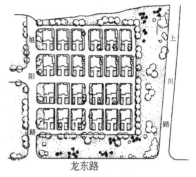

（c）某住区平面图

新村建于 1987～1988 年，占地 0.67hm²，
24 户，居住人口 108 人。由乡集镇周围
农民进镇集资建设，进行统一规划、统一
设计、统一施工、统一管理；新村建造二
层独立式住宅，采用行列式布局

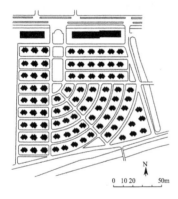

0　10 20　　　　50m

0　10　　40m

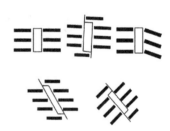

（d）张家港市南沙镇长山住宅区平面图

新村建于 1993～1996 年，规划建设用地
5.06hm²，住宅 100 套，居住人口 450 人。
规划以独院式住宅为主，采用行列式布
局，中心广场绿地采用向心放射构图手
法；沿街为联立式住宅，底层为商店

（e）某移民建镇一期工程规划

住宅区占地 3.26hm²，规划居住
100 户、400 人。平面布局采用
基本的行列式布置手法；商业
服务设施沿路设置，结合池塘
设立小花园

（f）行列式布局的几种形式

图 4-7　行列式

化，加上中心绿地的布置，使得群体布局较为活泼（图 4-8）。

图 4-9 是永定坎市镇云景住宅小区。由于充分利用住宅小区基地的原有森林绿地，通过
道路组织，使得行列式的布置形式得到适当的调整。

厦门市同安区西柯镇潘涂住宅小区保留已建沿街条形底商住宅的基础上，规划时通过组
团绿地的布置，既加强了新、旧建筑的结合，又改善了行列式的呆板布局（图 4-10）。

仙游县鲤城北宝峰小区也是在保留已建沿街排排房时，通过绿地和道路组织使得行列式
的住宅群体布局略显活泼（图4-11）。

4.2.2　周边式

周边式布置指住宅建筑或街坊或院落周边布置的形式，如图 4-12 所示。这种布置形式
形成近乎封闭的空间，具有一定的活动场地，空间领域性强，便于布置公共绿化和休息园
地，利于组织宁静、安全、方便的户外邻里交往的活动空间。在寒冷及多风沙地区，具有防

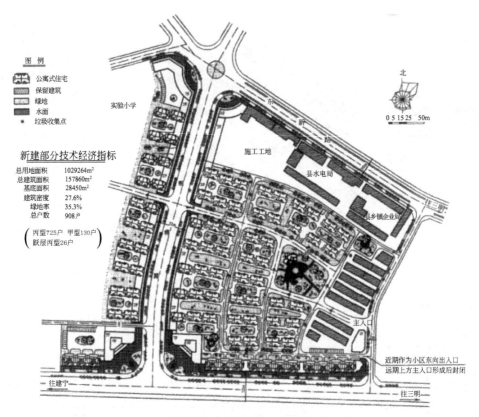

图 例

- 公寓式住宅
- 保留建筑
- 绿地
- 水面
- 垃圾收集点

新建部分技术经济指标

总用地面积	1029264m²
总建筑面积	157860m²
基底面积	28450m²
建筑密度	27.6%
绿地率	35.3%
总户数	908户

（丙型725户 甲型130户）
（跃层丙型26户）

图 4-8　福建明溪余厝住宅小区的行列式布置

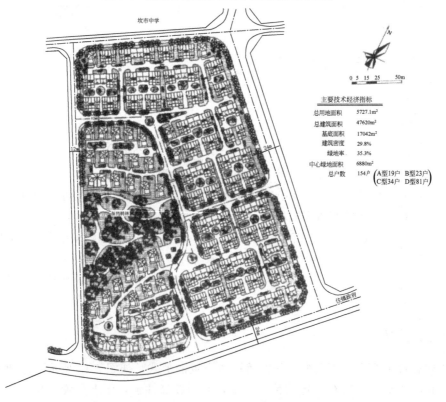

主要技术经济指标

总用地面积	5727.1m²
总建筑面积	47620m²
基底面积	17042m²
建筑密度	29.8%
绿地率	35.3%
中心绿地面积	6880m²
总户数	154户

（A型19户 B型23户）
（C型34户 D型81户）

图 4-9　永定坎市镇云景住宅小区总平面图

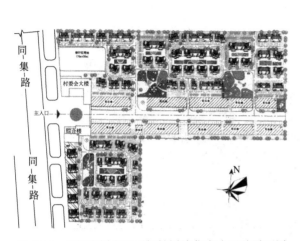

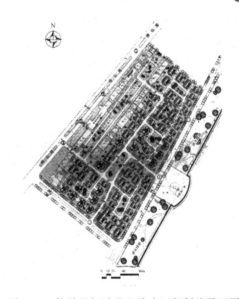

图 4-10　厦门市同安区西柯镇潘涂住宅小区总平面图　　图 4-11　仙游县鲤城北宝峰小区规划总平面图

(a) 周边式布局的基本形式

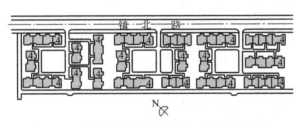

结合当地住宅布置中东南至西南朝向均可的特点,规划巧
妙地利用地形和路网,将住宅群组合成3个面积较大的院落
(b) 某镇镇北路住宅群规划图

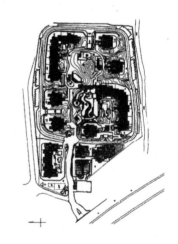

(c) 某小高层社区实例

图 4-12　周边式

风御寒的作用,可以阻挡风沙及减少院内积雪。这种布置形式,还可以节约用地和提高容积率。但是这种布置方式会出现一部分朝向较差的居室,在建筑单体设计中应注意克服和解决,努力做好转角单元的户型设计。

4.2.3　点群式

点群式指低层庭院式住宅形成相对独立群体的形式,如图 4-13 所示。一般可围绕某一公共建筑、活动场地和公共绿地来布置,可利于自然通风和获得更多的日照。

4.2.4　院落式

低层住宅的群体可以把一幢四户联排住宅和两幢两户拼联的住宅组织成人车分流和宁

静、安全、方便、便于管理的院落，如图 4-14 所示。并以此作为基本单元根据地形地貌灵活组织住宅组群和住宅小区，是一种吸取传统院民居的布局手法形成的一种较有创意的布置形式，但应注意做好四户联排时，中间两户的建筑设计。

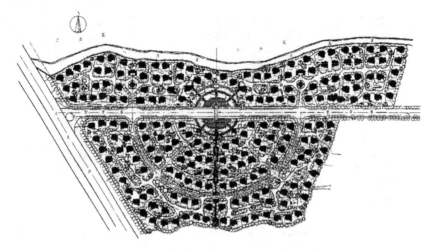

图 4-13　福清龙田某住宅小区点群式布局

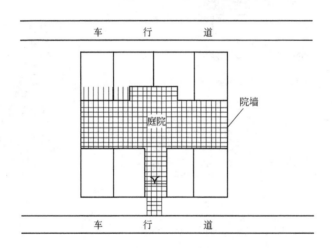

图 4-14　院落式布局的基本形式

这种院落式的布局由两排住宅组成可实行人车分离化的院落式住宅组群，所有机动车车行均为院落外的两侧，两排住宅之间形成供居民交往的休闲庭院，其根据人行入口的布置可分为以下两种。

　　① 南侧入口（图 4-15）

　　② 东西两侧入口（图 4-16）　由这种院落式住宅组群形式作为基本单元，结合地形和住宅小区道路构架以及公共绿地的巧妙布置，便可使得住宅小区的住宅组群布局灵活多变，极富生气，如图 4-17 所示。

4.2.5　混合式

　　混合式一般是指上述四种布置形式的组合方式，如图 4-18 所示。最为常见的是以行列式为主，以少量住宅或公共建筑沿道路或院落周边布置，形成半围合的院落。

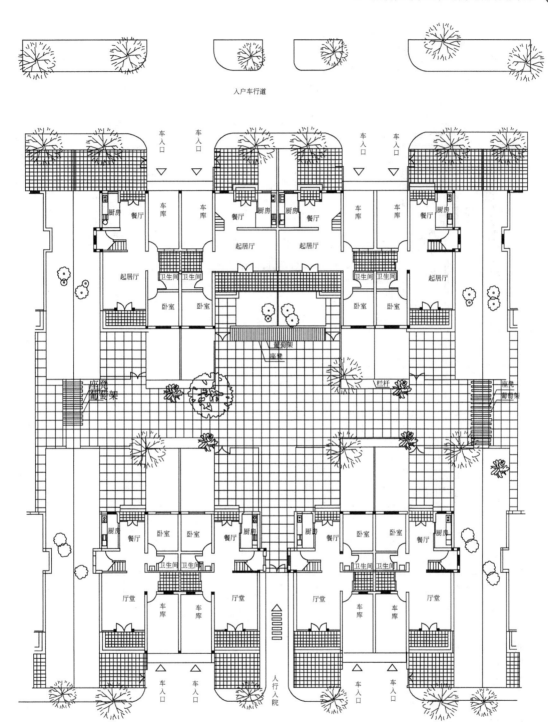

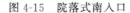

图 4-15　院落式南入口

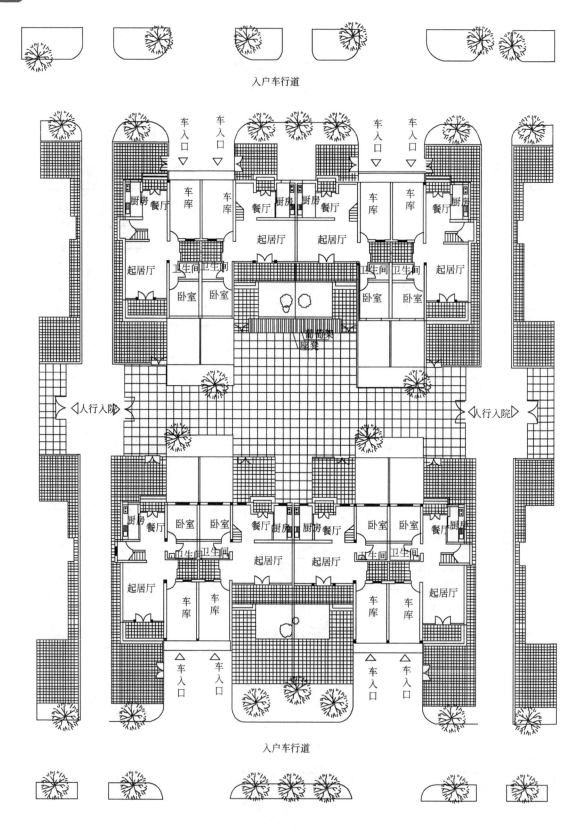

图 4-16 院落式侧入口

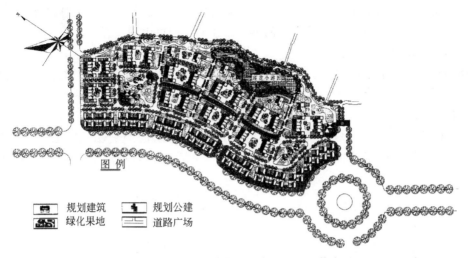

图 4-17 邵武和平古镇聚奎住宅小区总体布局

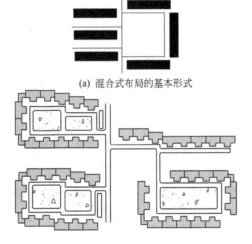

(a) 混合式布局的基本形式

采用混合式的住宅布置形式。组团的南侧为水上公园，规划住宅的底层架空，使围合的院落空间向水面开敞和渗透

(b) 某住区住宅群布局

图 4-18 混合式布局

4.3 住宅群体的组合方式

住宅群体的组合应在住宅小区规划结构的基础上进行，它是住宅小区规划设计的重要环节和主要内容。它是将小区内一定规模和数量的住宅（或结合公共建筑）进行合理而有序的组合，从而构成住宅小区、住宅群的基本组合单元。住宅群体的组合形式多种多样，各种组合方式孤立和绝对的，在实际中往往相互结合使用。其基本组合方式有成组成团、成街成坊和院落式三种。

4.3.1 成组成团的组合方式

这种组合方式是由一定规模和数量的住宅（或结合公共建筑）成组成团地组合，构成住宅小区的基本组合单元，有规律地反复使用。其规模受建筑层数、公共建筑配置方式、自然地形、现状条件及住宅小区管理等因素的影响。住宅组群可由同一类型、同一层数或不同类型、不同层数的住宅组合而成。

　　成组成团的组合方式功能分区明确，组群用地有明确范围，组群之间可用绿地、道路、公共建筑或自然地形（如河流、地形高差）进行分隔。这种组合方式有利于分期建设，即使在一次建设量较小的情况下，也容易使住宅组团在短期内建成而达到面貌比较统一的效果，是当前城镇住宅小区最为常用的组合方式。图4-19是四川广汉向阳小区住宅成组成团的组合方式。图4-20是福建连城西康居住小区成组成团的组合方式。

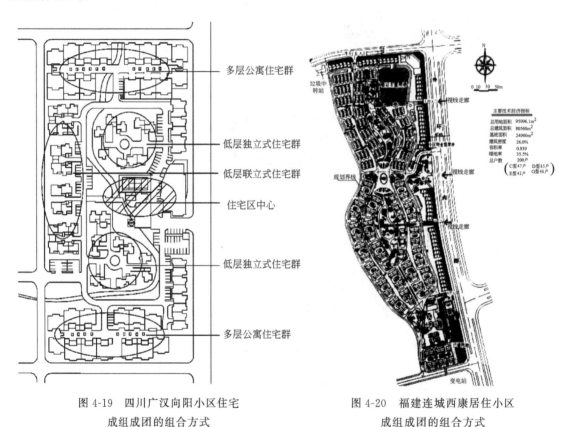

图4-19　四川广汉向阳小区住宅　　　　　图4-20　福建连城西康居住小区
成组成团的组合方式　　　　　　　　　成组成团的组合方式

4.3.2　成街成坊的组合方式

　　成街的组合方式是住宅沿街组成带形的空间，成坊的组合方式是住宅以街坊作为一个整体的布置方式。成街的组合方式一般用于城镇或住宅小区主要道路的沿线和带形地段的规划。成坊的组合方式一般用于规模不太大的街坊或保留房屋较多的旧居住地段的改建。成街组合是成坊组合中的一部分，两者相辅相成，密切结合，特别在旧居住区改建时，不应只考虑沿街的建筑布置，而不考虑整个街坊的规划设计，图4-21是成街的组合方式。福建泰宁状元街是一条由底商住宅成街组成的颇具地方风貌集旅游、休闲和购物于一体的特色商业街。图4-22为福建泰宁状元街平面图，图4-23为福建泰宁状元街南侧立面设计草图。

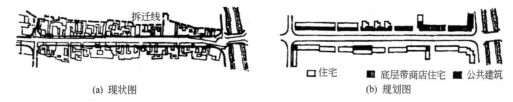

(a) 现状图 (b) 规划图

图 4-21 成街的组合方式

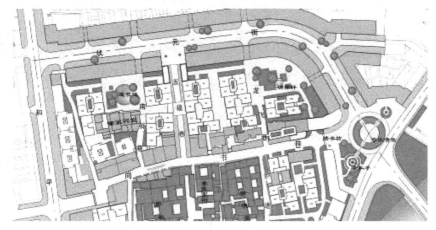

图 4-22 福建泰宁状元街平面图

图 4-23 福建泰宁状元街南侧立面设计草图

4.3.3 院落式的组合方式

这是一种以庭院为中心组成院落，以院落为基本单位组成不同规模的住宅组群的组合方式。

龙岩市新罗区适中镇中和小区借鉴福建土楼文化，兴建一条以突出民俗活动和商业服务的底商住宅民俗街，充分展现土楼的韵味（图 4-24～图 4-27）。

传统民居的庭院，不论是有明确以围墙为界的庭院或者是无明确界限的庭院，都是优美自然环境和田园风光的延伸，是利用阳光进行户外活动和交往的场所，这是传统民居居住生活和进行部分农副业生产（如晾晒谷物、衣被，储存农具、谷物，饲养禽畜，种植瓜果蔬菜等）之所需，也是家庭多代同居老人、小孩和家人进行户外活动以及邻里交往的居住生活之必需，同时还是贴近自然、融合于自然环境之所在。广大群众极为重视户外活动，因此传统民居的庭院有前院、后院、侧院和天井内庭，都充分展现了天人合一的居住形态，构成了极富情趣的庭院文化。是当代人崇尚的田园风光和乡村文明之所在，也是城镇住宅小区住宅群体布局中应该努力弘扬和发展的重要内容。

院落的布局类型，主要分为开敞型、半开敞型和封闭型几种，应根据当地气候特征、社

图 4-24　适中镇中和住宅小区民俗街——西南街段效果图

图 4-25　适中镇中和住宅小区民俗街——东南街段效果图

图 4-26　适中镇中和住宅小区民俗街——东北街段效果图

图 4-27 适中镇中和住宅小区民俗街——西北街段效果图

会环境和基地地形等因素合理确定。院落式的组合方式科学地继承了我国传统民居院落式布局的优秀手法，适合于低层和多层住宅，特别是城镇及村镇的住宅小区，由于受生产经营方式及居住习惯的制约，这种规划布局方式最为适合。黄厝跨世纪农民新村由四层及六层住宅组成的农宅区，在规划布局时把多层农宅前后错落布局形成院落，继承了闽南历史文脉，颇具新意（图 4-28）。

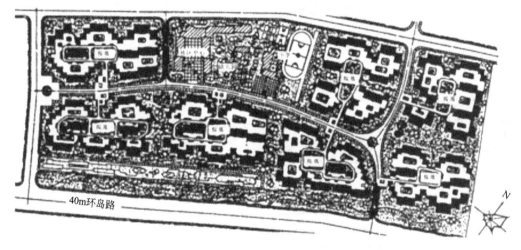

图 4-28 院落式的组合方式

　　南靖县书洋镇是列入世界文化遗产名录的福建土楼最为集中的地方之一。在保护好河坑的土楼群完整性的要求下，为了安置拆迁户，组织了安置区的规划设计，区内建筑采用庭院式组合方式，犹如方形的土楼建筑，依山就势、高低错落，形成了造型独特和极富变化的天际轮廓线，与周边环境相得益彰。在建筑布局上，南北朝向的多户拼联低层住宅作为安置户的居住用房，东西朝向作为土楼人家经营度假旅游的客房，功能上有所区分，减少相互干扰。庭院内部为公共活动场地，与中心绿地、道路绿化结合，形成绿地、广场、建筑相互套叠的景观格局，取得良好的景观效果。这种院落式的组合方式既提高了土地使用强度，又传承了土楼文化。

　　图 4-29 为福建南平延平区峡阳镇西隅小区规划。规划布局突出地方特色，院落组合从传统"土库"民居中探求文脉关系。峡阳古镇的"土库"，是闽北古建筑的奇葩，布局严密

和谐，高高的马头墙，深深的里弄，外低内高，呈阶梯层进式，显得深远而不憋蔽。房屋四面环合，宽敞的天井采光通风，冬暖夏凉，其布局类似北京四合院。小区的院落，以6栋，或8栋，或更多栋，围合成一个大庭院。每个院落只设1个主入口，建筑主入口均面向院落，车辆从外围道路进入住宅停车库。院落以绿地和硬地组成，并配置老人活动和儿童游戏的场所、庭院标志，周围以低矮镂空围墙围合，形成一个既封闭又通透的院落。各个院落依着道路自由而有序地安排，在中心绿地两旁，整个小区宛如一只展翅飞翔的蝴蝶。

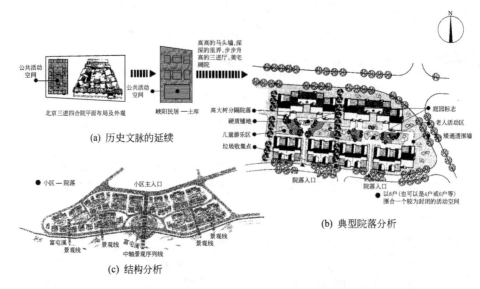

图4-29　福建南平延平区峡阳镇西隅小区

在住宅设计中，由于巧妙地解决了4户拼联时，中间两户的采光通风问题，因而采取北面一幢4户拼联、南面两幢两户拼联，组成了基本院落的住宅组群形态，既弘扬了历史名镇传统民居的优秀历史文脉，又为住户创造了一个安全、舒适、宁静的院落共享空间。随着地形的变化，院落组织也随之加以调整，使得整个住宅组群形态丰富多彩，极为动人。

院落式布局是中国传统建筑组合方式的一大特色，相对于成组成团和成街成坊的组合方式，从功能上、美学上都有着巨大的魅力。因此，在城镇居住住宅小区规划布局中，应努力深入进行探索，以创造适合城镇居民生活习惯和审美情趣的居住空间。

4.4　住宅小区住宅群体的空间组织

居住建筑群体一般是由相互平行、垂直以及互成斜角的住宅单元、住宅组合体，或结合公共服务设施建筑，按一定的方式，因地制宜有机组合而成的。建筑群体为了满足不同层次、年龄的居民使用，满足功能、景观和心理、感觉等方面的要求，需要有意识地对建筑群体及其环境进行分割、围合，从而形成各种各样的空间形态。

4.4.1　住宅区户外空间的构成

户外空间构成的含义是通过各类实体的布置形成户外空间，并设计好空间的构成和空间使用的合理性，以适应居民居住生活的需要。

一幢住宅建筑（住宅或配套服务设施）加另外一幢建筑的结果，并不只等于两幢建筑，它们构成了另一种功能——"户外空间"（图 4-30）。实际上住宅一旦建成并使用，它不再仅仅是一个"物体"，人们使用的也不仅仅是"物体"本身——住宅的内部空间，他们还需要相应的外部空间及其环境；如果没有外部环境的共同作用，那么住宅这一"物体"就成为"闷罐子"，无法使用，居民无法生活自如，这类似于电脑的硬件和软件一样，缺一不可，否则就无法运行。这种空间或场所的"空"或"虚无的"，使人们在其中生活常不易感到它的存在价值及其作用的重大。然而，正是这个"虚无的"空间包容着人们，给居民的生活带来安定与欢悦。随着物质和文化水准的提高，城镇居民将从单纯追求住房本身的宽大，逐步转向追求户内外整体环境质量的提高。

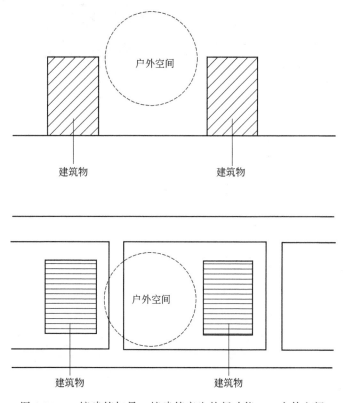

图 4-30　一幢建筑加另一幢建筑产生的新功能——户外空间

空间和实体是住宅小区环境的主要组成部分，它们相互依存，不可分割。目前城镇住宅小区中虽然有众多的建筑实体，如住宅建筑、公共建筑、环境设施和市政公用设施等，但住宅小区往往缺少恰当的空间，居民体会不到舒适的空间感受。实际上，许多城镇住宅小区建设时缺乏空间组织，其空间的组织、结构、秩序等方面的不合理，造成了住宅小区空间的"杂乱"，造成即使有良好的住宅、公共服务设施等人工建造的实体，但都缺乏处理好实体与空间的关系，那就不可能形成良好的生活居住环境。

住宅建筑群体的组合与设计是一项极其复杂的工作，它既是功能和精神的结合，又是心理和形式的综合；既要考虑日照、通风等卫生条件，研究居民的行为活动需要、居住心理，又要强调个性、地方特色和民族性、历史文脉，还要反映时代特征，并且要考虑经济和组织管理等方面的问题。

（1）住宅建筑群体外部空间的构成要素

住宅建筑群体的户外空间环境是由自然的与人文的、有机的与无机的、有形的与无形的各种复杂元素构成的，诸多元素中虽然有主次之分，但并非单一元素在起作用，而是许多元素的复合作用。住宅建筑群体外部空间的构成要素可分为主要元素和辅助要素。

① 主体构成要素是指决定空间的类型、功能、作用、形态、大小、尺度、围合程度等方面的住宅建筑、公共建筑、高大乔木和其他尺度较大的构筑物（如墙体、杆、通廊、较大的自然地形）等实体及其界面（图 4-31）。

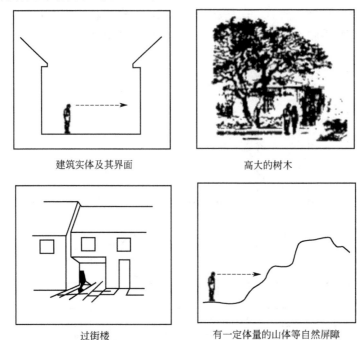

图 4-31　住宅建筑群体外部空间的主要构成要素

② 辅助构成要素是指用来强化或弱化空间特性的元素，处于陪衬、烘托的地位，如建筑小品、矮墙、院门、台阶、灌木、铺地、稍有起伏的地形和色彩、质感等（图 4-32）。

（2）住宅建筑群体外部空间构成的手法

住宅建筑群体外部空间的构成要素多种多样，但空间的构成归纳起来有以下两种方式。

① 由住宅或住宅结合公共建筑等实体围合，形成空间（图 4-33）。围合构成的空间使人产生内向、内聚的心理感受。我国传统的四合院住宅以及土楼住宅，使居住者产生强烈的内聚、亲切、安全和友好的感受（图 4-34、图 4-35）。

② 由住宅或住宅结合公共建筑等实体点缀，形成空间（图 4-36）。点缀构成的空间使人产生开敞、扩散、外向、放射的心理感受。高层低密度住宅区是一种实体占领而形成的空间（图 4-37）。

住宅区是一个密集型的聚居环境。目前，城镇住宅区大多是以低层或低层、多层为主的住宅建筑群体，其空间主要是出实体围合而形成。

4.4.2　住宅建筑群体空间的尺度

空间尺度处理是否得当，是住宅建筑群体空间设计成败的关键要素之一；住宅建筑群体

地坪高差

围墙、橱窗等

建筑小品

地形起伏

硬质铺地

灌木丛

草地

树群

图 4-32 住宅建筑群体外部空间的辅助构成要素

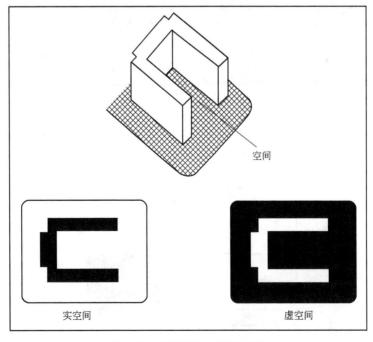

空间

实空间

虚空间

图 4-33 实体围合，形成空间

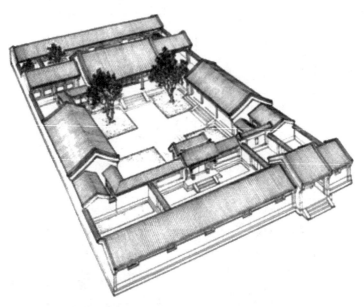

图 4-34　传统四合院空间：内聚、自守、收敛、有序、主次、尊卑

图 4-35　河坑土楼群形成空间：安全、封闭、亲切

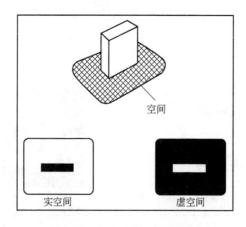

图 4-36　实体点缀，形成空间

图 4-37 高层低密度住宅区的实体占领而形成的空间体围合

空间的尺度，一般包括人与住宅或公共建筑实体、空间的比例关系。尺度是否合适主要取决于实体高度与观赏距离的比值和识别效应；人、实体、空间的比例与封闭、开敞效应；实体、空间的比例与情感效应。

（1）实体高度与观赏距离的比值和识别效应

实体的高度与距离的比例不同，会产生不同的视觉感受。如实体的高度为 H，观看者与实体的距离为 D，在 D 与 H 比值不同的情况下，可得到不同的视觉效应（图 4-38）①当 $D:H=1:1$ 时，即垂直视角为 45° 时，一般可以看清实体的细部；②当 $D:H=2:1$ 时，即垂直视角为 27°时,一般可以看清实体的整体;③当 $D:H=3:1$ 时,即垂直视角为 18°时,一般可以看清实体的整体和背景;④当 $D:H=4:1$ 时,即垂直视角为 14°时,一般可以辨认实体的姿态和背景轮廓。

(2) 人、实体、空间的比例与封闭、开敞效应

空间感的产生一般由空间的使用者与建筑实体的距离以及实体高度的比例关系所决定。在比例不同的情况下,可得到不同的空间效应(图 4-39):①当人的视距与建筑物高度的比例约为 1 时,空间处于封闭状态,空间呈"街"、"廊"的特性,属"街型空间";②当人的视距与建筑物高度的比值约为 2 时,空间处于封闭与开敞的临界状态,属"院落空间";③当人的视距与建筑物高度的比值约为 3 时,空间处于开敞状态,属"庭式空间";④当人的视距与建筑物高度的比值约为 4 时,空间的容积特性消失,处于无封闭状态,属"广场空间"。

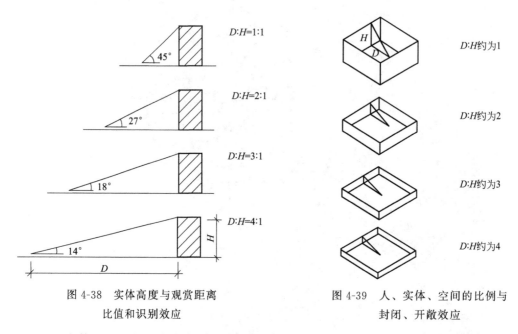

图 4-38 实体高度与观赏距离
比值和识别效应

图 4-39 人、实体、空间的比例与
封闭、开敞效应

(3) 实体、空间的比例与情感效应

当人处于两个实体之间,出于两侧建筑物高度与空间宽度之间的尺度关系引起相应的情感反应。如两个实体的高度为 H,其间距为 D,当 $D:H$ 的比例不同会产生不同的心理效应(图 4-40):①当 $D:H$ 的比值约为 1 时,使用者有一种安定、内聚感;②当 $D:H$ 的比值约为 2 时,使用者有一种向心、舒畅感;③当 $D:H$ 的比值约为 3 时,使用者有一种渗透、奔放感;④当 $D:H$ 的比值约为 4 时,使用者有一种空旷、自由感。

创造良好的尺度感的手段很多,包括建筑与建筑、建筑与空间的尺度处理,色彩的搭配,地面图案的设计,树木的培植和室外设施的布局,以及空间程序的处理等。

住宅建筑群体的空间大小,一方面,由于受到用地标准的控制,空间的开敞性受到一定的限制;另一方面,住宅与住宅之间的距离由于受到日照间距的规定而得到控制。一般来说,城镇住宅小区内的住宅建筑空间尺度主要是"院落"型、"街"型,少量的为"庭式"型和"广场"型。

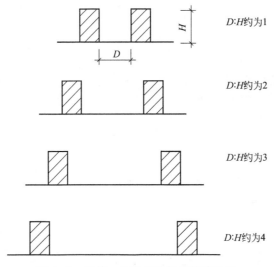

图 4-40 实体、空间的比例与情感效应

4.5 城镇住宅小区住宅群体空间组合的基本构图手法

4.5.1 对比

所谓对比就是指同一性质物质的悬殊差别,例如大与小、简单与复杂、高与低、长与短、横与竖、虚与实、色彩的冷与暖、明与暗等的对比。对比的手法是建筑群体空间构图的一个重要的和常用的手段,通过对比可以突出主体建筑或使建筑群体空间富于变化,从而打破单调、沉闷和呆板的感觉。图 4-41 所示是总平面规划中点状和条状住宅的对比布局,图 4-42是住宅建筑群体空间立面图中高低对比。

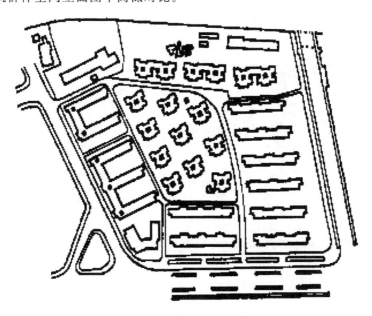

图 4-41 点状和条状住宅的对比

图 4-42　住宅立面高与低的对比

4.5.2　韵律与节奏

韵律与节奏是指同一形体的有规律的重复和交替使用所产生的空间效果，犹如韵律、节奏（图 4-43 和图 4-44）。韵律按其形式特点可分为四种不同的类型：

(a) 透视图

1—38层塔式住宅；2—8～16层错层住宅；3—公共建筑；4—东河

(b) 平面图

图 4-43　韵律与节奏示例

① 连续的韵律　以一种或几种要素连续、重复的排列而形成，各要素之间保持着恒定的距离和关系，可以无止境地连绵延长。

② 渐变韵律　连续的要素如果在某一方面按照一定的秩序逐渐变化，例如逐渐加长或缩短，变宽或变窄，变密或变稀等。

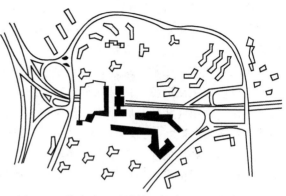

③ 起伏韵律　当渐变韵律按照一定规律时而增加，时而减小，犹如波浪起伏，具有不规则的节奏感。

图 4-44　住宅小区地域的几何中心成片集中布局

④ 交错韵律　各组成部分按一定规律交织、穿插而形成，各要素互相制约，一隐一现，表现出一种有组织的变化。

以上四种形式的韵律虽然各有特点，但都体现出一种共性——具有极其明显的条理性、重复性和连续性。借助于这一点，在住宅群体空间组合中既可以加强整体的统一性，又可以求得丰富多彩的变化。

韵律与节奏是建筑群体空间构图常用的一个重要手法，这种构图手法常用于沿街或沿河等带状布置的建筑群的空间组合中，如图 4-43 所示某沿河住宅，平面构图由 38 层塔式和 8～16 层错层住宅构成 U 形，相互交错布置，住宅群富有层次、韵律和节奏感，成为点缀的滨河景观建筑。但应注意，运用这种构图手法时应避免过多使用简单的重复，如果处理不当会造成呆板、单调和枯燥的感觉，一般说来，简单重复的数量不宜太多。

4.5.3　比例与尺度

一切造型艺术，都存在着比例关系是否和谐的问题。在建筑构图范围内，比例的含义是指建筑物的整体或局部在其长宽高的尺寸、体量间的关系，以及建筑的整体与局部、局部与局部、整体与周围环境之间尺寸、体量的关系。而尺度的概念则与建筑物的性质、使用对象密切相关。例如幼儿园的设计应考虑儿童的特点，门窗、栏杆等的尺度应与之相适应。一个建筑应有合适的比例和尺度，同样，一组建筑物相互之间也应有合适的比例和尺度的关系。在组织居住院落的空间时，就要考虑住宅高度与院落大小的比例关系和院落本身的长宽比例。一般认为，建筑高度与院落进深的比例在 1∶3 左右为宜，而院落的长宽比则不宜悬殊太大，特别应避免住宅之间成为既长又窄的空间，使人感到压抑、沉闷。沿街的建筑群体组合，也应注意街道宽度与两侧建筑高度的比例关系。比例不当会使人感到空旷或造成狭长胡同的感觉。一般认为，道路的宽度为两侧建筑高度的 3 倍左右为宜，这样的比例可以使人们在较好的视线角度内完整地观赏建筑群体。

4.5.4　造型

造型是每个建筑物最基本的特性之一。建筑的造型直接影响到居民对于居住环境的认可和喜爱。好的建筑造型不但可以愉悦居民的身心，也可以成为居住区的主要特色，提升居民的归属感。

　　城镇住宅建筑的造型应借鉴地方传统建筑风格，使其与城镇整体环境形成一种相互融合、相互协调的气氛，不应该以怪异的造型凸显于传统建筑之中。特别要注意，不应采用外来建筑造型，破坏城镇的地方特色。

　　河坑安置住宅小区的建筑设计，立足于弘扬土楼文化，不仅屋顶采用了土楼住宅灰瓦的不收山的歇山坡屋顶造型，而且在总体布局中，更是充分吸取土楼建筑对外封闭、对内开放的布局手法。由南北相向拼联而成的低层住宅和东西朝向客房围合的内部庭院，层层吊脚回廊相连（每户设隔断），再现了土楼住宅对内开敞的和谐风采。尽管是为了适应现代生活的需要，对于南北朝向的多户拼联低层住宅的南、北立面均采用较为敞开的做法，但也都仍然在敞开的做法中保留了层层设置延续吊脚回廊的做法。既充分呈现土楼的神韵，又富有时代的气息。

4.5.5　色彩

　　色彩是每个建筑物不可分割的特性之一。建筑的色彩最重要的是主导色相的选择。这要看建筑物在其所处的环境中突出到什么程度，还应考虑建筑的功能作用。住宅建筑的色彩以淡雅为宜，使其整体环境形成一种明快、朴素、宁静的气氛。住宅建筑群体的色彩要成组考虑，色调应力求统一协调；对建筑的局部如阳台、栏杆等的色彩可做重点处理以达到统一中有变化。河坑安置住宅小区的建筑设计在色彩方面考虑到地方传统建筑的色调，并与之协调。方形群楼东西向外立面以土墙的浅黄色墙面为主，配以带有白色窗框的方窗洞，展现了浑厚质朴的土楼造型（图 4-45 和图 4-46）。

图 4-45　河坑安置住宅小区透视图

　　以上分别叙述了有关建筑群体构图的一些常用手法和规律及其在住宅建筑空间构成中的具体运用，实际上一个住宅建筑群体空间的组合往往是各种空间构图手法的综合应用。此外，住宅建筑的绿化的配置、道路的线型、地形的变化以及建筑小品设施等也是空间构图不可缺少的重要辅助手段。

图 4-46 河坑安置住宅小区鸟瞰图

4.6 城镇住宅小区群体空间组合的关联方式

4.6.1 建筑高度与宽度的关系

对于现代我国城镇街道垂直界面的设计来讲，由于城镇规模的限制，街道两侧构成垂直界面的建筑的数量、高度和体量较大城市相对较小，同时街道垂直界面的构成往往离不开住宅建筑这一城镇中最大量建筑的参与，尤其是在商业街中，在大城市中已很少用的临街底商、底商上住等形式在这里作为重要的形式仍非常重要，正是由于以上这些因素的存在，使得城镇街道垂直界面的设计和布置形式有着自己独特的特点。图 4-47 是街道垂直界面的景观控制元素示意图。具体来讲，对于街道垂直界面的控制，应从建筑轮廓线、建筑面宽、建筑退后红线、建筑组合形式、入口位置及处理方法、开窗比例、开间、入口和其他装饰物、

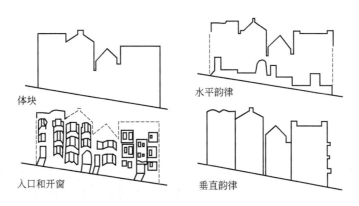

图 4-47 街道垂直界面景观控制元素示意

表面材料的色彩和质地、建筑尺度、建筑风格、装饰和绿化等多个方面来考虑设计与环境的视觉关系，并通过退后、墙体、墙顶、开口、装饰等几个方面来进行控制。

建筑退后红线和街道垂直界面墙顶部以上的后退。由于它影响着垂直界面的连续性和高度上的统一性，一般来讲除不同的垂直界面交接的节点需做后退处理外，仅要求每段垂直界面间既要局部有适当的后退以形成适当的变化，丰富街道空间，又不希望有较大的后退，以免破坏街道的连续性。如泉州市义全宫街的规划中，原本整齐的街道立面显得单调，空间缺少变化，设计中将沿街的一栋办公楼适当后退，在建筑和街道间形成过渡空间，这一空间既为街道空间增添活力，同时作为一个缓冲空间也为建筑本身提供了一个小型的广场。图4-48所示是泉州市义全宫街规划图。

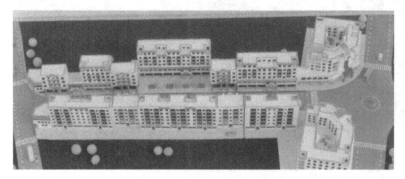

图 4-48　泉州市义全宫街规划图

意大利维托里奥·埃马努埃莱广场就是一个注重整体性的优秀实例，该广场是意大利南部圣塞韦里娜镇的中心广场，城镇非常古老，因一个12世纪的城堡和一个拜占庭式教堂而闻名，而维托里奥·埃马努埃莱广场就坐落于这两个主要纪念物之间。精致的地面设计明确地区分了广场与公园两个不同性质的主要空间，整个广场全部使用简洁的深色石块铺砌地面，使广场成为一个整体，而地面上的椭圆图案才是使这个不规则空间统一起来的真正要素，几个大理石的圆环镶嵌在深色的地面上，像水波一样延续到广场的边界，圆环的中心是一个椭圆形状的风车图案，指示出南北方向。连接城堡和教堂大门的白色线条是第二条轴线，风车的图案指示着最盛行的风向，轴线和圆的交接处重复使用几个魔法标志，南北轴线末端的石灰岩区域包含着天、星期、月和年四个时间元素。该轴线区域内还有金、银、汞、铜、铁、太阳、月亮、地球等象征性的标志。总之，广场的设计在众多的细部中体现出简洁、统一的整体性特征，如图 4-49 和图 4-50 所示。

4.6.2　结合自然环境的空间变化

传统村镇聚落的布局和建筑布局都与附近的自然环境发生紧密关联，可以说是附近的地理环境与聚落形态的共同作用，才构成了具有中国优秀传统文化的理想居住环境。平原、山地、水乡村镇因其自然环境的迥异，呈现出魅力各异的村镇聚落景观。

（1）平面曲折变化

建于平地的街，为弥补先天不足而取形多样。单一线形街，一般都以凹凸曲折、参差错落取得良好的景观效果。两条主街交叉，在节点上建筑形成高潮。丁字交叉的则注意街道对景的创造。多条街道交汇处几乎没有垂直相交成街、成坊的布局，这可能是由多变的地形和地方传统文化的浪漫色彩所致。

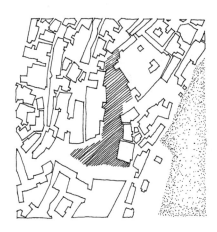

图 4-49 维托里奥·埃马努埃莱广场总平面

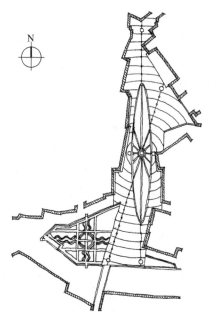

图 4-50 维托里奥·埃马努埃莱广场平面图

某些村镇，由于受特定地形的影响，其街道呈现弯曲或折线的形式。直线形式的街道空间从透视的情况看只有一个消失点，而曲折或折线形式的街道空间，其两个侧界面在画面中所占的地位则有很大差别：其中一个侧界面急剧消失，而另一个侧界面则得以充分展现。直线形式的街道空间其特点为一览无余，而弯曲或折线形式的街道空间则随视点的移动而逐一展现于人的眼帘，两相比较，前者较袒露，而后者则较含蓄，并且能使人产生一种期待的心理和欲望。

（2）结合地形的高低变化

湘西、四川、贵州、云南等地多山，村镇常沿地理等高线布置在山腰或山脚。在背山面水的条件下，村镇多以垂直于等高线的街道为骨架组织民居，形成高低错落、与自然山势协调的村镇景观。

某些村镇的街道空间不仅从平面上看曲折蜿蜒，而且从高度方面看又有起伏变化，特别是当地形变化陡峻时还必须设置台阶，而台阶的设置又会妨碍人们从街道进入店铺，为此，只能避开店铺而每隔一定距离集中地设置若干步台阶，并相应地提高台阶的坡度，于是街道空间的底界面就呈现平一段、坡一段的阶梯形式。这就为已经弯曲了的街道空间增加了一个向量的变化，所以从景观效果看极富特色。处于这样的街道空间，既可以摄取仰视的画面构图，又可以摄取俯视的画面构图，特别是在连续运动中来观赏街景，视点忽而升高，忽而降低，间或又走一段平地，这就必然使人们强烈地感受到一种节律的变化。

（3）水街的空间渗透

在江苏、浙江以及华中等地的水网密集区，水系既是居民对外交通的主要航线，也是居民生活的必需。于是，村镇布局往往根据水系特点形成周围临水、引水进镇、围绕河道布局等多种形式。使村镇内部街道与河流走向平行，形成前朝街、后枕河的居住区格局。

由于临河而建，很多水乡村镇沿河设有用船渡人的渡口。渡口码头构成双向联系，把两岸构成互相渗透的空间。开阔的河面构成空间过渡，形成既非此岸、也非彼岸的无限空间。

同时，河畔必然建有供洗衣、浣纱、汲水之用的石阶，使得水街两侧获得虚实、凹凸的对比与变化。

另外，兼作商业街的水街往往还设有披廊以防止雨水袭扰行人，或者于临水的一侧设置通廊，这样既可以遮阳，又可以避雨，方便行人。一般通廊临水的一侧全部敞开，间或设有坐凳或"美人靠"，人们在这里既可购买日用品，又可歇脚或休息，并领略水景和对岸的景色，进一步丰富了空间层次。

总之，传统村镇乡土聚落是在中国农耕社会中发展完善的，它们以农业经济为大背景，无论是选址、布局和构成，还是单栋建筑的空间、结构和材料等，无不体现着因地制宜、因山就势、相地构屋、就地取材和因材施工的营建思想，体现出传统民居生态、形态、情态的有机统一。它们的保土、理水、植树、节能等处理手法充分体现了人与自然的和谐相处。既渗透着乡民大众的民俗风情——田园乡土之情、家庭血缘之情、邻里交往之情，又有不同的"礼"的文化层次。建立在生态基础上的聚落形态和情态，既具有朴实、坦诚、和谐、自然之美，又具有亲切、淡雅、趋同、内聚之情，神形兼备、情景交融。这种生态观体现着中国乡土建筑的思想文化，即人与建筑环境既相互矛盾又相互依存，人与自然既对立又统一和谐。这一思想文化是在小农经济的不发达生产力条件下产生的，但是其文化的内涵却反映着可持续发展最朴素的一面。

具有中国优秀传统建筑文化的村镇聚落，其设计思想和体系住宅群体所体现的和建筑的空间组织极富人性化和自然性，是当代城镇住宅小区规划设计应该努力汲取并加以弘扬的。

4.7 住宅小区规划的空间景观组织实例

4.7.1　温州永中镇小康住宅示范小区的空间景观规划

① 空间层次　规划把整个小区空间分为四个层次和四个不同使用性质的领域。第一层次为公共空间——小区主出入口、小区中心广场，是为小区全体居民共同使用的领域；第二层次为半公共空间——组团空间，系组团居民活动的领域；第三层次为半私有空间——院落空间；第四层次为私有空间——住宅户内空间。

② 空间序列　通过空间的组织，形成一个完整连续、层次清晰的空间序列，在小区整体空间组织上，形成两组空间序列：第一组序列为小区出入口—小区中心广场—水乡巷道—城市公共绿带，空间体验特征为收—放—转折、收—放—收—放；第二组序列为小区出入口—环形组团道路—住宅架空层—组团绿地，空间体验特征为收—放—转折、收—放—收—放。

③ 空间处理手法　运用传统城镇建筑空间组织手法，追求江南城镇空间肌理特征，组织不同层次空间。水乡巷道空间：两边低层房屋＋两条道河＋一条小河，成为小区中心广场与城市公共绿地的过渡空间。中心广场：临水建亭＋大榕树＋水面，成为具有地方传统环境特征的小区广场。道路及其他：道路转折形成的小广场、河埠码头等，形成丰富的过渡空间，体现传统巷道转折、河埠码头功能所形成的灰空间特征。

④ 景观规划　建筑层数分布从沿河二三层过渡到五六层，层次较丰富。两个组团之间有小区主入口和人工河道分隔，节奏分明，有较强的可识别性。建筑造型简洁明快，为避免台风侵扰，屋顶以平顶为主，局部运用坡顶符号。建筑色彩以淡雅为主，檐口点

缀蓝灰等较深色彩。环境设计把开敞明快的自然草坪、泉水与体现传统水乡城镇的神韵相结合，运用台门、亭子、石拱桥、青石板路、石埠码头等环境符号，还有地方材料、地方树种（榕树、樟树等）的运用，强化小区的可识别性和地方性，创造既有现代社区气息，又有强烈地方特色的小区风貌。图 4-51 所示是温州永中镇小康住宅小区空间景观分析图。

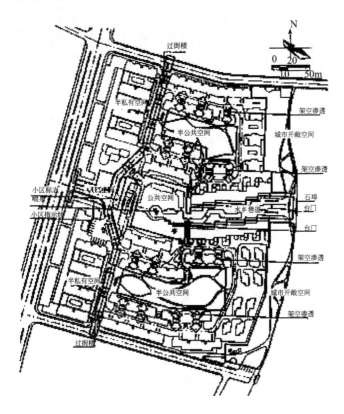

延续江南城镇空间肌理
体现水乡民居格局特色
• 水乡巷道空间=两房+两路+一河,小区中心广场与城市公共绿地之间的过渡空间

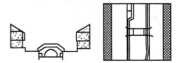

• 灰空间:道路街巷转折形成的交往空间,河埠空间
• 空间序列;
第一组:入口空间—小区广场—水乡巷道空间—城市公共空间
特点:收—放—转折(收)—放—收—放
第二组:入口空间—组团道路空间—底层架空—组团绿地
特点:收—放—转折(收)—放
• 空间形式:封闭与开敞,室内与室外,人工与自然

图 4-51　温州永中镇小康住宅小区空间景观分析图

4.7.2　宜兴市高塍镇居住小区的空间景观规划

小区规划中的建筑布局和空间形态力求丰富有序，尽量避免水平方向的"排排房"和垂直方向的"推平头"。整个小区的建筑布局呈北高南低，空间形态错落有致。基地北面与高塍大河之间地带现有许多陈旧的民宅，规划为远期改造。因此，小区北侧以五层公寓式住宅为主，作为保证小区内创造优美环境的视线屏障，同时也有利于整个小区内建筑间合理的日照要求；由于小区西面临主要干道，东、南面为次要干道，为了达到合理的空间比例形态，临干道面以多层住宅为主，间杂以低层住宅。而多层住宅又有点式、条式、院落式不同类型，构成形态丰富、疏密相同的景观特色；小区中央是公共绿地，周围环以低层独立式或联排式住宅，不使建筑遮挡绿地，外围的多层住宅则加强了小区总体的围合性和向心性；规划中同时考虑了进出小区道路两侧建筑的形态和布局的合理配置，并在空间的重要节点和对景位置，点缀以小品或标志，作为丰富空间形态的必要的辅助手段。

图 4-52 所示是居住小区建筑类型布局规划，图 4-53 所示是居住小区鸟瞰。

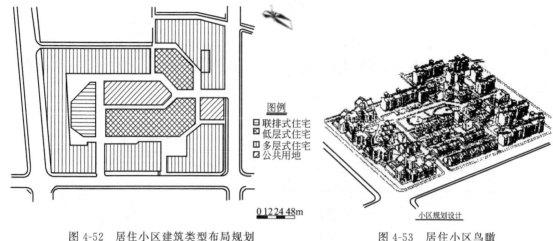

图例
□ 联排式住宅
⊠ 低层式住宅
□ 多层式住宅
⊠ 公共用地

0 1224 48m

小区规划设计

图 4-52 居住小区建筑类型布局规划　　　　　图 4-53 居住小区鸟瞰

4.7.3　张家港市南沙镇东山村居住小区空间景观规划

整个小区分为中部、西北部低层控制区（以二、三层联立式为主）；东北、西南部为多层控制区（以四层为主的公寓），形成一条由东南向西北较为开阔的视觉走廊，并顺应地势延伸到西北面的山景和烈士陵园；相反，从山上俯视，居住区的风貌也一览无余，组成整个香山风景区的一部分。

基地原有泄洪水塘，进行规划整治后，使之贯通相连，汇集到东西方向的河道中，自然流畅的水岸给居住小区的景观注入活跃的因素，使整体小区依山傍水，自然景观十分优越。对水体的利用和适当改造，形成一条与视觉走廊相对应的蓝色走廊，成为一大景观特色。

住宅组团形态也由于地形不同分别处理，滨水住宅沿河道、水池采用放散状空间组织，将视线引向水面。临街住宅采用平直或曲折形组织空间，围合内向空间，避免外界干扰（图4-54 和图 4-55）。

4.7.4　广汉市向阳镇小康住宅小区空间景观规划

居住区的空间环境通过居住行为的组织而形成序列：社区空间→小区公共空间→邻里空间→居家空间（图 4-56）。

（1）社区空间进入小区空间

以门饰类标志进入小区范围，较宽的公共绿地、公共停车场、迎面的拓宽水面，构成宁静高雅的高档居住区的空间感受，人们可驾车沿道路或步行穿过公共绿地、水面至居住空间。

（2）居住者的邻里空间有 3 种类型

① 公寓型邻里环境　南北二区　由上、下层住户和左、右邻近住户在户外形成有限交叉——入户路线平等但各自独立。一层住户在公寓入口处直接进入户门，上层住房通过室外梯直接到户门，公共楼梯只有两户共用，公寓主入口处仅四户共享。在公共活动空间内，更强调私有性、独立性，较适应居民现有的心理状态。

② 院落式邻里环境　西区　由四至六户住宅构成一个小院落，彼此或为乡亲、或为亲友、或为同事。院落为公共空间，可以栅栏门与主干道外的小区其他空间分隔，形成邻里感

更强的半公有空间。

③ 独立式联体住宅邻里环境 地处环境良好的中心地段，各家都有独立的院落、车库和住宅。强调了每户起居和社交活动的私密性，适应了物业所有者的独立意识和被尊重的心理状态。但在规划中用了一条尽端式入户道路将 10 户左右的独立住户连接起来，从而形成户与户之间的邻里关系，强调与公共行为有限划分的整体环境。

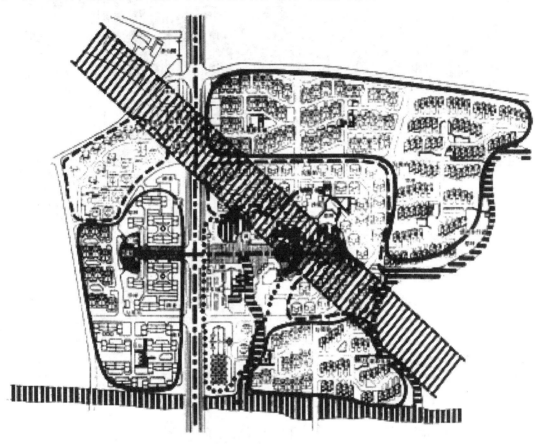

空间形态及景观分析

图 4-54 张家港市南沙镇东山村居住小区空间形态及景观分析

小区规划设计

图 4-55 张家港市南沙镇东山村居住小区鸟瞰

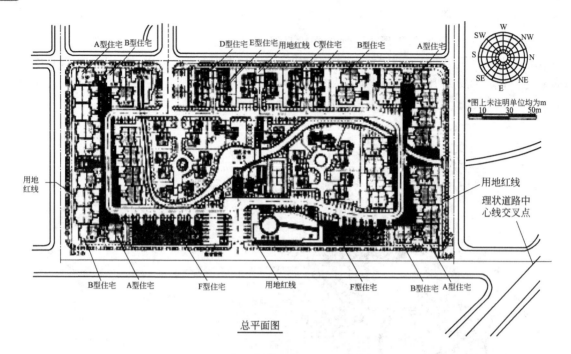

总平面图

图 4-56   广汉市向阳镇小康住宅小区规划总平面图

（3）居家空间

在四种类型的住宅设计中都考虑到私有空间与公共空间、室内空间与室外空间的相互渗透。公寓底层住户、院落式及独立式住户通过前院与邻里相交流；通过后院与绿地及公共空间相融合。公寓上层住户通过室外楼梯与公共空间交叉，通过屋顶平台形成由上而下，由私密空间向公共绿化环境的融合。

4.7.5   福清市龙田镇上一住宅小区空间景观规划

（1）图 4-57 所示为福清市龙田镇上一住宅小区空间序列分析。

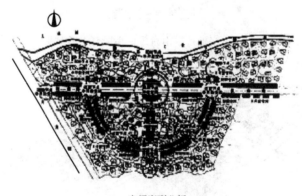

空间序列分析

图 4-57   福清市龙田镇上一住宅小区空间序列分析

（2）图 4-58 所示为福清市龙田镇上一住宅小区景观分析。

（3）图 4-59 所示为福清市龙田镇上一住宅小区设计模型。

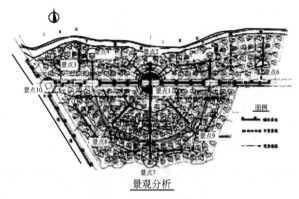

图 4-58 福清市龙田镇上一住宅小区景观分析

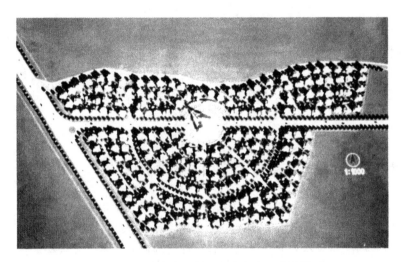

图 4-59 福清市龙田镇上一住宅小区设计模型

5 城镇住宅小区公共服务设施的规划布局

公共服务设施是住宅小区中一个重要组成部分，与居民的生活密切相关。它是为了满足居民的物质和精神生活的需要，与居住建筑配套建设的。公共服务设施配套建筑项目的设置和布置方式直接影响居民的生活方便程度，同时公共建筑的建设量和占地面积仅次于居住建筑，而其形体色彩富于变化，有利于组织建筑空间，丰富群体面貌，在规划布置中应予以足够的重视。

5.1 住宅小区公共服务设施的分类和内容

住宅小区的公共服务设施主要是为本住宅小区的居民日常生活需要而设置的，主要包括儿童教育、医疗卫生、商业饮食、公共服务、文娱体育、行政经济和公用设施等。城镇住宅小区公共服务设施的配建应本着方便生活、合理配套的原则，确定其规模和内容；重点配置社区服务管理设施、文化体育设施和老人活动设施。如果镇区规模较小，住宅小区级公共建筑可以和镇级公共建筑相结合。

住宅小区内公共服务设施，按其使用性质可分为商业服务设施、文教卫体设施、市政服务设施、管理服务设施四类。

（1）商业服务设施

主要有为居民生活服务所必需的各类商店和综合便民商店。这是市场性较强的项目，需要有一定的人口规模去支撑，前者主要通过更大范围或全镇范围来统一解决。

（2）文教卫体设施

主要有托幼机构、小学校、卫生站（室）、文化站（包括老人和小孩）等项目。规模较小的住宅区，托幼机构、小学校等设施可由城镇统一安排，合理配量。

（3）市政服务设施

主要有机动车、非机动车停车场、停车库，公共厕所，垃圾投放点、转运站等项目。

（4）管理服务设施

按其投资及经营方式可划分为社会公益型公共建筑和社会民助型公共建筑两类。从居民的使用频率来衡量，可分为日常式和周期式两种。

① 社会公益型公共建筑　主要由政府部门统管的文化、教育、行政、管理、医疗卫生、体育场馆和为老年居民服务的社区日间照料中心等公共建筑。这类公共建筑主要为住宅小区

自身的人口服务，也同时服务于周围的居民。其公共建筑配置见表 5-1。

表 5-1 住宅小区公共建筑配置表

公共建筑项目	规模较大的住宅小区	规模较小的住宅小区	用地规模/m²	服务人口	备　　注
居委会	●	●	50	管辖范围内人口	可与其他建筑联建
小学	○		6000～8000	管辖范围内人口	6～12 班
幼儿园、托儿所	●	●	600～900	2500～6000	2～4 班
灯光球场	●	○	600	所在小区人口	规模大者可兼为镇区服务
文化站(室)	●	○	200～400	所在小区人口	可与绿地结合建设
卫生所、计生站	●	○	50	所在小区人口	

② 社会民助型公共建筑　指可市场调节的第三产业中的服务业，即国有、集体、个体等多种经济成分，根据市场的需要而兴建的与本住宅小区居民生活密切相关的服务业。如日用百货、集市贸易、食品店、粮店、综合修理店、小吃店、早点部、娱乐场所等服务性公共建筑。民助型公共建筑有以下特点。

a. 社会民助型公建与社会公益型公共建筑的区别在于，前者主要根据市场需要决定其是否存在，其项目、数量、规模具有相对的不稳定性，定位也较自由，后者承担一定的社会责任，由于受政府部门管理，稳定性相对强些。

b. 社会民助型公共建筑中有些对环境有一定的干扰或影响，如农贸市场、娱乐场所等建筑，宜在住宅小区内相对独立的地段设置。

5.2 住宅小区公共服务设施的特点

（1）城镇住宅小区公共服务设施配置与城市有着本质的差异

为了满足居民在精神生活和物质生活方面的多种需要，住宅小区内必须配置相适应的公共服务设施。但由于城镇规模相对较小的特殊性，其住宅小区的公共服务设施除了少数内容和项目外，在当前一般均以城镇为基础，在镇区范围内综合考虑、综合使用，并在城镇总体规划中进行合理布局。这与城市住宅小区公共服务设施配置有着本质的区别。其主要原因如下。

① 城镇住宅小区的规模一般较小，考虑到公共建筑本身的经营与管理的合理性和经济性，其住宅小区内公共服务设施的项目、内容和数量非常有限，特别是组团规模以下的住宅小区。

② 城镇的规模一般是几千人到几万人，城镇范围不大。居住用地一般也围绕城镇中心区分布，居民使用城镇一级的公共设施也十分方便，即公共服务设施使用上具有替代或交叉的特点。城镇公共服务设施由于它们的性质、所在位置，既可以为全镇服务，也可以为住宅小区服务。住宅小区配置的公共服务设施也同样如此，既为本住宅小区服务，也为城镇其他住宅小区服务。

③ 在住宅小区建设中，沿街地段一般均采用成街的布置方式，居民开设的各类服务设施既为全镇甚至是更大范围服务，也直接为该住宅小区服务，难以从本质上加以区分。

（2）城镇住宅小区公共服务设施配置与城市相比有着明显的特点

虽然当前城镇住宅小区内的公共服务设施常常仅是小商店而已，但按照我国发展城镇战略方针的要求，城镇将成为乡村城镇化的必由之路。一般的城镇将发展到 2 万～5 万人，个别有条件的可以发展到 10 万人以上。到那时，城镇住宅小区的规模及其公共服务设施的项目、内容和规模、功能要求必将发生重大变化，住宅小区公建设施的配置结构将有可能类同于城市住宅小区。但与城市相比，还是有其明显的特点，主要表现在如下几个方面。

① 由于规模和经济发展水平的影响，公共服务设施不可能有太大规模和分若干层次，因此，可以结合城镇公共建筑的特点，将行政管理、教育机构、文体科技、医疗保健、集贸设施和较大规模的商业金融设施与城镇级合并设置，综合使用。住宅小区内可根据规模和需要配置社区服务中心。

② 城市住宅小区公共服务设施的布局和项目内容对住宅小区的布局结构、居民使用的方便程度的影响较大；而城镇住宅小区对此影响较弱，与城镇公共设施中心区的位置关系却显得十分重要。因此，城镇居住用地一般都围绕城镇中心区设置。

③ 城镇公共建筑的使用与城市相比有一定的区别，特别是在服务范围、对象、服务半径、人口规模和使用频率方面的差异更为明显。例如，城市住宅小区内的托幼和小学校等设施，一般是仅为该住宅小区使用，并满足各自的时空服务距离的要求，其服务范围、服务半径等比较明确；而城镇的托幼和小学校等设施不仅为住宅小区和城镇居民使用，而且要面向城镇行政区域内的其他村民。

④ 不同地区的城镇在风俗习惯、经济发展水平、自然条件等方面差异巨大，有很多特殊性，不能盲目模仿，必须符合当地居民的生活特征。

⑤ 城镇居民对公共服务设施配置种类的需求与大城市不同，在"村镇小区亟须公建"调查项内，以需求"文化娱乐"为最多，这说明城镇居民的业余文化娱乐生活非常缺乏。文化娱乐上很多城镇都有影剧院、舞厅、电子游戏厅等与城市相同的文化娱乐场所，但居民很少或根本不使用这样的设施。一方面是"严重缺乏"，另一方面是"巨大浪费"，这反映出城镇在设施配套中存在着盲目搬用城市公共设施的现象。因此，城镇住宅小区的公共设施必须适合"城镇"，不能把它们等同于"城市"。

⑥ 调查表明，城镇居民对"小区综合活动场地"的要求很高。调查结果显示出住宅小区中要有相应的户外空间活动场所，以供游戏、锻炼身体、散步、交往之需要。

5.3 住宅小区公共服务设施配建项目指标体系

5.3.1 住宅小区公共服务设施规模

实践与调查研究表明，影响城镇住宅小区公共服务设施配建规模大小的主要因素有：
① 所服务的人口规模 服务的人口规模越大，公共服务设施配置的规模也就越大；
② 与镇区或城市的距离 距城市、城镇越远，公共服务设施配置的规模相应也越大；
③ 当地的产业结构及经济发展水平 第二、第三产业比重越大，经济发展水平越高，公共服务设施配置的规模就相应大一些；
④ 当地的生活习惯、社会传统。

5.3.2 住宅小区公共服务设施配套指标

《2000 年小康型城乡住宅科技产业工程村镇示范小区规划设计导则》指出：村镇示范小区公共服务设施配套指标以每千人 1300～1500m² 计算。各级规模的小区最低指标应符合表 5-2 的规定。

表 5-2 公共服务设施项目规定

序号	项目名称	建筑面积控制指标	设置要求
1	幼托机构	320～380m²/千人	儿童人数按各地标准，Ⅱ、Ⅲ级规模根据周围情况设置；Ⅰ级规模应设置
2	小学校	340～370m²/千人	儿童人数按各地标准，具体根据情况设置
3	卫生站(室)	15～45m²	可与其他公建合设
4	文化站	200～600m²	内容包括：多功能厅、文化娱乐、图书室、老人活动用房等，其中老人活动用房占 1/3 以上
5	综合便民商店	100～500m²	内容包括小食品、小副食、日用杂品及粮油等
6	社区服务	50～300m²	可结合居委会安排
7	自行车、摩托车存车处	1.5 辆/户	一般每 300 户左右设一处
8	汽车场库	0.5 辆/户	预留将来的发展用地
9	物业管理公司居委会	25～75m²/处	宜每 150～700 户设一处，每处建筑面积不低于 25m²
10	公厕	50m²/处	设一处公厕，宜靠近公共活动中心安排

注：在项目 3、4、5、6 和 9 的最低指标选取中，Ⅰ级、Ⅱ级和Ⅲ级规模小区应依次分别选择其高、中、次值。其中Ⅰ级（小区级）控制规模为 800～1000 户，3000～6000 人；Ⅱ级（组群级）控制规模为 400～800 户，1500～3000 人；Ⅲ级（院落级）控制规模为 150～400 户，600～1500 人。

5.3.3 住宅小区公共服务设施分级

由于城镇住宅小区的规模相对较小，所以要综合考虑设施的使用、经营、管理等方面因素以及设施的经济效益、环境效益和社会效益，城镇住宅小区的公共服务设施一般不分级设置。

5.4 住宅小区公共服务设施存在的问题

（1）与住宅小区相配套的公共建筑项目和指标体系尚未确立

在市场经济体制下，用于满足城镇居民生活需求的住宅小区公共建筑配置的项目和指标体系尚未确立，更缺乏量化指标的具体指导和控制；而任由"市场"去调节，则会造成宏观上的失控。

（2）公共建筑项目配置不当

由于大多数城镇建设主管部门对住宅小区必须建设哪些公共建筑项目不明确，因而造成必不可少的某些公共建筑项目的缺失，给居民生活带来不便。而有的城镇住宅小区则相反，不管自身人口规模和环境条件，公共服务设施配置的规模过大、数量和种类过多，其结果是利用率低，经济效益差，最后只得"改头换面"，另作他用。

（3）公共建筑的项目配置不符合城镇的特定要求

造成这一现象的最根本的原因是没有认识到城镇住宅小区公共建筑的配置与城市住宅小

区公共建筑配置的不同点。城市住宅小区由于有相当的人口规模，它的公共服务设施强调"配套"，设施有一定的规模和质量，利用率也高；城镇一个住宅小区的规模十分有限，如按"配套"去实施，公共服务设施的规模就很"微小"，无法"经营"，因此它需要从更大的范围和内涵去考虑。

5.5 住宅小区公共服务设施的规划布局

住宅小区的公共建筑的配置，应因地制宜，结合不同城镇的具体情况，分别进行不同的配置。

5.5.1　基本原则

城镇住宅小区的公共服务设施，应本着方便生活、合理配套的原则，做到有利于经营管理、方便使用和减少干扰，并应方便老人和残疾人使用。

5.5.2　住宅小区公共服务设施的布局形式

城镇住宅小区的公共服务设施在布局上可分为3类：a.由城镇通盘考虑的设施，如幼托机构、小学校、较大的商业服务设施等；b.基本由住户自己使用和管理的设施，如自行车、摩托车、小汽车的停放场所，这类设施主要由道路交通系统的组织中统一布置；c.其余的综合便民商店、文化站、卫生站（室）、物业管理、社区服务等设施项目，这类设施的布局是本节讨论的内容。

5.5.3　住宅小区公共建筑项目的合理定位

（1）新建住宅小区公共建筑项目的四种定位方式
① 在住宅小区地域的几何中心成片集中布置　这种布置方式服务半径小，服务对象明确，设施内容和服务项目清楚，便于居民使用，利于住宅小区内景观组织；对文化卫生、社区服务、物业管理等设施比较有利，但购物与出行路线不一致，再加上位于住区内部，不利于吸引过路顾客，一定程度上影响经营效果，对商业等设施的经营相当不利。在住宅小区中心集中布置公共建筑的方式主要适用于远离城镇交通干线的住宅小区，更有利于为本住宅小区居民服务。这类布置形式在城镇较少（图5-1～图5-3）。

温州永中镇小康住宅小区社区文化中心成片集中布置公共建筑，形成一条颇有水乡特色的水街（图5-1）。

淄博金茵小区（图5-2）将商业服务设施、老年公寓等设施结合设置在小区的主要入口处，使用方便；将物业管理、社区服务文化活动设施结合小区级绿地，布置在住区的中心，空间环境好。

闽侯青口住宅示范小区（图5-3）把幼托和小区服务中心等公共建筑与以水池为主体的中心绿地组织在一起布置在住宅小区几何中心主干道的一侧，形成了住宅小区主干道的景观中心。

莆田市秀屿区海头村小康住宅小区，把幼托和小区绿地组成住宅小区干道一侧的主要步行系统的景观中心（图5-4）。

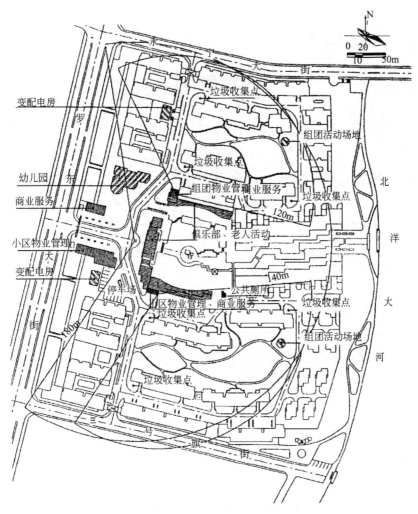

图 5-1　温州永中镇小康住宅小区公共服务设施布局

　　泉州市泉港区锦祥安置小区（图 5-5）就是将幼托、小学分列于主干道的两侧、小区中心位置。

　　② 沿小区主要道路带状布置　这种布置方式兼为本住宅小区及相邻居民和过往顾客服务，经营效益较好，有利于街道景观组织和城镇面貌的形成，有利于公共服务设施在较大的区域范围内服务，是当前城镇住宅小区建设中最为常见的布置方式，但住宅小区内部分居民购物行程长，对交通也有干扰。沿住宅小区主要道路带状布置公共建筑主要适合于城镇镇区主要街道两侧的住宅小区（图 5-6）。

　　龙岩市新罗区适中镇中和小区把为适应当地大型民俗活动的公共中心民俗街布置在小区的中心，把颇具特色的土楼组织在一起形成极富文化内涵的中心广场，为节日的民俗活动和平日的商业服务提供了极富人性化的活动场所（图 5-7）。

　　福建明溪余厝住宅小区在紧邻的过境公路和县城主干道上布置了为本住宅小区服务和繁荣县城经济的各项公共服务设施（图 5-8）。

　　③ 在住宅小区道路四周分散布置　这种布置方式兼顾本住宅小区和其他居民使用方便，具有选择性强的特点，但布点较为分散，难以形成规模，主要适用于住宅小区四周为镇区道

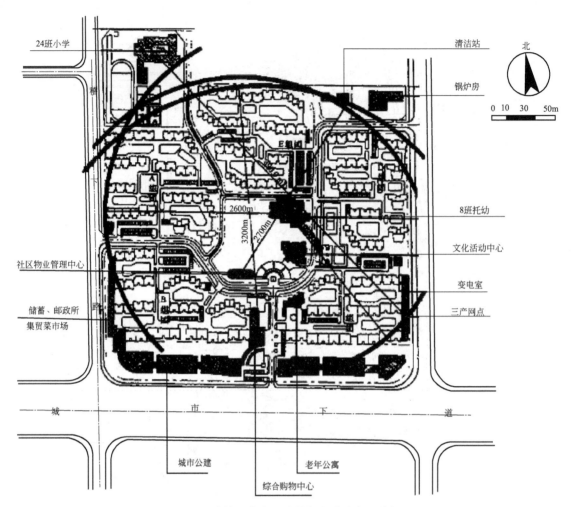

图 5-2　淄博金茵小区公共服务设施布局分析

路的住宅小区（图 5-9）。

　　④ 在住宅小区主要出入口处布置　公共服务设施结合居民出行特征和住区周围的道路，设在住宅小区的主要出入口处，此方式便于本住宅小区居民上下班顺路使用，也兼为小区外的附近居民使用，经营效益好，便于交通组织，但偏于住宅小区的一角，对规模较大的住宅小区来说，居民到公共建筑中心远近不一，图 5-10 为在住宅小区主要出入口处布置公共建筑。

　　厦门黄厝跨世纪农民新村把社区中心、小学、幼托集中布置在农宅区北面入口处，但却属于整个新村的中心，北面跨路是产业开发区，东、西、南三面为农宅区，既方便生产生活，又为居民的休闲交往创造一个适中的活动空间（图 5-11）。

　　（2）旧区改建的公共建筑定位

　　住区若改建，可参照上述四种定位方式，对原有的公共建筑布局作适当调整，并进行部分的改建和扩建，布局手法要有适当的灵活性，以方便居民使用为原则。

5.5.4　公共建筑的几种布置形式

　　在住宅小区公共建筑合理定位的基础上，应视住宅小区的具体环境条件对公共建筑群做

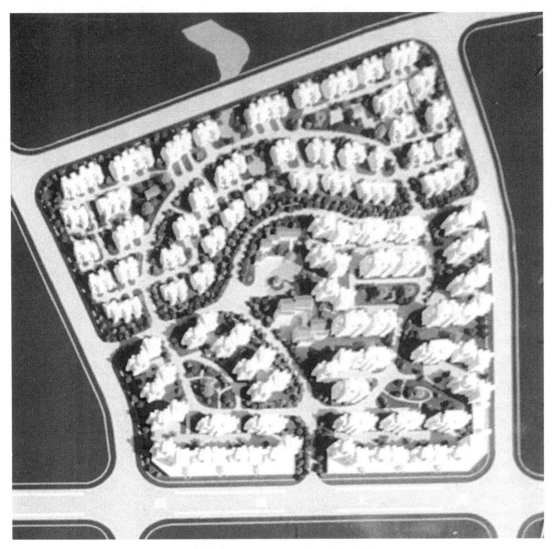

图 5-3 闽侯青口住宅示范小区公共建筑布置

有序的安排。

（1）带状式步行街

如图 5-12 所示。这种布置形式经营效益好，有利于组织街景，购物时不受交通干扰。但较为集中，不便于就近零星购物，主要适合于商贸业发达、对周围地区有一定吸引力的住区。

福建泰宁状元街是典型的城镇底商上住的商业街，经过精心设计，建成了一条古今时空一线牵的特色旅游观光一条街（图 5-13）。

（2）环广场周边庭院式布局

如图 5-14 所示。这种布局方式有利于功能组织、居民使用及经营管理，易形成良好的步行购物和游憩休息的环境，一般采用得较多。但因其占地较大，若广场偏于规模较大的住区的一角，则居民行走距离长短不一。适合于用地较宽裕，且广场位于城镇的住区中心。

（3）点群自由式布局

一般说来，这种布局灵活，可选择性强，经营效果好，但分散，难以形成一定的规模、格局和气氛。除特定的地理环境条件外，一般情况下不采用。

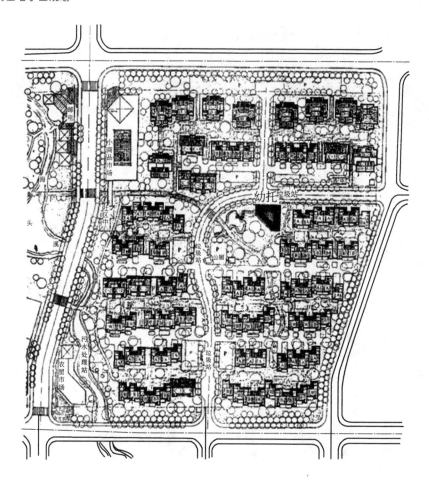

图 5-4　莆田市秀屿区海头村小康住宅小区公共建筑布置图

图 5-5　泉州市泉港区锦祥安置小区

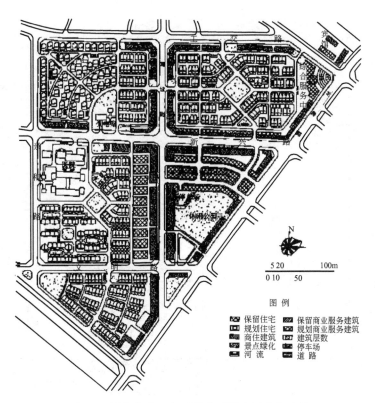

图 5-6 沿住宅小区主要道路两侧布置公共建筑

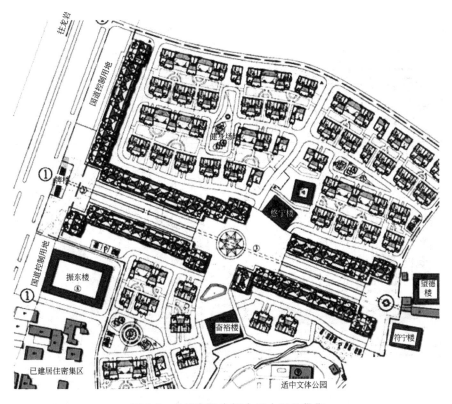

图 5-7 龙岩市适中镇中和小区民俗街

图 5-8　福建明溪余厝住宅小区

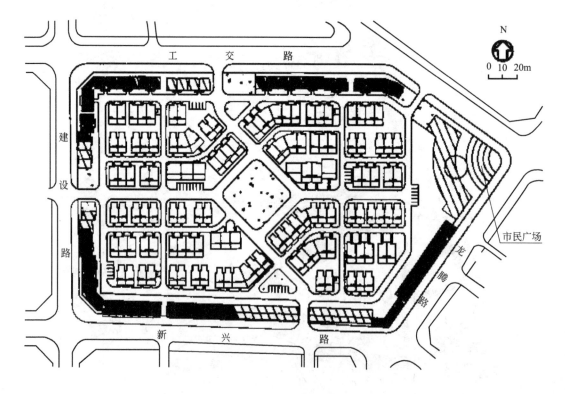

图 5-9　分散在住宅小区四周布置公共建筑

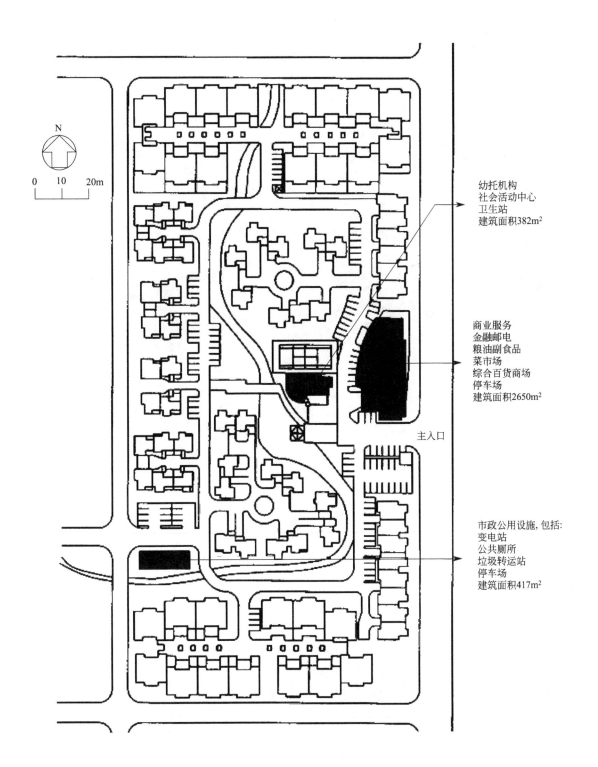

图 5-10　住宅小区主要出入口处布置公共建筑

图 5-11　厦门市思明区黄厝跨世纪农民新村规划设计

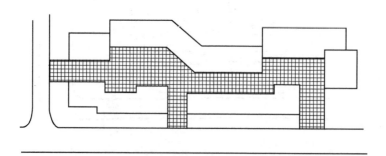

图 5-12　带状式步行街

（a）状元街街景

（b）状元街夜景

图 5-13　福建泰宁状元街

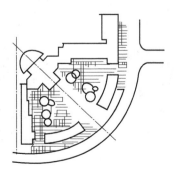

图 5-14　环广场周边庭院式布局

5.6 城镇住宅小区公共服务设施规划布局案例

5.6.1 托儿所、幼儿园

托儿所、幼儿园属于大量性民用建筑，可以单独设置，也可以联合设置。幼儿园一般以6～9班为宜，托儿所在单独设置时一般不宜超过5个班。托儿所、幼儿园在布置中应考虑儿童活动的特点，并应满足下列要求。

① 托儿所、幼儿园的服务半径以500m为宜，基地选址应避免交通干扰和各类污染，日照充足，通风良好（图5-15）。

图5-15 福建省莆田县灵川镇海头村小康住宅示范小区幼托布置图

② 总平面布置应注意功能分区明确，各用房之间避免相互干扰，方便使用和管理，有利于交通疏散（图 5-16）。

③ 在场地布置时，除必须设置各班专门活动场地外，还应有全园共用的室外游戏场地，并应设集中绿化园地，绿化树种选用严禁有毒或带刺植物。

④ 在后勤供应区设杂物院，并单独设置对外出入口，基地边界、游戏场地、绿化等用地的围护和遮拦设施应注意安全、美观、通透。

⑤ 每班的活动室、寝室、卫生间应为单独的使用单元，隔离室应与生活用房有适当距离，并和儿童活动路线分开，并宜设置单独的出入口。托幼功能关系分析如图 5-17 所示。

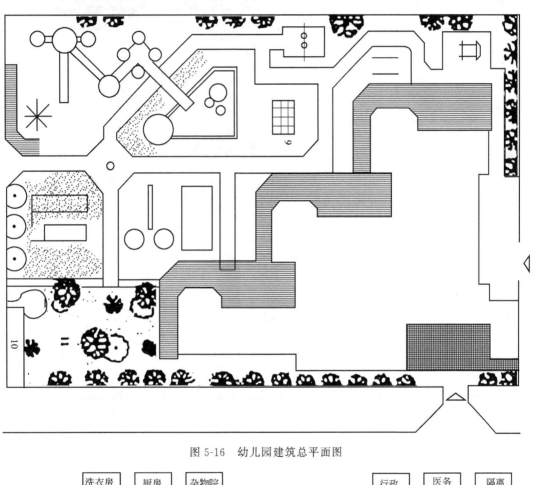

图 5-16 幼儿园建筑总平面图

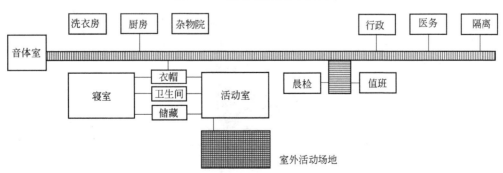

图 5-17 托幼功能关系分析图

⑥ 设计实例如图 5-18 所示。

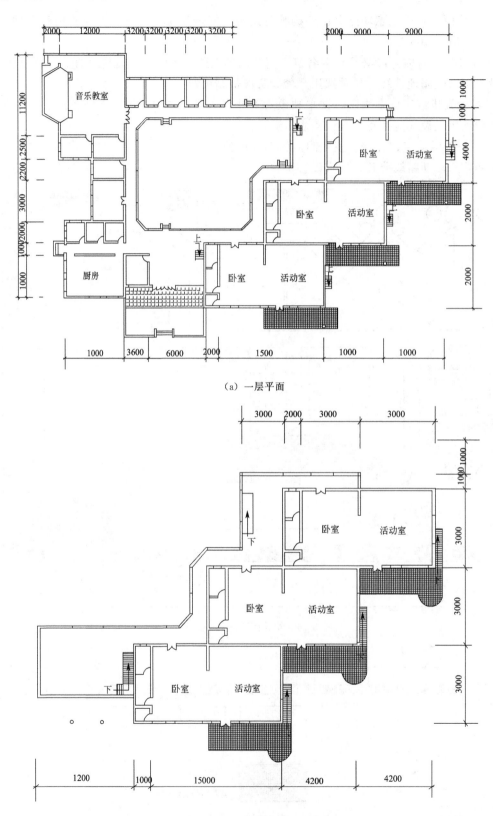

（a）一层平面

（b）二层平面

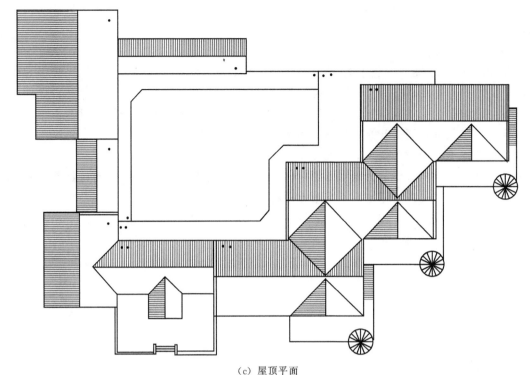

（c）屋顶平面

（d）效果图

图 5-18　幼儿园建筑单体设计

5.6.2　中小学

中小学校的设计除了必须严格按照教委关于中小学校的达标要求及《中小学建筑设计规范》进行设计外，尚应在校园进行规划的前提下进行建设，城镇住宅小区中小学校的规划必须把教学区、生活区和运动区进行合理的布局，以便为住宅小区里的师生创造一个优美的教学环境。

（1）学校规模和面积定额

中小学的规模，根据 6 年学制的要求，应依 6 个教室班的倍数来确定，小学以 6 个班、12 个班或 18 个班为宜。每班学生一般为 50 人，小学也可为 45 人。学校用地，小学为 15～

30m²/学生；中学为 20～35m²/学生。校舍建筑面积，小学为 2.5～3.5m²/学生；中学为 3.5～5m²/学生。

(2) 校址的选择

学校地址的选择，应符合城镇总体规划要求。学校服务半径，小学一般为 500～1000m，中学一般为 1000～1500m。地势要求平坦，避免填挖大量土方；交通要求方便，同时又要注意使学生上学、放学时尽可能不穿越公路和铁路；环境要求安静，卫生条件好，阳光充足，空气新鲜，要避开有害气体、污水及噪声的影响。

(3) 普通教室的设计要点

普通教室是学校教学部分的主要用房。它在学校用房中的数量最多，而且要求较高。为此，在设计教室时要综合考虑以下几个方面的因素：

a. 教室的面积、形状及尺寸；

b. 教室的采光与通风；

c. 教室的视觉要求；

d. 教室的黑板。

(4) 设计实例

① 实例（一）如图 5-19 所示。

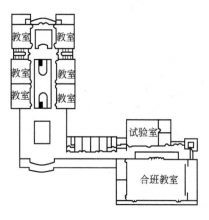

(a) 一层平面

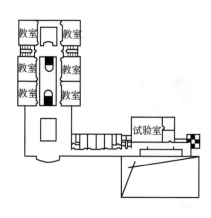

(b) 二层平面

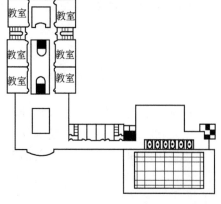

(c) 三层平面

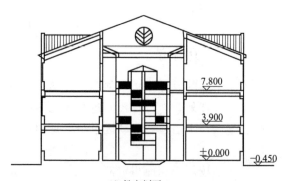

(d) 教室剖面

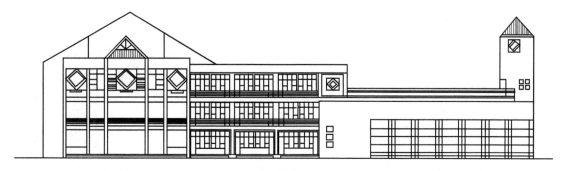

（e）正立面

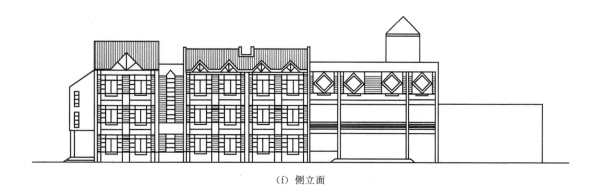

（f）侧立面

（g）效果图

图 5-19 小学建筑设计方案（一）

② 实例（二）如图 5-20 所示。

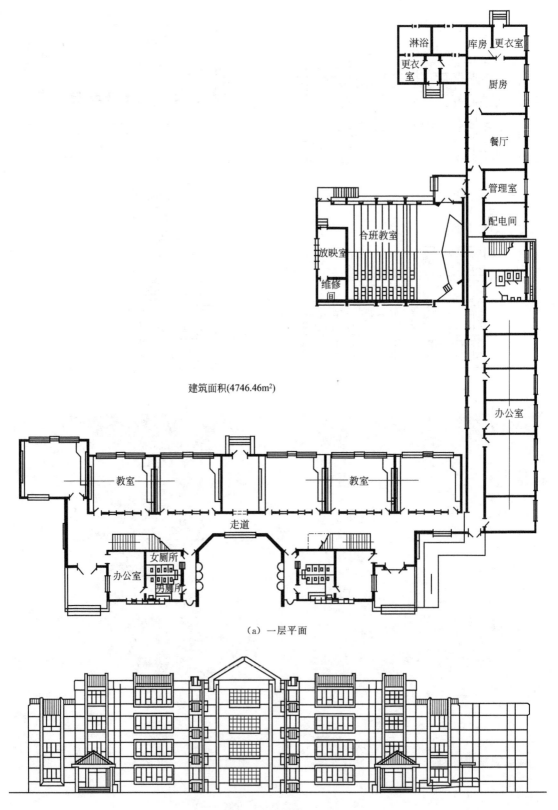

淋浴

更衣室

库房　更衣室

厨房

餐厅

管理室

配电间

合班教室

放映室

维修间

办公室

建筑面积(4746.46m²)

教室

教室

走道

办公室

女厕所

男厕所

（a）一层平面

（b）立面图

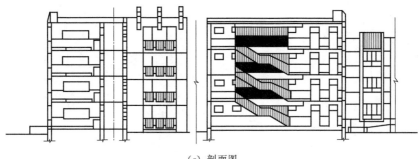

（c）剖面图

图 5-20　小学建筑设计方案（二）

③ 天津河北区小树林小学教学楼建筑设计案例　设计人：张文忠

（摘自张文忠．公共建筑设计原理．北京：中国建筑工业出版社，2001）

教学楼建筑约 1700m²。在地段为东西向、地形又狭长的情况下，将教学楼布置成两个独立的单元，并用廊子加以联系，既争取了教室最好的朝向，又丰富了室外空间（图 5-21）。

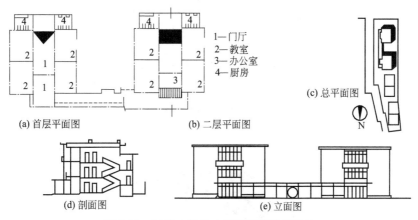

1—门厅
2—教室
3—办公室
4—厨房

（a）首层平面图　　　　　（b）二层平面图

（c）总平面图

（d）剖面图　　　　　（e）立面图

图 5-21　天津小树林小学教学楼建筑设计

5.6.3　文化馆

文化馆是城镇开展精神文明建设、组织宣传教育和学习辅导、提供文化娱乐活动的场所，文化馆内部各部门的活动规律各有特点，在布局中应根据不同的特点进行安排和布置（图 5-22）。

文化馆布置应满足下列要求：文化馆的选址应在位置适中、交通便利、环境优美、便于群众活动的地段；基地至少应设 2 个出入口，主要出入口紧邻主要交通干道时，应留有缓冲距离，对于人流量大且集散较为集中的用房应设有独立的对外出入口。

文化馆基地内应设置自行车和机动车的停放场地，考虑设置画廊、橱窗等宣传设施。由于文化馆部分有闹有静，相互干扰较大，故分散式布置是较好的选择，应结合体形变化和室外休息场地、绿化、建筑小品等，形成优美的室外环境。

文化馆既要注意本身各部分的动静分区，避免互相干扰，又要注意在噪声较大的观演厅、舞厅等用房对其他周围建筑的干扰，尤其是应距医院、敬老院、住宅、托幼等建筑要有一定的距离，并采取必要的防干扰措施。

设计实例如图 5-23 所示。

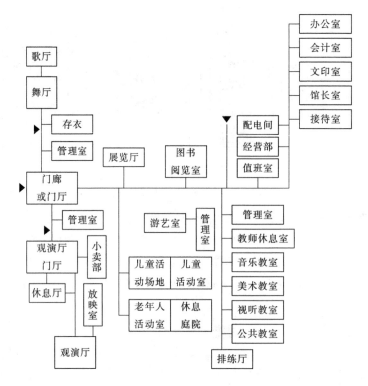

图 5-22 文化馆功能关系分析图

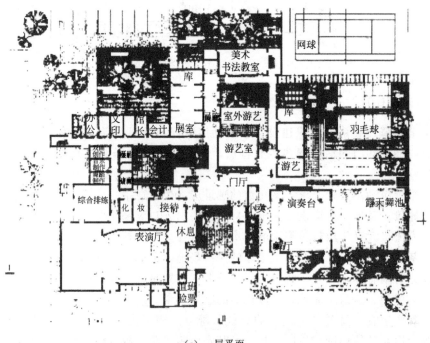

（a）一层平面

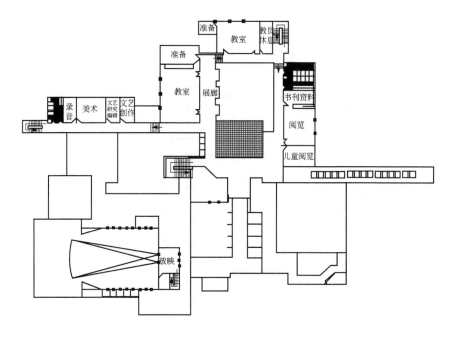

（b）二层平面

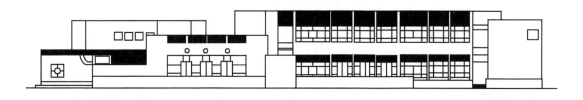

（c）立面

（d）效果图

图 5-23　文化馆建筑设计实例

5.6.4 活动站

活动站建筑设计实例如图 5-24 所示。

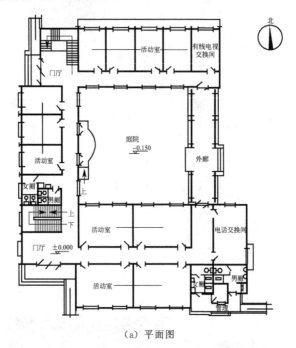

（a）平面图

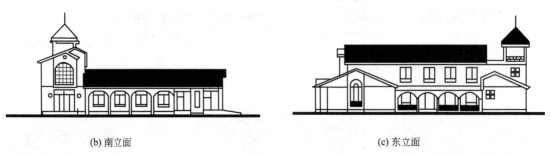

(b) 南立面　　　　　　　　　　　　　　　(c) 东立面

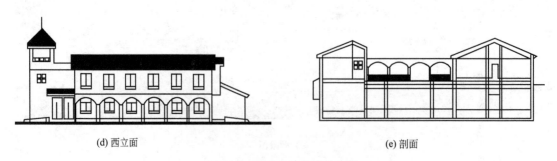

(d) 西立面　　　　　　　　　　　　　　　(e) 剖面

图 5-24　活动站建筑设计实例

6 城镇住宅小区道路交通规划

城镇的镇区范围相对较小，即使是近几年来在我国经济较为发达的东南沿海地区已出现一些人口规模在5万~20万的城镇，但从全国的普遍情况和其发展的趋势来看，一般城镇的人口规模仍将会控制在人口规模1万人左右。

城镇人口规模较少，其镇区的范围又相应较小，因此，城镇住宅小区的规模也相对较小，城镇的道路交通组织也会因为有着方便的接近从业和人际关系十分密切的特点，而与城市住宅小区相比，在较为简单的同时也就突出了以步行和非机动车（包括非机动和电动的自行车、三轮车）为主要交通方式的特点，因此，城镇住宅小区的交通规划应充分考虑这种特点；并根据可持续发展进行道路交通组织。

6.1 城镇住宅小区居民的出行特点与方式

城镇具有较小的生活范围、方便的就近从业、密切的人际关系和优美的自然环境等特点，使得其出行比城市更富生活性和人文性，其出行方式也将是以步行和速度不必太快的、简单的运输交通工具为主，便可满足方便生活的要求。

6.1.1 出行特点

城镇的规模远比城市小，住宅小区也凸显其自有特性，城镇住宅小区的道路网相对简单，特点如下。

① 鲜明的生活性　与城镇镇区交通相比，其住宅小区交通呈现出鲜明的生活性特征，这是由其居住用地使用性质所决定的。城镇住宅小区常有前店后宅商住混合用地性质，以及家庭作坊与住宅共同用地性质，也有配套公共服务设施用地。但住宅小区用地主要是居住功能，在住宅小区内，居民交通出行的主要目的是上下班、上学、商业购物人际交往等日常生活行为；住宅小区道路不仅是住宅小区各部分之间以及住宅小区与镇区之间空间联系的纽带，也是人们日常生活活动的空间载体。因此，城镇住宅小区交通不但要求提供方便、可达的交通条件，而且是住宅小区安全和谐生活空间的重要组成部分。

② 和谐的人文性　城镇虽然范围小，但它是周边农村的地域中心，人际关系十分密切，保持着中华民族的优良传统，人们在出行中的互致问候和亲切交谈，其交通规划设计都应为出行中的人际交往提供必要条件。

③ 交通的可达性　在住宅小区内部，为保证居民出行安全、降低交通对居住环境的负

面影响，住宅小区交通规划往往会采取各种流量限制、车速限制等物理措施，以限制其内部过境交通。同时，由于一般住宅小区内部道路网均由镇区支路以下等级道路构成，这些道路不像镇区交通那样要求较高的畅通性。因而，住宅小区内部交通整体上以满足交通可达性为主。

④ 方式的多样性　与镇区交通相比，住宅小区内部交通又呈现出多样性的特征：一是住宅小区交通工具更加多样化，它囊括了镇区交通的主体（非机动车、小汽车、货运车、清洁车、消防车、急救车等）和一些特殊交通工具（残疾人专用车、手推车、人力三轮车等）；二是道路使用更加多元化，住宅小区道路除满足居民上下班、上学、送货、清除垃圾等一些交通功能外，还为市政管网的敷设提供依托，为住宅小区的绿化、美化以及居民体育锻炼、生活交流、休闲、文化娱乐提供场地，为住宅小区的通风、采光提供所需要的空间。各种功能穿插交叠于道路空间，互有因借又互相影响。

6.1.2　出行方式

交通方式指人们从甲地到乙地完成出行目的所采用的交通手段。作为城镇，由于镇区范围较小，工作和上学地点较近，因此，对交通方式的便捷程度要求也相应较低。

不同的交通方式对住宅小区、城镇交通系统的要求有很大的差异，而且作为住宅小区居民出行的主要手段，每一种交通方式都有其适用范围，即在某段距离范围和交通需求特点下该交通方式有其独特的优势。一般居民的交通方式有如下几种：步行、自行车、常规公共交通、轨道交通、小汽车。

就城镇住宅小区而言，居民的交通方式主要是步行、自行车和三轮车（包括电动自行车和三轮车）、公交车、小汽车。研究城镇住宅小区交通方式的构成，分析居民出行的特点与规律，对于提高居民出行效率，完善城镇住宅小区交通体系十分重要。

（1）出行方式的种类和交通工具

1）步行交通

步行是最简单、最古老的出行方式。在400～1000m范围内的近距离出行，步行可完成购物、游憩、锻炼、社交等多种出行目的，且有利于身心健康，是城镇住宅小区居民出行与日常交往的主要形式，其不受任何条件的约束。

2）自行车（包括电动自行车）交通

自行车作为人们出行的交通工具，在城镇中，它可作为小区居民最简单的对外交通工具，也是简易的货运工具。

居民在镇区出行距离一般在自行车合理骑行范围（6～8km）之内，因此，一般城镇的交通结构组成中，非机动车与步行的出行占90%以上。

3）三轮车（包括电动三轮车）交通

三轮车在城镇的交通中主要是用作小件的货物运输和载人出行，它虽然属于自行车的范畴，但其宽度较大，占用道路和停放的面积也较大，在多层（或高层）住宅中，其难能直接进户，这就要求其停放必须有专用的位置以方便车主使用。

4）代步车（包括各种轮椅和代步自行车）

对残疾人、病人和行动不便的老年人的关怀，是现代文明的标志之一。代步车可以为他们提供出行和在小区内以及家里活动的方便，但在没有电梯的多层住宅中，有一些类型是很难上楼直接进户的，其通行速度较慢，占用道路和停放的面积也较大，在动、静交通组织中都必须引起重视。

　　5）公共交通

　　城镇公共交通主要是用于镇域和镇际公共交通的公共汽车和小公共汽车。一些较大城镇、中心镇也有镇区公共交通，但不进入住宅小区内部，只需考虑公交车站设在规模较大的小区出入口的问题。

　　6）小汽车交通

　　小汽车已经成为最基本的城镇交通工具，它给人类带来的诸多方面好处是迄今为止其他任何交通工具都无法比拟的。小汽车是人类现代文明的象征和重要标志之一。

　　但是小汽车交通带来的负面影响也很突出，如产生交通拥堵、环境污染、耗能大、浪费资源等。同时，也存在与其他交通方式的协调问题。

　　（2）出行方式比较

　　各种交通方式作为方便人们出行的手段都有其优点与缺陷。在特定的时间与特定的空间环境下，不同的人们会选择最适合自己的交通方式。影响人们对交通方式选择的重要因素有：交通成本、出行时耗、方便程度、交通距离、生活水平等。当前作为一般的城镇来说，作为镇区的交通，步行和自行车仍然是最为重要的交通方式。小汽车的发展，在城镇中将会逐渐成为镇域或镇际的交通工具。

6.2 城镇住宅小区道路交通的规划原则与组织

6.2.1　城镇住宅小区道路交通的规划原则

　　（1）系统性

　　住宅小区交通体系作为一个系统，应合理衔接城镇内部交通与外部交通，妥善安排动态交通与静态交通，科学组织人行交通与车行交通。道路设施和停车设施的规划建设应具有经济性、实用性、实效性和持续性，集约化使用土地、整合化规划设计、系统化组织建设。

　　（2）协调性

　　① 协调城镇住宅小区道路交通与住宅小区土地利用之间的关系，道路网规划应考虑住宅小区交通流的合理分布。

　　② 协调交通与环境关系，控制汽车、拖拉机、摩托车尾气及噪声污染，改善人们生活质量。

　　③ 协调供需平衡关系，优化居民出行结构。

　　④ 协调动静态交通关系，解决停车难问题。

　　（3）人文性

　　在住宅小区交通中人是主角、车是配角，一切应服从于居民的方便与需要。高质量的道路配置是人性化居住空间的先决条件。高效的道路系统并不意味着大尺度的道路、大而不当的道路，不适合住宅小区的道路尺度，也存在安全性差的问题。因此，高效的道路应当是一个合理、节约而又安全的系统。

　　① 城镇住宅小区交通系统不仅应满足居民出行的基本需求，也应当满足居民出行方式的选择需求，良好的道路交通体系必须高效、安全、舒适、便捷、准时。

　　② 住宅小区道路以人为本。应确保行人散步较长距离而不受侵扰、有宽广的领域进行

游戏玩乐，住宅小区道路都应是以步行者为主的领域。

③ 应在开阔地带布置道路，避开坡度大的地势（一般应在 15％ 以下），用减法来配置道路。

④ 住宅小区道路系统和横断面形式应以经济、便捷、安全为目的，根据城镇住宅小区用地规模、地形地貌、气候、环境景观以及居民出行方式选择确定。

⑤ 住宅小区道路规划应有利于住宅小区各类用地划分和有机联系以及建筑物布置多样化，确保住宅的布置有利于日照和通风，创造良好的居住卫生环境。

⑥ 住宅小区道路应避免过境车辆穿行，住宅小区本身也应避免设有过多的道路出入口通向镇区干道，内外交通应有机衔接，做到通而不畅，保证居民生活安全和环境安静。

⑦ 住宅小区级和组群级道路应满足地震、火灾及其他灾害救灾要求，便于消防车、救护车、货运卡车和垃圾车等车辆的通行，宅前小路应保障小汽车行驶，同时保证行人、骑车人的安全便利。

⑧ 住宅小区的所有道路及住宅组群、住宅小区公共活动中心，应设置方便残疾人通行的无障碍通道，通行轮椅的坡道宽度应不小于 2.5m，纵坡不应大于 2.5％。

⑨ 进入住宅组群的道路，既应方便居民出行和利于消防车、救护车通行，又应维护院落的完整性和有利治安保卫。

⑩ 山地城镇住宅小区用地坡度大于 8％ 时应辅以梯步解决竖向交通，并应在梯步旁附设推行自行车的坡道和设置无障碍通行设施。

（4）生态性

城镇住宅小区道路作为住宅小区居民出行与宅间联系的必然通道，具有交通和环境景观双重功能，因此，城镇住宅小区道路交通规划应同时遵循环境生态原则，高效利用土地，加强生态建设，改善住宅小区空间环境。

① 在满足居民对住宅小区道路交通基本需求的同时，引入必要的交通需求管理模式，最大限度地降低道路交通对住宅小区社会、环境的负效应，减少空气和噪声污染。

② 重视住宅小区道路空间环境设计特色。

③ 重视城镇住宅小区道路绿化景观设计，创造优美的住宅小区道路景观。

④ 住宅小区停车空间与绿化空间应有机结合，美化停车环境。

⑤ 必须坚持符合我国国情的混合交通处理原则。

（5）安全性

汽车、自行车、人行三种不同类型、不同速度的交通混行相互影响，相互牵制，易造成整个交通环境的恶化。从我国国情和城镇实际情况出发，城镇住宅小区混合交通处理应注意解决好以下问题。

① 住宅小区生活性道路应进行严格限速，形成不利于机动车行驶的环境，以减少机动车流量，给自行车及行人创造安全感，从而达到自动分流。

② 建立汽车、自行车、步行各自的分流交通系统。专用系统的建立，应保持三类交通各自的完整性、连续性，使汽车驾驶者、骑车人、步行者都能感到舒适、安全，有利于创造舒适的交通环境。

③ 注重道路交叉口的设计。在三种不同交通系统交汇处，可组合出多种交叉方式，注意区别对待。改变习惯在道路交叉口布置公共建筑、商业网点等的做法，尽量净化和淡化住宅小区道路交叉口的功能。

6.2.2 城镇住宅小区道路交通的组织

随着社会经济的发展、人民生活的改善和全面实现小康社会，小汽车已开始进入经济发达地区城镇的居民家庭。从长远考虑，科学预测城镇住宅小区规划中居民的车辆拥有率，留足小车的停车空间，组织好城镇住宅小区的动态与静态交通十分重要。

城镇住宅小区交通组织的目的是为确保居民安全、便捷地完成出行，创造方便、安全、宁静、良好的交通和居住环境。

城镇住宅小区交通组织包括动态交通组织和静态交通组织。动态交通组织指机动车行、非机动车行和人行方式的组织；静态交通组织则指各种车辆存放的安排及停车管理。

根据我国城镇住宅小区的特点和居民出行方式，我国城镇住宅小区交通组织主要应遵循以下原则：因地制宜；流线合理；环境融合；减少干扰；出行方便；便于管理；节约资源。

通过对住宅小区交通线网科学、合理规划，不仅可以节约投资，而且还可确保土地资源的高效利用，为住宅小区创造更多的住宅小区绿地和休闲用地，满足住宅小区居民休闲和文化娱乐生活。

6.2.3 城镇住宅小区动静交通的组织规划

（1）住宅小区动态交通的组织

城镇住宅小区动态交通组织应符合城镇住宅小区车流与人行的特点，实行便捷、通顺、合流与分流的不同处理，保证交通安全，并创造舒适宜人的交通环境。同时，道路等级应设置清楚，区分车行道、步行道与绿地小道。并应尽量控制车辆的车速，以减少噪声与不安全因素。小区主干道是道路的骨架，是居民出行频繁的通道，它的线形应使居民能顺利便捷地回到自己的住处或到达想去的地方。

城镇住宅小区宜采用人车共存体系，人车共享的道路系统可为居民提供方便舒适的住宅小区交通环境。可通过植物栽植、铺地变化、采用弯道、路面驼峰以及局部窄路和相关的设施，减少住宅小区的车辆和限制车速，为居民创造一个宜人的人车共享的环境。

1）动态交通组织方式

包括无机动车交通、人车分流、人车局部分流和人车混行四种。

① 无机动车交通　住宅小区的这种交通组织方式采取周边停车、主要出入口停车及完全地下停车等方式，将机动车辆完全隔离在生活区域以外（或地下），厦门海沧东方高尔夫国际社区就是采用环住宅外围的车行系统把车停放在地下车库及路边专用停车带的实例（图6-1）。同时通过贯通的步行系统与自行车道将住宅小区各组成单元联系在一起。对于规模小的城镇住宅小区，这是一种较为理想的交通组织方式。这种交通组织方式不仅容易创造具有归属感和安全感的邻里交往氛围，有助于增强住宅小区凝聚力与人际亲近程度；可减少对转弯半径、道路线形、宽幅、断面等技术要求对设计的影响，便于创造既紧凑又富有生机的生活空间和安全、宁静的居住环境，减少道路占地面积，利于组织以步行为主的人性化空间。

这种交通组织方式应处理好下面几个问题：a. 应严格控制步行到存车点或对外联系站点的距离保持在合理的范围内；b. 控制好住宅小区规模；c. 应确保货运车、救护车、消防车、搬家车等服务车辆出入顺畅；d. 控制停车场的距离，确保方便使用车辆。

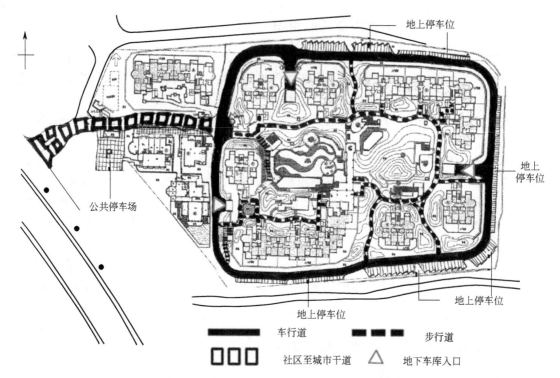

图 6-1 厦门海沧东方高尔夫国际社区交通系统

对于规模小的城镇住宅小区和历史文化名镇的旧镇区，为尊重历史现状或继承传统生活方式、居住行为空间的城镇住宅小区较多采用这种组织方式。可利于以步行为主的交通组织方式更好地发挥其功效。

② 人车分流　人车分流的交通组织方式强调在住宅小区内将机动车与非机动车在空间上完全分离，设置两个独立的路网系统，仅在局部位置允许交叉。人车分流可大致分为 4 种类型：平面系统分流、内外分流、立体分流和时间分流。

适合城镇住宅小区交通组织的人车分流主要是时间分流。与通常在空间上将人行与车行相分开所不同的是，时间分流强调在不同时段将人行与车行相分离。与空间上的分流组织方式相比，采取时间分流可对住宅小区道路资源进行有效与综合利用，如在周末与节假日，可对住宅小区的开放空间比如中心绿地、商业服务设施等地区周边设为纯步行空间，禁止机动车穿行，保证居民的休闲娱乐不被干扰，而在平时允许机动车通行。这种交通组织方式突出了住宅小区道路空间的灵活性与一定程度的弹性，住宅小区交通组织可根据具体需要而灵活处理。因此，适合于职工较多，有一定规模的城镇住宅小区的交通组织，但需要一定的交通管理手段作为实施的依据。福建闽侯青口镇住宅示范小区的小区主干道，道路断面布置车行道和单侧人行道，实行人车分流，又可利用较为宽阔的单侧人行道为住宅小区居民出行创造人际交往的休闲漫步空间（图 6-2），充分展现城镇住宅小区道路的特点。福清龙田镇进入镇区主干道向西穿过上一住宅小区，为了确保交通安全和方便民俗活动需要，在小区中心布置了圆形广场。当举行民俗活动时，进入镇区的主干道实行临时封闭，改为穿行南侧住宅小区半圆形干道（图 6-3）。

③ 人车局部分流　人车局部分流是一种最常见的住宅小区交通组织方式，与完全人车分流的组织方式相比，在私人汽车不算多的城镇住宅小区，采用这种交通组织方式既经济、

方便，又可在重点地段禁止机动车通行，维持住宅小区应有的宁静生活氛围。具体做法有两种类型：道路断面分流、局部分流（不完全专用道路系统）。

（a）道路系统

图 6-2

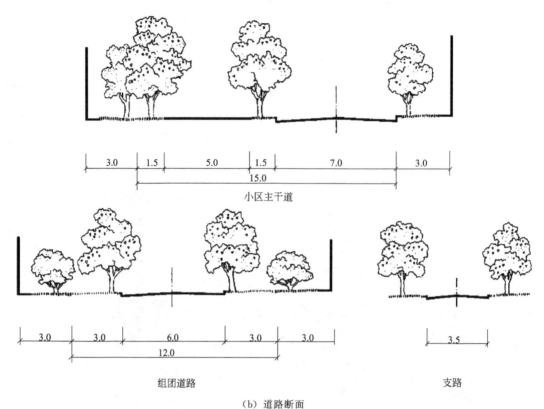

（b）道路断面

图 6-2　福建闽侯青口镇住宅示范小区道路交通系统图

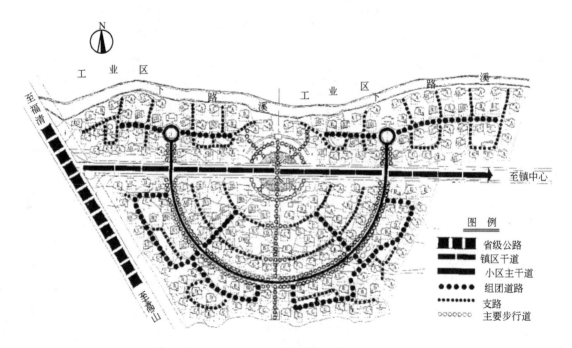

图 例

■■ 省级公路
■■ 镇区干道
■■ 小区主干道
●●●● 组团道路
●●●● 支路
○○○○ 主要步行道

（a）道路系统

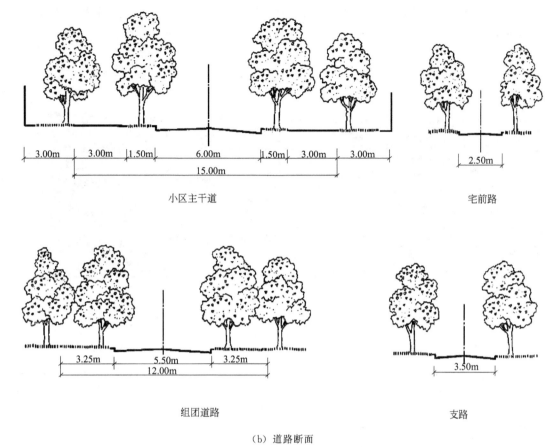

（b）道路断面

图 6-3 福清龙田镇上一住宅小区道路系统图

图 6-4 的住宅小区道路系统就是采用人车适当分离的方法，在主路一侧的河边和绿地内设置与车行道分离的步行道，并通达各个居住组团。小汽车停放在院落之间的空间内，使车辆不进入院落，不干扰居民的户外活动。图 6-5 是海头小康住宅示范小区运用鱼骨型的道路结构，中部为交通主骨架，与之垂直伸入各院落外围的分支确保机动车入户停放，人行则由绿化步行通道与院落连接，构成双鱼骨形的人车分流道路网。

④ 人车混行　人车混行的交通组织方式是指非机动车、机动车和行人在同一道路断面中通行。这种交通组织方式和路网布局具有独特的优点，适用于城镇住宅小区的有分级组成道路网；划区、分散道路体系和街心公园的道路。

a. 分级组成道路网。城镇住宅小区内各级道路具有各自不同的功能、服务区域和交通特征。主路（住宅小区级道路）起"通"的作用，服务范围广，通行速度相对较高，交通量相对较大；支路（组团级道路和宅前小路）起"达"的作用，负担出入交通，车行速度低，交通量小；次干路（小区级道路）兼起"通"与"达"的作用，汇集产生于各居住单元（组团、庭院）的出入交通，并进入住宅主路或镇区支路，起交通聚散的作用。

这种模式在一定程度上可缓解住区内的人车矛盾，我国传统城镇的道路组织是分级组成道路网的典型范例。

b. 划区、分散道路体系。这种交通方式是指用分散道路体系对城镇住宅小区进行分区，以形成不同的"封闭空间"，严格禁止无关交通和过境交通进入住宅小区内部，在划分的区域内实现一定程度上的人车混行，图 6-6 为连城县连峰镇西康住宅小区——分散道路体系划区人车混行。

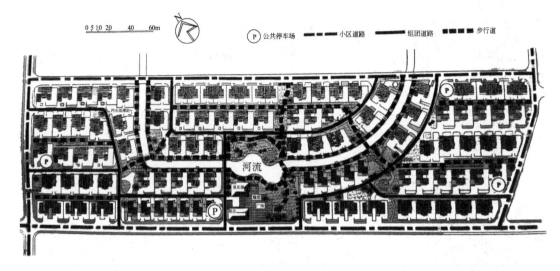

图 6-4　步行道通达组团的人车适当分离的局部分流

c. 街心公园式的人车混行交通组织系统首先解决的是减少车流量和降低车速，形成"行人优先于机动车"的规划原则。采用尽端式道路既可取消人行道，又能确保行人可以自由地使用全部道路空间。路面的驼峰、陡坡、局部缩小的路宽、较大的转弯及桩柱、围栏等障碍物和路面不同的铺装方式，提醒并迫使汽车减速，使行人安全和环境质量都得到了保障，同时通过合乎环境行为的景观环境设计，使街道空间充满了人性的魅力。

2）不同规划设计模式的动态交通组织方式适应性比较　我国城镇量大面广，以东、中、西部为主要划分的我国不同地区不但区域气候、地形地貌有很大差异，在经济发展上也存在发达、一般和欠发达的明显差别，不同类别城镇住宅小区规划建设要求也有很大差别；而城镇住宅小区本身又因其规模不同、档次不同、类型和区位不同对交通系统有不同的组织要求。城镇住宅小区道路交通规划的人车分流、人车混行等不同处理方式均有其不同的针对性和科学适用范围。同时应充分利用各种道路设计方式来限制车速、减少噪声、保证安全，以达到较为理想的人车共存目的。

城镇住宅小区不同类型动态交通组织方式的适应性可分为以下 3 种规划设计模式。

① 人车分流的道路分级模式　人车分流模式是我国未来的城镇住宅小区建设的主要模式，这可以较好地解决人车互相干扰的重要问题，有利于保持步行空间系统的完整，有利于住宅小区良好景观的创造，也有利于实施建设。人车分流系统适用于一些规模较大的县城镇、较高档次的中心镇、环境要求较高、规模较大、无家用小汽车到户要求的住宅小区。

② 人车混行的道路分级模式　这里所说的人车混行与传统的人车混行方式有着本质的区别。人车混行是指精心设计的道路系统，包括线形走向、道路断面等各方面使得人与车在住宅小区内部得以和谐共存。车不再充当一个冰冷危险的角色，而作为住宅小区构成要素之一，成为了住宅小区重要的交通方式。这充分体现了"对车的尊重即是对业主的尊重"的新型设计理念。这种人车混行模式，将最大可能地营造出一个具有高度整体性、和谐舒适的空间生活氛围，使人和车得到和谐共处，同时汽车入户更给居民带来了极大的便利，人车混行的实施也在一定程度上节约了建设造价。

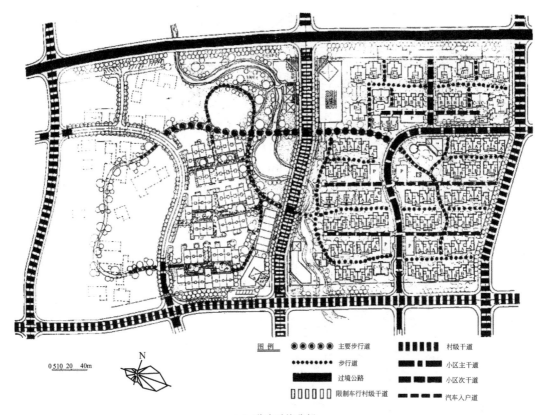

主要步行道　　村级干道
步行道　　小区主干道
过境公路　　小区次干道
限制车行村级干道　　汽车入户道

0 5 10 20　40m

N

（a）道路系统分析

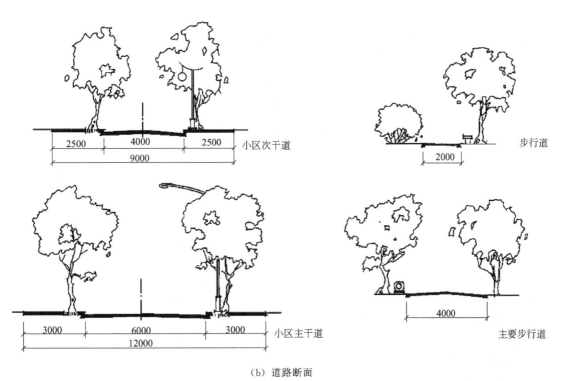

2500　4000　2500　小区次干道
9000

2000　步行道

3000　6000　3000　小区主干道
12000

4000

主要步行道

（b）道路断面

图 6-5　海头小康住宅示范小区——鱼骨型道路结构

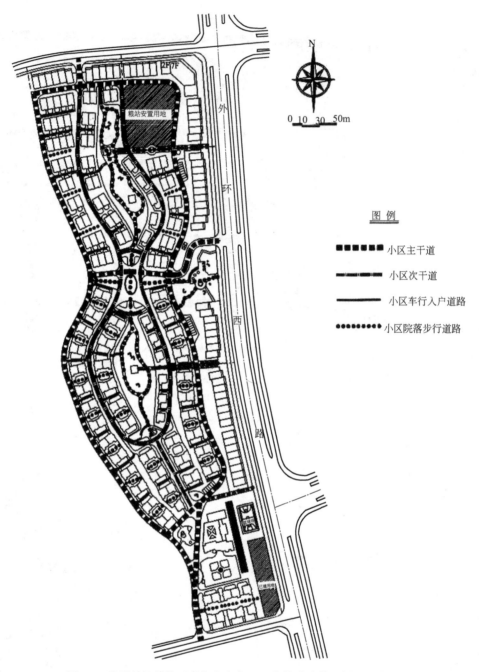

图 6-6　连城县连峰镇西康住宅小区——分散道路体系划区人车混行

　　上述的人车混行模式适合于城镇中以低层住宅及独立式住宅为主的住宅小区，以及品质优异、建设密度较低、有较强停车入户要求的住宅小区。这种规划设计模式符合我国城镇特点，将是我国城镇住宅小区道路交通方式的主要发展方向。

　　需要引起注意的是设计时应充分利用各种道路设计方式来限制车速、减少噪声、保证安全，以达到较为理想的人车共存目的。

　　③ 变形网络的道路混合规划设计模式　这种规划设计模式是新型规划设计理念的探索，它是一种开敞式建设模式。其设计理念是希望在住宅小区中营造出一种较为理想的、居民之

间和睦共处、住宅小区内处处充满情趣和生机的生活景象。住宅小区内不再有车行、人行、景观道之分，也不再有主路、次路、庭院路的差别。每一条道路都可成为居民休闲、散步、观景、聚会的选择。方格网络状的道路联系方式更使居民在住宅小区中享有非常大的自由空间。这种规划思想在我国未来住宅小区建设中将会获得广泛的重视。它适用于品质优雅、档次较高的城镇住区，特别是大城市郊区以休闲为主的城镇住宅小区。它对居民素质也有一定的要求。

不同住宅小区的道路交通规划设计方式都有其科学的适用范围，在未来城镇住宅小区发展建设过程中均应根据其独特的要求加以灵活运用。可以预料，随着我国国民经济的迅速发展和人们物质文化水平的迅速提高，人们对住宅小区必将提出更多的要求，必将更为关注住宅小区的文化、特色、品质等。城镇住宅小区交通规划设计和动态交通组织也应适应这种变化，提出来更多富有创意、充满人性思维的新思路。

3）住宅小区交通体系与管理模式

① 住宅小区交通与镇际、镇域、镇区公共交通一体化

a. 住宅小区交通与镇际、镇域、镇区公共交通一体化的必要性。如果将整个镇区交通体系看作一个大系统，住宅小区交通则是其中一个子系统，必然要与镇区交通不断地进行各种要素（物质、能量、信息）的交流与转换。镇区与镇域、镇际公共交通作为城镇交通结构中重要的组成部分，起着联结城镇各功能分区及镇与镇、镇与镇域的人们交往的任务，最大限度地满足人们对于出行的需求，是城镇镇际交通的动脉。

b. 住宅小区交通与镇际、镇域、镇区公共交通的一体化设计。为了更好地联系住宅小区交通与镇区、镇域、镇际的公共交通，方便住宅小区居民对不同交通方式的换乘，关键是要找到这两种交通体系的衔接点，以实现两种不同交通组织方式的便捷转换。因此，解决住宅小区交通与公共交通融合、协调发展的核心问题，就应建立必不可少的公共交通换乘枢纽。

Ⅰ. 建立以公交枢纽为核心的住宅小区公共活动中心，县城镇、中心镇公交枢纽（站点）一般可在住宅小区边缘地带设立，以便于住宅小区居民到达为目标，并可结合其交通便利、可达性强的特点在周边地带布置与住宅小区相配套的商业服务和其他公共活动设施，使住宅小区的交通中心与商业中心合为一体。公交枢纽的地位与作用主要表现为以下两点。

ⅰ. 交通组织的"转换点"。作为连接住宅小区交通与城镇公共交通的关键部位，公交枢纽运行效率的好坏直接影响到住宅小区居民出行的方便程度，因此合理的交通组织与停车换乘设施是必不可少的重要因素。换乘枢纽应具有布局紧凑集中、多层次衔接、立体换乘、各种交通流线互不干扰、标志明显、换乘距离短等特征。停车设施的布局应与步行者的活动特点相适应，自行车停车应优先考虑，对于小汽车停车可在停车车位、标准上加以适当的限制，鼓励居民采用步行、自行车到达车站。

ⅱ. 住宅小区公共活动的"集聚点"。公交枢纽的可达性决定了在其周边进行公共设施开发更能体现土地价值规律，这种紧凑的土地开发模式充分利用了土地与资源，容易形成功能与人口的有机联系，整体性更强。这种将上班、购物、娱乐、就学、休闲乃至商业、办公等多种功能与公交枢纽的一体化布置，使之成为居民日常出行的必经之所，一次出行便可同时完成多种活动，由此提高了使用公共交通的出行效率，从而进一步强化公共交通的优越性，并发挥了其联系住宅小区与镇区之间的交通转换作用。

Ⅱ. 基于公交枢纽导向的住宅小区交通组织方式。住宅小区交通组织以公交枢纽为核心

加以展开，强调公共交通所发挥的运输功能，并以方便居民出行为原则的道路系统构成住宅小区的基本网络结构。其出行特点与设计准则有以下几点：

优先考虑居民步行、自行车出行方式；整个居住地区与交通枢纽有最便捷的联系；通过减小道路转弯半径，设置驼峰等手段将住区内的行车速度限制在 20km/h 以内，每条车行道宽度限制在 3～6m 以内；在公交枢纽地区建设自行车、机动车停车设施和存包处，便于居民换乘及进行其他活动（如购物、休闲等）；建设宽阔的人行道（或将两侧人行道合并为单侧人行道），容纳更多的行人在路上行走，并在机动车与人行道之间设置绿篱、行道树等绿化设施创造缓冲地带；交通组织方式以人车共存为主。

c. 住宅小区交通与镇际、镇域、镇区公共交通一体化发展的其他途径

Ⅰ. 建立以公共交通为导向的土地利用模式交通方式是形成城镇用地特定形态的重要因素。城镇的土地利用也决定了城镇的交通源和交通需求特征，从宏观上规定了城镇交通的结构与基础。实践证明，以公共交通为主导，与住宅小区交通密切结合，更能集约利用土地资源，强化使用公共交通的方便性，具有较高的运输效率，并能保证公共交通在与小汽车交通的竞争中处于优势，有利于提高居民的居住生活质量，保证经济运行效率。

Ⅱ. 政府对城镇及其住宅小区交通发展的政策取向。政府应确定镇际、镇域、公共交通与规模较大县城镇、中心镇镇区公共交通优先的政策与法规。通过对机动车停放的需求管理与对自行车的交通管制，保证道路空间资源分配实行公交优先。并改革城镇交通投融资体制，引入市场机制，实现投资主体的多元化，以利于筹措资金，建设发达的公共交通网络与换乘枢纽，方便住宅小区居民安全、便捷地完成交通出行。鼓励无污染工业、商贸、办公和公共设施等用地在住宅小区内或附近地带的混合使用，有利于居民就近从业、购物、社交，减少对机动车的需求。

② 住宅小区交通方式的复合化　全面小康社会的实现，住宅小区居民会根据不同的经济生活水平、出行目的、出行距离、交通成本、舒适程度等采取多样化的交通出行方式。这反映在住宅小区交通中，则主要表现为交通方式日趋复合化。居民会根据目的地方位、远近等不同因素搭配、混合使用多种交通工具。其中出行距离是一个值得高度重视的影响因素。同时居民收入水平的提高在客观上助长、刺激了私人小汽车出行的增加。

单一的交通方式都不可能解决住宅小区居民的出行问题，各种交通方式的多元化与平衡发展，发挥各自的优势，并相互补充、发挥系统的整体效益，才能取得社会、环境和经济综合效益。

③ 管理政策层面——交通需求管理导向的住区交通管理　住宅小区居民出行要求有尽可能较好的便捷度，希望拥有较为方便的交通工具，选择有效和便捷的交通方式和停车方式，以及它们之间的空间安全与换乘。随着社会的发展，人们对于住宅小区交通的需求越来越高，大量的事实证明，仅仅通过增加道路来解决交通阻塞，提高交通效率是行不通的。

因此，必须依靠市场的机制对住宅小区交通的需求进行管理，在保证满足交通需求（安全、高效、舒适）的同时，采用科学的管理手段，把现代高新技术引入到交通管理中来提高现有路网的交通性能，提高道路设施利用率，从而改善交通效率。它的核心内容是讲求需求与供给的平衡。这种交通需求管理模式对于城镇住区交通可应用于以下两个方面：a. 通过局部时段、地段的交通管制，保证城镇住宅小区某种交通方式（如步行）的需求，从而一定程度上削减高峰期重点地段的机动车交通量；b. 制订步行、自行车优先的管理方式，突出其在城镇住宅小区交通方式中的优越性，引导住宅小区居民采用步行、自行车的方式出行。

（2）住宅小区静态的交通组织

1）城镇住宅小区静态交通组织面临的问题

住宅小区静态交通是指车辆停放的交通现象，在住宅小区规划设计中表现为各种不同交通方式的停车场规划设计。随着我国经济的发展和社会的进步，近年来各种车辆增长速度很快，尤其是电动自行车、三轮车和各种代步车更为突出。而在经济发达地区的城镇小汽车也已经开始进入较多家庭，住宅小区中的静态交通问题日益突出，主要问题有以下几个方面。

① 车位不足，停车处于无序状态。停车普遍占用道路、人行道、宅间空地，甚至绿地和公共活动场地，使得交通不畅，给居民带来种种不便，影响了居民的正常生活。

② 住宅小区的环境质量严重下降。摩托车、小汽车一般停放在距离住户比较近的宅前、宅后，摩托车、汽车行驶时发动机带来的噪声、空气污染等，严重影响底层用户。

③ 人流、车流混乱，严重影响了居民安全。原有的住宅小区结构对于电动车、摩托车和家用小汽车的发展缺乏应有的考虑，小汽车的增加和道路缺乏合理的处理，道路的断面线形、布局结构都不能满足新的需求，电动车、摩托车和小汽车占用了大部分道路空间，人车混行，对步行者、儿童和老人的安全造成了直接威胁。

④ 停车混乱破坏了景观。由于电动车、摩托车和小汽车大量占用住宅小区内人行道、集中绿地和活动场地，加上拥车人员停放车辆的随意性，使得道路被压坏、绿地被破坏、活动场所被占用，给住宅小区的景观带来不良影响。

2）城镇住区静态交通组织的影响因素

① 经济要素　经济要素是居民拥车率的决定性因素，经济要素对居民拥有车率产生影响，进而影响到整个住宅小区静态交通的组织。另外，人口密度越大，居民拥车率越高，静态交通的组织方法亦需随之发生变化，使得住宅小区停车方式将会由地面停车向地下停车或多层停车库的的方向发展。

② 设施造价　我国人多地少，住宅小区用地亦非常紧张，随着居民拥车率的提高，停车方式组织的变化将导致人地之间的矛盾更加严重，不同停车方式各具优缺点：地面停车方便、安全，但不节约土地，导致住宅小区容积率的下降，进而直接影响到经济利益和住宅小区景观；住宅底层停车不占用室外场地，但占用了一层居住面积；多层车库虽能解决停车问题，但车均占用建筑面积在 $35\sim45m^2$，是其水平投影面积的 $3\sim4$ 倍，将需增加建设投资和管理费用；机械式停楼占地最少，空间利用率高，但设备昂贵，维护费高；全地下式停车库，有利于住区景观的组织，最为节约用地，但其施工复杂，面积利用率低，对其内部环境质量、建筑防火、防灾、机械通风均需增加大量的建设投资。停车设施造价是决定停车方式的主要因素，因此，在选择停车方式时，要根据具体情况进行方案比较，得出综合效益最佳的组合。表 6-1 为我国住宅小区部分停车方式造价比较。

表 6-1　我国住宅小区部分停车方式造价比较

停车方式		造价/(元/m²)
室外停车场		地面铺装 70～80 周边维护费 140～170
单建式	地上停车楼	1600～1700
	地下停车楼	2500～2600
附建式	多层住宅底层车库	800～900
	高层住宅底层车库	2500～2900

③ 居民需求

a. 拥车居民步行心理。采用汽车出行适应性较强，可满足长短不等的出行距离。

居民采用小汽车出行采用如下步骤：步行——取车——出行——存车——步行，由此可看出其中有两个较为关键的过程，即步行过程与存取车过程。对于停车场所的位置的调查发现，所有的驾车者都希望将车停于自己的住宅附近，一方面自己存车取车都较为方便；另一方面自己可随时照看到自己的轿车，安全而便捷。当使用集中式停车库时，车库按组团级考虑，车库服务半径 150m，80％以上感觉距离适当，停车入库率 100％，按住宅小区级配置，服务半径超过 300m，使用者感觉出行不方便，服务范围内的小汽车主动停车入库率不足1/3，由此可见，居民存取车步行距离在 150m 以内为宜。在设计停车库时应考虑居民停车半径和车库容量两个主要因素。

当住宅小区内拥车数量一定时，服务半径越大，车库规模越长，车库建设亦越经济，但居民存取车相对不方便；反之，服务半径越小，车库规模小，车库建设相对不经济。居民存取车过程是否便捷，亦是选择停车方式的一个因素，为保证从停车位到出入口的步行距离在舒适范围之内，住宅小区内集中停车场与停车库的规模不宜过大。

另外，步行心理也是决定停车方式的一个要素，如能在居民步行往返途中，通过一条精心设计、富有人情味的步行小道，让他们有机会参与更多社区活动，就可以陶冶情操，减少居民的出行疲劳，从而可以适当增加停车距离。

b. 普通居民心理。任何住区居民都希望他们在享受现代文明的同时，能有一个安逸、舒适的居住环境和一个宜人的交往空间，而家用小汽车的进入，无疑会对他们的生活造成影响，因此在住宅小区停车设计时，应注意把握居民心理将家用小汽车对居民的影响减少到最少。总之，当采用室外停车方式时，一般应采用家用小汽车不进入城镇住宅小区组群的原则，以保证组群内具有一个安全、安静的居住环境。停车场设于组团入口一侧或者组群与群团之间的空地上也是一个较好的选择，而家用小汽车停车场位于院落附近停放，这种方法最受有车居民的欢迎，但亦最易影响居民生活，所以，一般规划仅允许少量汽车停放于院落附近，作为临时停车或来客停车。

④ 政策调控 政府政策在住宅小区停车方式组织中亦起着一定的作用，它可以通过宏观政策利用经济杠杆来间接调控市场的行为和规划师的规划设想，如对住宅小区地方性法规的制定、通过规定住宅小区绿地率和容积率、通过规定对住宅小区内不同停车方式进行政策性的限制以对有损于住宅小区环境的停车方式（如地面停车）进行适当收费，而对某种有利于创造良好住宅小区环境的停车方式（如全地下停车）加以经济补偿的手法等，都能起到一定的作用。

⑤ 自然环境 当住宅小区处于特定的地形、地貌和相关的自然环境时，可因地制宜，充分发挥其特点，创造颇富特色的停车场所，如某地将原有冲沟的中部作为停车库，其顶面用作中心广场的地面或住宅小区的公共绿地、道路等。

总之，城镇住宅小区停车方式的组织，经济要素起决定性因素。随着居民生活水平的提高以及政府相关政策引导，良好的住宅小区环境和便捷的交通方式必将成为居民必然的选择。住宅小区停车方式规划设计应以可持续发展的理念引导城镇住宅小区的规划建设，力求增强其适应性，满足不同消费层次居民的生活要求。

3）停车方式的分类及选择

根据我国城镇的特点和住宅小区交通要求，不同地区、不同类别、不同规模、不同居住档次的城镇住宅小区静态交通组织应结合实际情况和相关要求，合理选择停车方式。一般在以地面停车方式为主的同时，地下停车方式留作远期备用；近、远期相结合，规划预留停车用地，同时采取停车用地先作绿地等必要过渡方法，组织好近、远期规划相一致的静态交通方式。

① 城镇住宅小区停车方式分类

a. 地面停车。地面停放是一种最经济的停车方式，在汽车数量较少的情况下，选择此种方式无疑有很大的优越性。在住宅小区停车方式选择中，当前，地面停车仍有很大的适应性，在停车方式选择中还占有很大比例。地面停车最常见的形式是路边停放、住宅前后院停放和集中室外停车场等。

目前，在我国许多住宅小区中采用路边停放实际上是在没有设计足够停车位的前提下，采取的一种不得已的停车方式。当然，这也是解决旧住宅小区停车问题的办法之一。今后，在停车规划中，当采用人车混行的交通组织方式时，路边停放仅是临时性的，它具有方便、快捷等优点，同时适量小汽车的出现也是住宅小区的一道景观。但它只能是允许临时性车辆（主要是小区来访的客人或者商业服务车辆）使用。在人车分流的交通组织形式下，小汽车沿住宅小区道路周边停放，不进入住宅小区内部，这种方式有效地避免了汽车对行人和儿童的安全干扰，把汽车所带来的各种污染都挡在住宅小区以外。由于此种停车方法道路占地比例大，它适用于汽车流量较大，而且用地较宽松的住宅小区。图6-7为集中室外停车场与路

(a) 室外停车场

(b) 路边专设停车

(c) 占用道路停车

图 6-7　集中室外停车场与路边停车

边停车。

宅前宅后停车的方式，应用各种环境小品设计和路面设计手法，或者采用尽端路等对汽车的停放路线和停车位置进行限定。这种办法能很好地解决人与车之间的关系，创造一个以人为本的住宅小区环境，它适用于低层低密度的城镇住宅小区。

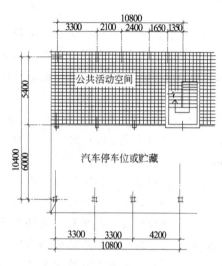

公寓式住宅甲型　底层平面图

图 6-8　闽侯县青口镇住宅示范小区的住宅底层停车

室外停车场的优点在于建设费用较低的情况下解决相对较多的汽车停放问题，它的缺点是占用很大的用地面积。并且，大面积的硬质停车地面，还占用了绿地空间，妨碍小区的景观。

b. 住宅底层停车。与路面停车相比，住宅底层停车能够节约出路面停车所占用的开放空间，增加公共绿地面积，消除视觉环境污染，同时由于底层架空，有利于住宅小区的空气流通，对居住环境的改善起着重要作用。

受住宅底层面积的限制，单栋住宅底层停车一般适用于多层住宅小区，居民拥车率低于30%的情况，其可容纳的停车数量与路面停车相仿；住宅底层包括地面、半地下的大面积车库停车，适用于居民拥车率较高的小商层或高层住宅区；而立体车库的形式则适用于高层高密度住宅，这也是解决人车混杂的一个行之有效的解决办法（图 6-8 ～图 6-10）。

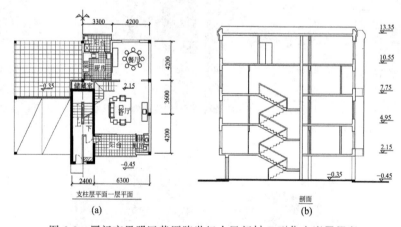

(a)　　　　　　　　(b)

图 6-9　厦门市思明区黄厝跨世纪农民新村 F 型住宅底层停车

住宅底层停车适用于城镇庭院住宅和城镇住宅小区、组群的低层、多层住宅楼停车。

c. 独立式车库。独立式停车库往往与小区的商业服务网点等公共设施一起设置，既为居民提供安全的停车场所，又方便购买日常生活用品。采用独立式停车库停车能极大地改善住宅小区的环境质量，在经济许可的情况下，应建设适当规模的停车库。但独立式车库比地面停车和住宅底层停车的造价都要高很多。在设计独立车库时还要考虑合适的车库服务半径，车库至住宅的距离不能过长，避免使人产生抵制情绪。独立式车库适用于一些有条件的县城镇、中心镇规模较大住宅小区。

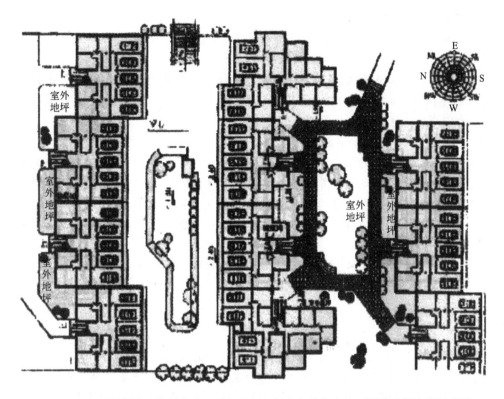

图 6-10　厦门集美东海居住小区消极空间一侧住宅楼的半地下附建式停车库平面图

② 城镇住宅小区停车形式选择

a. 不同停车形式的造价分析。停车形式的选择，离不开造价分析。国外的居住停车规划的实践表明，选用"昂贵停车方式"在未来的发展中将是一种趋势，停车库和地下停车库的局限性在于造价高和工期长，如果能发挥这类小区的综合效益，对改善住宅小区的综合环境和解决一系列的交通问题，都有很大的帮助。

现在，很多居民买房不仅要看房屋的好坏，有无车库和车库形式也成为居民买房时的参考条件之一。表 6-2 是我国住宅小区不同停车方式造价参考。但单纯地从停车库的建设成本分析停车方式的优劣是没有意义的，必须结合小区的综合效益来选择恰当的停车方式。

表 6-2　小汽车停车位建设的直接成本

停车方式	每车位面积/m²	每平方米价格/元	每车位价格/万元
路边停车	16.8	120	0.20
广场停车	25	120	0.30
地上停车	35	900	3.15
地下停车	35	1200	4.20
底层停车	20	550	1.10

资料来源：苏继会. 合肥市居住小区停车问题与经济比较研究 [J]. 合肥工业大学学报，2001，8。

b. 停车方式的选择建议。车辆停放是住宅小区规划的一个难题，一方面要注意避免盲目追求高停车率，因为停车要占用场地和提高投资；另一方面应注意由于生活水平的提高、家用小汽车的增多而备有停车发展的余地。近、中期拥车率低的城镇，预留远期停车用地宜先用作绿地用地。

停车方式应进行节地、防干扰、经济、适用综合分析并按住宅小区的等级不同要求选择合理的停车方式。

Ⅰ. 选择不同停车方式应考虑的因素主要有：住宅小区的性质、规模；当地的经济水平；当地的停车供给需求；一次性投资效益；停车方式的投资评价报告。

Ⅱ. 集中停车场、库的规模及服务半径。

4）住宅小区停车布局设计原则

住宅小区在进行停车布局设计时应考虑以下原则：a. 根据居民停车需求和住宅小区建设等级确定住宅小区的停车规模及集中停车场的车库个数；b. 停车一般布置在居民的合理接近范围内（150m左右）；c. 地面集中停车场应进行设计；d. 集中停车场的主入口不要对着住宅小区的主路，且出入口的位置应进行设计处理；e. 最好居民能在住宅楼上监视到。

6.2.4　城镇住宅小区交通的安全和多样化设计

（1）住宅小区交通的安全设计

1）敏感地段的交通安全设计

根据有关资料分析，住宅小区主要道路通过处、主要道路通过公共设施出入口处和主要道路通过中心活动场地周边处比较容易出现交通事故，而受害者几乎都是儿童和老人。

调查表明，居民对住宅小区内不同位置需要交通安全保障的期望由高至低依次为：宅前、小学、幼儿园及游泳池等儿童活动集中场所的出入口、住宅小区内主要商业服务设施出入口、居民休闲锻炼活动场所、住宅小区内部日常活动通道、出入住宅小区的交通要道。

从各类活动的时间分布来看，住宅小区的汽车交通高峰一般发生在上下班时间，而这个时候也是儿童上学放学、幼儿宅前玩耍、居民购物活动的高峰期。因此，根据居民对不同范围路段的安全期望值的高低提出以下建议。

① 宅前、儿童较为集中的公共设施（如学校、游泳池等）的入口处，应保证居民的活动优先，应划为汽车回避交通区。

② 其他住宅小区公共服务设施的出入口处、开放空间及居民休闲场所的集散出入口，应在保证居民的活动安全前提下，把其划为严格限制汽车流量和控制速度的区域。

③ 住宅小区内行人活动的主要通道与车行道路交叉时，应在保证居民活动安全的前提下，对与之相交的车行交通路段的汽车流量和速度加以限制。

2）人车混行道路车速控制标准

住宅小区道路的性质决定了在规划设计中应首先要考虑的是行人，特别是城镇住宅小区大部分属于人车混行的道路，应严格控制住宅小区道路的行车速度，为行人提供一个安全舒适的慢速环境。研究表明，过高的交通速度将直接威胁到行人的安全，制订合理的设计车速首先应以行人安全性为标准。澳大利亚学者 Ilido 提出区内在限速装置的地方至少要降到20km/h，方可保障行人的交通安全；昆士兰导则中提出行车速度以及其对行人伤害程度的关系：＜24km/h——轻度伤害；24～39km/h——中等伤害；40～52km/h——严重伤害；＞52km/h——致命伤害。从这些研究看出：当车速低于30km/h时机动车对行人的生命威胁很小，低于20 km/h时基本没有威胁。因此，建议住区街道的设计速度不宜高于30km/h。荷兰将车速限于11～19km/h；美国的大部分住宅小区实行30km/h限速；中国香港许多高档住宅区内限速规定是主要道路50km/h，主要道路与支路的交叉口处限速30km/

h，住宅小区内 20km/h。

当然，住宅小区内道路的行车速度也并非越低越好，将交通速度限制得过低会使道路通行能力下降，导致不必要的时间延误，甚至产生交通堵塞。因此，道路设计速度的确定应需要同时考虑道路的等级、性质以及道路所处的地段等因素。

3）车速限制设计

① 限制车速的几种办法　在小区交通安全设计中，限制车速的办法主要有以下几种：a. 迫使减速的设计；b. 控制路面宽度；c. 避免使用单行道；d. 避免过长的直路端；e. 通过限制车速牌的警示，提示司机注意限速，同时对于超速的司机可以采用经济处罚办法，强制限制车速。

② 尽端路的使用　尽端路是指尽端封闭的道路、小路或通道，也即只有入口，没有出口的路。在实际运用中，尽端路通常是指一端对车行封闭的一段道路、院落或广场。

尽端路的主要特点是不联系两条道路之间的车行交通，车流在尽端的流线是折返式的，因而能够有效地限制车行，在相应路段上的车流量会减少、车行速度都会变慢，从而提高了住宅小区的安全性。研究表明，作为尽端路起始点的 T 形交叉口较四分交叉口安全 4 倍。可见尽端路的采用是一种保证住宅小区交通安全的有效办法（图 6-11、图 6-12）。

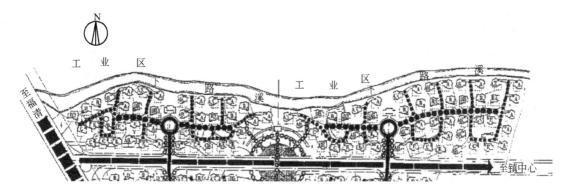

图 6-11　利用尽端路限制车速

4）增强交通安全意识

交通安全与居民的安全意识有着密切的联系。现行的住宅小区中很少有限制车速的各种规定，大部分阻碍车速的为自行车流和人流。因此，为了居民的人身安全，应该增强住宅小区内行人优先、车辆慢行的意识；居民出行应自觉走人行道，遵守道路规则，培养交通安全意识。

（2）人与车的联系和分离

在城镇住宅小区的道路交通规划中需要组织恰到好处的联系和分离的小区道路系统。

确保人与车有效联系和分离的措施有以下几种。

图 6-12　尽端路停车场

1）小区干道网的间距

道路过疏带来不便，不易组织好方便的交通运输。道路过密则对居住环境干扰较大。网络的适当间距一般掌握在150～250m，即从住宅到小区干道约步行60～120m。网络规划，视地形、环境、经济水平、交通工具等情况而定。

2）小区交通方式的衔接

目前我国城镇交通方式一般为：步行；步行和公共交通衔接；自行车；步行和自行车相衔接。

3）小区内各种车辆行驶情况

① 自行车　目前在城镇中自行车是最好和最普及的交通工具，甚至达到成年人人均一辆。上下班时，自行车往来穿行相当频繁，外出、购物、小搬运，也均以自行车为工具，一些中学生也以自行车为交通工具。

② 三轮车　用于购物；小件运输（如煤、柴、菜、粮等）；搭载老年人出行和接送小孩入托和上小学等。

③ 摩托车　在城镇中发展较快，尤其是电动车，常被用作私人交通工具、青年人的运动游玩工具、商业运输工具等。当前，它对小区的安全和宁静带来较大的影响。

④ 各类中、小型机动车　各公共建筑的供应运输、垃圾清运、家具搬运、防火保安、管理维修。需求量较大，使用也较频繁。

⑤ 家用小型机动车　城镇的一些专业户，私人拥有家用小汽车、小三轮车、三轮摩托等。多数存在着噪声较大，尾气污染，早出晚归等现象，严重影响周围居民的休息。

4）分离的方法

小区居民的出行方式有步行、自行车及少量摩托车、小汽车等。小区的运输活动有三轮车、自行车、各种机动车。这些交通运输方式是小区所必需的。应当妥善规划，使之相互衔接，达到方便和高效。同时还应考虑到车行和人行、交通运输活动与人们休闲散步、儿童老年人活动之间的相互分离，使之各得其所，井然有序。

5）自行车问题

自行车已成为我国城乡主要交通工具之一。在住宅小区内，迫切要求解决自行车存车以及自行车道的设置问题。

6）家用小汽车

目前，小区的干道，主要是机动车和自行车混行，随着小汽车的普及和增多，在规划小区干道时，必须考虑二者分离的问题。道路总宽度应适当加宽，并留出车行路面拓宽的余地。

当前，小汽车停车场地，已成为小区规划中亟待解决的问题。通常在小区入口处，路边留出停车场地（图6-13），近期可作绿地，远期为停车场地。各组团的自行车棚的位置和场地，综合考虑到将来改建为小汽车停车场的可能。

（3）住宅小区交通的人性化、多样化设计

为了保持住宅小区宁静，保障居民的安全，住宅小区道路的技术设计必须严格执行规范标准。住宅小区道路的断面设计与城镇道路间应具有明显的区别，住宅小区道路应在具体线形设计时设置中间岛、突起、阻塞带等措施，达到降低车行车速和噪声，达到既保障居民安全，又能提高道路景观的效果。

① 道路一侧或两侧同时设置球鼻状突出物（图6-14）。

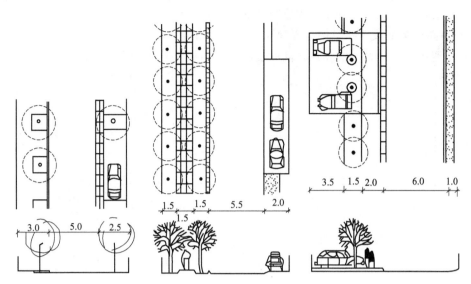

图 6-13　在住宅小区道路上布置人行、车行停车空间

（本图摘自肖敦余，胡德瑞．城镇规划与景观构成．天津：天津科学技术出版社，1989.）

　　② 沿道路中心线设置道路中心岛。在道路交叉处两侧沿道路中心线分别设置中心岛，可增添住宅小区景观（图 6-15）。

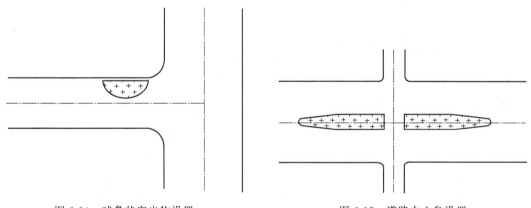

图 6-14　球鼻状突出物设置　　　　　　　　图 6-15　道路中心岛设置

　　③ 在道路两侧交错布置连续弧形突起物，使行车路线呈 S 形状（图 6-16）。

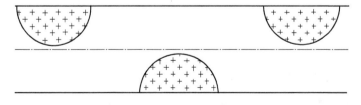

图 6-16　连续弧形突起物设置

　　④ 在道路两侧对称设置突出物（图 6-17）。

　　⑤ 在道路交叉处设置完全封闭措施，以达到车行交通不能进入人行区域的限行要求，同时允许自行车等非机动车进入，紧急情况下允许消防车或救护车辆进入（图 6-18）。

　　⑥ 完全转向设置。在道路交叉处采用设置绿化等隔离措施使两条道路分割开来，限制

了车行交通的流动，同时允许步行和紧急情况下特殊车辆的进入（图 6-19）。

　　⑦ 在道路交叉处设置路口中心隔离带。适用于住宅小区各构成区域相结合的部分，以达到降低车速进入另一区域的作用，同时也减少了居民穿越车行道的危险（图 6-20）。

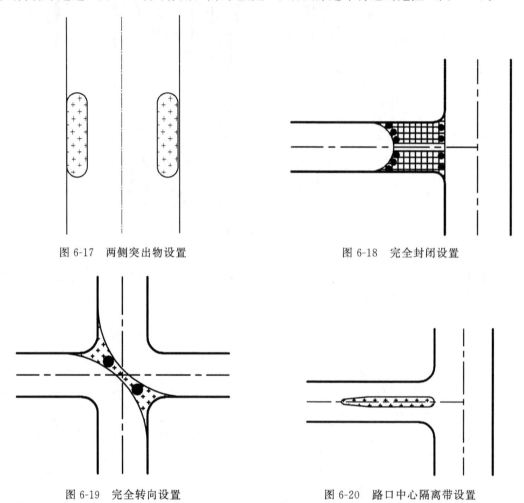

图 6-17　两侧突出物设置　　　　　　　　　　图 6-18　完全封闭设置

图 6-19　完全转向设置　　　　　　　　　　图 6-20　路口中心隔离带设置

　　⑧ 在两条主要道路交叉路口中间设置隔离障碍，可以起到减少交通流线冲撞交叉路口的作用，确保交叉路口更为安全（图 6-21）。

　　⑨ 在道路中部设置卵状分隔带（图 6-22），以减缓车辆行驶速度。

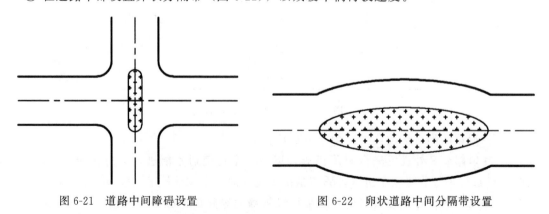

图 6-21　道路中间障碍设置　　　　　　　　　图 6-22　卵状道路中间分隔带设置

⑩ 在道路交叉处设置半转向障碍，控制双向车行道路在某段较短的距离内只能单向行驶，有利于减少某方向上的交通量，避免车行穿越交通，同时又能满足自行车和相关应急车辆等通行（图6-23）。

⑪ 在道路交叉口中心设置环状中心岛，形成圆形障碍（图6-24），减慢车辆通过交叉路口的速度，确保安全。

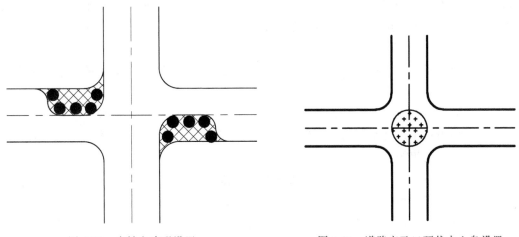

图 6-23 半转向障碍设置   图 6-24 道路交叉口环状中心岛设置

⑫ 在道路两侧设置三角形凸起物，用以改变道路车行流线的角度，以达到降低车速的目的（图6-25）。

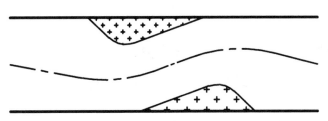

图 6-25 三角形凸起物设置

⑬ 在车行道路中人行过街通道上采用步行流线局部凸起措施，使路面高度局部隆起，以达到降低车速的作用（图6-26）。

⑭ 在道路交叉口设置整体凸起措施，使整个道路交叉口逐步凸起至一定高度（图6-27），借以减慢车辆通过交叉路口的速度。

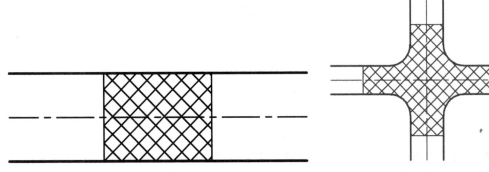

图 6-26 步行流线局部凸起设置   图 6-27 道路交叉口整体凸起设置

6.3 城镇住宅小区静态交通的规划设计

城镇住宅小区静态交通是指住宅小区内机动车和非机动车停放的组织问题。静态交通组织的好坏，直接影响到住宅小区生活环境的安宁。虽然当前的城镇住宅小区车辆停放问题没有城市住宅小区那么严重，但随着我国城镇化进程的加快，城镇规模的扩大，经济水平的提高和家庭用车的迅速增长，住宅小区的静态交通组织亟待引起充分的重视。

城镇居民出行的交通工具主要是自行车、三轮车、摩托车等交通工具，同时也应把家用小汽车对静态交通的要求提到规划设计上来。

在城镇住宅小区静态交通的组织设计时，除了对小汽车的停放进行有序的组织外，尚应对目前城镇居民出行中最为常用的自行车、摩托车、三轮车、板车以及残疾人和老年人的专用代步车进行周详地组织。

对居民来说，最方便的停车方式当然是按照每户或每一住宅单元为单位设置停车点的布局方式，如在住宅单元出入口处（或附近）的路边，在住宅单元的底层，在住户的院子，或者是住宅的套内。对于低层独院式住宅，由于住宅的密度低，交通量相对较少，机动车、非机动车的停放可由住户自行解决。对于多层公寓式住宅小区的静态交通组织，由于密度高，交通流量相对较大，需要对车辆的临时停靠和入库停放问题进行有序的组织。在住宅小区建设时就需要考虑在恰当的位置配置停车库。妥善解决自行车、三轮车、摩托车和小汽车的入库停放问题。

6.3.1 城镇住宅小区停车数量的决定因素

不同的城镇住宅小区，其实际停车率是不一样的，甚至有时差异甚大。城镇住宅小区停车指标主要受以下一些因素的影响。

（1）不同地区城镇经济、社会发展的差别

地区经济发展程度是影响停车指标的主要因素。地区不一样，其经济发展水平也存在差异并直接造成居民小汽车拥有率的不同。

我国现阶段小汽车主要集中在一些经济较发达的地区和城镇。我国《城市居住区规划设计规范》（GB 50180—1993）对居住建筑的停车位指标没有做统一的规定就是考虑到这一原因。我国的现实情况是地区经济发展不平衡，地区间经济增长的差距迅速扩大，这种差异同时体现在省、市、自治区之间，沿海地区与内陆地区之间，东中西三个地带之间，少数民族聚集地区与汉民族聚集地区之间，城市与乡村之间。一般而言，经济越发达，居民的小汽车拥有率越高，配建停车标准也应相应提高。

我国城镇量大面广，不同地区、不同性质、不同类别城镇经济社会发展差别很大，经济发达地区的县城镇、中心镇小汽车发展较快，远期居民的汽车拥有率较高，配建停车标准也相应较高。

（2）居民经济能力

目前我国汽车拥有较为普便，即使在新型城镇，居住人口较少，但汽车普及率仍然偏高，因此住宅小区仍需充分重视解决停车问题。

（3）不同类别城镇小汽车需求的差别

我国城镇按其性质、功能、空间形态有各种不同分类。不同分类的城镇居民经济水平和其从事行业性质、比例以及城镇区位环境等与小汽车需求相关的因素存在诸多不同与较大差别。不同类别城镇小汽车需求差别也很大。

一般来说，城市周边地区的城镇，包括位于大中城市规划区的城镇和作为其卫星城的城镇，以及位于城镇群中规模较大的城镇，由于经济发展基础好，与周边城市及城镇的联系密切，居民小汽车拥有量较高，停车位及其相关技术经济指标应有较高要求的考虑。

商贸型城镇、工贸型城镇，以及以房地产为特色产业，特别是作为城市第二居所的郊区（包括远郊）城镇住宅小区，居民小汽车拥有量、停车位及其相关技术经济指标总体上都应有较高考虑，其中，也有不低于城市相关标准的部分。

农业型和家庭工业占有较大比例的工业型城镇规划生产生活区一体化的住宅小区停车位时，尚应考虑拖拉机、小型货车的停放要求。

从国外来看，由于对很多家庭来说，在郊野城镇获得廉价而又舒适的居住环境的可能性比城市要大很多。城市周边地区及其城镇的汽车拥有量始终高于中心城市的汽车拥有量。

在我国，一些高档的住宅小区通常建在城乡结合部和城镇，这类小区地处郊区，环境良好，但公共交通相对不便，购买这类第二居所的居民往往收入较高，有能力购买和使用小汽车，因此这类城镇住宅小区的停车率也会很高。

（4）城镇不同住宅小区组织结构停车位的不同要求

我同城镇不同住宅小区组织结构对停车位有不同要求。由于城镇住宅小区居民居住较集中、居住户数在千户以上，停车场库和自行车棚在方便居民使用的原则下可采取小区或几幢多层住宅楼集中布局或集中与分散相结合的布局形式，庭院住宅的住宅小区一般是一户一院，除保留的传统住宅外，也包括各种小住宅，从远期规划角度，其中有相当比例的当地经济富裕专业户和经济条件较好的其他城镇经济富裕家庭，小汽车拥有率较高，停车位一般一户一院单独考虑。

介于住宅小区和庭院住宅之间的住宅组群户数在250～500户，停车场和自行车棚，在方便居民使用的原则下，可采取分散布局或分散和集中相结合的形式布局。

（5）小区周围的道路及公共交通服务条件

城镇道路的发展与车辆拥有量有着密切的联系。一方面，城镇道路发展越快，车辆就会越多，而道路建设越慢，则越对汽车交通的发展起抑制作用；另一方面，随着车辆的发展，迫使城镇发展道路，以满足车辆对道路的需求。

当小区周围有便利的公共交通条件时，居民会减少利用小汽车出行的次数而改用公共交通。

随着我国住宅建设郊区化，一些城市郊区城镇的住宅小区为了方便住户，还为居民提供班车服务。班车不断提高服务质量，还给予居民尽可能的优惠待遇。便利的公共交通系统，在一定程度上削弱了居民对小汽车的购买欲望，并直接导致住宅小区停车数量的下降。

6.3.2 城镇住宅小区停车的技术要求

（1）停车指标的预测分析

城镇住宅小区停车指标首先取决于一个科学的交通工具与结构的预测分析，而这种预测分析的结果会由于地域与城镇不同而不同。停车指标的制定，需要在科学合理的预测基础上，确定合理的配置指标。

据对 100 多个城镇及其住宅小区道路交通和部分经济富裕地区城镇道路交通相关调查，我国城镇农用车占机动车比例较高，一些城镇在 50％左右，而小汽车（含摩托车）的比例仅为 16％～18％，县城镇农用车比例一般在 20％左右，少数达到 30％。经济发达地区县城镇、中心镇、大型一般镇、商贸城镇、房地产为主导产业的城镇汽车拥有率较高，这些城镇小汽车拥有率与城市差距较小，其中，也有一些城镇不低于城市，但城镇整体小汽车拥有率还是很低，特别是经济欠发达地区城镇与城市差距甚大。城镇相关指标预测与制定应考虑城镇的现状。

（2）停车指标的确定原则

城镇住宅小区停车主要包括住宅小区居民自行车、三轮车、摩托车、小货车、拖拉机和小汽车的停放，也包括住宅小区内部公共服务设施所吸引车辆和公共服务设施本身车辆的停放，其相关指标确定应考虑以下原则要求。

① 指标的前瞻性　城镇住宅小区配建停车标准的制定要满足远期发展的需求，由于一些相关因素的不可预见，常常会使预测小于实际需求，这就要求一方面每隔一段时间（一般 3～5 年）对配建指标及时调整；另一方面指标制定应有前瞻性。

② 指标的弹性　由于不同城镇住宅小区所处的具体情况不同，因此，配建停车指标应具有一定的弹性以适应不同的情况。停车是一种重要的土地利用形式，土地利用和交通发展的变化都对停车数量有相关的重要影响。

③ 近远期结合　按远期规划预留停车用地按远期指标一次修建，会使停车位远高于现阶段实际停车需求，造成资源和资金浪费；近远期结合，按远期规划预留停车用地，能满足远期规划发展需要。

④ 按经济发展水平不同地区和不同类别城镇划分标准　不同地区、不同类型的城镇居民小汽车拥有率存在很大差别，对东部沿海经济发达地区县城镇、中心镇的停车指标研究相对深入和成熟一些，对指导其他地区，其他不同类别城镇相关停车指标具有一定借鉴意义。

⑤ 按照城镇不同住宅小区组织结构和不同住宅小区档次划分标准　城镇不同住宅小区组织结构和不同住宅小区档次对停车位、停车指标有不同要求，不同住宅小区档次，其停车位差别也会很大。一般来说，居住档次越高停车率也越高。对经济发达地区城镇的高级住宅小区来说，停车率至少是 100％，也就是说至少每户 1 个停车位。独立别墅普遍超过了 1 户1 个车位的标准，多是 1 户 2 个车位或 3 个车位；联排住宅一般也是 1 户 1 个车位。但一些档次较低的住宅小区，如经济适用房、拆迁房等，居民小汽车的拥有率会低很多。

我国城市住宅小区停车指标一般可分为小住宅、中高档商住区、一般商住区和经济适用房等几个档次，根据不同的档次建议确定停车指标分别为每户 1.5～2.5 辆、1.0～1.5 辆、0.5～1.0 辆、0.25～0.5 辆。

我国城镇住宅小区停车指标也可按城镇不同地区、不同性质、类别、不同规模和城镇不同住宅小区档次划分来确定。

按城镇停车指标划分的居住档次一般可分为小庭院住宅区、商住区、一般住宅小区几个档次。

⑥ 地面、地下的停车位比例及其车型比例分配　随着小康社会逐步实现，小汽车数量增多，停车无疑会占用城镇住宅小区的宝贵用地，特别是绿地和居民活动场地。因此对于远期小汽车拥有率较高的经济发达地区县城镇、中心镇住区停车位标准宜对照国标《城市居住

区规划设计规范》（GB 50180—1993）地面停车率（居民汽车的地面停车位数量与居住户数的比率）不宜超过10％的规定做出相应比例要求。

城镇停车位应考虑自行车、三轮车、板车、摩托车、小货车、小汽车等不同车型及其不同比例要求。从长远来看，随着经济发达地区县城镇、中心镇住区小汽车拥有率的快速增长，将来住区会以小汽车停车位建设为主，对现在必需的自行车、三轮车和摩托车位宜灵活设计，以便将来更改为小汽车停车位。在停车位的布置中，还应对残疾人和老年人专用的代步车进行合理布置，也可结合其他车辆的布置加以统一安排。

（3）城镇住区主要停车指标

1）非机动车停车场指标

城镇非机动车辆主要为自行车，据对100多个城镇及小区交通调查资料分析，目前城镇居民出行交通工具以自行车、三轮车为主，并约占整个交通工具的70％～80％，其他非机动车尚有三轮车（包括残疾人和老年人的专用代步车）、大板车、小板车及兽力车。因此，非机动车停车场的标准停车位以自行车为宜。

城镇住宅小区非机动车停车场可按服务范围调查、测算自行车保有量的20％～40％来规划自行车停车场面积，并按调查、测算所需停放其他非机动车辆的比例因素调整、计算得出非机动车停车场面积。

城镇住宅小区自行车停车位参数按表6-3规定。

表6-3　自行车停车位参数

停靠方式		停车宽度/m		停车间距/m C	通道宽度/m		单位停车面积/(m²/辆)	
		单排 A	双排 B		单侧 D	双侧 E	单排停(A+D)×C	双排停(B+E)×C/2
垂直式		2.0	3.2	0.6	1.5	2.5	2.10	1.71
角停式	30	1.7	2.9	0.5	1.5	2.5	1.60	1.35
	45	1.4	2.4	0.5	1.2	2.0	1.30	1.10
	60	1.0	1.8	0.5	1.2	2.0	1.10	0.95

2）不同城镇机动车停车场指标

城镇住宅小区机动车停车指标宜按不同地区、不同类别、不同规模城镇及其不同住宅小区档次确定，并可按表6-4停车位指标范围，结合地方要求和城镇实际情况分析比较选择确定。

3）城镇停车场停车位、通行道宽度及停车场面积指标

城镇住宅小区停车场停车位、通行道宽度及相关面积等技术指标可结合城镇住宅小区实际情况按表6-5中规定选取。

表6-4　不同城镇不同档次住宅小区远期规划停车建议指标　　　单位：辆/户

地　区		庭院住宅	商住区	一般住宅小区
经济发达地区	县城镇、中心镇	1～1.5	0.4～0.9	0.08～0.18
	一般镇	0.8～1.2	0.3～0.7	0.06～0.12
经济一般地区	县城镇、中心镇	1～1.2	0.3～0.8	0.06～0.15
	一般镇	0.6～1.0	0.2～0.6	0.04～0.10

续表

地　　区	庭院住宅	商住区	一般住宅小区	
经济欠发达地区	县城镇	0.7～1.0	0.2～0.7	0.05～0.12
	一般镇	0.5～0.8	0.1～0.5	0.02～0.07

注：1. 表中值以小车为基本车型，停车指标含其他车型可按与小车之间相关比例折算。

2. 表中城镇类型主要按综合型分类。小车拥有率高的商贸、工贸型城镇和以第2居所房地产开发为主导产业的城镇可在实际分析的基础上，比较经济发达地区县城镇、中心镇相关指标确定。

3. 经济欠发达地区中心镇就是县城镇。

4. 经济欠发达地区小车拥有率低的城镇规划停车场可先做绿地预留。

表 6-5　停车场综合指标

项　　目	平行	垂直	与道路成 45°～60°
单行停车位的宽度/m	2.0～2.5	7.0～9.0	6.0～8.0
双行停车位的宽度/m	4.0～5.0	14.0～18.0	12.0～16.0
单向行车时两侧停车位之间的通行道宽度/m	3.5～4.0	5～6.5	4.5～6.0
100 辆汽车停车场的平均面积/hm²	0.3～0.4	0.2～0.3	0.3～0.4(小型车) 0.7～1.0(大型车)
100 辆自行车停车场的平均面积/hm²		0.14～0.18	
一辆汽车所需的面积 (包括通车道)/m²	小汽车	22	
	载重汽车和公共汽车	40	

4) 停车场其他相关技术经济指标与技术要求

① 城镇住宅小区停车场和用户住宅距离以 50～150m 为宜。

② 停车场位置应尽可能使用场所的一侧，以便人流、货流集散时不穿越道路，停车场出入口原则上应分开设置。

③ 地上停车场，当停车位大于 50 辆时，其疏散出入口应不少于 2 个；地下车库停车大于 100 辆时，其疏散口应不少于 2 个。疏散口之间距离不小于 10m，汽车疏散坡道宽度不应小于 4m，双车道不应小于 7m。坡道出入口处应留足够的供调车、停车、洗车的场地。

④ 停车场的平面布置应结合用地规模、停车方式来合理安排停车区、通道、出入口、绿化和管理等。停车位的布置以停放方便、节约用地和尽可能缩短通道长度为原则，并采取纵向或横向布置。每组停车量不超过 50 辆，组与组之间若没有足够的通道，应留出不少于 6m 的防火间距。

⑤ 停车场内交通线必须明确，除注意单向行驶，进出停车场尽可能做到右进左出外，还应利用画线、箭头和文字来指示车位和通道，减少停车场内的冲突。

⑥ 停车场地纵坡不宜大于 2.0%，山区、丘陵地形不宜大于 3.0%，为了满足排水要求，均不得小于 0.3%。进出停车场的通道纵坡在地形困难时，也不宜大于 5.0%。

⑦ 停车场应充分采用绿化措施来改善停车环境。在南方炎热地区尤其要注意利用绿化来为车辆防晒。

6.3.3　城镇住宅小区停车的规划布局

(1) 多层公寓式住宅小区自行车、三轮车、摩托车停放组织

当前，城镇多层公寓式住宅小区自行车、三轮车、摩托车（包括各种供残疾人和老年人

专用的代步车）的停放主要有两种，一是停放到设在住宅楼底层车库内；二是存放在自己家中。目前有不少住宅楼群，在建设中没有很好地考虑车辆的停放，导致人们在住宅小区内乱停乱放，严重影响了环境景观。相当数量的摩托车、自行车、三轮车停放在住宅单元的出入口处和公共楼道内，不仅造成居民进出（特别是晚上出入和搬运物品时）不便，同时破坏了居住环境的美观和整洁。由于摩托车、自行车、三轮车是城镇居民出行的主要交通工具，因此，车辆的停放组织在城镇住宅小区建设中必须认真解决。

自行车、摩托车、三轮车的入库停车组织主要有住宅底层单间式车库和集中式车库两种。

1）住宅底层单间式车库

住宅底层单间式车库是指在住宅的底层设置车库，每户独用兼做储藏（图6-28）。这类车库的使用和管理均较为方便，除了存放自行车、摩托车外，还可兼放其他杂物。调查表明，这类车库比较受欢迎，居民使用方便。

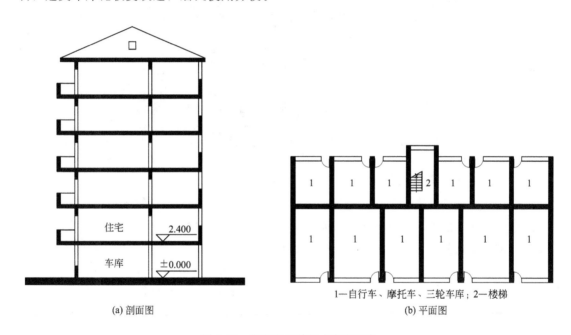

(a) 剖面图　　　　　　　1—自行车、摩托车、三轮车库；2—楼梯

(b) 平面图

图6-28　住宅底层单间式车库示意

注：住宅楼共6层，其中底层为车库，住宅5层。每户均有一间独立的车库，

可停放自行车、摩托车、三轮车，并兼做储藏。层高2.4m。车库的出入口

与住宅的楼梯分开布置，避免了车辆出入不便和拥挤。

2）住宅底层按单元集中式车库

住宅底层集中式车库一种是利用住宅底层架空停车（图6-29）。这种做法灵活性大，还可为日后改停小汽车创造条件。另一种是利用砖混结构空间打通，用作集中停车、便于管理。

3）住宅组群集中式车库

随着城镇化进程的加快，城镇规模的扩大，城镇住宅小区规模也相应扩大，对道路交通组织和绿化景观要求也随之提高。集中式车库将可能得到普遍应用。其主要特点是节约用地，方便管理。

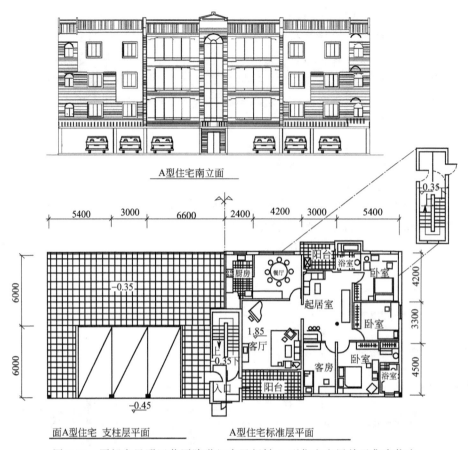

图 6-29　厦门市思明区黄厝跨世纪农民新村 A 型住宅底层单元集中停车

集中式车库一般设在住宅楼的一层或单独设置一幢 1～2 层的大型车库或地下室、半地下室，日夜有专人值班看管，车辆存放凭卡发牌，对号入座，这类车库在城镇住宅小区规划设计中应注意如下几点。a. 居民的存车与取车应与日常性的各项出行活动（如上班、上学、接送小孩等）程序与路线相适应，使居民出行便捷顺畅；b. 车库的服务半径应控制在 100m 以内，即将居民至车库的步行时间控制在 4～5min 以内；c. 一处集中式车库的规模一般宜控制在 250 辆左右比较合适。

另外，还必须十分重视自行车、摩托车、三轮车的临时停放问题。为此应结合住宅单元出入口、住宅山墙和住宅组群的空间组织，设置和合理布置自行车、摩托车、三轮车的停车空间，确保车辆的有序临时停放。

（2）汽车停放组织

住宅小区汽车停放的服务对象主要是居民家用小汽车停车和出租车、来访车等其他外来车辆的临时停车两类，其中以居民的家用停车量为最大。当前，小汽车已经进入城镇居民家庭，随着经济水平的进一步提高，小汽车的停放问题将成为住宅小区规划建设的重要内容，应该予以足够重视。

在停车布局上，为方便管理、避免影响居住环境，外来车辆的临时停放一般考虑在住宅小区的出入口处，不必深入到住宅小区的内部。居民的家用汽车停放应遵循方便使用、就近服务、避免影响环境的原则，综合考虑。一般可设在住宅小区或若干住宅组群、邻里的主要车行出入口处和附近及服务中心周围等，服务半径应恰当、合理。

家用小汽车的停放一般有路边停车、车库停车两种形式，外来车辆的临时停放一般采用路边停车。

1）路边停车

路边停车是指在不影响住宅小区道路正常通行的前提下，在住宅小区道路的一侧或者在道路附近，设置小汽车停车位，以解决住宅小区家用小汽车的停靠问题。路边停车是目前住宅小区最为普遍的一种停车方式，其主要特点是就近停靠，住户与停车处的距离短，步行的时间少，使用方便；但管理困难，当停车量较大时，会侵占绿地，影响交通和居住环境质量。由于这种停车方式常常是深入到住宅小区的内部，车辆在进出时，给居民的居住生活带来诸多不便，影响居民户外的休憩活动、儿童游戏、睡眠、休息等，特别是对老人和儿童的干扰很大。城镇住宅小区在规划设计时对路边停车问题应采取必要的措施。

① 布局　路边停车应相对集中，一般沿住宅小区的主干道单侧布置，其合理的位置应设在住宅小区或若干住宅组群的主要车行出入口处，以避免家用小汽车深入住宅小区内，也可兼作外来车辆的临时停车。

② 停车方式　路边停车常用的停车方式有平行式，垂直式和斜放式。

a. 平行式。车辆平行于道路或通道的走向（方向）停放。其特点是所需停车带较窄，车辆进入与驶出方便、迅速，但占地长，单位长度内停放的车辆数最少（图6-30）。

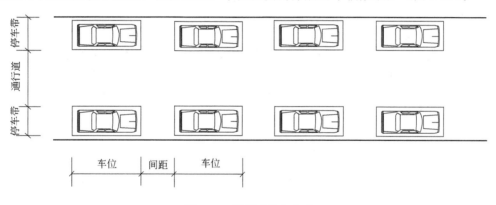

图6-30　平行式停车方式

b. 垂直式。车辆垂直于道路或通道的走向（方向）停放。特点是单位长度内停放的车辆数最多，用地比较紧凑，但停车带占地较宽，且在进出停车位时，需要倒一次车，使用相对不便（图6-31）。

c. 斜放式。车辆与通道成一定角度停放。此种方式一般按30°、45°、60°三种角度停放。其特点是停车带的宽度随车身长度和停放角度不同而异，适宜场地受限制时采用（图6-32）。

2）车库停车

车库停车一般包括住宅底层车库、地下车库和独立式停车楼。城镇住宅小区常采用住宅底层车库停车。

与自行车、摩托车、三轮车停车一样，在住宅的底层设置小汽车停车位，是当前普遍受欢迎的一种汽车停车方式，这种形式对于密度相对低的城镇十分适用。车库停车比较路面停车来看，住宅底层停车能够腾出路边停车占用的空间，增加绿化面积，但这种汽车库由于深入住宅小区内部，当车辆达到一定数量时，日常性的交通贯穿于小区内部，严重影响居住环境，特别是容易给老人和儿童的行动带来危害。

住宅底层车库可分为单间式汽车库和集中式公共停车库两种。

① 单间式汽车库是独家独用，管理和使用十分方便，独院式住宅的车库就是这种类型，多层公寓式住宅也可为部分住户配置单间式汽车库（图 6-33）。

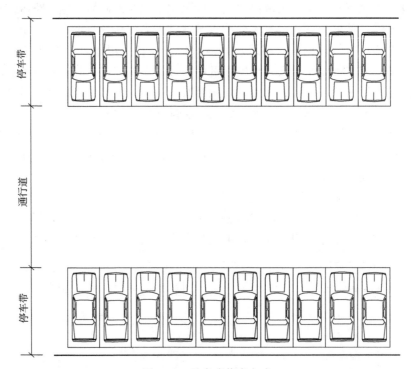

图 6-31　垂直式停车方式

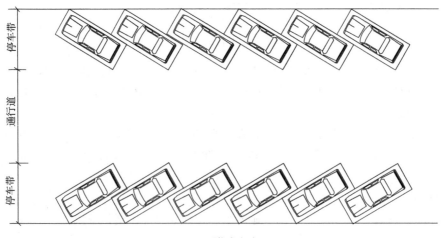

（a）30°停车方式

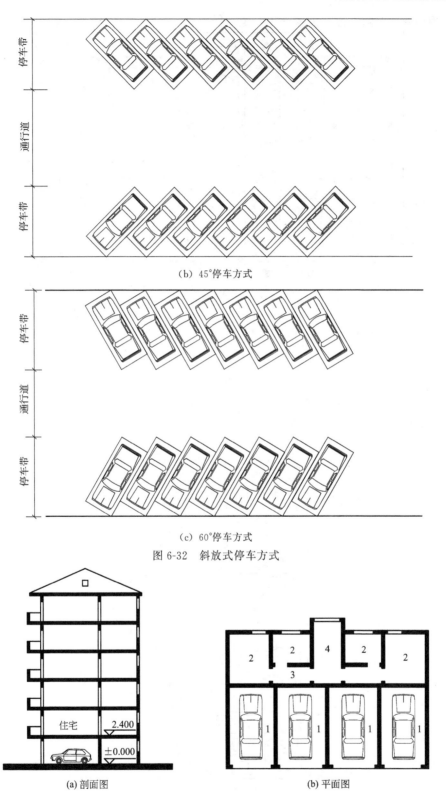

（b）45°停车方式

（c）60°停车方式

图 6-32 斜放式停车方式

（a）剖面图 （b）平面图

图 6-33 住宅底层单间式汽车库示意

注：住宅楼共6层，其中底层为车库，住宅5层。每个单元有8个独立的车库，其中停放汽车的有4个，其出入口
在建筑物的南侧；另4个可停放自行车或摩托车，其出入口在北侧。车库的层高2.4m。

② 集中式公共汽车库，多家合用，统一管理并可相对集中（图6-34）。

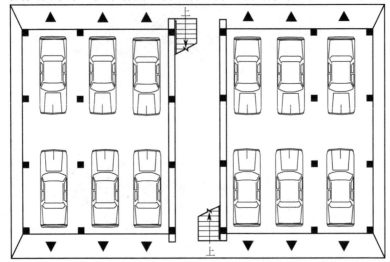

图6-34 温州市永中镇小康住宅小区 A 型住宅底层集中式汽车库示意

注：温州市永中镇小康住宅小区 A 型住宅采用大开间柱网设计，

住宅的底层架空，用作家用小汽车停放之用；每个单元有停车位12个，平均每户1个。

3）路边停车与车库停车相结合

广汉向阳镇向阳小区的汽车停车组织采用路边停车和车库停车相结合的方式，规划停车位为户均1个。路边停车场沿住宅小区主干道的各住宅组群出入口处分布，共60多个停车位。在住宅小区主次出入口处的停车场兼作外来车辆的临时停放。停车方式采用垂直式（图6-35）。

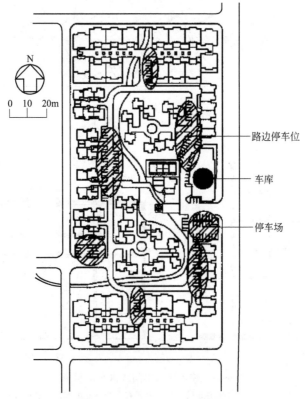

图6-35 广汉向阳镇向阳小区汽车停车分析

（3）机动车停车发车方式（图 6-36）。

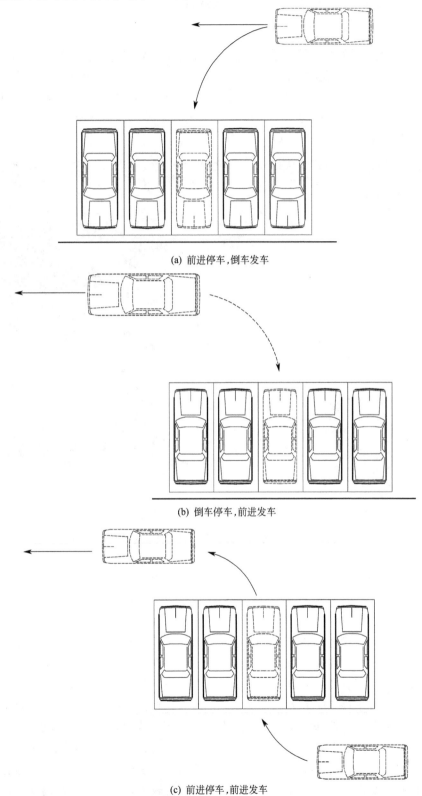

(a) 前进停车,倒车发车

(b) 倒车停车,前进发车

(c) 前进停车,前进发车

图 6-36　机动车停车发车方式

6.3.4　城镇住宅小区静态交通与景观设计

（1）路边停车与道路景观

路边停车常用的是住宅小区干道路边车位停车和限时路面停车。路边车位停车可以方便快捷地解决进入住宅小区的临时性车辆停放问题。在人车分流的交通组织中，小汽车沿居住区道路周边停放，不进入住宅小区内部，有效避免了汽车对住宅小区内部环境的影响等问题。路边停车位的景观宜采用绿荫停车的设计手法，大乔木结合植草砖，图 6-37 就是路边绿荫停车的一种方式，绿化效果很好。

图 6-37　路边绿荫停车景观

占用路面停车（图 6-38）在建设较早的住宅小区中比较常见，即便是许多新建的小区，家用小汽车的停放有时候也是占用车行道的空间，给交通带来困难，应想办法改善小区内的空间环境。比较好的方式是结合小区停车的时间特点，将改造后的路边停车仅用于夜间临时停放，这对城镇住宅小区的车辆停放更具有现实意义。

（2）地上停车场与绿化景观

根据规模及布置方式可以将地上停车空间分为集中的大型停车场、分散的小型停车场以及结合道路设置的停车空间等。对于面积较小的地上停车场，可沿周边种植树冠较大的乔木以及常青绿篱，形成围合感，并具有遮阳效果（图 6-39、图 6-40），同时还可以在停车位分隔处设置坐凳，在无车停放时可人们休息之用；对面积较大的停车场，可利用停车位之间的间隔带，种植高大乔木，植株的布置及间距类似于地下车库柱网布局（图 6-41）。同时地上停车场的景观设计还应多考虑规模、地坪处理、高差变化、绿化屏蔽和色彩等问题。

地面层的材料选择，传统做法多用混凝土、花岗岩等硬质材料做地面，虽然有着停车方便的优点，但缺点是占地多，地面受太阳辐射反射强度较大，特别是在高温夏季，车内温度可达 60～70℃，不能作为计算绿地面积。与传统方式不同，如今在住宅小区内多采

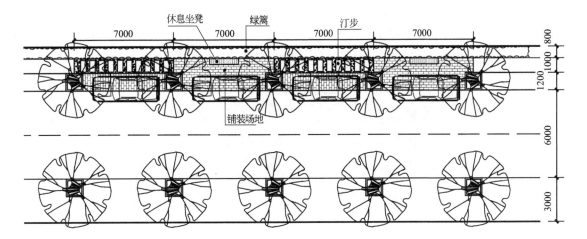

(a) 单侧占路停车

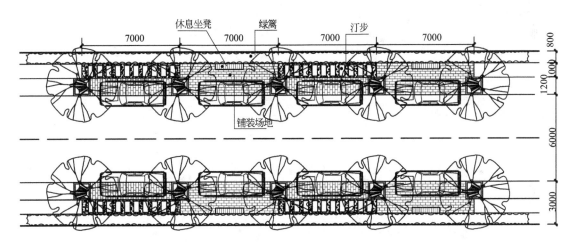

(b) 双侧占路停车

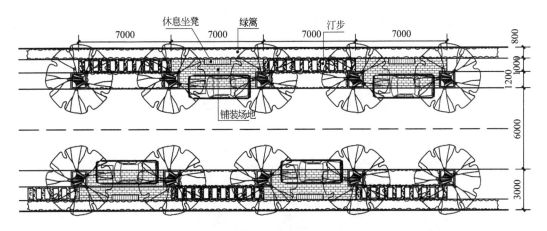

(c) 两侧交叉停车

图 6-38　路边占道停车与景观

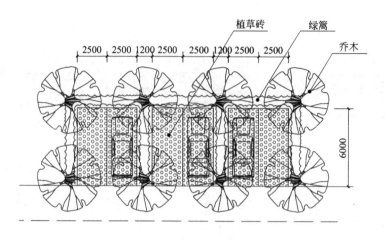

图 6-39 小型停车场布置平面图

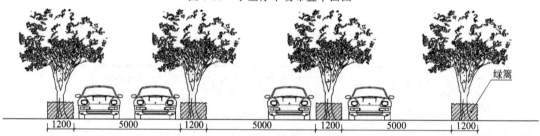

图 6-40 小型停车场立面图

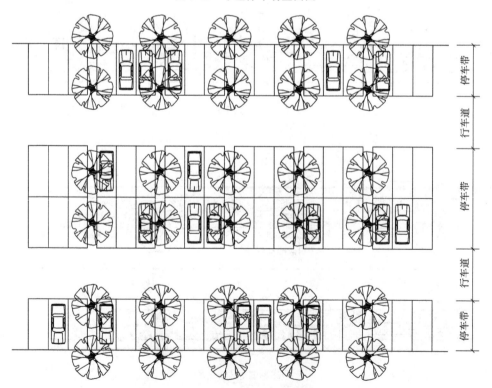

图 6-41 大型停车场布置平面图

用植草砖来铺装停车场地面，这种做法的优点是植草部分可以吸收太阳的热能，地面太阳辐射强度较传统停车位的形式弱，并且停车位可作为计算 20% 的绿地面积，即每个停车位可计算 15×20% 的绿地；缺点是植草砖的植物播种因土壤较少，草坪根系受周围的硬地影响，水分蒸发快，管理要求高，若水分供给不足，易枯萎，形同虚设；另外，因土壤疏松，会使居民行走时鞋后跟容易陷入植草格中。

为充分利用空间，可将部分停车场地在白天作为老人和青少年的简单活动场地。规模较大且平整的停车场，可以在白天车辆较少时作为青少年的篮球场、羽毛球场、旱冰场等运动场所；结合公共绿地设计的停车场，可以在白天非停车高峰时段作为老年人休闲娱乐的场所。

（3）地下车库的绿化景观

① 地下车库入口处理　地下车库的出入口起着把人们由外面引到内部的导向作用，处理不好的出入口不仅会影响环境景观，还可能会增加人们进入地下车库的恐惧感和幽闭感。为了营造良好景观，解除人们心理上的负担，可以在设计时利用坡道上部空间进行绿化，采用棚架绿化的方式，坡道两侧可设绿篱。

车库入口棚顶常用的是有机玻璃和木头的，木质棚顶与有机玻璃相比，更具自然特色，能更好地与自然环境相融合（图 6-42）。

(a)

(b)

图 6-42　与环境融合较好的木栅格顶棚

② 地下车库的覆土绿化　当地下车库占地面积比较大时，它常常与居住区的中心花园、运动场地等结合布置，这时应该根据库顶布置的活动场地、绿化种植和小品等做出相应的技术处理，结构处理上一定要满足要求。

地下车库上的覆土绿化景观设计应充分考虑库顶的覆土厚度，根据覆土深度选择合适的植物，因为不同种类的植物满足正常生长所需的植被土的深度不同，如表 6-6 所列。

表 6-6　种植层深度（资料来源：李必喻《建筑构造》）

植　物　种　类	种植土层深度/mm	备　　　注
草皮	150～300	前者为该类植物的最小生存深度,后者为最小开花结果深度
小灌木	300～450	
大灌木	450～600	
浅根乔木	600～900	
深根乔木	900～1500	

覆土厚度越深，荷载越大，对车库顶的结构要求越高，工程造价也越高，因此，一般车库顶的绿化宜选用低矮灌木、草坪、地被植物和攀援植物等，原则上不用大型乔木，有条件时可少量种植耐旱小型乔木。还应选择须根发达的植物，不宜选用根系穿刺性较强的植物，防止植物根系穿透建筑防水层；选择易移植、耐修剪、耐粗放管理、生长缓慢的植物；选择抗风、耐旱、耐高温的植物；选择抗污性强，可耐受、吸收、滞留有害气体或污染物质的植物。

由于库顶的特殊位置和结构，库顶花园的铺装设计与普通地面铺装相比有其特殊性：其一是库顶无法大量种植高大乔木，遮阴的地方少，在选择铺装时应采用如天然石材、砂岩、烧面花岗岩、混凝土砌块砖、苏布洛克透水地砖等无反射铺装材料，不宜选用反射材料的铺装；其二是应该减少铺装面积，充分考虑强调库顶景观的生态效益，减少屋面的荷载。

厦门海沧区东方国际高尔夫社区也是在中心绿地下布置地下车库，中心绿地的景观品质较高，场地上布置了游泳池、老年人和儿童活动场地、下沉小剧场等，功能空间丰富。植物景观营造上，乔灌草结合，疏密有致，空间收放自如，形成很好的景观效果（图 6-43）。

图 6-43　厦门海沧区东方国际高尔夫社区车库顶绿化

6.4 城镇住宅小区道路系统的规划布局

城镇住宅小区的道路布局是住宅小区规划结构的骨架，应以住宅小区的道路交通组织为基础。在为居民创造优美、舒适居住环境的基础上，提供便捷、安全的出行条件。

6.4.1 道路系统的规划布局原则

① 城镇住宅小区的道路系统应构架清楚、分级明确、宽度适宜，以满足住宅小区内不同交通功能的要求，形成具有安全、安静的交通系统和居住环境，并充分体现城镇住宅小区的特色风貌。

② 根据住宅小区的地形、气候、用地规模、规划组织结构类型、总体布局、住宅小区周围交通条件、居民出行活动轨迹和交通设施的发展水平等因素，规划设计经济、出行便捷、结构清晰、宽度适宜的道路系统和断面形式。恰当选择住宅小区主次出入口的位置，不可把住宅小区出入口直接布置在过境公路上。

③ 住宅小区的内外联系道路应通而不畅、安全便捷，要避免往返迂回和外部车辆及行人的穿行，镇区主、次干道不应穿越住宅小区（当出现穿越时，应采取确保交通安全的有效措施），避免与居住生活无关的车辆的进入，也要避免穿越的路网格局。

④ 应满足居民日常出行需要和消防车、救护车的流向，考虑家用小汽车通行需要，合理安排或预留汽车等机动车停放场（库）地、自行车和摩托车的存放场所，保证通行安全和居住环境的宁静。

⑤ 住宅小区的道路布置应满足创造良好的居住卫生环境要求，应有利于住宅的通风、日照。

⑥ 住宅小区道路网应有利于各项设施的合理安排，满足地下工程管线的埋设要求；并为住宅建筑、公共绿地等的布置以及丰富道路景观和创造有特色的环境空间提供有利的条件。

⑦ 在地震烈度高于六度的地区，应考虑防灾、救灾要求，保证有通畅的疏散通道，保证消防、救护和工程救险车辆的出入。

6.4.2 道路系统的分级与功能

城镇住宅小区道路系统由住区级道路、划分住宅庭院的组群级道路、庭院内的宅前路及其他人行路三级构成。其功能如下。

① 住宅小区级道路，是连接住宅小区主要出入口的道路，其人流和交通运输较为集中，是沟通整个住宅小区的主要道路。道路断面以一块板为宜，最好辟有人行道。在内外联系上要做到通而不畅，力戒外部车辆的穿行，但应保障对外联系安全便捷。

② 组群级道路，是住宅小区各组群之间相互沟通的道路。重点考虑消防车、救护车、居民家用小汽车、搬家车以及行人的通行。道路断面一块板为宜，可不专设人行道。在道路对内联系上，要做到安全、快捷地将行人和车辆分散到组群内并能顺利地集中到干路上。

③ 宅前路，是进入住宅楼或独院式各住户的道路，以人行为主，还应考虑少量家用小汽车、摩托车的进入。在道路对内联系中要做到能简捷地将行人输送到支路上和住宅中。

6.4.3 道路系统的基本形式

城镇住宅小区道路系统的形式应根据地形、现状条件、周围交通情况等因素综合考虑，不要单纯追求形式与构图。住宅小区内部道路的布置形式有内环式、环通式、半环式、尽端式、混合式等，如图 6-44 所示。在地形起伏较大的地区，为使道路与地形紧密结合，还有树枝形、环形、蛇形等。

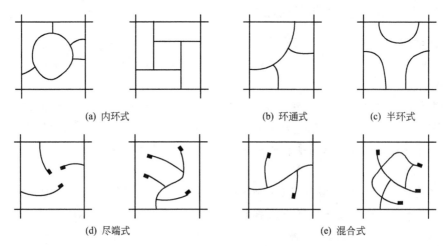

(a) 内环式　　　　　　　(b) 环通式　　　　　　　(c) 半环式

(d) 尽端式　　　　　　　　　　　(e) 混合式

图 6-44　城镇住宅小区内部道路的布置形式

环通式的道路布局是目前普遍采用的一种形式，环通式道路系统的特点是，城镇住宅小区内车行和人行通畅，住宅组群划分明确，便于设置环通的工程管网，但如果布置不当，则会导致过境交通穿越小区，居民易受过境交通的干扰，不利于安静和安全。尽端式道路系统的特点是，可减少汽车穿越干扰，宜将机动车辆交通集中在几条尽端式道路上，步行系统连续，人行、车行分开，小区内部居住环境最为安静、安全，同时可以节省道路面积，节约投资，但对自行车交通不够方便。混合式道路系统是以上两种形式的混合，发挥环通式的优点，以弥补自行车交通的不便，保持尽端式安静、安全的优点。

6.4.4 道路系统的布局方式

（1）车行道、人行道并行布置

① 微高差布置　人行道与车行道的高差为 30cm 以下，如图 6-45 所示。这种布置方式行人上下车较为方便，道路的纵坡比较平缓，但大雨时，地面迅速排除水有一定难度，这种方式主要适用于地势平坦的平原地区及水网地区。

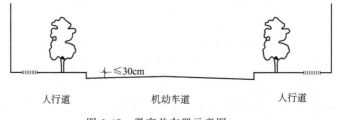

人行道　　　　　　机动车道　　　　　　人行道

图 6-45　微高差布置示意图

② 大高差布置　人行道与车行道的高差在 30cm 以上，隔适当距离或在合适的部位应设

梯步将高低道路联系起来，如图 6-46 所示。这种布置方式能够充分利用自然地形，减少土石方量，节省建设费用，且有利于地面排水，但行人上下车不方便，道路曲度系数大，不易形成完整的住区的道路网络，主要适用于山地、丘陵地的小区。

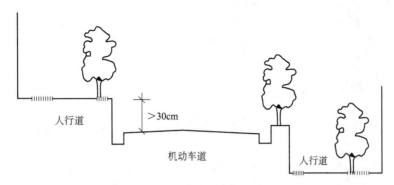

图 6-46 大高差布置示意

③ 无专用人行道的人车混行路 这种布置方式已为各地住区普遍使用，是一种常见的交通组织形式，比较简便、经济，但不利于管线的敷设和检修，车流、人流多时不太安全，主要适用于人口规模小的住区的干路或人口规模较大的住区支路。

（2）车行道、人行道独立布置

这种布置方式应尽量减少车行道和人行道的交叉，减少相互间的干扰，应以并行布置和步行系统为主来组织道路交通系统，但在车辆较多的住区内，应按人车分流的原则进行布置。适合于人口规模比较大、经济状况较好的城镇住宅小区（图 6-47）。

6.4.5 道路系统的设计要求

（1）住宅小区道路的出入口

城镇住宅小区内的主要道路，至少应有两个方向的出入口与外围道路相连。机动车道对外出入口的数量应控制，一般应不少于两个，但也不应太多。其出入口间距不应小于150m，若沿街建筑物跨越道路或建筑物长度超过 150m 时，应设置不小于 4m×4m 的消防车道。人行出口间距不宜超过 80m，当建筑物长度超过 80m 时，应在底层加设人行通道。住宅小区的出入口不应设在过境公路的一侧，也应尽量避免在镇区主干道开设住宅小区的出入口。

（2）住宅小区级道路与对外交通干线相交时，其交角最好是 90°，且不宜小于 75°。

（3）城镇住宅小区内的尽端式道路的长度不宜大于 120m，并应在尽端设置不小于12m×12m 的回车场地。

（4）当小区内用地坡度大于 8% 时，应辅以梯步解决竖向交通，并宜在梯步旁附设自行车推车道。

（5）在多雪地区，应考虑堆积清扫道路积雪面积，小区内道路可酌情放宽。

（6）住宅小区道路设计的控制指标

① 城镇住宅小区道路控制线间距及路面宽度，见表 6-7。

② 城镇住宅小区内道路纵坡控制参数，见表 6-8。

③ 城镇住宅小区道路缘石半径控制指标，见表 6-9。

④ 城镇住宅小区道路最小安全视距，见表 6-10。

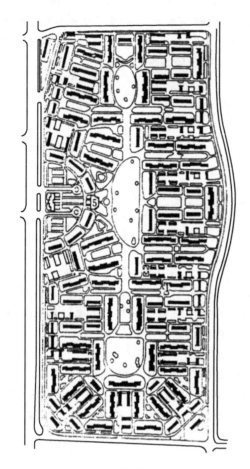

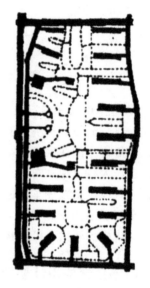

(a) 总平面图　　　　　　　　　　　(b) 道路分析图

图 6-47　车行道、人行道独立布置

⑤ 城镇住宅小区道路边缘及建筑物、构筑物最小距离控制指标，见表 6-11。

⑥ 城镇住宅小区用地构成控制指标，见表 6-12。

表 6-7　城镇住宅小区道路控制线间距及路面宽度

道路名称	建筑控制线之间的距离/m		路面宽度/m	备　注
	采暖区	非采暖区		
小区级道路	16～18	14～16	6～7	应满足各类工程管线埋设要求；严寒积雪地区的道路路面应考虑防滑措施并应考虑堆放清扫道路积雪的面积、路面可适当放宽；地震区道路宜做柔性路面
住宅组群级道路	12～13	10～11	3～4	
宅前路及其他人行路	—	—	2～2.5	

表 6-8　城镇住宅小区内道路纵坡控制参数

道路类别	最小纵坡/%	最大纵坡/%	多雪严寒地区最大纵坡/%
机动车道	0.3	8.0($L \leqslant 200m$)	5.0($L \leqslant 600m$)
非机动车道	0.3	3.0($L \leqslant 50m$)	2.0($L \leqslant 100m$)
步行道	0.5	8.0	4

注：L 为坡长。

表 6-9 城镇住宅小区道路缘石半径控制指标

道 路 类 型	缘石半径/m
小区级道路	≥9
组群级道路	≥6
宅前道路	—

注：地形条件困难时，除陡坡处外，最小转弯半径可减少1m。

表 6-10 城镇住宅小区道路最小安全视距

视 距 类 别	最小安全视距/m
停车视距	15
会车视距	30
交叉口停车视距	20

表 6-11 城镇住宅小区道路边缘及建筑物、构筑物最小距离控制指标

与建筑物、构筑物的关系		道路类别/m	
		小区级道路	组群级道路和宅前道路
建筑物面向道路	无出入口	3	2
	有出入口	5	2.5
建筑物山墙面向道路		2	1.5
周围面向道路		1.5	1.5

注：建筑物为低层、多层。

表 6-12 城镇住宅小区用地构成控制指标

项 目	居 住 小 区		住 宅 组 群		住 宅 庭 院	
	Ⅰ级	Ⅱ级	Ⅰ级	Ⅱ级	Ⅰ级	Ⅱ级
住宅建筑用地	54～62	58～66	72～82	75～85	76～86	78～88
公共建筑用地	16～22	12～18	4～8	3～6	2～5	1.5～4
道路用地	10～16	10～13	2～6	2～5	1～3	1～2
公共绿地	8～13	7～12	3～4	2～3	2～3	1.5～2.5
总计用地	100	100	100	100	100	100

6.4.6 道路系统的线形设计

住宅小区的道路线形设计应根据基址的地形地貌、交通安全、用地规模、气象条件、住宅的方位选择、道路的景观组织和基础设施的布置等结合考虑。

（1）与基地形状结合的道路线形

福清龙田镇上一住宅小区由于进入镇区干道穿越基地，北面用地北临溪流和进镇干道平行形成了狭长的居住用地，而南侧用地虽然南北进深较大，但又呈南窄北宽的倒梯形。为此，小区南侧用地采用半圆形的道路线型，使其与倒梯形密切配合，便于住宅布置，北面可在进镇干道上开设与此侧用地对应的两个出入口，使得进镇干道两侧小区组成既便于相对独立，又便于联系的道路系统（图 6-48）。

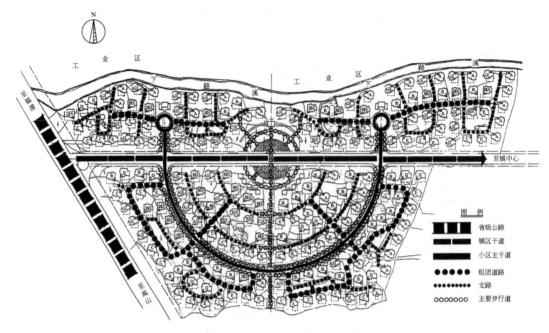

图 6-48 与基地形状结合的道路线形

（2）与气象条件结合的道路线形

优秀传统建筑文化在基地选址上特别强调，我国地处北半球，住宅布局应选择坐北朝南，依山面水，以便寻得"穴暖而万物萌生"的优雅之地。厦门黄厝跨世纪农民新村位于台湾海峡西岸的厦门岛东海岸，北面为著名风景区万石山，南临大海。小区主干道采用了西南向东略带弧形的线形，以回避冬季强烈的东北向寒风对基地的侵袭，同时又便于引进夏季的西南和南向的和风（图 6-49）。

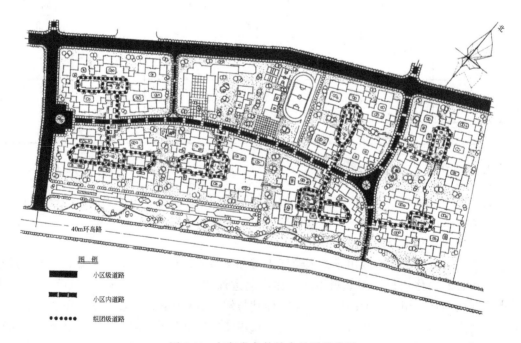

图 6-49 与气象条件结合的道路线形

（3）与基地水系结合的道路线形

① 浙江绍兴寺桥村居住小区有一条弯曲的小河从小区穿过，小区道路采用与小河弯曲平行的线形设计，使得小区的空间组织富于变化（图6-50）。

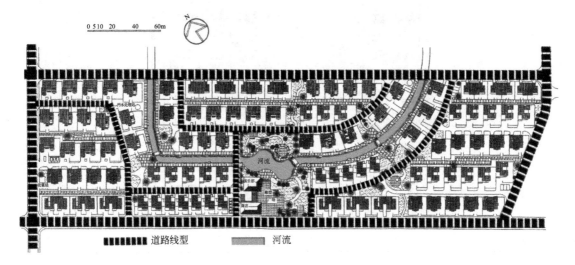

图 6-50　与基地水系结合的道路线形（一）

② 福建三明市岩前镇桂花潭小区，北面为城镇东西向干道，南侧被弧形的鱼塘溪和桂花潭沙滩所环抱，因势利导地采用了与沙滩平行的弧形道路，形成了颇具特色的空间景观（图6-51）。

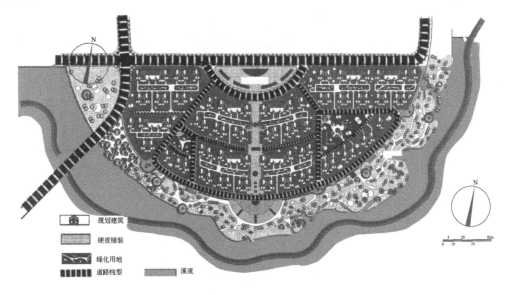

图 6-51　与基地水系结合的道路线形（二）

③ 湖州市东白鱼潭小区主干道的线形与水系互为呼应（图6-52）。

（4）与周围道路结合的道路线形

① 浙江东阳横店镇小康住宅生态村采用 S 形的干道线形，使得全村的道路网很好地与周围极不规则的城镇干道密切配合，从而新村的建筑空间布局可以采用颇为活跃的点式布置方式（图6-53）。

图 6-52 与基地水系结合的道路线形（三）

图 6-53 与周围道路结合的道路线形（一）

② 福建东山杏陈镇庐祥居住小区处于两条镇区主干道之间的狭长地段，弯曲的小区主

干道的南北两段与小区东侧的镇区主干道平行，中段与西侧的镇区主干道采用同样曲率的弧形，使得住宅空间布局融于环境中（图 6-54）。

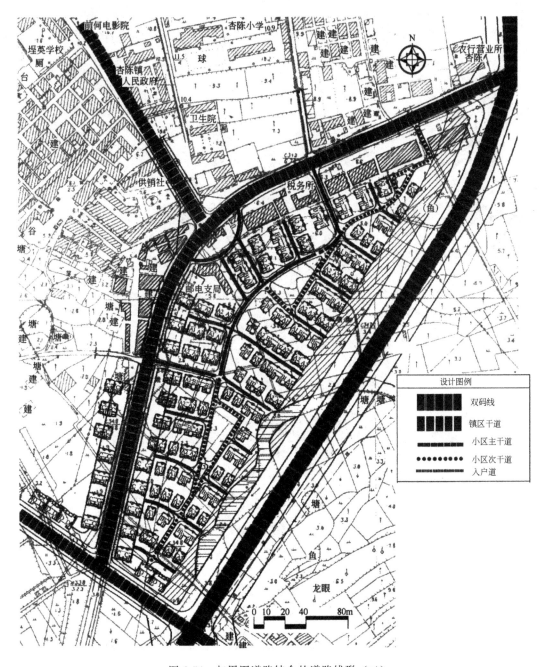

图 6-54　与周围道路结合的道路线形（二）

③ "Y" 形　城镇干道把福建永定县坎市镇南洋小区划分为三部分，小区内部干道交通组织各自平行于城镇主干道的小区干道，使三者既有方便的联系，又能相对独立，为城镇提供了很多沿街的商业和公共设施，方便居民的生活（图 6-55）。

④ 福建明溪西门住宅小区处于过境公路和进入镇区主干道相夹的三角地带，小区主干道网分别由平行于城镇主干道的道路网组成（图 6-56）。

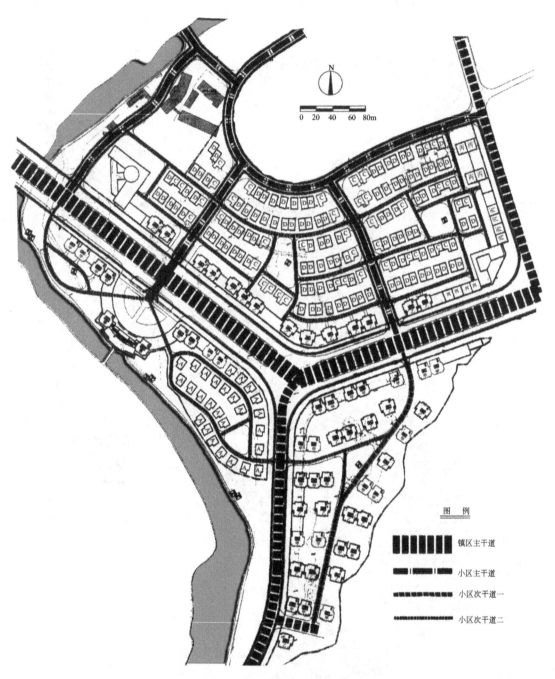

图 6-55 与周围道路结合的道路线形 (三)

（5）与山地地形结合的道路线形

① 地处山地的龙岩市新罗区铁山镇华亿住宅小区根据山地地形中部较陡不宜开发的条件限制，布置了顺应山坡等高线的弯曲道路线型的双层"Y"小区主干道，把住宅小区划分为三个住宅组群（图 6-57）。

② 福建上杭县步云乡马坊新村地处峡谷地带，由峡谷底的主干道和顺应等高线的弧形道路组成环形道路网（图 6-58）。

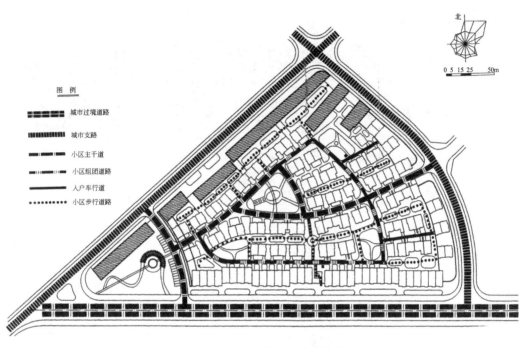

图 6-56 与周围道路结合的道路线形（四）

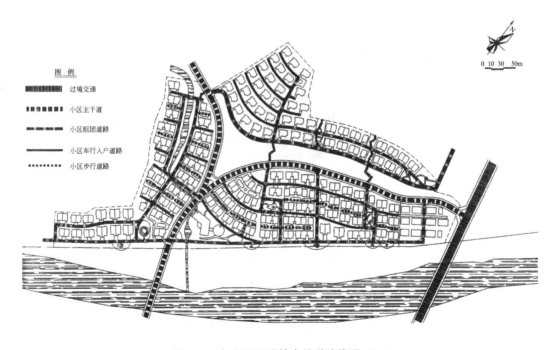

图 6-57 与山地地形结合的道路线形（一）

③ 处在过境公路和山坡狭窄地形的福建沙县市青河镇青河住宅小区，布置了顺应山形地势的道路弯曲线形，使得住宅群体与山形地势互为结合（图 6-59）。

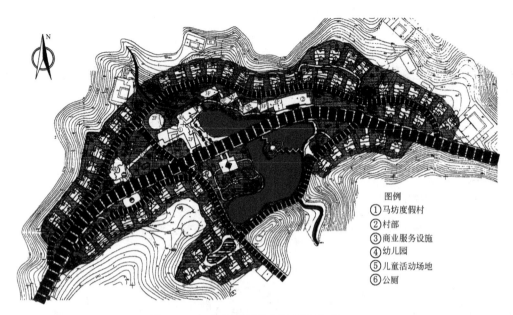

图例
① 马坊度假村
② 村部
③ 商业服务设施
④ 幼儿园
⑤ 儿童活动场地
⑥ 公厕

图 6-58　与山地地形结合的道路线形（二）

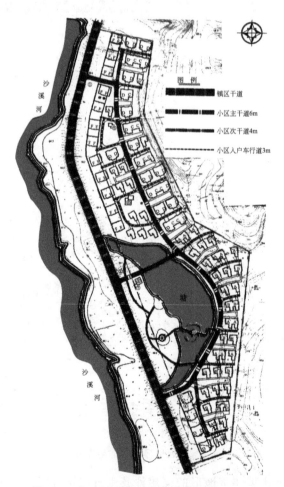

图 例

▬▬▬▬ 镇区干道

▬▬▬▬ 小区主干道6m

▬▬▬▬ 小区次干道4m

- - - - 小区入户车行道3m

图 6-59　与山地地形结合的道路线形（三）

7 城镇住宅小区绿化景观规划设计

住宅小区的绿化景观应满足相关方面的规定，并充分利用墙面、屋顶、露台、阳台等扩大绿化覆盖，提高绿化质量。绿地的分布应结合住宅及其群体布置，采用集中与分散相结合的方式，便于居民使用。集中绿地要为密切邻里关系、增进身心健康并根据各地区的自然条件和民情风俗进行布置，要为老人安排休闲及交往的场所，要为儿童设置游戏活动场地。城镇住宅小区的环境绿化应充分利用地形地貌，保护自然生态，创造综合效益好又各具特色的绿化系统。对处于城镇住宅小区内能体现地方历史与文化的名胜古迹、古树、碑陵等人文景观，应采取积极的保护措施。在住宅小区的公共活动地段和主要道路附近，应设置符合环保要求的公共厕所。对生活垃圾进行定点收集、封闭运输，以便进行统一消纳。此外，还应利用各具特色的建筑小品，创造美好的意境。

7.1 城镇住宅小区绿地的组成和布局原则

7.1.1 组成

城镇住宅小区的绿地系统由公共绿地、专用绿地、宅旁和庭院绿地、道路绿地等构成。各类绿地所包含的内容如下。

① 公共绿地——指住宅住宅小区内居民公共使用的绿化用地。如住宅小区公园、林荫道、居住组团内小块公共绿地等，这类绿化用地往往与住宅小区内的青少年活动场地、老年人和成年人休息场地等结合布置。

② 专用绿地——指住宅小区内各类公共建筑和公用设施等的绿地。

③ 宅旁和庭院绿地——指住宅四周的绿化用地。

④ 道路绿地——指住宅小区内各种道路的行道树等绿地。

7.1.2 住宅小区绿地的标准

住宅小区绿地的标准，是用公共绿地指标和绿地率来衡量的。住宅小区的人均公共绿地指标应大于 $1.5m^2/人$；绿地率（住宅小区用地范围内各类绿地的总和占住宅小区用地的比例）的指标应不低于 30%。

7.1.3　城镇住宅小区绿化景观规划的布局原则

（1）城镇住宅小区绿化景观规划设计的基本要求

① 根据住宅小区的功能组织和居民对绿地的使用要求，采取集中与分散、重点与一般、点、线、面相结合的原则，以形成完整统一的住宅小区绿地系统，并与村镇总的绿地系统相协调。

② 充分利用自然地形和现状条件，尽可能利用劣地、坡地、洼地进行绿化，以节约用地，对建设用地中原有的绿地、湖河水面等应加以保留和利用，节省建设投资。

③ 合理地选择和配置绿化树种，力求投资少，收益大，且便于管理，既能满足使用功能的要求，又能美化居住环境，改善住宅小区的自然环境和小气候。

（2）住宅小区绿化景观规划布局的基本方法

① "点""线""面"相结合（图 7-1）　以公共绿地为点，路旁绿化及沿河绿化带为线，住宅建筑的宅旁和宅院绿化为面，三者相结合，有机地分布在住宅小区环境之中，形成完整的绿化系统。

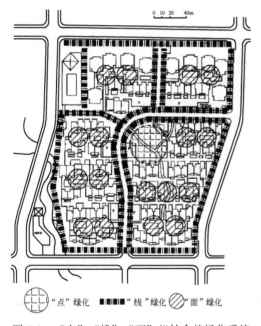

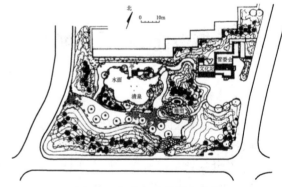

图 7-1　"点"、"线"、"面"相结合的绿化系统　　　　图 7-2　绿化与水体结合布置

② 平面绿化与立体绿化相结合　立体绿化的视觉效果非常引人注目，在搞好平面绿化的同时，也应加强立体绿化，如对院墙、屋顶平台、阳台的绿化，棚架绿化以及篱笆与栅栏绿化等。立体绿化可选用爬藤类及垂挂植物。

③ 绿化与水体结合布置，营造亲水环境（图 7-2）　应尽量保留、整治、利用住宅小区内的原有水系，包括河、渠、塘、池。应充分利用水源条件，在住宅小区的河流、池塘边种植树木花草，修建小游园或绿化带；处理好岸形，岸边可设置让人接近水面的小路、台阶、平台，还可设花坛、座椅等设施；水中养鱼，水面可种植荷花。

④ 绿化与各种用途的室外空间场地、建筑及小品结合布置，结合建筑基座、墙面，可布置藤架、花坛等，丰富建筑立面，柔化硬质景观；将绿化与小品融合设计，如坐凳与树池

结合，铺地砖间留出缝隙植草等，以丰富绿化形式，获得彼此融合的效果；利用花架、树下空间布置停车场地；利用植物间隙布置游戏空间等。

⑤ 观赏绿化与经济作物绿化相结合　城镇住宅小区的绿化，特别是宅院和庭院绿化，除种植观赏性植物外，还可结合地方特色种植一些诸如药材、瓜果和蔬菜类的花卉和植物。

⑥ 绿地分级布置　住宅小区内的绿地应根据居民生活需要，与住宅小区规划组织结构对应分级设置，分为集中公共绿地、分散公共绿地，庭院绿地及宅旁绿地等四级。绿地分级设置要求见表7-1。

表 7-1　绿地分级设置要求

分级	属性	绿地名称	设计要求	最小规模/m²	最大步行距离/m	空间属性
一级	点	集中公共绿地	配合总体,注重与道路绿化衔接; 位置适当,尽可能与住宅小区公共中心结合布置; 利用地形,尽量利用和保留原有自然地形和植物; 布局紧凑,活动分区明确; 植物配植丰富、层次分明	≥750	≤300	公共
二级		分散公共绿地	有开敞式或半开敞式; 每个组团应有一块较大的绿化空间; 绿化低矮的灌木、绿篱、花草为主,点缀少量高大乔木	≥200	≤150	
	线	道路绿地	乔木、灌木或绿篱			
三级		庭院绿地	以绿化为主;重点考虑幼儿,老人活动场所	≥50	酌定	半公共
四级	面	宅旁绿化和宅院绿化	宅旁绿地以开敞式布局为主; 庭院绿地可为开敞式或封闭式; 注意划分出公共与私人空间领域; 院内可搭设棚架、布置水池,种植果树、蔬菜、芳香植物; 利用植物搭配、小品设计增强标志性和可识别性		酌定	半私密

7.1.4　城镇住宅小区绿化景观的树种选择和植物配植原则

城镇住宅小区绿化树种的选择和配置对绿化的功能、经济和美化环境等各方面作用的发挥、绿化规划意图的体现有着直接关系，在选择和配置植物时，原则上应考虑以下几点。

① 住宅小区绿化是大量而普遍的绿化，宜选择易管理、易生长、省修剪、少虫害和具有地方特色的优良树种，一般以乔木为主，也可以考虑一些有经济价值的植物。在一些重点绿化地段，如住宅小区的入口处或公共活动中心，则可先种一些观赏性的乔木、灌木或少量花卉。

② 要考虑不同的功能需要，如行道树宜选用遮阳力强的阔叶乔木，儿童游戏场和青少年活动场地忌用有毒或带刺植物，而体育运动场地则避免采用大量扬花、落果、落花的树木等。

③ 为了使住宅小区的绿化面貌迅速形成，尤其是在新建的住宅小区，可选用速生和慢生的树种相结合，以速生树种为主。

④ 住宅小区绿化树种配置应考虑四季景色的变化，可采用乔木与灌木，常绿与落叶以及不同树姿和色彩变化的树种，搭配组合，以丰富住宅小区的环境。

⑤ 住宅小区各类绿化种植与建筑物、管线和构筑物的间距，见表7-2。

表 7-2　种植树木与建筑物、构筑物、管线的水平距离

名　　称	最小间距/m		名　　称	最小间距/m	
	至乔木中心	至灌木中心		至乔木中心	至灌木中心
有窗建筑物外墙	3.0	1.5	给水管、闸	1.5	不限
无窗建筑屋外墙	2.0	1.5	污水管、雨水管	1.0	不限
道路侧面、挡土墙脚、陡坡	1.0	0.5	电力电缆	1.5	
人行道边	0.75	0.5	热力管	2.0	1.0
高 2m 以下围墙	1.0	0.75	弱电电缆沟、电力电信杆、路灯电杆	2.0	
体育场地	3.0	3.0			
排水明沟边缘	1.0	0.5	消防龙头	1.2	1.2
测量水准点	2.0	1.0	煤气管	1.5	1.5

7.2 城镇住宅小区公共绿地的绿化景观规划设计

7.2.1　城镇住宅小区公共绿地的概念及功能

（1）公共绿地的概念

公共绿地是指满足规定的日照要求，适于安排游憩活动设施的供居民共享的游憩绿地。主要包括住宅小区级、组群级或院落级公共绿地。

（2）公共绿地的主要功能

① 创造户外活动空间　为居民提供各种游憩活动所需的场地，其中包括交往场所、娱乐场地、健身场地、儿童及老年人活动场地等。

② 创造优美的自然环境　通过对各种植物的合理搭配，创造出丰富的植物景观，不仅具有一定的生态作用而且还能使住宅小区更加宜人、更加亲切。

③ 防灾减灾　住宅小区公共绿地不仅可以成为抗灾救灾时的安全疏散和避难场地，还可以作为战时的隐蔽防护，用于吸附放射性有害物质等。

7.2.2　城镇住宅小区公共绿地布置的基本形式

住宅小区公共绿地的布置形式大体上可分为规则式、自然式和混合式 3 种。

① 规则式　平面布局采用几何形式，有明显的中轴线，中轴线的前后左右对称或拟对称，地块主要划分成几何形体。植物、小品及广场等呈几何形有规律地分布在绿地中。规则式布置给人一种规整、庄重的感觉，但形式不够活泼（图 7-3、图 7-4）。

② 自然式　平面布局较灵活，道路布置曲折迂回，植物、小品等较为自由地布置在绿地中，同时结合自然的地形、水体等丰富景观空间。植物配植一般以孤植、丛植、群植、密林为主要形式。自然式的特点是自由活泼，易创造出自然别致的环境（图 7-5）。

③ 混合式　混合式是规则式与自然式的交错组合，没有控制整体的主轴线或副轴线。一般情况下可以根据地形或功能的具体要求来灵活布置，最终既能与建筑相协调又能产生丰富的景观效果。主要特点是可在整体上产生韵律感和节奏感（图 7-6）。

7.2.3　小区级公共绿地的绿化景观规划设计

小区级公共绿地是住宅小区绿地系统的核心，具有重要的生态、景观和供居民游憩的功能。住宅小区居民对公共绿地的需求是显而易见的，它可以为居民提供休息、观赏、交往及

图 7-3 规则式的中心公共绿地（一）

图 7-4 规则式的中心公共绿地（二）

图 7-5　自然式的中心公共绿地

图 7-6　混合式的中心公共绿地

文娱活动的场地，是社区邻里交往的重要场所之一。

（1）小区级公共绿地在住宅小区内的布局

一般情况下，城镇住宅小区级公共绿地的位置主要有两种，一种是布置在住宅小区的内部，通常是在住宅小区的中心地带；另一种布置在小区的外层位置。

1）布置在住宅小区内部的小区级公共绿地的主要特征

① 绿地至小区各个方向的服务距离比较均匀，服务半径小，便于居民使用和绿地的功能效应、生态效应的发挥。

② 公共绿地四周由住宅组群所环绕，形成的空间环境比较安静和完整，因而受小区外界的人流、车流交通影响小，绿地的领域感和安全感较强。同时在住宅小区整体空间上有疏有密，有虚有实，层次丰富（图 7-7）。

图 7-7 住宅小区内部的小区级公共绿地

2）布置在住宅小区地带的小区级公共绿地的主要特征

① 绿地一般是结合住宅小区出入口，沿街布置（图 7-8）；或者是利用自然环境条件、现状条件，如河流山、山坡、现有小树林等布置。

② 绿地沿街布置时利用率较高，特别是老人、小孩十分喜爱在那里游戏、交往、健身。因为在那里来来往往的人员多，到达方便，聚合性强，社会信息量多，内容广泛，并能看到住宅小区外部的精彩生活。此外，绿地也可起到美化城镇，丰富街道的景观空间和环境的作用。图 7-9 是公共绿地与公共活动中心相结合的清口镇住宅示范小区。

图 7-8　住宅小区外围地带的小区级公共绿地

总平面图

图 7-9　青口镇住宅示范小区

③ 利用自然条件设置的小区级绿地，有特色和个性，环境条件好，比较安静，与人的

亲水性、亲自然性的心理相适应。图 7-10 是南靖县园美住宅小区利用原有集中绿地组织成住宅小区公共中心绿地。

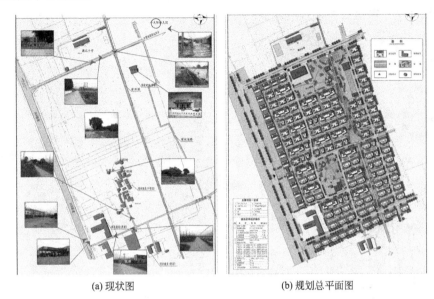

(a) 现状图　　　　　　　(b) 规划总平面图

图 7-10　南靖县园美住宅小区

（2）小区级公共绿地的规划设计

1）城镇住宅小区级公共绿地的绿化景观设计必须要注意以下几方面的问题。

① 与住宅小区总体布局相协调　小区级公共绿地不是孤立存在的，必须配合住宅小区总体布局融入整个住宅小区之中。要结合公共活动及休息空间，综合考虑，全面安排，同时也要做到与城镇的绿化系统衔接，特别是与道路绿化的衔接，这样非常有利于体现住宅小区的整体空间效应。

② 位置适当　应首先考虑方便居民使用，同时最好与住宅小区公共活动中心相结合（图 7-9），形成一个完整的居民生活中心，如果原有绿化较好要充分加以利用其原有绿化。

③ 规模合理　住宅小区级公共绿地的用地面积应根据其功能要求来确定，采用集中与分散相结合的方式，一般住宅小区级绿地面积宜占住宅小区全部公共绿地面积的 1/2 左右。

《2000 年小康型城乡住宅科技产业工程村镇示范住宅小区规划设计导则》规定，住宅小区级公共绿地的最小规模为 750m²；配置中心广场、草木水面、休息亭椅、老幼活动设施、停车场地、铺装地面等。

④ 布局紧凑　应根据使用者不同年龄特点划分活动场地和确定活动内容，场地之间既要分隔，又要紧凑，将功能相近的活动布置在一起。

⑤ 充分利用原自然环境　对于基地原有的自然地形、植物及水体等要予以保留并充分利用，设计应结合原有环境，创造丰富的景观效果。

城镇原有的住宅小区建设在住宅小区级公共绿地方面是个"空白"（图 7-10），即公共绿地比较缺乏。20 世纪 90 年代开始实施的村镇小康住宅示范工程，住宅小区级、组群级公共绿地的规划与建设开始得到重视，在一些开展试点和示范工程的村镇住宅小区中已积累了一些经验，但尚需深入研究。城市住宅小区从 20 世纪 90 年代以来，发展迅速。通过 20 多年的摸索，特别是通过五批"城市住宅试点小区"和"小康住宅示范工程"的实施，在小区、组团、组群的环境建设方面积累了较为丰富的经验，城镇住宅小区的建设从中可以得到一定的启示。

2）城镇住宅小区级公共绿地绿化景观建设实例分析

为了更好地展现小区级公共绿地绿化景观建设的效果，特以厦门海沧区东方高尔夫国际社区的中心公共绿地为例进行分析（图7-11），详见本书7.4.2。

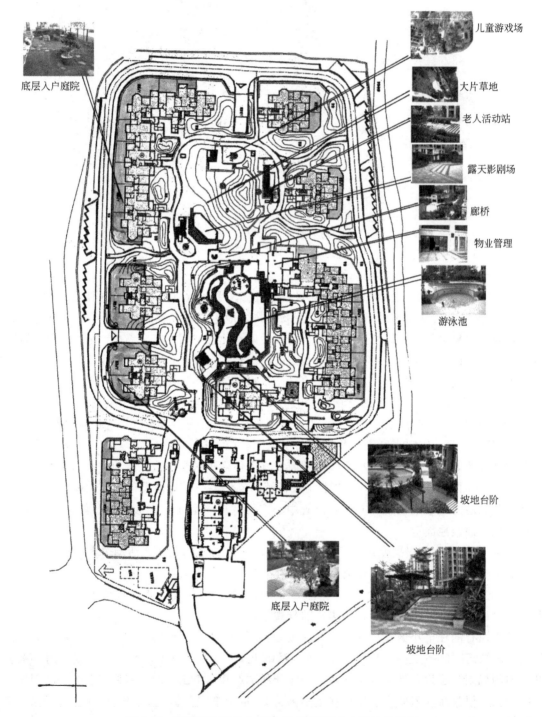

图7-11　厦门海沧区东方高尔夫国际社区中心绿地分析图

7.2.4　组群级绿地的绿化景观规划设计

城镇住宅小区组群绿地是结合住宅群的不同布局形态配置的又一级公共绿地。随着组团的布置方式和布局手法的变化，其大小、位置和形状也相应变化。组群级绿地面积不大，靠近住宅，主要为本组群的居民共同使用，是户外活动、邻里交往、健身锻炼、儿童游戏和老人聚集的良好场所。

（1）组群级绿地的特点

① 面积不大，能较充分地利用建筑组团间的空间形成绿地，灵活性强。

② 服务半径小，一般在80～120m之间，步行1～2min便可到达，是居民使用频率较高的绿地，为居民提供了一个安全、方便、舒适的游憩环境和社会交往场所。

③ 改善住宅组团的通风、光照条件，丰富了组团环境景观的面貌。

（2）组群级绿地的类型

根据城镇住宅组群级绿地在住宅群的位置，可将组群级绿地归纳为周边式住宅群的中间、行列式住宅的山墙之间、扩大的住宅间距之间、住宅群体的一侧、住宅群体之间、临街、结合自然条件7种布置方式。

① 周边式住宅群的中间　住宅建筑采用周边式布置就能在其中间获得较大的院落。这类组群级绿地空间的围合度强，空间的封闭感和领域性强，能密切邻里关系，如内蒙古呼和浩特市学府康都住宅小区（图7-12）。

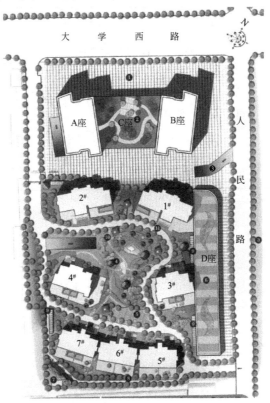

图7-12　建筑围合的组群级公共绿地

①硬质铺地；②C座架空绿地；③地下车库出入口坡道；④组群公共绿地；

⑤小广场；⑥D座架空绿地；⑦公厕；⑧步行道；⑨自行车棚；⑩绿地点步石；⑪组群车行道

② 行列式住宅的山墙之间　将行列式住宅间山墙距离适当加大，就能形成这类绿地。其特点是，使用时受住户的视线干扰少，日照比较充足，如与道路配合得当，绿地的可达性强，使用效果好（图 7-13）。

图 7-13　行列式住宅山墙间绿地

③ 扩大的住宅间距之间　在行列式布置的住宅群体中，适当扩大住宅之间的间距，可形成住宅组群级绿地。间距的大小一般应满足在标准的建筑日照阴影线范围之外有不少于 1/3 绿地面积的要求，在北方的住宅小区中常采用这种形式布置绿地。这类绿地存在的主要问题是住户对院落的视线干扰严重，使用效果受到影响。

④ 住宅组团的一侧　住宅组群结合地形等现状情况和空间组合的需要，将住宅组群绿地置于住宅组团的一侧。这样可充分利用土地，避免出现消极空间。如山东淄博金茵小区一住宅群（图 7-14）。

⑤ 住宅群体之间　将绿地置于两个或三个住宅组群之间，这种布置形式使原本较小的每个组群的绿地相对集中起来，从而取得较大的绿化面积，有利于安排活动项目、安放活动设施和布置场地（图 7-15）。

⑥ 临街组团绿地　住宅组群级绿地设在临街部位，这是一种绿化结合道路布置的形式。其特点是有利于改善道路沿线的空间组合和景观形象，同时绿地也向城镇开放，是城镇绿化系统组成部分，如安徽龙亢农场滨河村（图 7-16）。

⑦ 结合自然条件布置　当住宅小区范围内有河、小山坡等自然条件时，其绿地可结合自然水体地势布置，互为因借，以取得较好的景观环境（图 7-17）。

（3）住宅组团间绿地与环境的关系

城镇贴近自然，在城镇住宅小区绿化景观的规划中，不仅必须努力把住宅小区的公共绿地、组团绿地、宅旁绿地以及组团间的绿地共同组成一个统一的绿化景观系统，而且应该特别重视住宅小区与周围自然环境相互呼应，使城镇的住宅小区完全融汇到自然环境中，互为映衬，相得益彰。这是城市住宅小区所严重缺乏的，也是城镇住宅小区绿化景观建设的亮

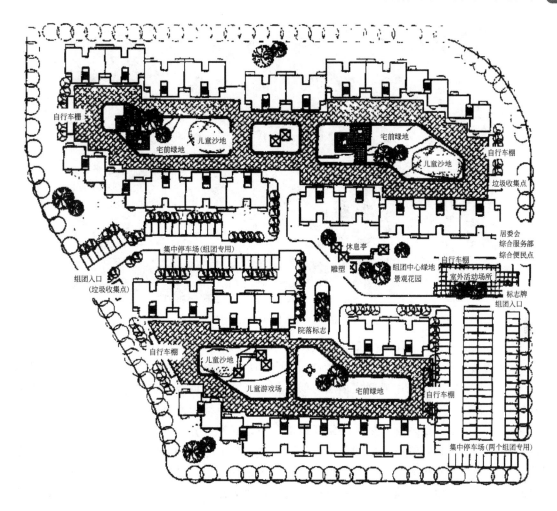

图 7-14　山东淄博金茵小区一住宅群的绿地

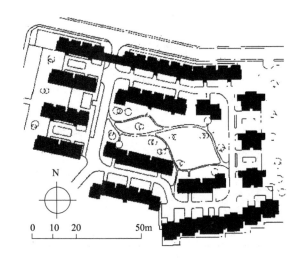

图 7-15　住宅群体之间的组团绿地

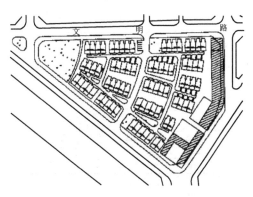

图 7-16　安徽龙亢农场滨河村

图 7-17　结合自然水体布置的组团级绿地

点，必须努力加以营造。厦门黄厝跨世纪农民新村的规划就是一个较为典型的范例(图 7-18)。

① 弘扬传统的空间序列［图 7-18(a)］　在住宅组团的布置中，吸取了闽南建筑文化神韵中丰富多变的层次，采用毗联式多层与低层相结合，高密度院落式的布置形式。不仅为每套住宅都争取到东南或西南较好的朝向，还根据小区干道线形变化和环境特征，对住栋的长度和高度加以控制，以六种住宅类型组成错落有序、异态各异，既统一又有变化的七个住宅组团，加上对不同组团饰以不同的色彩，从而提高了住宅组团的识别性。这七个独具特色的组团与绿化系统的有机融合，使得无论从海边，还是在山上，沿环岛路或小区间道路都可以观赏到绿郁葱葱的树木，掩映着色彩艳丽、造型别致的楼宇所形成的自然风光，给人以富含闽南特色和浓厚生活气息的感受。

组团入口 ——→ 公共空间 ——→ 半公共空间 ——→ 私密空间(入户)

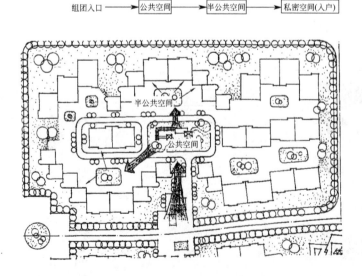

(a) 弘扬传统的空间序列

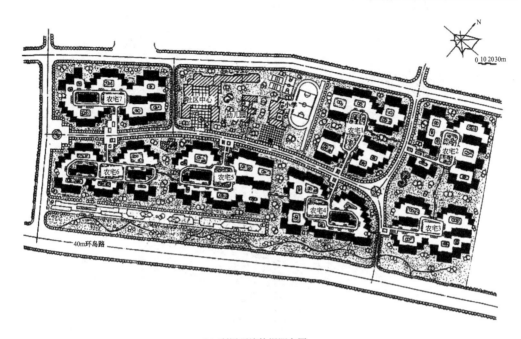

(b) 利用环境的组团布置

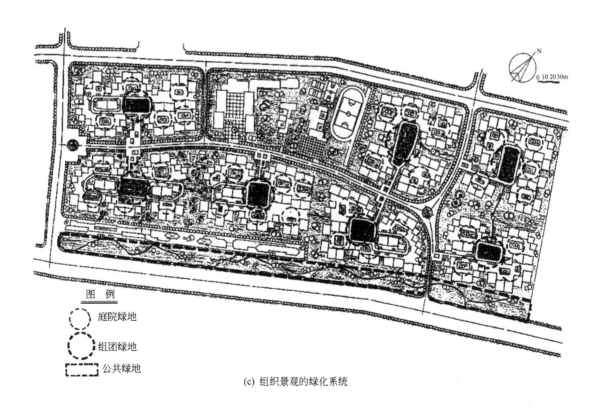

图 例

- ⊂⊃ 庭院绿地
- ⊗ 组团绿地
- ⊏⊐ 公共绿地

(c) 组织景观的绿化系统

图 7-18

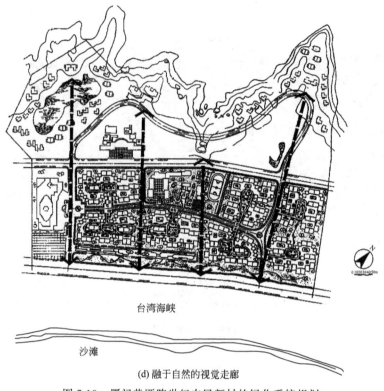

（d）融于自然的视觉走廊

图 7-18　厦门黄厝跨世纪农民新村的绿化系统规划

② 利用环境的组团布置 ［图 7-18（b）］　农宅区规划除了积极保护基地上的绿化原貌外，加宽了组团间的邻里绿带。其极为自然地嵌入住宅组团，并与小区干道的林荫组成方格状的绿化网，同时着重布置了组团内的公共绿地和宅前绿地，从而形成别具特色的网点，结合绿化系统，使得绿化系统与住宅组团得到有机的融合。

③ 组织景观的绿化系统 ［图 7-18（c）］　利用邻里绿带布置闽南独特的石亭、石桌椅等园林小品以及曲折变化的游廊、步行道、山石兰竹，不仅可为居民提供休闲和消夏纳凉、邻里交往的场所，更使得农宅区与山海融为一体，并具浓郁的乡土气息。

④ 融于自然的视线走廊 ［图 7-18（d）］　组团间的邻里绿带和道路布置相结合，形成四条景观视线走廊，加强了山与海的关系，使山石与海礁、林木与沙滩、连绵起伏的群山与白浪滔滔的大海相映成趣。把整个住宅小区融汇于周围的环境中。

（4）组群级绿地的规划设计

1）必须注意的问题

① 要满足户外活动及邻里间交往的需要。住宅组群级绿地贴近住户，方便居民使用。其中主要活动人群是老人、孩子及携带儿童的家长，所以在进行景观设计时要根据不同的年龄层次安排活动项目和设施，重点针对老年人及儿童活动，设置老年人休息场地和儿童游戏场，整体创造一个舒适宜人的景观环境。

② 利用植物、建筑小品合理组织空间，选择合适的灌木、常绿和落叶乔木树种，地面除硬地外都应铺草种花，以美化环境。根据群组的规模、布置形式、空间特征，配置绿化；以不同的树木花草，强化组群的特征；铺设一定面积的硬质地面，设置富有特色的儿童游戏设施；布置花坛等环境小品，使不同组群具有各自的特色。

③ 住宅小区内各组群的绿地和环境应注意整体的统一和协调，在宏观构思、立意的基础上，采用系列、对比、母题法等手段，使住宅小区组群绿化环境的整体性强，且各有特色。

④ 由于组群绿地用地面积不大，投资少，因此，一般不宜建许多园林建筑小品。

2）取得的一些经验

① 利用不同的树种强化组团特色，并配置相应的设施和环境小品。深圳万科四季花城居住宅小区借鉴欧洲小镇街区式邻里的居住形态与空间结构，将整个区域划分为数个社区组团，每个组团以不同植物为主题特色进行景观设计，不仅使各个组团特色鲜明，还增强了整个居住宅小区的诗情画意（图7-19～图7-26）。

图 7-19 海棠苑鸟瞰图

图 7-20 海棠苑庭院绿化

图 7-21 米兰苑花园入口

图 7-22 米兰苑庭院

图 7-23 牡丹苑私家花园入口

图 7-24 牡丹苑庭院

图 7-25　紫薇苑入口

图 7-26　紫薇苑庭院

② 利用绿化和环境小品强化组群绿地特点，并配置相应的设施和绿化，组成不同的环境。

7.3 城镇住宅小区宅旁绿地的绿化景观规划设计

宅旁绿地是住宅内部空间的延续，是组群绿地的补充和扩展。它虽不像公共绿地那样具有较强的娱乐、游赏功能，但却与居民日常生活起居息息相关。结合绿地可开展各种家务、儿童嬉戏、老人聊天下棋、邻里联谊交往等生活行为。宅旁绿地景观环境的营造能够促进邻里交往，使人际关系密切，这种绿地形式具有浓厚的传统生活气息，使现代住宅楼单元的封闭隔离感得到一定程度的缓解。宅旁绿地在住区中分布最广，是住区绿地中的重要组成部分，它与居民的住屋直接相邻，是住区"点、线、面"绿化体系中的"面"，对居住环境的影响最为明显。

7.3.1　宅旁绿地的类型

根据宅旁绿地的不同领域属性和空间的使用情况，可分为基本空间绿地和聚居空间绿地两个部分（图 7-27）。

聚居空间绿地是指居民经常到达和使用的宅旁绿地。宅旁的聚居空间绿地对住户来说使用频率最高，是每天出入的必经之地。因此，其环境绿化的设计就显得尤其重要。环境布置在生态性、景观性等基础上，应满足绿地的实用性，具有较强的实际使用的功能。

基本空间绿地是指保证住宅正常使用而必须留出的、居民一般不易到达的宅旁绿地。在宅旁的基本空间绿地规划中，应重视其环境的生态性、景观性及经济性的功能作用。

7.3.2　宅旁绿地的空间构成

根据不同领域属性及其使用情况，宅旁绿地可分为三部分，包括近宅空间、庭院空间、余留空间（图 7-28）。

近宅空间有两部分：一为底层住宅小院和楼层住户阳台、屋顶花园等；一为单元门前用地，包括单元入口、入户小路、散水等。前者为用户领域，后者属单元领域（图 7-29）。

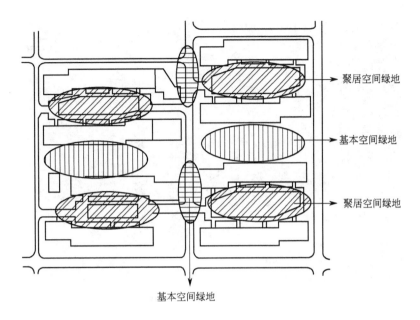

图 7-27 宅旁绿地构成示意

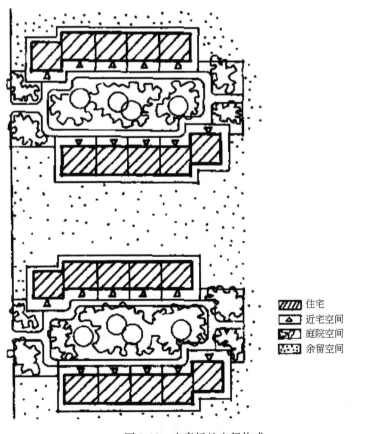

图 7-28 宅旁绿地空间构成

图 7-29　近宅的入口空间

庭院空间包括庭院绿化、各活动场地及宅旁小路等，属宅群或楼栋领域。

余留空间是上述两项用地领域外的边角余地，大多是住宅群体组合中领域模糊的消极空间。

（1）近宅空间环境

近宅空间对住户来说是使用频率最高的过渡性小空间，是每天出入的必经之地，同楼居民常常在此不期而遇，幼儿把这里看成家门，最为留恋，老人也爱在这里照看孩子。在这里可取信件、拿牛奶、等候、纳凉、逗留，还可停放自行车、婴儿车、轮椅等。在这不起眼的小小空间里体现住宅楼内人们活动的公共性和社会性，它不仅具有适用性和邻里交往意义，并具有识别和防卫作用。规划设计要在这里多加笔墨，适当扩大使用面积、做一定围合处理，如作绿篱、短墙、花坛、坐椅、铺地等，自然适应居民日常行为，使这里成为主要由本单元居民使用的单元领域空间。至于底层住户小院、楼层住户阳台、屋顶花园等属住户私有，除提供建筑及竖向条件外、具体布置可由住户自行安排，也可提供参考方案（图 7-30）。

（2）庭院空间环境

宅旁庭院空间组织主要是结合各种生活活动场地进行绿化配置，并注意各种环境功能设施的应用与美化。其中应以植物为主，在拥塞的住宅群加入尽可能多的绿色因素，使有限的庭院空间产生最大的绿化效应。各种室外活动场地是庭院空间的重要组成，与绿化配合，丰富绿地内容，相得益彰。

① 动区与静区　动区主要指游戏、活动场地；静区则为休息、交往等区域。动区中的成人活动如早操、练太极拳等，动而不闹，可与静区贴邻合一；儿童游戏则动而吵闹，可在宅端山墙空地、单元入口附近或成人视线所及的中心地带设置。

② 向阳区与背阳区　儿童游戏、老人休息、衣物晾晒以及小型活动场地，一般都应置于向阳区。背阳区一般不宜布置活动场地，但在炎夏，则是消暑纳凉的好去处。

③ 显露区与隐蔽区　住宅临窗外侧、底层杂物间、垃圾箱等部位，都应隐蔽处理，以免影响观瞻并满足私密性要求。单元入口、主要观赏点、标志物等则应充分显露，以利识别和观赏。

图 7-30 近宅的底层住户小院空间绿化

　　一般来说、庭院绿地主要供庭院四周住户使用。为了安静，不宜设置运动场、青少年活动场等对居民干扰大的场地，3～6 周岁幼儿的游戏场则是其主要内容。幼儿好动，但独立活动能力差，游戏时常需家长伴随。掘土、拍球、骑童车等是常见的游戏活动，儿童游戏场内可设置沙坑、铺砌地、草坪、桌椅等，场地面积一般为 150～450m²。此外，老人休息场地应放一些木椅石凳；晾晒场地需铺设硬地，有适当绿化围合。场地之间宜用砌铺小路联系起来，这样，既方便了居民，又使绿地丰富多彩（图 7-31～图 7-33）。

图 7-31 规则式的宅间绿地

（3）余留空间环境

　　宅旁绿地中一些边角地带、宅间与空间的连接与过渡地带，如山墙间、小路交叉口、住宅背对背之间，住宅与围墙之间等空间，均需做出精心安排，尤其对一些消极空间（图7-34）。所谓消极空间，又称负空间，主要指没有被利用或归属不明的空间。一般无人问津，常常杂草丛生，藏污纳垢，又很少在视线的监视之内，成为不安全因素，对居住环境产生消极的作用。居住区规划设计要尽量避免消极空间的出现，在不可避免的情况下要设法化消极

图 7-32　自然式宅间绿地

图 7-33　混合式宅间绿地

空间为积极空间，主要是发掘其潜力并加以利用。注入恰当的积极因素能使外部消极空间立即活跃起来，如将背对背的住宅底层作为儿童、老人活动室；在底层设车库、居委会管理服务机构；在住宅和围墙或住宅和道路之间设置停车场；沿道路和住宅山墙内之间设垃圾集中转运点。近内部庭院的住宅山墙设儿童游戏场、少年活动场；靠近道路零星地设置小型分散的市政公用设施，如配电站、调压站等，但应注意将其融入绿地空间中。

7.3.3　宅旁绿地的特点

（1）功能的复合性

宅旁绿地与居民的各种日常生活联系密切，居民在这里开展各种活动，老人、儿童与青

图 7-34　住宅山墙之间的宅旁绿地布置

少年在这里休息，邻里间在此交流、晾晒衣物、堆放杂物等。宅间绿地结合居民家务活动，合理组织晾晒、存车等必需的设施，有益于提高居住环境的实用与美观，避免绿地与居住环境质量的下降、绿地与设施的被破坏，从而直接影响居住区与城市的景观（图 7-35 和图 7-36）。

图 7-35　宅旁休憩设施

图 7-36　宅旁布置的儿童活动场地

宅间庭院绿地也是改善生态环境，为居民直接提供清新空气和优美、舒适居住条件的重要因素，可防风、防晒、降尘、减噪，改善小气候，调节温湿度及杀菌等。

（2）领域的差异性

领域性是宅旁绿地的占有与被使用的特性。领域性强弱取决于使用者的占有程度和使用时间的长短。宅间绿地大体可分为三种形态。

① 私人领域　一般在底层，将宅前宅后用绿篱、花墙、栏杆等围隔成私有绿地，领域界限清楚，使用时间较长，可改善底层居民的生活条件。由一户专用，防卫功能较强。

② 集体领域　宅旁小路外侧的绿地，多为住宅楼各住户集体所有，无专用性，使用时间不连续，也允许其他住宅楼的居民使用，但不允许私人长期占用或设置固定物。一般多层单元式住宅将建筑前后的绿地完整地布置，组成公共活动的绿化空间。

③ 公共领域　指各级居住活动的中心地带，居民可自由进出，都有使用权，但是使用

者常变更，具有短暂性。

不同的领域形态，使居民的领域意识不同，离家门越近的绿地，其领域意识越强；反之，其领域意识越弱，公共领域性则增强。要使绿地管理得好，在设计上则要加强领域意识，使居民明确行为规范，建立居住的正常生活秩序。

（3）植物的季相性

宅旁绿地以绿化为主，绿地率达 90%～95%。树木花草具有较强的季节性，一年四季，不同植物有不同的季相，春华秋实，气象万千。大自然的晴云、雪雨、柔风、月影，与植物的生物学特性组成生机盎然的景现，使庭院绿地具有浓厚的时空特点，充满生命力。随着社会生活的进步，物质生活水平的提高，居民对自然景观的要求与日俱增，应充分发挥观赏植物的形体美，色彩美、线条美，采用各种观花、观果、观叶等乔灌木、藤木、宿根花卉与草本植物材料，使居民感受到强烈的季节变化（图 7-37～图 7-39）。

图 7-37　弯曲的园路与长势茂盛而色彩丰富的地被形成良好的宅旁绿地景观

（4）空间的多元性

随着住宅建筑的多层化向空间发展，绿化也向立体、空中发展，如台阶式、平台式和连廊式住宅建筑的绿地。绿地的形式越来越丰富多彩，大大增强了宅旁绿地的空间特性（图7-40）。

（5）环境的制约性

住宅庭院绿地的面积、形体、空间性质受地形、住宅间距、住宅组群形式等因素的制约。当住宅以行列式布局时，绿地为线型空间；当住宅为周边式布置时，绿地为围合空间；当住宅为散点布置时，绿地为松散空间；当住宅为自由式布置时，庭院绿地为舒展空间；当住宅为混合式布置时，绿地为多样化空间（图 7-41）。

7.3.4　宅旁绿地的设计原则

① 应结合住宅的类型及平面的特点、群体建筑组合形式、宅前宅后道路布局等因素进行设计，创造宅旁的庭院绿地景观，区分公共与私人空间领域。

图 7-38　层次丰富的种植，结合坐凳和
　　　　活动场地形成很好的宅旁绿地

图 7-39　宅旁绿地景观效果很好的植物种植

图 7-40　宅旁绿地的形式丰富多样，宅间绿化结合屋顶绿化

　　② 应体现住宅标准化与环境多样化的统一，依据不同的群体布局和环境条件，因地制宜地进行规划设计。植物的配置应考虑地区的土壤和气候条件、居民的爱好以及景观的变化。同时应尽力创造特色，使居民具有认同感和归属感。

　　③ 注重空间的尺度，选择合适的植物，使其形态、大小、高低、色彩等与建筑及环境相协调。绿化应与建筑空间相互依存，协调统一。同时，绿化应有利于改善小气候环境，如树木在夏天具有遮荫作用，冬天又不影响住户的日照等。

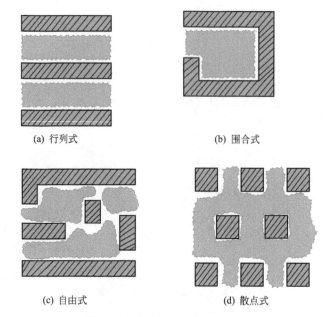

(a) 行列式　　　　　　　　　(b) 围合式

(c) 自由式　　　　　　　　　(d) 散点式

图 7-41　宅旁绿地空间组成形式

7.3.5　宅旁绿地的组织形态

宅旁绿地组织形态的基本类型有草坪型、花园型、树林型、庭院型、园艺型、混合型六种，规划设计中不论采用何种形式，功能性、观赏性、生态性的兼顾是宅旁绿地设计的原则。

① 草坪型　以草坪绿化为主，在草坪边缘配置一些乔木、灌木和花卉（图 7-42）。其特点是空间开阔，通透性高，景观效果好。常用于独院式、联立式或多层住区。它的养护管理要求比较高，在住区绿地中容易受到破坏，种后两三年可能荒芜，绿化效果不是很理想，因此也很不经济。

图 7-42　草坪型宅旁绿地

② 花园型 在宅间以篱笆或栏杆围成一定范围，布置花草树木和园林设施。色彩层次较为丰富。在相邻住宅楼之间，可以遮挡视线，有一定的私密性，为居民提供游憩场地（图7-43）。花园型绿地可布置成规则式或自然式，有时形成封闭式花园，有时形成开放式花园。

③ 树林型 以高大乔木为主，一般选择快生与慢生、常绿与落叶以及不同色彩、不同树形的树种，以避免单调。此类型的特点是简单、粗放，多为开放式绿地，它对调节住区小气候环境有明显的作用。紧靠住宅南侧的树木应采用落叶树，避免影响住户冬季的日照要求。一般可在宅旁的基本空间内结合草地设置，也可以结合住区内的水景布置（图7-44）。

图 7-43 花园型宅旁绿地

图 7-44 树林型宅旁绿地

④ 庭院型 空间有一定围合度。在一般绿化的基础上，适当配置园林小品，如花架、山石等环境设施，恰当布置花草树木，形成层次丰富、亲切宜人的环境。该类型一般可在宅旁的聚集空间内结合活动场地设置（图7-45）。

图 7-45　庭院型宅旁绿地

⑤ 园艺型　根据当地的土壤、气候、居民的喜好等情况，种植果树、蔬菜等，在绿化、美化的基础上兼有实用性，并能享受田园乐趣。一般可在宅旁的基本空间或聚集空间内设置。

⑥ 混合型　以上五种形式的综合。

7.3.6　宅旁绿地的规划设计

宅旁绿地规划设计的主要内容是进行环境布置，包括组织好宅旁的空间环境，协调与外部的空间关系；合理配置乔木、灌木、草地，恰当设置铺地、花坛、座椅等设施小品；根据实际情况也可以布置少量游戏设施，如沙坑等，使宅旁绿地具有较好的居住环境，满足居民日常生活的需要。

7.4 城镇住宅小区道路的绿化景观规划设计

7.4.1　城镇住宅小区道路功能的复合设计

（1）住宅小区道路的符合功能

城镇住宅小区道路作为一种通道系统，不仅是住宅小区结构的主脉，维持并保证住宅小区的能量、信息、物质、社会生活等的正常运转，它同时还是住宅小区形象和景观的展现带。创造具有良好自然景观、人文景观和道路景观的住宅小区可以提高生活气息，增进邻里交往，营造充满活力和富有生活情趣的居住空间，从而实现绿色交通、生态交通，形成健康、良好的居住生态环境，正逐渐成为城镇住宅小区规划的重要目标之一。

传统的聚落都善于充分利用道路发挥邻里密切交往的作用，使得"大街小巷"都充满颇富活力的生活气息。家庭结构的日益小型化和人口的日趋老龄化以及人们对养生的渴求，户外活动便成为人们的普遍追求。

作为邻里交往的空间，在城镇住宅小区中除了公共绿地和宅旁绿地外，住宅小区的道路便是人们最为广泛的交往空间。因此，借助道路进行人文景观建设，发挥道路、人文和景观的复合功能比较容易形成文化气氛的场地。也是提高住宅小区的住宅小区环境质量的重要内容之一。

（2）住宅小区道路体系的人性化设计

物质生活的提高，社会的进步，使得人与人、人与社会之间的交流将更加频繁，人们对居住环境质量的要求也越来越高。因此，对城镇住区公共活动空间和步行交通的要求在质和量上都更加迫切。这也将成为衡量一个城镇住宅小区文明质量的标志之一。

城镇住宅小区的道路交通体系，除考虑机动车的行驶之外，更应重视人们的出行，注意生活的人性化。尤其是对残疾人、儿童、老年人要格外关怀，这是现代文明的重要标志，因此要充分体现为步行者优先的原则。在人车共存的情况下，对车辆进行一定的限制（如速度限制、通行区域、通行时间、通行方向和道路线形限制等），从而保障步行者的优先权；在某些地段禁止小汽车通行，从而限制住区内的通行量，并努力实现人车分离。

（3）住区交通体系的可持续性规划设计

在进行住宅小区道路交通建设时，应重视对住宅小区生态环境的保护和资源的合理开发利用，注意对交通需求的管理和对交通行为的约束，以便在满足近期需求的同时，又能满足住宅小区持续发展的整体需要。

可持续发展理念在城镇住区交通体系中的具体应用就是强调交通规划在一开始就要对规划区域进行环境评估，识别环境区域的敏感性，了解进行基础设施建设可能产生的后果，综合协调住区土地使用、交通运输、生态环境与社会文化等因素，减少对空气、水源的污染，限制非再生资源的消费，有效保护城镇独特的地形地貌与景观资源，强化人的行为方式与生态准则的相融性。

住区交通体系的可持续发展同时也离不开住区及其所在城镇的可持续发展。住区交通规划应与城镇紧凑的土地规划布局相适应，力求以最安全、经济的方式保障居民出行的机动性，同时利用土地可达性的改变使居住、文化、商业等活动重新分布组合，以适应城市与住区经济、社会长远的可持续发展要求。

7.4.2　住宅小区道路环境景观规划设计

城镇环境景观是营造城镇特色风貌的重要组成部分，是提高城镇可识别性的标志之一。城镇住宅小区环境景观也应努力展现城镇的特色风貌。

（1）住宅小区道路环境景观规划原则

① 道路空间形态必须以人为本，注意生活环境的人性化，符合居民生活的习俗、行为轨迹和管理模式，体现方便性、地域性和艺术性。

② 为居民交往、休闲和游乐提供更多方便，更好环境。

③ 高效利用土地，完善生态建设，改善住区空间环境。

④ 立足于区域差异，体现自己的地域特色与文化传统。

⑤ 注重自然景观、人文景观和道路景观的融合。

（2）住宅小区道路环境景观构成和设计要求

1）构成要素

住宅小区道路环境景观的构成要素可以分为两类：一类是物质的构成（即人、车、建筑、绿化、水体、庭院、设施、小品等实体要素）；另一类是精神文化的构成（即历史、文脉、特色等）。住宅小区道路环境景观设计应是把两者融为一体，统一考虑。

2）设计要求

① 现代化城镇住宅小区道路设置必要的交通管理与交通安全设施（包括交通标志、标线、信号及相关构件、路墩、消防设备。）不仅应是保障交通安全，还应兼备环境景观功能。

② 无障碍设施道路的交通应包括车辆交通和行人的交通。住宅小区的道路交通功能在保证车辆正常运行的同时，亦应保证行人的安全出行。住宅小区的环境设施必须为出行提供方便，并应给予体现。其中包括建设无障碍设施。

③ 住宅小区道路铺装（包括车行道、人行道、桥面铺装，也包括人行道上树池树箅等）的设计。不仅要为人的出行提供便利、保证安全、提高功效和地面利用率，而且还应起到对丰富居民生活，美化住宅小区环境的辅助作用。

④ 桥梁是住宅小区重要的交通要素。桥梁景观是城镇（特别是江南水乡城镇）住宅小区道路环境景观的一个亮点。因此桥梁应有精巧而优美的造型、合理完美的结构、艺术的桥面装饰及栏杆。

⑤ 绿化景观植物不仅具有净化空气、吸收噪声、调节人们心理和精神的生态作用，更是住宅小区道路绿色景观构成中最引人注目的要素。

⑥ 照明景观灯（包括路灯以及绿地、公共设施的照明）不再是单纯的照明工具，而是集照明装饰功能为一体，并且是创造、点缀、丰富住宅小区环境空间文化内涵的重要元素。

⑦ 道路景观必须以沿线建筑景观绿化景观和人文景观为依托，共同形成完整的、富有地方文化底蕴的住宅小区道路景观。

⑧ 建筑小品（包括书刊亭、电话亭、垃圾箱、雕塑、水景、邮筒、自动售货机、座椅、自行车架等）是提供便利服务的公益性设施，同时也是提高人们生活质量和丰富道路景观的载体。

（3）住宅小区道路环境景观的多样化

随着城镇住宅小区建设的规模化和综合化，住宅小区已成为镇区的一个缩影，是城镇居民生活的展现和历史文化的传承。层次各异的居民，不尽相同的景观需求，必将导致居住景观需求的多样性。不同的出行方式对景观的要求也不同。在车行交通中，人们关注的景观主要集中于道路沿线的街景和两旁的建筑，而在步行交通和休闲中，人们关注的景观更集中于庭院绿地和小品设施等。

（4）住宅小区道路环境景观规划设计优化

1）道路线形设计与自然景观环境融为一体

① 道路线形体现道路美。城镇住宅小区道路线形应与自然环境相协调，与地形、地貌相配合，并应与自然环境景观融为一体。有时为了街景变化，可设微小转弯，以给人留下多种不同的印象。在道路走向上，可采用微小的偏移分割成不同场所，把要突出的景观引入视线范围。

② 城镇依山住宅小区道路的线形应主要考虑与地形景观的协调，采用吻合地形的匀顺曲线和低缓的纵坡组合成三向协调的立体线形，对减少地形的剧烈切割，以及融合自然环境

具有较好的效果。

③ 城镇滨水住宅小区道路的线形应根据地形、地质、水文等条件确定。沿岸应布置适宜的台地，避免滑坍、碎落和冲击锥等地质灾害。道路线形应沿着自然岸线走向布置，形成与自然景观协调统一的优美线形。

住宅小区道路的弯曲线形应便于人们最大限度地观察周围环境，同时也是一种通过道路设计，控制行车速度，确保住宅小区交通安全的有效办法。

2）道路绿化应生态与艺术相结合

① 遵循道路绿化的生态和艺术性相结合的原则，创造植物群落的整体美 通过乔灌花、乔灌草的结合，分隔竖向的空间，实现植物的多层次配置。在优先选用当地的树种时，并根据本地区气候、栽植地的小气候和地下环境条件选择适于在本地生长的其他树木，以利于树木的正常生长发育，抗御自然灾害，保持较稳定的绿化成果。同时运用统一、调和、均衡和韵律艺术原则，通过艺术的构图原理，充分体现植物个体及群体的形式美。

② 突出住宅小区道路的特色 植物的季节变化与临路住宅建筑产生动与静的统一，它既丰富了建筑物的轮廓线，又遮挡了有碍观瞻的景象。在城镇住区道路绿化设计中，应将植物材料通过变化和统一、平衡和协调、韵律和节奏等手法进行搭配种植，使其产生良好的生态景观环境。选择富有特色的树种，使其能和周围的环境相结合，展现道路的特色。

③ 突出住宅小区道路的视觉线形感受 城镇住宅小区道路绿化主要功能是遮阴、滤尘、减弱噪声、改善住宅小区道路沿线的环境质量和美化环境。在满足不同人群出行的动态活动中，观赏道路两旁的景观，产生多种多样的不同视觉特点。为此，在规划设计道路绿化时，应充分考虑行车的速度和行人的视觉特点，将道路线形作为视觉线形设计的对象，不断提高视觉质量。

④ 突出住宅小区停车空间与绿化空间的有机结合 利用绿化吸附粉尘和废气、隔离和吸收噪声，减少停车空间因车辆集中而造成对周围环境污染的扩散；自然优美的园林绿化还可改变停车场（库）缺乏自然气息的单调、呆板和枯燥，美化停车库的视觉环境；发挥环境绿化的遮阳降温效果、改善小气候。对面积较小的露天停车场，可沿周边种植树冠较大乔木以及常青绿篱，形成既具围合感又达到遮阳效果；对面积较大的停车场，可利用停车位之间的间隔带，种植高大乔木，植株行距及间距相当于车库的柱网布置，以便于车辆进出和停放；在停车间或停车场周边设种植池。露天停车场与园林绿化的有机结合，可形成"花园式停车场"。

3）良好建筑环境设计

道路旁的建筑物是住宅小区道路空间中最重要的围合元素，它的性质、体量、形式、轮廓线及外表材料与色彩，都直接影响住宅小区道路空间的形象和气质。历史文化名镇所具有传统地方特色的道路，其美学价值在很大程度上是由其富有地方特色和民族文化的建筑群和住宅小区组群所形成。

良好住宅小区道路建筑环境应具有：良好的尺度和比例；建筑造型、立面形式多样空间富于变化，并具有因地制宜的灵活性和特色；色彩丰富，搭配和谐有序，构图富有创意和特色，与环境和谐；充分体现地方建筑风格和传统民居特色。

4）设计空间富于变化

道路根据各路段交通量不同，或地形条件限制，可能出现宽度的变化，存在着空间的变化，这时，可用作错车空间。在特殊情况下，亦还可用作停车空间，有时也还是行人休息逗留的场所。

5）利用分隔形成领域感

作为住宅小区内的生活性道路，可以通过分离手法来为居民形成生活空间的领域感。在传统历史文化名镇中常采用过街楼、拱门、牌坊作为道路空间分隔的标志建筑。

6）设置必要的道路设施

住区道路通常有步行者在活动，此种活动常有随意性和观赏性。住宅小区道路上设置公用设施（如坐椅、花坛、候车亭及路灯、交通标志、信号设备等），应选择宜人的色彩和尺度，增强美感和愉悦感，以满足步行者随意性休闲和观赏的需要。

7.4.3　住宅小区级道路的绿地景观设计

住宅小区级道路和绿化景观按分车绿带、行道树绿带和路侧绿带三种绿带形式进行设计。

（1）分车绿带

1）景观构图原则

为了保证行车安全，分车绿带的景观构图以不影响司机的视线通透为原则。所以，分车绿带应是封闭的；绿带上的植物的高度（包括植床高度）不得高于路面0.7m，一般种植低矮的灌木、绿篱、花卉、草坪等。在人行横道和道路出入口处断开的分车绿带，断开处的视距三角形内植物的配置方式应采用通透式。中央分车绿带应密植常绿植物，这样不仅可以降低相反方向车流之间的相互干扰，还可避免夜间行车时对向车流之间车灯的眩目照射。如果在分车绿带上栽植乔木，一般选用分支点高的乔木，而且分支角度要小，不能选用分支角度大于90°或垂枝形的树种。所选乔木取的主干高度控制在2～3.5m，不能低于2m。而且乔木的株距应大于相邻两乔木成龄树冠直径之和。分车绿带内基本不设计地形，如果需要也只能是很小的微地形，起伏高度不能超过路面0.7m。山石、建筑小品、雕塑等都不宜过于宽大。

2）植物选择

分车绿带的环境条件较差，表现在以下几个方面：

a. 土壤中建筑垃圾多，易板结，土层薄，不利于植物根系的生长和吸收；b. 有害气体和烟尘、灰尘等空气污染物，一方面直接危害植物；另一方面降低了光照强度，影响植物的光合作用，降低植物的抗逆性；c. 夏季路面温度和辐射热高，空气干燥，所以分车绿带的植物应选择抗逆性强、适应道路环境条件、生态效益好的乡土植物。

分车绿带绿化管理影响交通，应选择管理省工的低矮植物，如紫叶小檗、麦冬等。或选萌芽力强、耐修剪的植物，如小叶女贞、海桐、木槿等。同时需要控制分车绿带上植物的高度来保证视线通透。分车绿带地面的坡向、坡度应符合排水要求，并与城市排水系统相结合，防止绿带内积水和水土流失。

3）植物配置

① 分车绿带的植物配置应是花卉、灌木与草坪、地被植物相结合的方式，不裸露土壤，从而避免尘土飞扬。要适地适树，考虑植物间伴生的生态习性。不适宜绿化的土壤要进行改良。

② 确定园林景观路和主干路分车绿带的景观特色。

③ 同一路段的分车绿带要有统一的景观风格，不同路段的绿化形式要有所变化。

④ 同一路段各条分车绿带在植物配置上应遵循多样统一，既要在整体风格上协调统一，又要在各种植物组合、空间层次、色彩搭配和季相上有所变化。

（2）行道树绿带

行道树绿带是设置在人行道与车行道之间以种植行道树为主的绿带。其宽度一般不宜小于 1.5m，由道路的性质、类型及其对绿地的功能要求等综合因素来决定。

行道树绿带的主要功能是为行人和非机动车遮阴。如果绿带较宽则可采用乔灌草相结合的配置方式，丰富景观效果。行道树应该选择主干挺直、枝下高且遮阴效果好的乔木。同时，行道树的树种应尽量与城镇干道绿化树种相区别，以体现自身特色及住区亲切温馨不同于街道嘈杂开放的特性。其绿化形式应与宅旁小花园的绿化布局密切配合，以形成相互关联的整体。行道树绿带的种植方式主要有树带式和树池式。

树带式是指在人行道与车行道之间留出一条大于 1.5m 宽的种植带，根据种植带的宽度相应地种植乔木、灌木、绿篱及地被等，在树带中铺草或种植地被植物，不要有裸露的土壤。这种方式有利于树木生长，增加绿量，改善道路生态环境和丰富住区景观。在适当的距离和位置留出一定量的铺装通道，便于行人往来。

在交通量比较大、行人多而街道狭窄的道路上采用树池式种植的方式。应注意树池营养面积小，不利于松土、施肥等管理工作，从而不利于树木生长。树池之间的行道树绿带最好采用透气性的路面材料铺装，例如混凝土草皮砖路面、透水透气性彩色混凝土路面、透水性沥青铺地等，以利渗水通气，保证行道树生长和行人行走。

行道树定植株距，应以其树种壮年期冠幅为准，最小种植株距应不小于 4m。株行距的确定还要考虑树种的生长速度。行道树绿带在种植设计上要做到：a. 在弯道上或道路交叉口，行道树绿带上应种植低矮的灌木，灌木的高度为 0.3～0.9m，乔木树冠不得进入视距三角形范围内，以免遮挡驾驶员视线，影响行车安全；b. 在同一街道采用同一树种、同一株距对称栽植，既可起到遮阴、减噪等防护功能，又可使街景整齐雄伟，体现整体美；c. 在一板二带式道路上，路面较窄时，应注意两侧行道树树冠不要在车行道上衔接，以免造成飘尘、废气等不易扩散的情况发生，并应注意树种选择和修剪，适当留出"天窗"，使污染物扩散、稀释；d. 对于交通型道路的行道树绿带的布置形式多采用对称式，而生活性街道应与两侧建筑进行有机的结合布置。道路横断面中心线两侧，绿带宽度相同；植物配置和树种、株距等均相同。道路横断面为不规则形式时，或道路两侧行道树绿带宽度不等时，采用道路一侧种植行道树，而另一侧布设照明杆线和地下管线。

（3）路侧绿带

路侧绿带是在道路侧方，布设在人行道边缘至道路红线之间的绿带。绿化结构为乔-灌-草的形式，常绿与落叶搭配的复层结构，能形成多层次的人工植物群落景观。人行道边缘宜选用观花、观果景观效果较强的灌木或宿根花卉植成花境，借以丰富道路景观。在树种选择上主要考虑生态价值较高、观赏价值较高及养护管理容易的树种。

1）选择生态价值较高的树种

① 选择吸收有害气体能力强的树种，如加拿大杨、臭椿、榆等。

② 选择滞尘能力强的树种，如旱柳、榆树、加拿大杨等。

③ 选择杀菌能力强的树种，如松树林、樟树林、柏树林的减菌能力较强，主要与它们

分泌出的挥发性物质有关。

④ 选择减噪能力强的树种，如旱柳、桧柏、刺槐、油松等，枝叶浓密的绿篱减噪效果也十分显著。

2) 选择观赏价值较高的树种

① 选择观花和花期不同的树种　花团锦簇的景象使人流连忘返，所以路边应尽量多选择一些观花树种。乔木有刺槐、山杏等，灌木有连翘、木槿等。另外，要选择花期不同的树种，做到三季有花，如北方地区早春开花的迎春、桃花、榆叶梅等；晚春开花的蔷薇、玫瑰、棣棠等；夏季开花的合欢、香花槐等；夏末秋初开花的有木槿、紫薇和糯米条等。

② 选择彩叶及有特殊观赏价值的树种　彩叶树种是叶片在春季或秋季，或在整个生长季节甚至常年呈现异样色彩的树种。如红色枝的红瑞木，金黄色枝的黄金柳，白色树干的白桦。这些有特殊观赏价值的树种，在道路两侧成片栽植，会成为色彩单一的冬季里的独特景观。

3) 选择养护管理容易的树种

由于道路环境复杂，所以要选择养护容易的树种。包括抗寒能力强，不需做冬季防寒的树种；抗病虫害能力强，不需经常打药的树种；落叶期较集中，清理落叶容易的树种；抗旱能力强，不需经常浇水的树种等。还要注意一些外来树种，即使引种驯化成功，也不能立刻大量运用于道路绿化，以免不必要的损失。

7.4.4　组群（团）级道路的绿化

组群（团）级道路是联系各住宅组团之间的道路，是组织和联系住区各种绿地的纽带，对住区的绿化面貌有很大作用。组群级绿化目的在于丰富道路的线形变化，提高组团住宅的可识别性。组群级道路主要是以人行为主，常是居民的散步之地，树木的配置活泼多样，应根据建筑的布置、道路走向以及所处的位置和周围的环境加以考虑。树种的选择应该以小乔木和花灌木为主，特别是一些开花繁密或者有叶色变化的树种。种植形式采用多断面式，使每条路都有各自的特点，增强道路的识别性。组团道路两侧的绿化与住宅建筑的关系较密切，但在种植时应注意在有窗的情况下，乔木与窗的距离在 5m 以上，灌木 3m 以上。同时，应该了解建筑物地下管线埋设情况，适当采用浅根性或须根较发达的植物。

7.4.5　宅前小路的绿化

宅前小路是联系各住宅入口的道路，一般 2m 左右，主要供人行走。住宅宅前的绿化是用来分割道路与住宅之间的用地，通过道路绿化明确各种近宅空间的归属感和界限，并满足宅前绿化、美化的要求。

宅前小路的绿化树种选择以观赏性强的花灌木为主。绿化布置时，路边缘植物要适当后退 0.5～1m，以便必要时急救车和搬运车驶进住宅。其次，靠近住宅小路的绿化，不能影响室内采光和通风。如果小路离住宅在 2m 以内，应以种植低矮的花灌木或整型修剪植物为主（图 7-46）。对于行列式住宅，其宅前小路的种植绿化应该在树种选择和配置方式上多样化，以形成不同景观，增强识别性。

图 7-46　宅前小路与住宅间的绿化

7.5 城镇住宅小区环境设施的规划布局

城镇住宅小区环境设施主要是指城镇住宅小区外部空间中供人们使用、为居民服务的各类设施。环境设施的完善与否体现着城镇居民生活质量的高低，完善的环境设施不仅给人们带来生活上的便利，而且还给人们带来美的享受。

从城镇住宅小区建设的角度看，环境设施的品位和质量一方面取决于宏观环境（城镇住宅小区规划、住宅设计和绿化景观设计等）；另一方面也取决于接近人体的细部设计。城镇住宅小区的环境设施若能与城镇住宅小区规划设计珠联璧合，与城镇的自然环境相互辉映，将对城镇住宅小区风貌的形成、对城镇居民生活环境质量的提高起到积极的作用。

7.5.1　城镇住宅小区环境设施的分类及作用

（1）城镇住宅小区环境设施的分类

城镇住宅小区环境设施融实用功能与装饰艺术于一体，它的表现形式是多种多样的，应用范围也非常广泛，它涉及了多种造型艺术形式，一般来说可以分为六大类：

① 建筑设施　休息亭、廊、书报亭、钟塔、售货亭、商品陈列窗、出入口、宣传廊、围墙等；

② 装饰设施　雕塑、水池、喷水池、叠石、花坛、花盆、壁画等；

③ 公用设施　路牌、废物箱、垃圾集收设施、路障、标志牌、广告牌、邮筒、公共厕

所、自动电话亭、交通岗亭、自行车棚、消防龙头、公共交通候车棚、灯柱等；

④ 游憩设施　戏水池、游戏器械、沙坑、座椅、坐凳、桌子等；

⑤ 工程设施　斜坡和护坡、台阶、挡土墙、道路缘石、雨水口、管线支架等；

⑥ 铺地　车行道、步行道、停车场、休息广场等的铺地。

(2) 城镇住宅小区环境设施的作用

在人们生存的环境中，精致的微观环境与人更贴近。它的尺度精巧适宜，因而也就更具有吸引力。环境对人的吸引力也就是环境的人性化。它潜移默化地陶冶着人们的情操，影响着人们的行为。

城镇住宅小区的环境与大城市不同，它更接近大自然，也少有大城市住房的拥挤、环境的嘈杂和空气的污染。城镇的居民愿意在清爽的室外空间从事各种活动，包括邻里交往和进行户外娱乐休闲等。街道绿地中的一座花架和公共绿地树荫下的几组坐凳，都会使城镇住宅小区环境增添亲切感和人情味，一些构思和设置都十分巧妙的雕塑也在城镇住宅小区环境中起到活跃气氛和美化生活的作用。一般来说环境设施有以下三种作用。

① 功能作用　环境设施的首要作用就是满足人们日常生活的使用，城镇住宅小区路边的座椅、乘凉的廊子和花架（图 7-47）、健身设施（图 7-48）等都有一定的使用功能，充分体现了环境设施的功能作用。

图 7-47　花架

图 7-48　健身设施

② 美化环境作用　美好的环境能使人们在繁忙的工作与学习之余得到充分的休息，使心情得到最大的放松。在人们疲乏、需要找个安逸的地方休息的时候，大家都希望找一个干净舒适，周围有大树，青草，能闻到花香，能听到鸟啼，能看到碧水的舒适环境。环境设施像文坛的诗，欢快活泼，它们精巧的设计和点缀可以让人们体会到"以人为本"设计的匠意所在，可以为城镇住宅小区环境增添无穷的情趣。图 7-49 为福清市阳光锦城庭院中心花园的阳光球雕塑、图 7-50 为厦门海沧东方高尔夫国际社区公共绿地的休息棚。

③ 环保作用　城镇住宅小区的设施设施质量，直接关系到住宅小区的整体环境，也关系到环境保护以及资源的可持续利用。在中国北方的广大地区，水的缺乏一直是限制地方经济以及城镇发展的重要因素之一。虽然北方的广大城镇非常缺水，加上大面积的广场、人行道等路面铺装没有使用渗水性建筑材料，只能眼巴巴地看着贵如油的"水"流走。如果城镇的步行道铺地能够做成半渗水路面，并在砖与砖之间种植青草，那么不但可以提高路面的渗水性能，还可以有效地改善住宅小区的环境质量。住宅小区的步行道铺设了石子，既美观又有利于降水的回渗（见图 7-51、图 7-52）。

图 7-49　福清市阳光锦城庭院中心
花园的阳光球雕塑

图 7-50　厦门海沧东方高尔夫国
际社区公共绿地的休息棚

图 7-51　某住宅小区的步行石子路

图 7-52　石子路面更适宜驻扎小区的步行路

7.5.2　城镇住宅小区环境设施规划设计的基本要求和原则

(1) 规划设计的基本要求

① 应与住宅小区的整体环境协调统一。住宅小区环境设施应与建筑群体，绿化种植等密切配合，综合考虑，要符合住宅小区环境设计的整体要求以及总的设计构思。

② 住宅小区环境设施的设计要考虑实用性、艺术性、趣味性、地方性和大量性。所谓实用性就是要满足使用的要求；艺术性就是要达到美观的要求；趣味性是指要有生活的情趣，特别是一些儿童游戏器械应适应儿童的心理；地方性是指环境设施的造型、色彩和图案要富有地方特色和民族传统；至于大量性，就是要适应住宅小区环境设施大量性生产建造的特点。

(2) 规划设计的基本原则

① 经济适用　城镇住宅小区的环境设施设计不能脱离对形成城镇自身特点的研究，所以城镇住宅小区环境设施应当扬长避短，发挥优势，保持经济实用的特点。尽量采用当地的建筑材料和施工方法，提倡挖掘本地区的文化和工艺进行设计，既节省开支，又能体现地域文化特征（图 7-53、图 7-54）。

② 尺度宜人　城镇住宅小区与大中城市最大的区别就体现在空间尺度上，空间尺度控制是否合理直接关系着城镇住宅小区的"体量"。如果不根据具体情况盲目建设，向大城市看齐，显然是不合适的。个别城镇住宅小区刻意模仿大城市，环境设施力求气派，建筑设施

图 7-53　绿茵覆顶的凉亭

图 7-54　以当地草本植物覆顶的凉亭

和雕塑尺度巨大，没有充分考虑人的尺度和行为习惯，给人的感觉很不协调。城镇的生活节奏较之大城市要慢一些，城镇住宅小区人们生活，休闲的气氛更浓一些，所以城镇住宅小区的环境设施要符合城镇的整体气质，环境设施的尺度更应亲切宜人，从体量到节点细部设计，都要符合城镇居民的行为习惯。

③ 展现地域特色　环境设施的设计贵在因地制宜，环境设施的风格应当具有地域特色。欧洲风格的铁制长椅、意大利风格的柱廊虽然给人气派的感觉，但是却失掉了中国城镇本来的特色。环境设施特色设计应立足于区域差异，我国地域差异明显，自然环境、区位条件、经济发展水平、文化背景、民风民俗等各方面的差异，为各地城镇环境设施特色的设计提供了广阔的素材，特色的设计应立足于差异，只可借鉴，切勿单纯地抄袭、模仿、套用。城镇住宅小区环境设施设计要有求异思维，体现自己的地域特色与文化传统。

在以石雕之乡闻名于世的福建惠安在很多住宅小区的环境设施中都普遍地采用石茶座、石园灯、原石花盆等，充分展现其独特的风貌。

④ 体现时代气息　传统的文化是有生命的，是随着时代的发展而发展的。城镇住宅小区环境设施的设计应挖掘历史和文化传统方面的深层次内涵，重视历史文脉的继承、延续，体现和发扬有生命的传统文化，但也应有创新，不能仅仅从历史中寻找一些符号应用到设计之中。现代风格的城镇住宅小区环境设施设计要简洁、活泼，能体现时代气息。要将传统文化与设计理念、现代工艺和材料融合在一起，使之具有时代感。美是人们摆脱粗陋的物质需要以后，产生的一种高层次的精神需要。所以新技术、新材料更能增加环境的时代气息，如彩色钢板雕塑、铝合金、玻璃幕、不锈钢等。

⑤ 注重人性化　材料的选择要注重人性化，如座椅以石材等坚固耐用材料为宜。金属座椅适宜常年气候温和的地方，金属座椅在北方广场冬冷夏烫，不宜选用。在北方的冬天，积雪会使地面打滑，所以城镇住宅小区公共绿地、园路的铺地就不宜使用磨光石材等表面光滑的材料。福建惠安中新花园在石雕里装设扩音器，做成会唱歌的螺雕，颇具人性化，如图 7-55所示为福建惠安中新花园的螺雕音响。

7.5.3　功能类环境设施

(1) 信息设施

信息设施的作用主要是通过某些设施传递某种信息，在城镇住宅小区主要是用作导引的标识设施。指引人们更加便捷地找到目标，它们可以指示和说明地理位置，提示住宅以及地

组团入口标志

图 7-55　福建惠安中新花园的螺雕音响　　　　图 7-56　组团入口标志

段的区位等。如图 7-56 所示为组团入口标志。

（2）卫生设施

卫生设施主要指垃圾箱、烟灰皿等。虽然卫生设施装的都是污物，但设计合理的卫生设施应能尽量遮蔽污物和气味，还要通过艺术处理使得它们不会影响景致，甚至成为一种点缀。

① 垃圾箱　"藏污纳垢"的垃圾箱经过精心的设计和妥善的管理也能像雕塑和艺术品一样给人以美的感受。如将垃圾箱设计成根雕的样式，不但没有影响整体景观效果，而且还是一种景致的点缀。图 7-57 是各种造型的垃圾箱。

（a）自然木纹垃圾箱　　　（b）简洁造型垃圾箱　　　（c）金属垃圾箱

（d）分类回收垃圾箱　　　（e）自然树根造型垃圾箱

图 7-57　各种造型的垃圾箱

② 烟灰皿　烟灰皿指的是设置于住宅小区公共绿地和某些公共活动场所，与休息坐椅

比较靠近、专门收集烟灰的设施。它的高度、材质等相似于垃圾箱。现在许多的烟灰皿设计是搭配垃圾箱设施的，通常是附属于垃圾箱上部的一个小容器。虽然吸烟有害健康，但我国城镇烟民数量庞大，烟灰皿还是不可缺少的卫生设施。有了数量充足、设计合理的烟灰皿，就可以帮助人们改掉随地扔烟头的坏习惯，不但有利于美化环境，减少污染，还可以降低火灾的发生率，如图 7-58 所示。

（3）服务娱乐设施

娱乐服务设施是和城镇住宅小区居民关系最为密切的，例如街边健身器材、儿童游乐设施、公共座椅、自行车停车架等。其特点是占地少、体量小、分布广、数量多，这些设施应制作精致、造型有个性、色彩鲜明、便于识别。城镇的服务娱乐设施的设计应当注意以下几点。

图 7-58 烟灰皿

① 应与城镇住宅小区整体风格统一 服务设施的设置关系到方方面面许多学科，这些设施应当在城镇住宅小区发展整体思路的指引和城镇规划的宏观控制下统一设置，以达到与城镇整体风格相互统一。例如北京市房山区的长沟镇，既有青山环抱，又有泉水流淌，自然环境优美。该镇的发展方向是休闲旅游业以及林果业、畜牧业。在该镇的住宅小区内公共设施如座椅，垃圾箱等统一为自然园林风格。

② 注意总体布局合理性和个体的实用性 服务娱乐设施首先应该具备方便安全、可靠的实用性，安装地点应该充分考虑住宅小区居民的生活规律，使人易于寻找，可到达性好，图 7-59 是厦门海沧区东方高尔夫国际社区的儿童游戏场，图 7-60 是厦门海沧区高尔夫国际社区的老人活动场。

图 7-59 厦门海沧区东方高尔夫国际社区的儿童游戏场

③ 应注意便于更新和移动 在当今这个资源紧缺，提倡资源重复利用与环境保护的世界，各类环境设施的可持续性要求在当今也越来越高。一般来说采用当地的材料是比较节约能源的，并且用当地的材料也容易形成自身的地域特色。设施的使用寿命不会像坚固的建筑

图 7-60　厦门海沧区高尔夫国
际社区的老人活动场

图 7-61　经济实惠的石制坐凳

物那样长，因此在设计时应当注重材料的使用年限并考虑将来移动的可能性。图 7-61 是经济实惠的石制坐凳。

（4）照明设施

随着经济的发展，夜景照明方法和使用范围越来越受到重视。

城镇住宅小区的照明设施大体上可以分为两大类：第一类是道路安全照明；第二类是装饰照明。前者主要是要提供足够的照度，便于行人和车辆在夜晚通行，此种设施主要是在道路周围以及广场地面等人流密集的地方。灯具的照度和间距要符合相关规定，以确保行人以及车辆的安全。后者的作用主要是美化夜晚的环境，丰富人们的夜晚生活，提高居住环境的艺术风貌。道路安全照明和装饰照明二者并不是完全割裂的，二者应该相互统一，功能相互渗透。现代的装饰照明除了独立的灯柱、灯箱外，还和建筑的外立面、围墙、雕塑、花坛、喷泉、标识牌、地面以及踏步等因素结合起来考虑，更增加了装饰效果（图 7-62～图 7-65）。

图 7-62　古典造型的路灯

图 7-63　造型别致的路灯

图 7-64　日本某山城小镇路灯

图 7-65　形态古朴的草坪灯

① 道路安全照明　路灯可以在为行人和车辆提供足够照明的同时本身也成为构成城镇景观的要素，设计精致美观的灯具在白天也是装点大街小巷的重要因素，某些镇路旁的灯具，充满了装饰色彩。

② 装饰照明　装饰照明在城镇住宅小区夜景中已经成为越来越重要的内容。它用于重要沿街建筑立面、桥梁、商业广告住宅小区的园林树丛等设施中，其主要功能是衬托景物、装点环境、渲染气氛。装饰照明首先应当与交通安全照明统一考虑，减少不必要的浪费。装饰照明本身因为接近人群，应当考虑安全性，比如设置的高度，造型，材料以及安装位置都应当经过细心的推敲和合理的设计。

现代的生活方式以及工作方式的改变使得人们在晚上不只是待在家里。城镇住宅小区现代化的设施发展较快，许多城镇住宅小区的公共活动场地都有精心设计，有的还配备了音乐广场。喷泉加以五颜六色的灯光，使夜晚也能给人以美的享受。夏天，居民们漫步于周围，享受着喷泉带来的凉爽，使小区居民的夜生活更为丰富。沿街建筑本身也开始用照明来美化其形象，加以夜景灯光设计不但可以美化外观，而且还能起到一定的标志作用，使晚上行走的路人也能方便地找到目标（图7-66）。福建省泰宁县状元街（商住型）的夜景照明工程设计也颇有特色（图7-67）。

图 7-66　广场雕塑夜景

图 7-67　状元街的夜景照明

（5）交通设施

交通设施包括道路设施和附属设施两大类。

道路设施的基本内容包括路面、路肩、路缘石、边沟、绿化隔离带、步行道铺地、挡土墙等。道路的附属设施包括各种信号灯、交通标志牌、交通警察岗楼、收费站、各种防护设施（如防护栏）、自行车停放设施、汽车停车计费表等。

道路交通类的设施由于关系到交通的畅通和人的生命安全，就更应该注意功能的合理性和可靠性。设施位置也应当充分考虑汽车交通的特点和行车路线，避免对交通路线造成妨碍。道路的排水坡度和路旁边的排水沟除了美观以外，应当充分计算排水量，避免在遇到大暴雨时产生因为设计不合理而导致的积水。

城镇住宅小区的步行景观道路，由于人流交往密切，对景观的作用更为突出，这些道路的景观因素非常重要，美化环境，愉悦人们心情的作用也更为突出。

景观道路的设计处处体现着融入环境，贴近自然的理念，从材质到色彩都应很好地与环境融为一体。景观路的地面多为天然毛石或河卵石，这样的传统铺路方法很好地保持了自然的风貌，而且利于对自然降水的回渗，也具有环保作用。

如某住宅小区的滨水道路的设计：材质采用方形毛石，色彩呈米黄色，毛石缝里镶嵌绿草，与路旁的草地自然过渡，很好地保护了环境，见图 7-68。江南某住宅小区的绿地中的小路用了仿天然木桩，显得自然而且富有情趣。一些住宅小区的公共绿地和小路用当地的天然石材、河卵石、木材铺设，且都留有种植缝，这样的景观路美观而且渗水性好。在城镇住宅小区的步行路中，应大力提倡这种既环保又美观的道路铺装设计（图 7-69～图 7-72）。

图 7-68　滨水道路

图 7-69　仿木桩小路

图 7-70　嵌草石板路

图 7-71　石板小路

图 7-72　天然材质的石板路和木桥

（6）无障碍设施

关怀弱势人群是现代化文明的重要标志。近年来，在我国弱势人群的权益也受到越来越多的重视。老弱病残者也应当像正常人一样，享有丰富生活的权利。尤其是住宅小区内体现在住宅和室外环境上，就是要充分考虑到各种人群（尤其是行动不便的老年人和残疾人）使用建筑以及各种设施的便利性。在正常人方便使用建筑设施的同时，也要设计专门的无障碍设施便于所有人群通行。室外无障碍设施非常多，可以说任何考虑到老弱病残者以及所有人群通行和使用方便的设施设计都属于这方面的工作（图 7-73）。国外某城镇住宅小区人行道路口处的无障碍设计，人行道上的台阶打开了一个缺口，变成了坡道，便于上台阶困难的行人通行（图 7-74）。图 7-75 是住宅入门的无障碍坡道。

7.5.4　艺术景观类环境设施

艺术景观类设施是美化城镇环境，使人们的生活环境更加优美、更加丰富多彩的装饰品。一般来说，它没有严格的功能要求，其设计的余地也最大，但是要符合城镇住宅小区的整体设计风格，与道路的交通流线没有矛盾。艺术景观类设施品种多样，而且常穿插于其他类别的设施当中，或是在其他类别的设施包含一定的艺术景观成分。比较常见的有雕塑、水景、花池等。

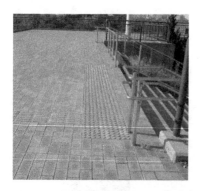

图 7-73　无障碍铺地及台阶处扶手

图 7-74　人行道路口处的无障碍设计

(a)

(b)

图 7-75　住宅入门的无障碍坡道

　　城镇住宅小区的艺术景观设施应当更加重视当地的地域文化、气候特点，挖掘民间的艺术形式，而不要"片面地追求时尚"。如何使艺术景观设施延续和发扬历史、文化传统，传承文化的地域性、多样性是相关领导，设计师，甚至是每位城镇居民应当关注的问题。

　　（1）雕塑

　　当今装点城镇住宅小区的雕塑主要有两大类，即写实风格和抽象风格。写实的雕塑，如图 7-76、图 7-77 所示，通过塑造和真实人物非常相似的造型来达到纪念意义，例如四川省都江堰的李冰父子塑像。这类雕塑应特别注意形象和比例的认真推敲，不能不顾环境随便定制或购买一个了事。不经仔细推敲和设计的雕塑作品不仅不能给环境带来美感，反而会破坏环境。与写实风格相反，抽象雕塑用虚拟、夸张、隐喻等设计手法表达设计意图，好的抽象雕塑作品往往引起人们无限的遐思。抽象雕塑精美的地方不再是复杂的雕刻，而是更突出雕塑材料本身的精致和工艺的精巧。

国外某住宅小区的滨水雕塑，用抽象的线条塑造出人的造型，丰富了原本单调的滨水景观（图7-78）。许多其他类的设施，如图7-79中的座椅，也加入了雕塑的艺术成分。

图7-76　美国某镇写实雕塑　　　　图7-77　有纪念意义的写实雕塑　　　　图7-78　抽象雕塑

我国城镇住宅小区景观设计中，传统的山石小品是造景的重要元素，由若干块造型优美的山石来表现自然山水的意境（图7-80）。在山石小品的审美中，古人倡导选石要本着"瘦、透、漏、皱"的原则，意境讲究"虽由人作，宛自天成"。为此，提倡山石设施从选石、造型到摆放位置都应仔细推敲，精心设计，避免缺乏设计、造型呆滞、尺度失调的假山石对城镇住宅小区景观的破坏。

图7-79　有抽象雕塑风格的座椅　　　　　　　　　图7-80　山石设施

（2）园艺设施

主要指花坛一类的种植容器，既可以栽种植物，又可以限定空间和小路，并赋予城镇住宅小区一种特别宜人的景观特性。设计时应注意，不能把花坛布置在缺少阳光的地方，也不能任意散置。一般来说最好把它们作为路上行人视线的焦点，成组、成团、成行地布置，例如沿建筑物外墙、沿栏杆等，或单独组成一个连贯的图案，如图7-81～图7-83所示。

图7-81　日本某小区沿路　　　图7-82　花坛与住宅建筑物　　　图7-83　限定小路的花坛
　　　　　布置的花坛　　　　　　　　　风格一致

（3）水景

水景是活跃城镇气氛，调节微气候和舒缓情绪的有利工具。在我国北方，目前许多城镇普遍存在缺水现象，加上环境恶化，水质污染，生活生产用水相当紧张，所以城镇住宅小区室外环境艺术设计水景要谨慎，应尽量节约用水，若有条件可利用中水形成水景。水景的表达方式很多，变化多样，诸如喷泉、水池、瀑布、叠水、水渠、人工湖泊等，使用得好能使环境充满生机，如图7-84～图7-89所示。

图7-84　日本的传统水景观

图7-85　配合小广场的水景

图7-86　杭州某住宅小区的水景

图7-87　人工水池中的叠水

图7-88　公共活动场地上的喷泉

图7-89　公共活动场地上结合绿化的水池

7.5.5　城镇住宅小区环境设施的规划布局

（1）建筑设施

休息亭、廊大多结合住宅小区的公共绿地布置，也可布置在儿童游戏场地内，用以遮阳和休息；书报亭、售货亭和商品陈列橱窗等往往结合公共服务中心布置；钟塔可以结合公共服务中心设置，也可布置在公共绿地或人行休息广场；出入口指住宅小区和住宅组团的主要出入口，可结合围墙做成各种形式的门洞或用过街楼、雨篷，或其他设施如雕塑、喷水池、花台等组成入口广场。

（2）装饰设施

装饰设施主要起美化住宅小区环境的作用，一般重点布置在公共绿地和公共活动中心等人流比较集中的显要地段。装饰设施除了活泼和丰富住宅小区景观外，还应追求形式美和艺术感染力，可成为住宅小区的主要标志。

（3）公用设施

公共设施规划和设计在主要满足使用要求的前提下，其色彩和造型都应精心考虑，否则将会有损环境景观。如垃圾箱、公共厕所等设施，它们与居民的生活密切相关，既要方便群众，但又不能设置过多。照明灯具是公共设施中为数较多的一项，根据不同的功能要求有道路、公共活动场地和庭园等照明灯具之分，其造型、高度和规划布置应视不同的功能和艺术等要求而异。公共标志是现代城镇中不可缺少的内容，在住宅小区中也有不少公共标志，如标志牌、路名牌、门牌号码等，它给人们带来方便的同时，又给住宅小区增添美的装饰。道路路障是合理组织交通的一种辅助手段，凡不希望机动车进入的道路、出入口、步行街等，均可设置路障，路障不应妨碍居民和自行车、儿童车通行，在形式上可用路墩、栏木、路面做高差等各种形式，设计造型应力求美观大方（图7-90）。

(a)　　　　　　　　　　　　(b)

图 7-90　出入口的路障设计

（4）游憩设施

游憩设施主要是供居民的日常游憩活动之用，一般结合公共绿地、广场等布置。桌、椅、凳等游憩又称室外家具，是游憩设施中的一项主要内容。一般结合儿童、成年人或老年人活动休息场的布置，也可布置在人行休息广场和林荫道内，这些室外家具除了一般常见形式外，还可模拟动植物等的形象，也可设计成组合式的或结合花台、挡土墙等其他设施设计。

（5）铺地

住宅小区内道路和广场所占的用地占有相当的比例，因此这些道路和广场的铺地材料和铺砌方式在很大程度上影响着住宅小区的面貌。地面铺地设计是城镇环境设计的重要组成部分。铺地的材料、色彩和铺砌的方式要根据不同的功能要求，选择经济、耐用、色彩和质感美观的材料，为了便于大量生产和施工，往往采用预制块进行灵活拼装。

7.6 城镇住宅小区绿化景观规划设计实例

7.6.1　福清市阳光锦城庭院的景观设计

（设计：福建省加美园林设计工程有限公司　江贵宽）

（1）风格

景观设计是在满足功能要求的提前下追求舒适、美观。福清市阳光锦城庭院景观的功能须满足建筑规范的要求，同时对业主承诺的景观必须在设计中体现。

阳光锦城小区由九幢高层围合而成，高层建筑在立面上显示了其本身的气派和雄伟，同时为小区提供了一个景观绿化空间，这是高层住宅建筑的优势。而高耸的建筑，大面积的钢筋混凝土墙体，直线形的视线，却给住户造成生硬和压抑，如何打破生硬感，给住户提供一个舒适美观的居住环境，这是在景观设计中必须认真对待的问题。

根据阳光锦城的庭院特点，设计中采用了已为人们所接受的现代流行造园手法。平面上采用流畅的道路曲线，立面上采用高低起伏的地形曲线，从而形成一种空间上的曲线风格。曲线代表柔和，用流畅柔和的曲线来突破高层建筑所带来的生硬感，给住户以舒适感。

"步移景异"是中国传统园林的精髓。在景观设计上，采用曲线形的景观格局，利用景观设施、植物、地形等作屏障和对景，使住户从不同角度能够欣赏到不同的景观效果。

曲线形的道路布局也并非是随心所欲地弯曲。每一条曲线都是经过精心布置、反复推敲和科学计算后形成的，不仅要符合建设消防通道的转弯半径要求，而且要为住户提供一条简捷、方便的出行线路。同时，还根据景观需要，营造家居环境的气氛，让住户步入小区即有回家的感觉——人们经过一天工作劳累后，走进小区，心情便能够感受到特别地轻松和愉快。

（2）景观布局

小区规划将建筑沿周边布置，形成一个由建筑围合的中庭花园和四个组团绿地。住宅组群形态，继承了中国传统民居（四合院）文化，符合中国人的居住环境习惯，非常科学、合理。

1）中心花园

小区地势东高西低，一条自然生态的溪流从上至下贯穿整个中心花园，在景观布局上形成了高、中、低三个层次，显示出景观的丰富。植物配置（树种）中，既有高大的乔木，又有中间灌木和低矮的地被、草坪，层次分明，高低错落。

中心花园的位置处于消防应急楼梯间的主要出入口处，这是景观处理中较为棘手的难题。如果按一般的处理手法，是将其设计成一个亭的形式，再在景观上进行包装。但是进入中心花园，首先看到的是一个亭子——一个光光的亭子，就会给人一种"堵"的感觉。经过对五个方案进行反复论证比较，综合形成了一个比较成熟的方案：亭还是亭，不过这圆形的亭顶跌水形成水幕，水幕跌落在溪流里，这样以水为纽带，将亭子与溪流联系在一起，使之真正融合在整个景观系统中。这样的亭，不会给人一种牵强的感觉，它不是为了服务于消防应急楼梯间而衍生出的一个亭子，它本身就是景观的组成部分，由它而衍生出了一个楼梯间。

通过主入口进入中心花园，首先是一个相对比较开阔的空间：前面是短暂停留的过渡空间，接着是延伸至亭的室内空间，而水幕则作为入口景观的背景。透过水幕，隐隐约约会看到后面休闲广场那郁郁葱葱的树林，引人入胜。入口空间作为序曲，起着一个引子的作用，这样三个空间层次避免了给人压抑感。站在入口位看，便能看到远处鲜花衬托下的蓝色《阳光球》主题雕塑（"阳光球"用轻质不锈钢龙骨外包阳光板制成，成本也不高）。

绕过亭子，便可看到突然开阔的休闲广场。跳动的喷泉，潺潺流动的跌水，如丝般泻下的水幕，随着人们的行走、移动而依次出现，做到了"步移景异"。孩子们可以在旱喷池玩水，大人可以在树荫下休息、聊天和欣赏水景。旱喷和水喷的两种表现形式组合在一起，给人一种新鲜的感觉，通过曲线连接和延伸，再次突出了主题雕塑《阳光球》，显现了为居住在阳光锦城的每一个住户提供一份阳光和一个健康居住环境的美好愿望。

九个跳动着的喷泉，意在体现后羿射日这一古老的传说，后羿射落了九个太阳（变成了九个喷泉），剩下今天阳光锦城的这一个太阳。说到后羿，大家自然而然会联系到月神嫦娥的广寒宫。月宫也就是月亮，所以在设计时也布置一个月牙广场，使之与入口的太阳广场相呼应，构成"日月同辉、天地人合"的意境，体现了以人为本、崇尚自然、追求自然的设计意境。

月牙广场在景观功能上与入口太阳广场有所区别，入口太阳广场布置成一个动区，景观相对新鲜活跃，月牙广场是静区，动静结合区分，给居民提供一个相对安静的休闲空间。月牙广场在景观布置上即采用自然的假山跌水，形成整个溪流的源头，配以木亭、木桥和浓阴的植物群落，使其颇富中国山水画的深远意境，营造了一个世外桃源式的田园生活景象。从平面效果看，硬质铺装和水体的组合在形状上看似太极八卦图，"无极生有极，两仪生四象，四象演八势"、"陆地生水体，水体生陆地"，这也是自然界的一种规律。月牙广场在功能上是打太极拳、锻炼身体的场地，同时也为年轻的情侣提供一个约会场所。

假山因地制宜地与通过周围的土坡、置石配合，颇具自然的韵味，极为生动。点缀在路边草地灌木丛中的景石起着导引的作用，假山上精心设计、推敲的瀑布跌水也让人们从不同的角度去观赏，都能获得不同的景观效果和情趣。

走过小桥，顺溪而下，一幅以小木桥、溪流、亭和穿过亭子的石板路，组成的小桥流水人家的生动画面便呈现在眼前。站在主题雕塑平台上，隔岸便可欣赏到对面太阳广场的整幅水景，使得"距离产生美"在这里得到充分的展现。

过了休息平台，可以折回太阳广场，也可以顺溪到达次入口的八角形平台。八角平台配合中间的色块，布置八卦和风车，与月牙广场、太阳广场互为呼应、相映成趣。

水从平台的一角涌出，缓缓地流到水池里，"水从何而来"的不尽诗意油然而生。通过中心花园会经过了瀑布跌水、潺潺溪涧、跳动的喷泉、涓涓细流、变化无穷的涌泉和平静的水面，将水的形态发挥得淋漓尽致，赋予水这生命之源无穷的魅力。

"曲水流觞"平台的处理和设计时，根据消防的要求，宽度达到 4m。从景观上考虑，如果将此处设计成一个桥的形式，4m 宽的桥面在小区景观上尺度会显偏大，同时此桥与上面小有重复。因此，设计做成一个带有曲折狭窄水沟的"曲水流觞"平台，让水曲折迂回在平台中流动，不仅造价低，还可营造"开源节流"的意境。站在"曲水流觞"平台上能看到瀑布跌水，却看不到上面的汀步，犹如人在水上漂，水从脚下流。瀑布跌落在幽深的池中（或谷中），给人以一种神秘、变幻莫测的感觉。此处还引入雾化效果，使其更富神秘感。借地势所形成的落差，在陆坡上布置星点景石，配上铁树，凸现自然的灵气，成为石砌瀑布和跌水的延伸。这种以统一中求变化的设计手法获得了丰富多变的景观效果。

2）四个组团绿地

小区两边的距离有二百多米，设计中在两边均设有休闲小广场和儿童娱乐场，为小区的每个住户门前提供一个活动、休息的邻里交往空间。每个交往空间又在布局上和功能上有所变化，使其更为活跃。

① 组团休闲小广场　①号、⑨号楼前布置一个羽毛球场，设置休息花架廊和脚底按摩小径，供人们活动交往；⑤号、⑧号楼前布置成一个树荫小广场，放置自然条石做成的坐凳，供

居民下棋、看报等使用；④号、⑤号楼前布置成人健身器材，使其成为室外健身区；④号、⑤号和⑤号、⑧号楼前的景观布置，均围绕着这里的会所和管理要求而加以考虑。

② 儿童娱乐场在形成上也是有所区别 在⑤号、⑧号楼附近是幼托园，在此布置的一些儿童娱乐设施，主要是跷跷板、滑梯等小型设施以适应幼儿活动的需要；而⑦号、③号楼前布置的儿童娱乐场，则是沙地加上一些具有野外生存挑战性的设施，比如木桩、吊绳、吊桥、滑梯等，以供较大的儿童使用。

③ 景点小品的布置 在①号、⑦号楼前布置有花架、羽毛球场；①号、⑦号楼前布置景墙等；⑤号、④号楼前布置了雕塑小品、花船；⑤号、⑧号楼前布置有树荫广场、条石等。通风烟道全部是用浓密的灌木丛包围，这样就不会因烟道的存在而破坏整个景观系统。用浓密且有较强空气净化作用的植物掩盖住整个垃圾收集站，让人从视觉、嗅觉上弱化对垃圾站的印象。

④ 主入口、次入口的处理 主入口位置重点突出，有上中心花园的台阶、下地下车库的车道和进入小区的消防车道。设计中采用层设花池加以处理，从而衬托出主入口的气势，同时还用两排灯柱和花钵加以强比。从安全角度出发，起到一个隔栏作用。次入口处的处理，是以树池花坛作为视线的导引，同时还起到次入口处人车分流的功能。

⑤ 消防通道、搬家时的单行车道和主要人行道路，设计将对三者结合考虑，确定主园路宽度为3m，两边各加1m宽的草皮。这样既保证消防通道所要求的道路硬装宽度，又取消了路侧石，拉近了人与绿地的距离，使人更亲近自然。局部借用组团或中心花园的休息小广场和平台作为消防应急通道，这样既可满足功能的要求，又可降低工程成本。

⑥ 主园路的饰面材料采用彩色水泥砖。用大面积的色块加以组合，突出了向下的俯视效果。明快、鲜艳的颜色又与小区总的设计风格取得统一，达到相得益彰的艺术效果（图7-91～图7-94）。

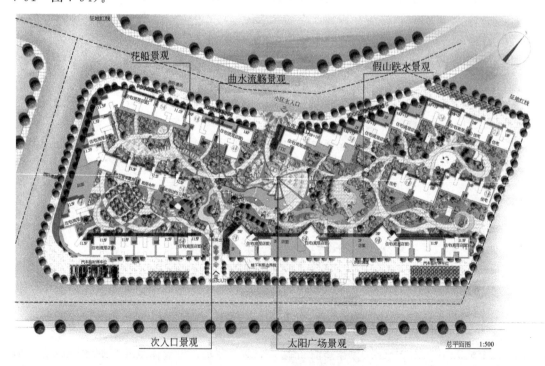

图 7-91 阳光锦城景观规划设计

图 7-92 曲水流觞景观

图 7-93 假山跌水景观

图 7-94　太阳广场景观

7.6.2　曲阜市栖庭水岸居住区中心区 C 区景观设计

（设计：北方工业大学建筑工程学院）

（1）项目背景

曲阜市属于县级市，隶属于山东省济宁市。栖庭水岸居住区位于山东曲阜，总用地约 25hm²，本次设计范围为居住区中心，用地约 5.6hm²。

（2）现状分析

栖庭水岸居住区地处历史悠久、具有深厚文化底蕴的山东曲阜，开发商将其定位为高品质的居住区。居住区景观设计对于营造优美的居住环境具有重要作用，本地块地处居住区中心，更显得重要。本地块用地较平坦，规划形成环形路网，建筑呈行列式布局。西面有弧形商业裙房，进一步强化弧形结构。本地块地下停车库面积较大，可供集中绿化的面积较小。在对本地块进行了详细的现状分析后，创作中力求将本地块设计成既满足功能需求、形式美、与周围环境协调，又体现当地历史文化特色且富有时代感的住区中心环境。

（3）设计理念

① 功能满足　对居住区室外环境使用最多的是老年人和儿童，因此老年人和儿童的主要活动空间应为重点考虑的内容。

② 形式　景观形式的形成在很大程度上受到规划和建筑所形成的环境的影响，景观创造的环境应该在与规划和建筑所形成的环境相协调的基础上，做到简单、纯净、内容丰富。

③ 内涵　曲阜是我国著名的历史文化名城、孔子的故乡，孔子曰"仁者乐山，智者乐水"，方案将"山"、"水"、"城"进行几何抽象，运用到景观设计中，布局采用"外圆内方"的形式，力求体现地方特色，体现传统文化内涵。

④ 时代感　昔日古城现已经建成现代化名城，力求运用现代的设计手法，在体现传统文化特色的同时，努力展现时代气息。

（4）规划设计

本地块由自北向南的弧形会所、方形水池、方形广场和绿篱花园，形成了南北向的空间序列为开敞—密集—开敞。西面为弧形底商，景观布局由东向西渗透，使整个地块融为一体。绿篱花园以东和以西的部分为非地下车库范围，此处种植大乔木，形成围合空间，从天际线上看，呈两边高中间低的态势。

① 高出地面的中心上升广场　中心广场位于地块的几何中心，印证"天圆地方"的传统思想，古代周王城复原图即为九宫格城池，将古城的形式运用到方形广场中来，形成九宫格的树阵布局。正所谓"仁者乐山，智者乐水"，将"山"和"水"进行几何抽象与九宫格的形式进行叠加就形成了中心方形广场，其外围的水渠象征护城河，由"山"抽象成的三角形地形象征城墙，九宫格的树阵广场象征着城。与此同时，高出地面的方形广场抬高了地下车库屋顶的覆土的深度，提供了种植大乔木的可能。方形广场也是地块的中心、景观序列的高潮以及核心节点。

② 北面方形水池　方形水池东边作为供人停留的空间，方形水池往西分别是草坪、灌木、小乔木，形成了丰富的景观层次。

③ 商建前广场　东西方向的直线形道路南北排列，形成很好的视线通廊，达到景观渗透的效果。大面积布置的绿篱，被平行于方形广场的直线分隔成方形小块，形成了极富情趣的序列感。

④ 南面绿篱花园　地下停车场上空布置着开敞的绿篱花园，间隔安排三个方形小广场，给居民提供交往空间。南面的观赏水池和水幕墙成为中心的入口的标识。

⑤ 西入口　西入口两侧布置大乔木，中心布置开敞绿地，直线形水渠与由涌泉形成的水渠源头，作为中心方形广场四周水渠的起头。

（5）结语

本方案力求在满足功能要求的前提下，运用时代感的设计手法营造既形式优美、又能体现传统文化特色的居住区外部环境（图7-95～图7-99）。

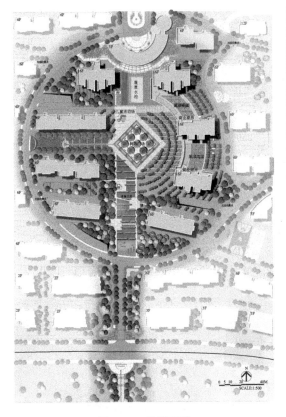

图 7-95　总平面图

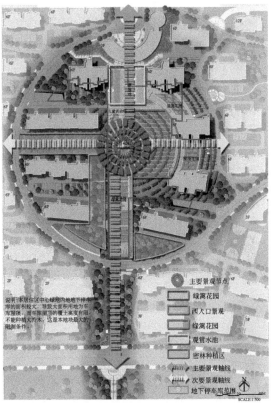

图 7-96　景观结构

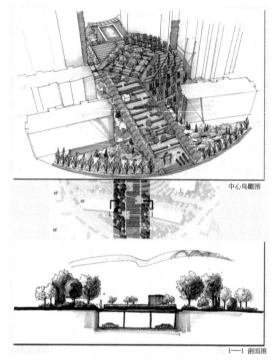

图 7-97　绿篱花园景观

图 7-98　绿篱花园景观意向图

图 7-99　南入口景观效果图

7.6.3　某城镇居住区中心区景观设计

（设计：北京市园林古建设计研究院　李松梅）

　　地块位置处于小区中央，是整个景观的核心，也是小区居民休闲、娱乐的主要场所。方案整体上采用欧式风格，力求环境艺术与自然的融合，同时也考虑到居住者生活、休息、活动、健身以及相互交流的需求，使功能性、艺术性、景观性相结合，创造出既具都市情怀，又有自然雅趣的园林空间。

在中央景观区，与小区主入口呼应的是一个欧式的喷泉及廊柱。让人们在一进入小区便能在长长的景观道上看到它。与喷泉相结合的是一个开放性的广场。由此进入园内，有规整又不失趣味的景观大道，也有蜿蜒曲折的园路；有幽雅的欧式圆顶景观亭，亦有自然野趣的旱溪沙滩。人们可以在广场的林荫下健身，可以在树下的坐凳上闲语聊天。孩子们也能在植物迷宫里找到自己的天地。整个设计融合了现代艺术气息，包容了文化内涵。强调"健康生活"的理念。体现了"文化社区，多彩生活，景色天成，享尽自然"的社区环境特色。

从布局上来看，与建筑和规划相协调。"点"、"线"、"面"相结合。集中的中心广场，组成了人们主要集聚的"点"。蜿蜒的特色园路，构成了具有趣味性的景观线。串联了景观的整体构架。

小品的布置采用了动静分区以及相互结合的手法。儿童迷宫和林下休闲坐凳相隔较远，以免让孩子的喧闹对聊天休息的人产生干扰。主要的圆形景观广场面积较大。为了不让其显得空旷单调，依照设计风格在中心加了欧式的景观亭，在此人们可以看到远处的大部分景观。同时还设计了双排的树阵，下面设有健身器械，这样即使在夏季，也不必担心炎热的阳光。还有景墙坐凳，廊架花池。处处都体现着小区高档的品位。

在绿化种植上，针对空间，进行了个性化种植，形成了个性鲜明的植物空间，突出了植物在色相和季相上的变化，让满园的植物随季节的变化造成景观的变迁，使整个景观真正成为一个完整的四维空间（图7-100）。

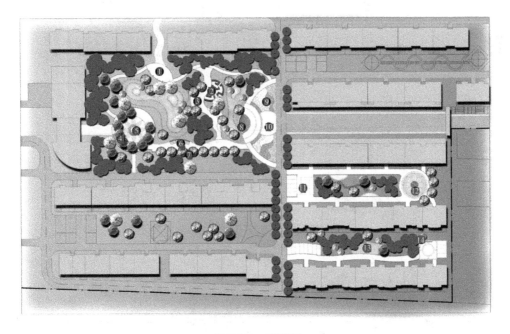

图 7-100 平面图

1—入口小广场；2—植物迷宫；3—特色园路；4—林荫健身处；5—溢水雕塑；
6—花架；7—林荫休闲步道；8—欧式喷水柱廊；9—彩色模纹花带；10—台阶广场；
11—楼间停车场；12—楼间花池广场；13—楼间休闲广场；14—特色景墙

7.6.4 北京回龙观 F05 区景观设计

（设计：北京市园林古建设计研究院　李松梅）

经济技术指标：总面积 20345m²；其中广场面积 9010m²，绿地面积 62230m²；绿化停车位 1049 个。

在总体布局上，建筑采取的是行列式布局，规则整齐（图 7-101）。一条南北方向的中央休闲绿色走廊，两条东西向的楼间林荫休闲步道，中心的休闲绿地，几何形的入口对景树阵广场，它们共同形成了很好的绿化景观（图 7-102）。

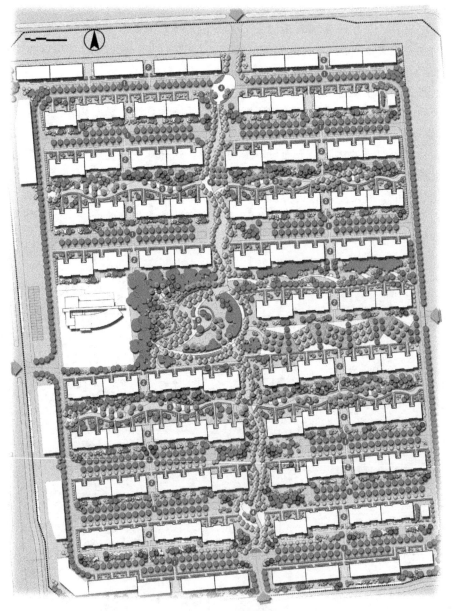

图 7-101　总平面图

❶—停车位；　❷—自行车位；❸—楼间林荫休闲步道；❹—中央休闲绿色走廊；

❺—入口对景树阵广场；❻—中心休闲绿地

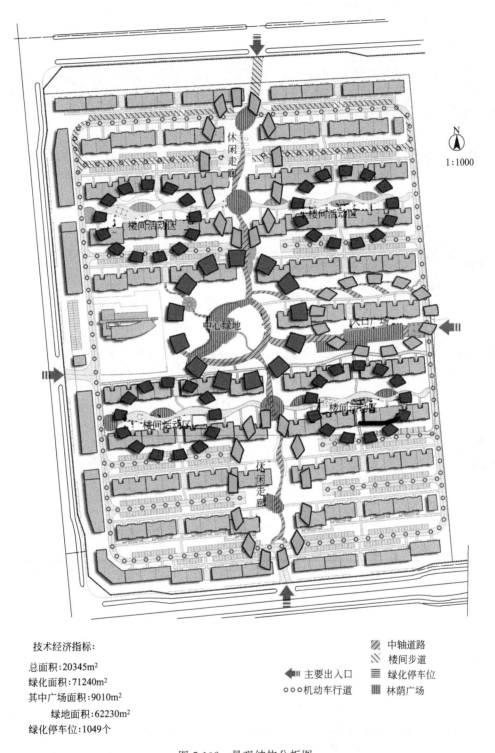

技术经济指标：

总面积：20345m²
绿化面积：71240m²
其中广场面积：9010m²
     绿地面积：62230m²
绿化停车位：1049个

图 7-102　景观结构分析图

    在道路规划中，采用的是外围环行道路，停车位布置在南北端区域，并采用的是尽端设置回车场的方式，很好地实现了人车分流的思想。

    小区的公建布置在西侧主要入口处，并与小区的中心休闲绿地进行了很好的有机结合，中心休闲绿地的布置位置很好，方便了最大量居民的使用（图 7-103、图 7-104）。

图 7-103　中心绿地景观意向图

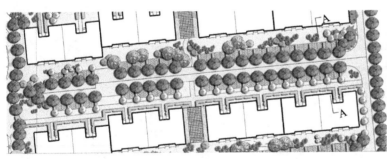

绿化停车场

平面图

A—A剖面　　　　　　　楼间绿化　　　　　楼间自行车停车位

图7-104　楼间景观意向图

在种植设计上，遵循适地适树的原则，大量乡土树种，如垂柳、榆叶梅、八仙花、国槐、紫薇、桧柏、千头椿、木槿、油松、小叶白蜡、丁香、洋槐、金银木、紫叶李、棣棠、合欢、馒头柳、法桐、碧桃、华山松、栾树、海棠、毛白杨、连翘、泡桐、白皮松、火炬树、雪松、银杏、玉兰、锦带花、金叶女贞、月季等，这些树种在北京长势很好，能够形成很好的景观效果，同时降低养护管理难度，减少养护成本。在植物的配置组合上，常绿和落叶、乔木和灌木地被相结合，营造出丰富的植物景观层次（图 7-105）。

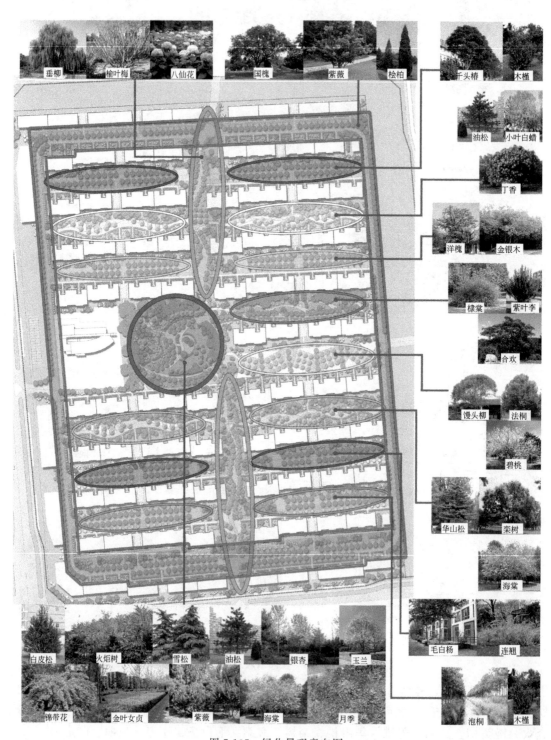

图 7-105 绿化景观意向图

8 城镇生态住宅小区的规划与设计

住宅小区是城镇的有机组成部分，是道路或自然界限所围成的具有一定规模的生活聚居地，为居民提供生活居住空间和各类服务设施，以满足居民日常物质和精神生活的需求。随着城镇建设进程的加快，目前，我国城镇住宅小区在标准、数量、规模、建设体制等方面，都取得了很大的成绩。但也存在着居住条件落后、小区功能不完善、公共服务设施配套水平低、基础设施残缺不全、居住质量和环境质量差等多方面的问题与不足。在我国，城镇建设的重要意义之一在于改善居民生活质量和居住条件。因此，住宅小区规划与设计是城镇规划建设中的一项重要内容。

8.1 生态住宅小区概述

8.1.1 生态住宅小区的概念与内涵

（1）生态住宅小区概念

人类生态住宅小区的概念是在联合国教科文组织发起的"人与生物圈（MAB）计划"的研究过程中提出的，这一崭新的概念和发展模式一经提出，就受到全球的广泛关注，其内涵也得到不断发展。

美国生态学家 R. Register 认为生态住宅小区是紧凑、充满活力、节能并与自然和谐共存的聚居地。

沈清基教授认为：生态住宅小区是以生态学及城市生态学的基本原理为指导，规划、建设、运营、管理人的城市人类居住地。它是人类社会发展到一定阶段的产物，也是现代文明在发达城市中的象征。生态住宅小区是由城市人类与生存环境两大部分组成，其中生存环境由四方面组成：①大气、水、土地等自然环境；②除人类外的动物、植物、微生物组成的生物环境；③人类技术（建筑、道路等）所形成的物质环境；④人类经济和社会活动所形成的经济、社会、文化环境。

颜京松和王如松教授认为：任何住宅和居住小区都是自然和人结合的生态住宅和生态住宅小区，只不过有些小区生态关系比较合理、人与自然关系比较和谐，有些生态关系不合理、不和谐，或人与自然关系恶化而已。他们从可持续发展的战略角度将生态住宅小区定义为：生态住宅小区是人类经过历史选择之后所追求的一种住宅和住宅小区模式。它是"按生态学原理规划、设计、建设和管理的具有较完整的生态代谢过程和生态服务功能，人与自然协调、互惠互利，可持续发展的人居环境"。

综上所述，生态住宅小区是以可持续发展的理念为指导，尊重自然、社会、经济协调发展的客观规律，遵循生态经济学的基本原理，立足于环境保护和节约资源两大主题，依靠现代科学技术，应用生态环保、建筑、区域发展、信息、生物、资源利用等专业知识及系统工程方法，在一定的时间、空间尺度内建立起的社会、经济、自然可持续发展，物质、能量、信息高效利用和良性循环，人与自然和谐共处的人类聚居区。

（2）生态住宅小区的内涵

生态住宅小区是在一定地域空间内人与自然和谐、持续发展的人类住宅小区，是人类住宅小区（城乡）发展的高级阶段和高级形式，是人类面临生态危机时提出的一种居住对策，是实现住宅小区可持续发展的途径，也是生态文明时代的产物，是与生态文明时代相适应的人类社会生活新的空间组织形式。

从地理空间上看，生态住宅小区强调了聚居是人类生活场所在本质上的同一性；从社会文化角度看，生态住宅小区建立了以生态文明为特征的新的结构和运行机制，建立生态经济体系和生态文化体系，实现物质生产和社会生活的"生态化"，以及教育、科技、文化、道德、法律、制度的"生态化"，建立自觉的保护环境、促进人类自身发展的机制，倡导具有生命意义和人性的生活方式，创造公正、平等、安全的住宅小区的环境；从人-自然系统角度看，生态住宅小区不仅促进人类自身的健康发展，成为人类的精神家园，同时也重视自然的发展，生态住宅小区作为能"供养"人与自然的新的人居环境，在这里人与自然相互适应、协同进化，共生共存共荣，体现了人与自然不可分离的统一性，从而达到更高层次的人-自然系统的整体和谐。因此，建设生态住宅小区不仅是出于保护环境、防治污染的目的，单纯追求自然环境的优美，还融合了社会、经济、技术和文化生态等方面的内容，强调在人-自然系统整体协调的基础上，考虑人类空间和经济活动的模式，发挥各种功能，以满足人们的物质和精神需求。

8.1.2　生态住宅小区的理论

（1）基于中国传统建筑文化的生态住宅小区理论

生态住宅小区的思想最早产生于我国的传统建筑文化。传统建筑文化认为对人类影响最大的莫过于居住环境。良好的居住环境不仅有利于人类的身体健康，对人类的大脑智力发育也具有重大影响。传统建筑文化中蕴含着丰富、朴素的生态学内容，"大地为母、天人合一"的思想是其最基本的哲学内涵，关注人与环境的关系，提倡人的一切活动都要顺应自然的发展，是一种整体、有机循环的人地思想。其追求的目标是人类和自然环境的平衡与和谐，这也是中华民族崇尚自然的最高境界。

传统建筑文化是历代先民在几千年的择居实践中发展起来的关于居住环境选择的独特文化，主张"人之居处，宜以大地山河为主"，也就是说，人要以自然为本，人类只有选择合适的自然环境，才有利于自身的生存和发展。传统建筑文化把所有的自然条件如：山、水、土地、风向、气候等作为人类居住地系统的重要组成部分，将地形、地貌等地理形态和人工设置相结合，给聚居地一个限定的范围空间，这个空间内能量流动与物质循环自然而顺畅，这既是对天人合一思想的理解，也是对大自然的崇拜和敬畏，引导人们去探索理想人居环境的模式和技术。

（2）基于生态学的生态住宅小区理论

生态学最初是由德国生物学家赫克尔于 1869 年提出的，赫克尔把生态学定义为研究有机体及其环境之间相互关系的科学。他指出："我们可以把生态学理解为关于有机体与周围外部世界的关系的一般科学，外部世界是广义的生存条件。"生态学认为，自然界的任何一部分区域都是一个有机的统一体，即生态系统。生态系统是"一定空间内生物和非生物成分通过物质的循环、能量的流动和信息的交换而互相作用、相互依存所构成的生态学功能单元"。

20 世纪以来出现的生态学高潮极大地推动了人们环境意识的提高和生态研究的发展，人与自然的关系问题在工业化的背景下得到重新认识和反思。20 世纪 30 年代，美国建筑师高勒提出"少费而多用"，即对有限的物质资源进行最充分和最合理的设计和利用，以此来满足不断增长的人口的生存需要，符合生态学的循环利用原则。20 世纪 60 年代，美籍意大利建筑师保罗·索勒瑞把生态学和建筑学合并，提出了生态建筑学的新理念。1976 年，施耐德发起成立了建筑生物与生态学会，强调使用天然的建筑材料，利用自然通风、采光和取暖，倡导一种有利于人类健康和生态效益的建筑艺术。

1972 年，斯德哥尔摩联合国人类环境会议成为生态住宅小区（生态城市）理论发展的重要里程碑，会议发表了"人类环境宣言"，其中，明确提出"人类的定居和城市化工作必须加以规划，以避免对环境的不良影响，并为大家取得社会、经济和环境三方面的最大利益。"这个宣言对生态住宅小区的发展起到了巨大的推动作用。

（3）基于可持续发展思想的生态住宅小区理论

可持续发展思想是生态住宅小区理论与实践蓬勃发展的思想基础。20 世纪 80 年代，J·拉乌洛克的《盖娅：地球生命的新视点》一书，将地球及其生命系统描述成古希腊的大地女神——盖娅，把地球和各种生命系统都视为具备生命特征的实体，人类只是其中的有机组成部分，还是自然的统治者，人类和所有生命都处于和谐之中。1992 年，在里约热内卢召开的联合国环境与发展大会，把可持续发展思想写进了会议所有文件，也取得了世界各国政府、学术界的共识，一场生态革命随之而来。此后的一系列会议和著作列出了"可持续建筑设计细则"，提出了"设计成果来自环境、生态开支应为评价标准、公众参与应为自然增辉"等设计原则和方法。1996 年来自欧洲 11 个国家的 30 位建筑师，共同签署了《在建筑和城市规划中应用太阳能的欧洲宪章》，指明了建筑师在可持续发展社会中应承担的社会责任。1999 年第 20 届世界建筑师大会通过的《北京宪章》，全面阐述了与"21 世纪建筑"有关的社会、经济和环境协调发展的重大原则和关键问题，指出"可持续发展是以新的观念对待 21 世纪建筑学的发展，这将带来又一个新的建筑运动……"标志着 21 世纪人类将由"黑色文明"过渡到"绿色文明"。

8.1.3 生态住宅小区的基本类型与特征

（1）生态住宅小区的基本类型

生态住宅小区是与特定的城市地域空间、社会文化联系在一起的。不同地域、不同社会历史背景下的生态住宅小区具有不同的特色和个性，体现多样化的地域、历史文脉，因此，生态住宅小区不是单一的发展模式与类型，而是充公体现各地域自然、社会、经济、文化、历史特征的个性化空间。生态住宅小区大致可以分为以下几种类型。

① 生态艺术类 主要提倡以艺术为本源，最大限度地开发生态住宅小区的艺术功能，

将生态住宅小区当成艺术品去创造和营建，使其无论从外部还是从内部看起来都是一件艺术品。

② 生态智能类　主要是以突出各种生态智能为特征，最大限度地发挥住宅和住宅小区的智能性，凡对人类居住能够提供智能服务的可能装置，都在适当的部分置入，使居住者可以凭想象和简单的操作就可以达到一种特殊的享受。

③ 生态宗教类　主要是以氏族图腾为精神与宗教结合的住宅类产物。

④ 部分生态类　是在受限制的条件下的一种局部或部分尝试，或是将房间的一部分装饰成具有生态要求的"部分生态住宅小区"。

⑤ 生态荒庭类　是指生态住宅小区实现人与自然的完美统一，一方面从形式上回归自然，进入一种原始自然状态中；另一方面又在利用现代科技文化的成果，使人们可以在居所里一边快乐地品尝咖啡的美味，一边用计算机进行广泛的网上交流，为人们造就一种别有趣味的天地。

（2）生态住宅小区的基本特征

生态住宅小区区别于其他住宅小区的特质主要表现在生态住宅小区的功能目标上。生态住宅小区的规划建设目标可以概括成"舒适、健康、高效、和谐"。舒适和健康指的是生态住宅小区要满足人对舒适度和健康的要求，例如，适宜的温度、湿度以保证人体舒适，充足的日照、良好的通风以保证杀菌消毒并具有高品质的新鲜空气；高效指的是生态住宅小区要尽可能最大限度地高效利用资源与能源，尤其是不可再生的资源与能源，达到节能、节水、节地的目的；和谐指的是要充分体现人与建筑、自然环境以及社会文化的融合与协调。换句话说，生态住宅小区的规划建设就是要充分体现住宅小区的"生态性"，从整体上看，住宅小区的生态性主要表现在以下三个方面。

① 整体性　生态住宅小区是兼顾不同时间、空间的人类住宅小区，合理配置资源，不是单单追求环境优美或自身的繁荣，而是兼顾社会、经济和环境三者的整体效益，协调发展，住宅小区生态化也不是某一方面的生态化，而是小区整体上的生态化，实现整体上的生态文明。生态住宅小区不仅重视经济发展与生态环境协调，更注重人类生活品质的提高，也不因眼前的利益而以"掠夺"其他地区的方式促进自身暂时的"繁荣"，保证发展的健康、持续、协调，使发展有更强的适应性，即强调人类与自然系统在一定时空整体协调的新秩序下寻求发展。

② 多样性　多样性是生物圈特有的生态现象。生态住宅小区的多样性不仅包括生物多样性，还包括文化多样性、景观多样性、功能多样性、空间多样性、建筑多样性、交通多样性、选择多样性等更广泛的内容，这些多样性同时也反映了生态住宅小区生活民主化、多元化、丰富性的特点，不同信仰、不同种族、不同阶层的人能共同和谐地生活在一起。

③ 和谐性　生态住宅小区的和谐性反映在人-自然统一的各种组合，如人与自然，人与其他物种、人与社会、社会各群体、人的精神等方面，其中，自然与人类共生，人类回归自然、贴近自然，自然融于生态城市是最主要的方面。生态住宅小区融入自然、文化、历史社会环境，兼容包蓄，营造出满足人类自身进化需求的环境，充满人情味，文化气息浓郁，生活多样化，人的天性得到充分表现与发挥，文化成为生态城市最重要的功能。生态住宅小区不是一个用自然绿色"点缀"的人居环境，而是富有生机与活力，是关心人、陶冶人的"爱之器官"，自然与文化相互适应，共同实现文化与自然的协调，"诗意地栖息在大地上"的和谐性是生态住宅小区的核心内容。

8.2 城镇生态住宅小区规划

8.2.1 城镇生态住宅小区规划的总体原则

（1）生态可持续原则

可持续发展是解决当前自然、社会、经济领域诸多矛盾和问题的根本方法与总体原则。当前人类住宅小区的种种危机是人-自然的发展问题，因此只有从人-自然整体的角度去研究产生这些问题的深层原因，才能真正地创造出适宜人居的居住环境。生态住宅小区规划的本质在于通过对空间资源的配置，来调控人-自然系统价值（自然环境价值、社会价值、经济价值）的再分配，进而实现人-自然的可持续发展。生态可持续原则包括自然生态可持续原则、社会生态可持续原则、经济生态可持续原则、复合生态可持续原则。

① 自然生态可持续原则　生态住宅小区是在自然的基础上建造起来的，这一本质要求人类活动保持在自然环境所允许的承载能力之内，生态住宅小区的建设必须遵循自然的基本规律，维护自然环境基本要素的再生能力、自净能力和结构稳定性、功能持续性，并且尽可能将原有价值的自然生态要素保留下来。所以，生态住宅小区的规划设计要结合自然，适应与改造并重，并对开发建设可能引起的自然机制不能正常发挥作用进行必要的同步恢复和补偿，使之趋向新的平衡，最大限度减缓开发建设活动对自然的压力，减少对自然环境的消极影响。

② 社会生态可持续原则　生态住宅小区规划不仅是工程建设问题，还应包括社会的整体利益，不仅立足于物质发展规划，着力改善和提高人们物质生活质量，还要着眼于社会发展规划，满足人对各种精神文化方面的需求；注重自然与历史遗迹、民间非物质文化遗产以及历史文脉的保护与继承。

③ 经济生态可持续原则　生态规划设计应促进经济发展，同时也应注重经济发展的质量和持续性，体现效率的原则。所以，在生态住宅小区设计中应提倡提高资源利用效率以及再生和综合利用水平、减少废物的设计思想，促进生态型经济的形成，并提出相应的对策或工程、工艺措施。

④ 复合生态可持续原则　生态住宅小区的社会、经济、自然和系统是相辅相成、共同构成的有机整体。生态住宅小区规划设计必须将三者有机结合起来，统筹兼顾、综合考虑，不偏向任一方面，利用三方面的互补性，平衡协调相互之间的冲突和矛盾，使整体效益达到最高。因此，生态住宅小区的规划既要利于自然，又要造福于人类，不能只考虑短期的经济效益，而忽视人的实际生活需要和可能对生存环境造成的胁迫与影响，社会、经济、生态目标要提到同等重要的地位来考虑，可以根据实际情况进行修改调整。协调发展是这一原则的核心。

（2）因地制宜原则

中国地域辽阔，气候差异很大，地形、地貌和土质也不一样，建筑形式不尽不同。同时，各地居民长期以来形成的生活习惯和文化风俗也不一样。例如，西北干旱少雨，人们就采取穴居式窑洞居住，窑洞多朝南设计，施工简易，不占土地，节省材料，防火防寒，冬暖夏凉。西南潮湿多雨，虫兽很多，人们就采取干栏式竹楼居住，竹楼空气流通，凉爽防潮，大多修建在依山傍水之处。此外，草原的牧民采用蒙古包为住宅，便于随水草而迁徙。贵州山区和大理人民用山石砌房，这些建筑形式都是根据当时当地的具体条件而创立的。因此，城镇生态住宅小区的规划建设必须坚持"因地制宜"原则，即根据环境的客观性，充分考虑当地的自然环境和居民的生活习惯。

（3）以人为本原则

生态住宅小区的规划设计是为居民营造良好的居住环境，必须注重和树立人与自然和谐及可持续发展的理念。由于社会需求的多元化和人民经济收入水平的差异，以及文化程度、职业等的不同，对住房与环境的选择也有所不同。特别是随着社会的发展，人们收入增加，对住房与环境的要求也提高。因此，生态住宅小区的规划与设计必须坚持"以人为本"的原则，充分满足不同层次居民的需求。

（4）社区共享、公众参与原则

生态住宅小区规划设计应充分考虑全体居民对住宅小区的财富的公平共享，包括共享设施、共享服务、共享景象、公众参与。共享要求生态住宅小区规划设计在设施的选择上应注意类型、项目、标准与消费费用的大众化，设施的布局应注意均衡性与选择性，在服务方式上应注意整体性与到位程度，以直接面向住宅小区的服务对象。公众参与是住宅小区全体居民共同参与社区事务的保证机制和重要过程，包括住宅小区公民参与社区管理与决策、住宅小区后续发展与信息交流。生态住宅小区的规划布局应充分满足公众参与的要求。

8.2.2 城镇生态住宅小区的设计理念

生态住宅小区无论从结构或者是功能及其他诸多方面与传统住宅小区均有质的不同，其要求从设计、建设一直到使用、废弃的整个生命周期内对环境都是无害的。这就离不开创造性的规划设计，也是一项复杂的需要多学科共同参与的系统工程。因而必须转变住宅小区规划设计观念与方法，在新的生态价值观指导下，创立着眼于生态的规划设计理论与方法体系。与传统设计观相比，生态设计观以人与自然和谐为价值取向的，目的是创造和谐发展的人居环境，以达到人工环境与自然环境的协调与平衡。同时生态整体规划设计对新的人居环境的创造不仅表现在物质形体上，更重要的是体现在社会文化环境的形成与创造上。传统设计观与生态设计观的比较见表8-1。

表8-1 传统设计观与生态设计观的比较

比较因素	传统设计观	生态设计观
对自然生态秩序的态度	以狭义的人为中心，意欲以人定胜天的思想征服或破坏自然，人成为凌驾于自然之上的万能统治者	把人当做宇宙的一分子，与地球上的任何一种生物一样，把自己融入大自然中
对资源的态度	没有或很少考虑到有效地资源再生利用及对生态环境的影响	要求设计人员在构思及设计阶段必须考虑降低能耗、资源重复利用和保护生态环境
设计依据	依据建筑的功能、性能及成本要求来设计	依据环境效益和生态效益指标与建筑空间功能、性能及成本要求来设计
设计目的	以人的需求为主要目的，达到建筑本身的舒适与愉悦	为人的需求和环境而设计，其终极目的是改善人类居住与生活环境，创造环境、经济、社会的综合效益，满足可持续发展的要求
施工技术或工艺	在施工和使用的过程中很少考虑材料的回收利用	在施工和使用的过程中采用可拆卸、易回收，不产生毒副作用的材料并保证产生最少废弃物

生态住宅小区规划设计的观念不是全盘否定或者抛弃现代住宅小区规划与设计观念，而

是批判地继承，并引入新的思想和手段，注入新的观点和内容。这种生态规划观念是在对传统住宅小区建设与规划观念反思与总结的基础上，以生态价值观为出发点，体现一种"平衡"或者"协调"的规划思想。它把人与自然建筑看作一个整体，协调经济发展、社会进步、环境保护之间的关系，促进人类生存空间向更有序稳定的方向发展，实现人、自然、社会和谐共生。

生态规划设计既不是以减少人类利益来保护自然，消极被动地限制人类行为，也不是以人类利益为根本前提的狭隘人类中心主义，而是一种主动创造新生活，实现人与自然公平协调发展，促进代际公平与可持续发展的思路，是生态住宅小区规划设计的最高目标。

8.2.3　城镇生态住宅小区规划与设计的内容

生态住宅小区与传统住宅小区相比，在满足居民基本活动需求的同时，不仅追求住宅小区环境与周边自然环境的融合，更加注重"人"的生活质量和素质的提高，强调住宅小区综合功能的开发与协调。城镇生态住宅小区的规划与设计必须遵循社会、经济、资源、环境可持续发展的原则，以城镇总体规划和生态功能区划为框架，结合当地历史文化因素，充分考虑当地居民的生活习惯和方式，重视生态住宅小区的区位选址、环境要素（水、气、声、光、能、景观）、生态文化体系等来进行规划与设计。

（1）选址规划

1）城镇生态住宅小区选址影响因素

城镇生态住宅小区的选址比较复杂，要充分考虑整体的环境因素，不仅要考虑住宅小区范围内的环境，也要考虑周围的环境状况；不仅要避免外界环境的不良影响，同时也要不对外界环境造成破坏；不仅要在整个住宅小区内达到生态平衡和生态自然循环的效果，而且可以通过住宅小区内可持续的生态系统和生态循环对周围环境起到积极的影响，从而将生态区域的范围扩大，使住宅小区内的生态系统得到进一步优化与发展。

城镇生态住宅小区选址的环境影响因素主要包括以下几个方面。

① 良好的自然环境　良好的自然环境是建设生态住宅小区的基础。自古以来，人们就在不断寻找和改善自身周边的居住环境，不仅是为了满足生活的需要，还为了陶冶情操，满足精神文化发展的需要。良好的植被，清新的空气，洁净的水源，安静的环境都是生态住宅小区追求的基本要求。

② 地形与地质　地形与地质不仅对住宅小区的安全具有重要影响，与人类的身体健康也有着密切的关系。城镇生态住宅小区要选择适于各项工程建设所需的地形和地质条件的用地，避免不良条件的危害，如在丘陵地区易于发生的山洪、滑坡、泥石流等灾害。同时，所选地址应有良好的日照及通风条件，并且合理设置朝向。例如，冬冷夏热地区，住宅居室应避免朝西，除争取冬季日照外，还要着重防止夏季西晒和有利于通风；而北方寒冷地区，住宅居室应避免朝北，保证冬季获得必要的日照。

③ 城镇的生态功能区划　生态功能分区是根据不同地区的自然条件，主要的生态系统类型，按相应的指标体系进行城镇生态系统的不同服务功能分区及敏感性分区，将区域划分为不同的功能系统或功能区，如生物多样性保护区、水源涵养区、工业生产区、农业生产区、城镇建设区等。不同的功能区环境敏感性不同，对生态环境的要求也不一样。生态住宅小区选址应符合城镇的生态功能区划，避免周围环境对住宅小区的负面影响，以及住宅小区对周边环境的影响。例如，生态住宅小区不宜建设在城镇的下风位，避免工业废气、废水污

染；和城镇中心商务区保持合适的距离，避免噪声等污染；不占用农田、不侵占生态多样性保护区、水源涵养区及林地等。

④ 用地规模与形态　生态住宅小区建设用地面积的大小必须符合规划用地要求，并且为规划期内及之后的发展留有空地；用地形态宜集中紧凑布置，适宜的用地形状有利于生态住宅小区的空间与功能布局。同时，用地选择应注意保护文物和古迹，尤其在历史文化名城，用地的规模与形态应符合文物古迹的保护要求。

⑤ 周边的城镇基础设施　良好、便利的周边城镇基础设施是生态住宅小区的基本要求。生态住宅小区规划用地应考虑与现有城区的功能结构关系，尽量利用现有的城镇基础设施，以节约新建设施的投资，缩短开发周期，避免因此带来的不经济性。例如：是否有便捷的交通网络、是否有满足生态住宅小区居民要求的给排水和电力设施、是否有完善的公众服务实施等。

2）传统建筑文化在城镇生态住宅小区选址中的应用

我国传统建筑文化对人类居住、生存环境地选址和处理具有一套独特的理论体系，其关于村落、城镇、住宅的选址模式有着明显的共性，都是背有靠山、前有流水、左右有砂山护卫，构成一种相对围合空间单元。传统建筑文化对于住宅小区的选址原则包括5项。

① 立足整体、适中合宜　传统建筑文化认为环境是一个整体系统，以人为中心，包括天地万物。环境中的每一个子系统都是相互联系、相互制约、相互依存、相互独立、相互转化的要素。立足整体的原则即要宏观把握协调各子系统之间的关系，优化系统结构，寻求最佳组合。适中合宜原则即恰到好处，不偏不倚，不大不小，不高不低，尽可能优化，接近至善至美。此外，适中合宜的原则还要突出中心，强调布局整齐，附加设施要紧紧围绕轴心布置。

② 观形察势、顺乘生气　清代的《阳宅十书》中指出："人之居处宜以大山河为主，其来脉气最大，关系人祸最为切要。"传统建筑文化注重山形地势，强调把小环境放入大环境中考察。从大环境观察小环境，即可发现小环境所受到的外界制约和影响，例如水源、气候、物产、地质等。只有大环境完美，住宅小区所处的小环境才能完美。

③ 因地制宜、调谐自然　因地制宜原则即根据环境的客观性，采取切实有效的方法，使人与建筑适宜于自然，回归自然，返璞归真，天人合一，这也是传统建筑文化的真谛所在。调谐自然原则即通过对环境的合理改造，使住宅小区布局更合理，更有益于居民的身心健康和经济的发展，创造出优化的生存条件。

④ 依山傍水、负阴抱阳　传统建筑文化认为，山体是大地的骨架，水域是万物生机之源泉，没有水，人就不能生存。依山的形势包括2种类型，一种是"土包屋"，即三面群山环绕，奥中有旷，南面敞开，房屋隐于万树丛中；另一种是"屋包山"，即成片的房屋覆盖着山坡，从山脚一直到山腰，背枕山坡，拾级而上，气宇轩昂。由于我国的地理位置和气候类型，负阴抱阳在我国而言，即坐北朝南。依据这一选址原则建设的住宅小区，得山川之灵气，受日月之光华。

⑤ 地质检验、水质分析　传统建筑文化认为，地质决定人的体质。现代科学也证实了这一点，土壤中所含的微量元素、潮湿或腐烂的地质、地球的磁场、有害的长振波以及辐射线等均会对人体产生影响。不同地域的水分中也含有不同的微量元素及化合物质，有的有利，有的有害。因此，在住宅小区的选址过程中，对于地质和水质的检验和分析不可或缺，注意趋利避害。

城镇相对于密集的城市来说，周边自然环境具有更大的开放性。因此，在城镇生态住宅小区的选址规划中，应结合我国传统建筑文化，发挥其在选择良好居住环境的作用。

（2）环境要素规划与设计

生态住宅小区环境要素的规划主要包括水、气、声、光、能源和景观环境等。

1）水环境系统

生态住宅小区的水环境系统，是指在保障住宅小区内居民日常生活用水的前提下，采用各种适用技术、先进技术与集成技术，达到节水目标，改善住宅小区水环境，使住宅小区水系统经济稳定运行且高度集成的水环境系统。包括用水、给排水、污水处理与回收、雨水利用、绿化景观用水、节水设施与器具等。

① 用水规划　结合城镇的总体水资源和水环境规划，合理规划住宅小区水环境，有效利用水资源，改善住宅小区水环境和生态环境。

② 给排水系统　保证以足够的水量和水压向所有的用户不间断地供应符合卫生条件的饮用水、消防用水和其他生活用水；及时将住宅小区的污水和雨水排放收集到指定的场所。

③ 污水处理与回收利用　保护住宅小区周围的水环境，实现污水处理的资源化和无害化，改善住宅小区生态环境。

④ 雨水利用　收集雨水用以在一定范围内补充住宅小区用水，完善住宅小区屋顶和地表径流规划，避免雨水淹渍、冲刷给环境带来的破坏。

⑤ 绿化、景观用水　保障住宅小区绿化、景观用水，改善住宅小区用水分配，提高景观用水水质和效率。

⑥ 节水器具与设施　执行节水措施，使用节水器具和设施节约用水。

2）大气环境系统

生态住宅小区的大气环境系统是指住宅小区内居民所处的大气环境，它由室内空气环境系统和室外空气环境系统组成。

室内空气环境系统主要依靠住宅的生态化设计来实现。重点考虑良好的通风系统，一个良好的通风系统能够很快地排出使用设备所产生的室内空气污染物，同时补充一定的室外空气，并能尽量均匀地输送到各个房间，给住户带来舒适感。在设计过程中应多考虑自动通风系统，注意平面布局和门窗洞口的布置，依靠室外自然风和室内简易设施，尽量利用风压进行自然通风排湿。自然通风最大的优点在于有利于改善建筑内部的空气质量，除在室外污染非常严重以至于空气质量不能达到健康要求的时候，应该尽可能地使用自然通风来给室内提供新鲜空气；自然通风的另一个优点在于能够降低对空调系统的依赖，从而节约空调能耗。当代建筑中最常见的设计模式是充分利用自然通风系统，同时配置机械通风和空调系统。

室外空气环境主要依靠合理选择住宅小区区位和地形，合理布局住宅小区内建筑设施和绿化来实现。区位和地形的选择应避免周边大气污染源对住宅小区的影响；合理安排建筑布局、建筑形体和洞口设置，可以改善通风效果；住宅小区绿化具有良好的调节气温和增加空气湿度的效果，同时防尘滞尘，吸收部分大气污染物，改善大气环境质量。

3）声环境系统

随着社会的发展，住宅小区声环境已经成为现代人追求的人居环境品质的重要内容之一。一方面，噪声源数量日益增加，噪声源分布范围和时间更广泛，例如，车辆噪声，尤其是干道两侧的噪声，对居民产生严重影响；另一方面，随着经济收入文化水平的提高，人们对声环境品质要求更高。

城镇生态住宅小区开发前期在项目选址及场地设计中，应对周边噪声源进行测试分析，尽量使住宅小区远离噪声源。当住宅小区规划设计不能满足声环境要求时，应采用人工措施减少外部噪声对居民的影响；当住宅小区受到功能分区不合理、道路噪声等干扰时，应通过合理设计住宅小区建筑布局和采用减噪降噪措施相结合的方式，营造一个安静的声环境。例如：将卧室尽量设在背离噪声源的一侧，将卫生间、厨房、阳台等靠近声源，采用合理的建筑布局形式减弱噪声传播等。

4）光环境系统

生态住宅小区的光环境系统是指住宅小区内天然采光系统与人工照明系统。

在天然采光系统设计方面，应通过合理设置建筑朝向以及建筑群落布局，保障居民享有尽可能充分的日照和采光，以满足卫生健康需求。同时，充分利用天然光源合理进行住宅内的人工照明设计，节约能源，提高住宅光环境质量，为居住者提供一个满足生理心理卫生健康要求的居住环境。在采光系统的设计中，还应注重室外景观的可观赏性，在保证住宅一定比例的房间应能够自然采光的同时，不应使住宅格局阻碍对室外景观的观赏视线。

太阳光是一种巨大的、安全的、清洁的天然光源，把天然光引入室内照明可以起到节约能源和保护环境的作用，同时还可以创造出舒适的光照环境有益于身心健康。在利用太阳光进行采光的同时，还要避免产生光污染。

在照明设计方面，应重点考虑绿色照明技术的应用。绿色照明技术主要包含 3 个方面的内容：照明器材的清洁生产、绿色照明及照明器材废弃物的污染防治。住宅小区的公共照明系统应使用高效节能灯器具，如 LED 灯等，并向住宅小区居民推广和使用。

5）能源系统

生态住宅小区的能源系统是用于保障住宅小区内居民日常生活所需的各种能源结构的总称。主要包括常规能源系统（如电能、天然气、煤气等）和绿色能源系统（如太阳能、风能、地热能等）。生态住宅小区的能源系统规划重点应放在建筑节能、常规能源系统优化与绿色能源的开发利用等三个方面。

建筑节能是通过科学合理的建筑热工设计，运用建筑技术手段来改善住房的居住环境，使建筑冬暖夏凉，减少对机械设备的使用，从而达到节能降耗减少环境污染的目的。

在生态住宅小区中，应逐步降低常规能源的使用比例，结合当地特点和优势，不断开发诸如太阳能、生物能、地热能等绿色能源的使用，优化能源结构，提高各种能源的使用效率，避免造成能源浪费。

6）景观环境

生态住宅小区的景观环境包括：原有住宅小区范围内以及周围的自然景观；当地已建成区可能给予陪衬与烘托的人文景观；通过住宅小区的绿地、植物等软质景物和建筑小品、运动场地、水池、灯饰、道路以及住宅建筑等硬质景物构成的群体景观。

景观环境应与周围环境相协调，体现自然与人工环境的融合。景观环境规划应在满足生态住宅小区使用要求情况下，尽量保留原有的生态环境，并对不良环境进行治理和改善。如对生态住宅小区规划所在地的山、水（河流、池塘）、植被等进行充分保留和恢复，保持其生态功能的完整性和原真性生活状态。

景观环境规划与设计应坚持实用与开放的原则，所有的环境设施和景观应在认真研究居民日常生活要求的基础上设计建设，力求使用方便，并向居民免费开放，提高景观环境设施的利用率。如绿地建设，草坪应选择耐践踏品种，人们适度地在草地上行走、躺卧和嬉戏并不会造成草地的死亡。

（3）城镇生态住宅小区生态文化体系规划与建设

城镇生态住宅小区生态文化体系包括文化设施建设和传统文化与历史文脉的继承与保护。

1）文化设施建设。

文化设施建设应注重对现有城镇设施的规划和利用，新建和修缮原本缺少或功能不完善的设施。在住宅小区规划选址时，应充分考虑所选区域的城镇文化设施的完备性与可利用性。近年来，欧美国家在谈论生态住宅小区时，经常提出"完备社区"的概念。所谓"完备社区"，即指尽可能将工作、居住和购物娱乐结合成一体的社区。这样可以极大地方便居住者，并且有利于减少居民出行，缓解城市（镇）交通压力，从而大大降低居民的能源消耗，节约资源，有利于城市（镇）的可持续发展。文化设施主要包括以下几点。

① 管理服务中心　市政管理、环保控制中心、物业管理公司、就业指导站、人才交流中心、公共咨询服务站等。

② 社区科技文化服务中心　教育培训设施、社区阅览室、文化宣教中心、体育健身中心、老年活动中心、书店等。

③ 医疗保健中心　社区医院、卫生防疫站、急救中心、敬老院等。

④ 综合服务中心　银行、百货公司、集贸市场、社区超市、旅馆、酒店、中西药房等。

⑤ 市政交通公用服务　住宅小区道路、停车场库、出租车站、公交换乘站等。

2）传统文化和历史文脉的继承与保护。

我国地域辽阔，历史悠久。各地居民长期养成的生活习惯不尽相同，历史积淀下来的传统文化和历史文脉也都体现了鲜明的地方特色。随着我国城镇化建设加快，城镇用地规模不断扩大，社会经济不断发展，再加上外来思潮的不断冲击，城镇建设往往采取简单、盲目照抄、千篇一律的建设模式，对各地传统文化和历史文脉的继承和保护提出了严峻的挑战。生态住宅小区内涵体现的不仅仅是人与自然的融合，还包括当代文明与历史文化的融合。因此，加强生态住宅小区周边的自然与人文遗迹、历史文脉和非物质文化遗产的继承与保护是城镇生态住宅小区规划与建设必不可少的一项工作。在规划设计前期，应对所选区域的历史文化、风俗习惯、人文脉络、民间手工（艺术）或非物质文化遗产等进行充分调研，重视其历史文化价值，明确保护原则和措施。从社会经济角度来说，历史文化本身具有很好的社会经济价值，如果被很好地保护和利用，将能产生巨大的经济利益和社会利益，随着社会的发展，其价值将不断增大。这对于提升城镇的形象与品位，塑造城镇浓郁的地方特色具有重要意义。

8.3 城镇环境保护和节能防灾措施

8.3.1　环境保护

合理选用雨水排放和生活污水处理方式，实施雨污分流，生活污水和养殖业污水应处理达标排放，不得暴露或污染城镇生活环境。结合城镇环境连片整治，深化"城镇家园清洁行动"，推行垃圾分拣，分类收集，做到环境净化、路无浮土。进行无害化卫生户厕建设或整治。按需求建设水冲式公厕，梳理、规范城镇各种缆线。

(1) 环境卫生

1) 城乡一体化原则

按照"户分类、村收集、镇中转、县处理"四级联动的城乡垃圾处理一体化管理原则，进行环境卫生整治。鼓励"以城带乡、纳管优先"，城镇生活污水管网尽可能向周边城镇延伸，优先考虑"纳管"集中处理。

2) 综合利用、设施共享原则

积极回收可利用的废弃物；提倡垃圾、污水处理设施的共建共享。

3) 重点和专项整治原则

对生态环境较脆弱和环境卫生要求较高的城镇，应重点进行整治。针对有时效性，临时产生的垃圾进行专项整治。

4) 完善机制、设施配套原则

建立日常保洁的乡规民约、责任包干、督促检查、考核评比、经费保障等长效机制。配套生活垃圾清扫、收集、运输等设施设备。

5) 群众参与、自我完善原则

积极整合社会力量和资源，发动群众，引导群众出资或投工投劳，增强群众参与的责任感和主人翁意识。

(2) 垃圾收集与处理

1) 生活垃圾处理

建立生活垃圾收集——清运配套设施。提倡直接清运，尽量减少垃圾落地，防止蚊蝇滋生，带来二次污染。

2) 生活粪便垃圾处理

3) 禽畜粪便处理

逐步减少村内散户养殖，鼓励建设生态养殖场和养殖小区，通过发展沼气、生产有机肥和无害化畜禽粪便还田等综合利用方式，形成生态养殖—沼气—有机肥料—种植的循环经济模式。

4) 农业垃圾处理

农业生产过程中产生的固体废物。主要来自植物种植业、农用塑料残膜等，如秸秆、棚膜、地膜等。

提倡秸秆综合利用，堆腐还田、饲料化、沼气发酵。

提倡选用厚度不小于 0.008mm，耐老化、低毒性或无毒性、可降解的树脂农膜；"一膜两用、多用"，提高地膜利用率。

5) 河道垃圾处理

定期对河道、渠道等水上垃圾打捞清淤，保证水系的行洪安全。

6) 建筑垃圾处理。

居民自建房产生的建筑渣土应定点堆放，不应影响道路通行及景观。

(3) 完善排水设施

1) 理清沟渠功能

弄清现状各类排水沟渠的功能。主要分三类：雨污合流沟渠、排内部雨水的沟渠、排洪沟渠（包括兼排内部雨污水的排洪沟渠）。

2) 疏通整治排水沟（管）渠及河流水系

3）建设一套污水收集管网

4）建设污水处理设施

5）污泥处置和资源化

8.3.2 安全防灾

合理配套公共管理、公共消防、日常便民、医疗保健、义务教育、文化体育、养老幼托、安全饮水、防灾避难等设施，硬化修整村内主要道路，设置排水设施，次要道路和入户道路路面平整完好，满足居民基本公共服务需求。

（1）道路桥梁及交通安全设施

城镇道路桥梁及交通安全设施整治要因地制宜，结合当地的实际条件和经济发展状况，实事求是，量力而行。应充分利用现有条件和设施，从便利生产、方便生活的需要出发，凡是能用的和经改造整治后能用的都应继续使用，并在原有基础上得到改善。

1）畅通公路

① 提高道路通达水平　道路既要保证居民出入的方便，又要满足生产需求，还应考虑未来小汽车发展的趋势。对宽度不满足会车要求的进村道路可根据实际情况设置会车段，选择较开阔地段将道路向侧局部拓宽。

② 完善城乡客运网络　围绕基本实现城乡客运一体化的目标。加快城乡客运基础设施建设，完善城乡客运网络，方便居民生产、生活，促进城镇地区的繁荣。

2）改善道路

① 线形自然　城镇道路走向应顺应地形，尽量做到不推山、不填塘、不砍树。以现有道路为基础，顺应现有城镇格局和建筑机理，延续城镇乡土气息，传承传统文化脉络。

② 宽度适宜　根据城镇的不同规模和集聚程度，选择相应的道路等级与宽度。规模较大的城镇可按照干路、支路、巷路进行布置，规模过大的城镇干路可适当拓宽，旅游型城镇应满足旅游车辆的通行和停放。

a. 城镇干路是将村内各条道路与村口连接起来的道路。解决城镇内部各种车辆的对外交通，路面较宽，红线宽度一般在 6m 以上。

b. 城镇支路是村内各区域与干路的连接道路。主要供农用小型机动车及畜力车通行。红线宽度在 3.5m 以上。

c. 城镇巷路是居民宅前屋后与支路的连接道路，仅供非机动车及行人通行，红线宽度不宜大于 4m。

③ 断面合理　城镇道路从横断面上可以划分为路面、路肩、边沟几个部分。路面主要是满足道路的通行畅通的需要。路肩和边沟则满足保护道路路面的需要，道路后退红线则满足在建筑物与路面间形成个安全缓冲区的需要。道路路肩在实际使用中主要用来保护路基、种植树木和花草、可铺装成为人行道。道路边沟在实际使用中主要用来排放雨水、保护路基，有封闭式和开敞式两种主要形式。

路面宽度约 4～6m，在条件允许的情况下，要留出与道路铺装宽度相当的后退红线距离。既保证安全，减少对居民的噪声影响，也便于铺设公共工程设施和绿化美化城镇。

④ 桥梁安全美观　城镇内部桥梁在功能上有别于城镇公路桥梁，其建设标准低于公路桥梁的技术标准，按照受力方式，可分为拱式、梁式和悬吊式三类。

桥梁的建设与维护，除了应满足设计规范，还应遵循经济合理、结构安全、造型美观的原则。可通过加固基础、新铺桥面、增加护栏等措施，对桥梁进行维护、改造。重视古桥的保护，特别是那些历史悠久的古桥，已经成为了城镇乡土特色中不可忽略的重要部分。廊桥造型优美，结构严谨，既可保护桥梁，亦可供人休憩、交流、聚会等。

3）设置停车场地

① 集中停车　充分利用城镇零散空地。结合城镇人口和主要道路，开辟集中停车场，使动态交通与静态交通相适应，同时也减少机动车辆进入城镇内部对居民生活的干扰。有旅游等功能的城镇应根据旅游线路设置旅游车辆集中停放场地。集中停车场地可采用植草砖铺装，也可采用水泥混凝土等硬质铺装。

② 路边停车　沿城镇道路，在不影响道路通行的情况下，选择合适位置设置路边停车位。路边停车不应影响道路通行，遵循简易生态和节约用地原则。

4）地面铺装生态

城镇交通流量较大的道路宜采用硬质材料路面，一般情况下使用水泥路面，也可采用沥青、块石、混凝土砖等材质路面。还应根据地区的资源特点，优先考虑选用合适的天然材料，如卵石、石板、废旧砖、砂石路面等，既体现乡土性和生态性，也有利于雨水的渗透，又节省造价。具有历史文化传统的城镇道路路面宜采用传统建筑材料，保留和修复现状中富有特色的石板路、青砖路等传统街巷道。

5）配置道路交通设施

① 道路安全设施　对现有城镇道路进行全面的通车安全条件验收，对存在安全隐患的城镇道路，要设置交通标志、标线和醒目的安全警告标志等措施保障通车安全。遇有滨河路及路侧地形陡峭等危险路段时，应根据实际情况设置护栏。道路平面交叉时应尽量正交，斜交时应通过加大交叉口锐角一侧转弯半径，清除锐角内障碍物等方式保证车辆通行安全。城镇尽端式道路应预留一块相对较大的空间，便于回车。

② 道路排水　路面排水应充分利用地形并与地表排水系统配合，当道路周边有水体时，应就近排入附近水体；道路周边无水体时，根据实际需要布置道路排水沟渠。道路排水可采用暗排形式，或采用干砌片石、浆砌片石、混凝土预制块等明排形式。

③ 路灯照明　路灯一般布置在城镇道路一侧、丁字路口、十字路口等位置，具体形式应根据道路宽度和等级确定。路灯架设方式主要有单独架设、随杆架设和随山墙架设三种方式，应根据现状情况灵活布置。路灯应使用节能灯具，在一些经济条件较好的城镇，可以考虑使用太阳能路灯或风光互补路灯，节省常规电能。

④ 路肩设置　路肩是为保持车行道的功能和临时停车使用，并作为路面的横向支承，对路面起到保护作用。当道路路面高于两侧地面时，可考虑设置路肩。路肩设置应"宁软勿硬"，宜优先采用土质或简易铺装，不必过于强调设置硬路肩。

（2）公共服务设施

① 公共活动场地　公共活动场地宜设置在城镇居民活动最频繁的区域，一般位于城镇的中心或交通比较便利的位置，宜靠近村委会、文化站及祠堂等公共活动集中的地段，也可根据自然环境特点。选择城镇内水体周边、现状大树、村口、坡地等处的宽阔位置设置。注意保护城镇的特色文化景观，特色城镇应结合旅游线路、景观需求精心打造。

② 公共服务中心　城镇公共服务设施应尽量集中布置在方便居民使用的地带，形成具有活力的城镇公共活动场所，根据公共设施的配置规模，其布局可以采用点状和带状等不同形式。

③ 学校 小学、幼儿园应合理布置在城镇中心的位置，方便学生上下学，学校建筑应注意结构安全、规模适度、功能实用，配置相应的活动场地，与城镇整体建筑风貌相协调，并进行适度的绿化与美化。

④ 卫生所 通过标准化村卫生所建设、仪器配置和系统的培训，改善城镇医疗机构服务条件，进一步规范和完善基层卫生服务体系。卫生所位置应方便居民就医，并配置一定的床位、医药设备和医务人员。

⑤ 公厕 结合城镇公共设施布局，合理配建公共厕所。每个主要居民点至少设置 1 处，特大型城镇（3000 人以上）宜设置两处以上。公厕建设标准应达到或超过三类水冲式标准。

结合城镇公共服务中心、公共活动与健身场地，合理配建公共厕所。有旅游功能的特色城镇应结合旅游线路，适度增加公厕数量，并提出建筑风貌控制要求。公厕应与城镇整体建筑风貌相协调。

⑥ 其他 其他公共服务设施包括集贸市场农家店、农资农家店等经营性公共服务设施，参考指标为 $200 \sim 600 m^2 /$ 千人，有旅游功能的城镇规模可增加，配置内容和指标值的确定应以市场需求为依据。

（3）安全与防灾设施

城镇应综合考虑火灾、洪灾、震灾、风灾、地质灾害、雪灾和冻融灾害等的影响，贯彻预防为主，防、抗、避、救相结合的方针，综合整治、平灾结合，保障城镇可持续发展和居民生命财产安全。

1）保障城镇重要设施和建筑安全

城镇生命线工程、学校和居民集中活动场所等重要设施和建筑，应按照国家有关标准进行设计和建造。城镇整治中必须关注建造年代较长、存在安全隐患的建筑，并对城镇供电、供水、交通、通信、医疗、消防等系统的重要设施，根据其在防灾救灾中的重要性和薄弱环节，进行加固改造整治。

2）合理设置应急避难场所

避震疏散场所可分为紧急避震疏散场所、固定避震疏散场所和中心避震疏散场所等三类，应根据"平灾结合"原则进行规划建设，平时可用于居民教育、体育、文娱和粮食晾晒等生活、生产活动。用作避震疏散场所的场地、建筑物应保证在地震时的抗震安全性，避免二次震害带来更多的人员伤亡。要设立避震疏散标志，引导避难疏散人群安全到达防灾疏散场地。

3）完善安全与防灾设施

① 消防安全设施 民用建筑和城镇（厂）房应符合城镇建筑防火规定，并满足消防通道要求。消防供水宜采用消防、生产、生活合一的供水系统，设置室外消防栓，间距不超过 120m，保护半径不超过 150m，承担消防给水的管网管径不小于 100mm，如灭火用水量不能保证宜设置消防水池。应根据城镇实际情况明确是否需要设置消防站，并配置定数量的消防车辆，发展包括专职消防队、义务消防队等多种形式的消防队伍。

② 防洪排涝工程 沿海平原城镇，其防洪排涝工程建设应和所在流域协调一致。严禁在行洪河道内进行各种建设活动，应逐步组织外迁居住在行洪河道内的居民，限期清除河道、湖泊中阻碍行洪的障碍物。城镇防洪排涝整治措施包括修筑堤防、整治河道、修建水库、修建分洪区（或滞洪、蓄洪区）、扩建排涝泵站等。受台风、暴雨、潮汐威胁的城镇，整治时应符合防御台风、暴雨、潮汐的要求。

③ 地质灾害工程　地质灾害包括滑坡、崩塌、混石流、地面塌陷、地裂缝、地面沉降等，城镇建设应对场区做出必要的工程地质和水文地质评价，避开地质灾害多发区。

目前，常用的滑坡防治措施有地表排水、地下排水、减重及支挡工程等；崩塌防治措施有绕避、加固边坡、采用拦挡建筑物、清除危岩以及做好排水工程等；泥石流的防治宜对形成区（上游）、流通区（中游）、堆积区（下游）统筹规划和采取生物与工程措施相结合的综合治理方案；地面沉降与塌陷防治措施包括限制地下水开采，杜绝不合理采矿行为，治理黄土湿陷。

④ 地震灾害工程　对新建建筑物进行抗震设防，对现有工程进行抗震加固是减轻地震灾害行之有效的措施。提高交通、供水、电力等基础设施系统抗震等级，强化基础设施抗震能力。避免引起火灾、水灾、海啸、山体滑坡、泥石流、毒气泄漏、流行病、放射性污染等次生灾害。

8.3.3　给水设施

（1）优先实施区域供水

临近城镇的乡村，应优先实行城乡供水一体化。实施区域供水，城镇供水工程服务范围覆盖周边城镇，管网供水到户。在城镇供水工程服务范围之外的城镇，有条件的倡导建设联村联片的集中式供水工程。

（2）保障城镇饮水安全

① 给水工程需由有资质的单位负责设计、施工、管理。

② 所选水源应采用水质符合卫生标准，水量充沛、易于防护的地下或地表水水源。优质水源应优先保证生活饮用。

③ 给水厂站及生产建（构）筑物（含厂外泵房等）周围 30m 范围内现有的厕所、化粪池和禽畜饲养场应迁出，且不应堆放垃圾、粪便、废渣和铺设污水管渠。有条件的厂站应配备简易水质检验设备。应保证净水过程消毒工序运行正常。

④ 饮用水水质应达到《生活饮用水卫生标准》（GB5749—2006）的要求。现有供水设施供水水质不达标的必须进行升级改造，如可在常规水处理工艺基础上增设预处理、强化混凝处理、深度处理工艺等。原水含铁、锰、氟、砷和含盐量以及藻类、氨氮、有机物超标的，应相应采取特殊处理工艺。

⑤ 必须针对当地水源的水质状况，因地制宜地进行技术经济比较后，确定适宜的净水工艺。

⑥ 村镇供水工程规模较小，净水构筑物结构形式推荐采用一体化钢结构，一体化净水设备具有占地面积小、装配式施工、施工周期短、安装简单、运行管理方便的特点，且可依靠设备厂家的技术力量解决村镇运行管理人才缺乏的难题。一体化净水设备可灵活进行不同工艺组合，还可切换运行，可适应水源水质的变化，出水水质更有保证。

⑦ 现有明露铺设的给水干管和配水管均应改为埋地铺设，与雨污水沟渠及污水管水平净距宜大于 1.5m，当给水管与雨污水沟渠及污水管交叉时，给水管应布置在上方。

⑧ 最不利点自由水头根据供水范围内建筑物高度情况确定，一般情况下不小于 16m，地形高差较大时，应采取分区分压供水系统，使供水范围内最低点自由水头不超过 50m。

⑨ 供水管材应选用 PE 等新型塑料管或球墨铸铁管，使用年限较长、陈旧失修或漏水严

重的管道应及时更换。

（3）加强水源地保护

① 集中式饮用水水源地应划定饮用水水源保护区范围，并设置保护范围标志。

② 地表水水源保护应符合下列规定：

保护区内不应从事捕捞、养殖、停靠船只、游泳等有可能污染水源的任何活动；

保护区内不应排放工业废水和生活污水，沿岸防护范围内不应堆放废渣、垃圾，不应设立有毒有害物品仓库和堆栈，不得从事放牧等可能污染该段水域水质的活动；

保护区内不得新增排污口，现有排污口应结合城镇排水设施予以取缔。

③ 地下水水源井的影响半径内，不应开凿其他生产用水井；保护区内不应使用工业废水或生活污水灌溉，不应施用持久性或剧毒农药，不应修建渗水厕所、废污水渗水坑、堆放废渣、垃圾或铺设污水渠道，不得从事破坏深层土层活动；雨季应及时疏导地表积水，防止积水渗入和满溢到水源井内。

8.3.4　生活节能设备

当前，大部分城镇地区还存在能源利用效率低、利用方式落后等问题，重视节约能源，充分开发利用可再生能源，改善用能紧张状况，保护生态环境，是城镇整治的重点内容之一，各城镇应结合当地实际条件选择经济合理的供能方式及类型。

（1）提高常规能源利用率

当前，推广省柴节煤炉灶，以压缩秸秆颗粒、复合燃料等代替燃煤、传统燃柴作为炊事用能，是城镇用能向优质能源转变的重要方式之一。

（2）积极发展可再生能源

可再生能源主要包括太阳能、风能、沼气、生物质能和地热能等。发展可再生能源，有利于保护环境，并可增加能源供应，改善能源结构，保障能源安全。

（3）提倡使用节能减排设备

采用综合考虑建筑物的通风、遮阳、自然采光等建筑围护结构优化集成节能技术。通过屋面遮阳隔热技术，墙体采用岩棉、玻璃棉、聚苯乙烯塑料、聚氨酯泡沫塑料及聚乙烯塑料等新型高效保温绝热材料以及复合墙体，采取增加窗玻璃层数、窗上加贴透明聚酯膜、加装门窗密封条、使用低辐射玻璃、封装玻璃和绝热性能好的塑料窗等措施，有效降低室内空气与室外空气的热传导。同时，垂直绿化也是实现建筑节能的技术手段之一。

8.4 城镇生态住宅小区的运营管理

要使城镇生态住宅小区能够始终保持生态性，需要在整个使用时期内对生态住宅小区进行管理与维护，确保生态规划与建设目标的顺利实现。由于住宅用地的土地使用权出让年限高达70年，因此，在这70年的时间里，如何始终保持住宅小区的生态良好，是一个值得深入研究的问题。

8.4.1　生态管理

一个规范的生态住宅小区，生态规划设计、建设固然重要，但只有这些还不完整。要使其发挥应有的效益，还必须加强管理，实施可持续的科学管理，即生态管理。

传统的管理观念建立在以人为中心的基础上，认为管理的目的是为了人们获得更多的利益和更高的价值。这种管理方式强调社会经济系统而忽视了自然系统，无法达到人与自然的和谐。

生态管理则把人放到整个人与自然的系统中去，以人与自然和谐为目标，人的利益不再是被唯一强调的内容。生态管理强调整体综合管理，融合生态学、经济学、社会学和管理学原理，合理经营与管理住宅小区，以确保其功能与价值的持续性。

生态管理的要素包括：确定明确的、可操作的目标；确定管理对象；提出合理的生态管理模式；监测并识别住宅小区生态系统内部的动态特征，确定影响限制因子；确定影响管理活动的政策、法律和法规；选择、分析和整合生态、经济、社会信息，并强调与管理部门和居民间的合作；仔细选择和利用生态系统管理的工具和技术。

8.4.2　全寿命周期管理

城镇生态住宅小区的开发与管理都是从可持续发展的角度进行的，对生态住宅小区管理的理解应从纵横两个维度进行。从横向看，生态管理的对象是生态住宅小区内的生态因子，强调的是生态住宅小区的生态特性；从纵向看，在生态住宅小区开发与使用的整个生命周期中，采用的应是有利于可持续发展的生态管理，这里强调的是管理手段的系统性和可持续性。

全寿命周期管理即是纵向的管理方式，从产品使用年限的角度出发，用系统论的方法进行开发、管理和评价，达到社会、经济和环境效益最优化，涵盖了从前期策划、规划设计、施工直到物业管理的整个开发运营过程。

8.4.3　物业管理

生态住宅小区的物业管理应更强调使用过程的生态性和可持续性，在使用过程中使功能更加完善，并体现绿色生态理念的特殊要求。例如：加强对生态环境的管理，在垃圾处理、水的循环利用、社会环境的营造上，通过区别于一般住宅小区或住宅小区的运行方式，显示出生态设计的巨大效益，体现生态住宅小区的生态特色和使用过程中的经济性。

（1）水系统的管理

对于生态住宅小区而言，生活、绿化和景观水均需消耗大量水资源，因此，持续的供水保障是物业管理的重要内容之一。

从生态管理的角度出发，在全寿命周期内对水系统的管理目标就是减少对市政供水系统的依赖，尽量在住宅小区内循环用水。这种循环主要依靠再生水循环系统和雨水收集与处理系统来完成。

再生水是指生活、生产产生的废污水经过处理（主要是自然处理）后的水资源。生活污水中的清洁用水（如洗涤用水）以及一定量的雨水通过再生水管道汇入地下、半地下甚至地面的处理池，利用水生植物、经选择的细菌、湿地等自然处理方式，使水得到净化，经过必要的沉淀、过滤、消毒后，产生的再生水用于冲洗厕所、浇灌植物等。另一方面，来自建筑物的地下水就在使用场所内处理，处理后的水可在原场所内再利用，成为生态住宅小区较稳定的水源。在生态住宅小区内建立统一的再生水道系统，可以减少地下水道的负担和污水处理费用，保护水环境，节约水资源，促进水系生态的正常循环。

生态住宅小区内可以采用蓄积雨水而不是尽快将雨水排出去的方式来利用雨水。建筑屋顶的降雨可以通过雨水管及集水槽输入到蓄水池，雨量较大时多余的雨水可通过溢流槽流入渗水井并向地下渗透，补充地下水。池内储存的雨水用于冲洗厕所和绿化浇灌用水等，也可输入再生水系统，经沉淀消毒后用于消防或其他用水。雨水收集与利用系统可以在建筑群范围内进行统一建设；除了人工蓄积雨水之处，还可采用透水路面来进行自然土壤蓄水，以补充地下水；或采用修建渗水沟或渗水井的方式来收集雨水。

（2）垃圾处理系统的管理

生态住宅小区内每天会产生大量的生活垃圾。这些垃圾中，既包括可以循环使用的材料，也包括有机垃圾。对垃圾处理系统的最终管理目标就是要达到垃圾的减量化、资源化和无害化，这就需要对生活垃圾实行分类和回收，充分利用资源。在几十年的使用过程中，对生活垃圾的分类主要依靠居民的自觉性，这也给生态住宅小区的思想管理水平提出了更高的要求。

（3）社会环境管理

人是社会的人，人离不开社会。生态住宅小区运营管理应多考虑人的社会属性，把个人需求与社会存在紧密地联系起来，加强生态住宅小区的社会功能，注重人文精神的建设，在为居民提供物质帮助的同时，也提供精神上的帮助及情感上的交流，创造一个和谐的社会环境。

9 城镇住宅小区的规划实例

9.1 历史文化名镇中的住宅小区规划

9.1.1 河坑土楼群落整治安置住宅小区的规划设计

（设计：福建村镇建筑发展中心 范琴 指导：骆中钊）

"福建土楼"，自从 20 世纪 60 年代被误认为是"类似于核反应堆的东西"以来，便以其独特和神秘引起世人的瞩目。当海内外游客踏上山明水秀的闽西南大地，发现曾被误以为"核反应堆"的建筑原来是种类繁多、风格迥异、结构奇巧、规模宏大、功能齐全、内涵丰富的福建西南部山区土楼民居时，这如同一颗颗璀璨的明珠镶嵌在青山绿水之间，似从天而降的飞碟、地上冒出来的巨大蘑菇（图 9-1），无不令人叫绝。当国内外专家学者被"福建土楼"雄浑质朴的造型艺术、玄妙精巧的土木结构、美轮美奂的内部装饰、积淀丰富的文化内涵、聚族而居的遗风民俗和淳朴敦厚的民情风范所深深吸引时，无不为中外建筑史上的这一奇迹而惊叹！誉称其为"神秘的东方古城堡"，联合国教科文组织顾问史蒂芬斯·安德烈更是称赞其为"世界上独一无二的神话般的山村建筑模式。"

(a) 田螺坑土楼群俯瞰

(b) 田螺坑土楼群远眺

图 9-1　田螺坑土楼

南靖县河坑土楼群落是"福建土楼"最为密集的群落，成为"福建土楼"申请《世界遗产名录》中最为重要的组成部分之一。这是一个在不足 1km² 范围内沿"丁字形"的小河流两岸不足 500m 宽的狭小地带上，集中布置了被称为"地上北斗七星"的七方七圆两组土楼，呈现出气势恢宏的星象奇观（图 9-2），偌大的土楼建筑群，星罗棋布于青山秀水之间，给田野平添了一道壮丽的景色，展现了融山、水、田、宅于一体的山村风貌。

图 9-2　河坑土楼群总平面图

（1）选址

为缓解土楼居住人口过于密集，改善人居环境和清理影响河坑土楼群落保护的建筑，必须建设安置区妥善安置疏散的居民。经多方研究决定，河坑安置小区选择在河坑土楼群的北面，虽然相距不到 500m，但由于有天然的河流和山丘作为隔离过渡带，使得河坑安置小区在不影响河坑土楼群落保护的前提下，既便于居民的生产和生活活动，又可确保两者有着较为密切的联系（图 9-3）。

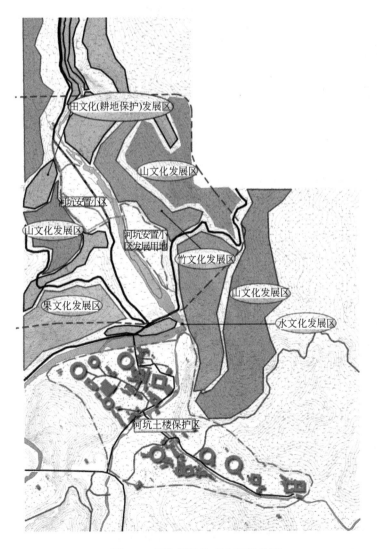

图 9-3　河坑安置住宅小区区位图

（2）规划构思

"福建土楼"充分展现了我国传统民居建筑文化的魅力，不管是单体拔地而起，岿然矗立；或聚落成群，蔚为壮观；有的依山临溪，错落有致，有的平地突兀，气宇轩昂；有的大如宫殿府第，雄伟壮丽，有的玲珑精致，巧如碧玉；有的如彩凤展翅，华丽秀美；有的如猛虎雄踞，气势不凡；有的斑驳褶皱，尽致沧桑；有的丝滑细腻，风流倜傥；有的装饰考究，卓尔不群；有的自然随意，率性潇洒。但却与蓝天、碧水、山川、绿树、田野阡陌、炊烟畜牧等交相辉映，浑然天成，构成了集山、水、田、人、文、宅为一体的一幅天地人和谐、精气神相统一的美丽画卷。

"福建土楼"贴近自然，村落与田野融为一体，展现了良好的生态环境、秀丽的田园风光和务实的循环经济；尊奉祖先，聚族而居的遗风造就了优秀的历史文化、淳朴民风民俗、深厚的伦理道德和密切的邻里关系。这种"清雅之地"，正是那些随着经济的发展、社会生活节奏加快、长期生活在枯燥城市的现代人所追求回归自然、返璞归真的理想所在。"福建土楼"必然成为众人观光旅游和度假的向往选择。为此，在河坑安置小区的规划中，就要求在弘扬传统优秀民居聚落布局的基础上，努力探索土楼文化的继承。福建西南部山区，曾经十分发达的传统农业稻草文明为福建大型土楼集体住宅风格的形成，提供了得天独厚的自然地理条件和姓氏聚族而居的物质基础。今天，为了吸引和留住城市人和各方游客，规划中，在确保农民权益不受侵犯的基础上，小区每种基本户型在同样的面宽和进深的基础上，又分别设置了一户居住型、两户居住型、分层公寓型以及连接东西向布置客房的尽端型四种，以适应不同的服务对象、不同的家庭人口组成、不同的经济条件和不同的使用要求的需要，更利于规划布局和建设中适当调整的变化要求。

（3）小区布局

小区不仅要安置搬迁居民的居住，也要重视安置农民的生活，确保农村经济的发展，更好地对土楼进行保护。为此，安置小区的规划布局，在考虑搬迁农民居住条件改善的同时，还特别安排了为适应发展假日经济所需要的服务业（为城里人和各方来客提供休闲度假的房屋出租和客房服务）。并通过统筹山、水、田、宅的总体规划，努力实现村庄的产业景观化。使村庄的经济在发展第一产业的基础上，发展第二产业（农副产品的加工业）和第三产业的服务业，为各方来客提供活动内容丰富、活动时间长短不同的"乡村文化"活动，以期达到令来客流连忘返的目的。

规划中，理顺道路骨架，用小区干道和县级公路衔接，形成环状的道路网，保证小区的交通需求，绿地系统结合地形分为中心绿地、院落绿地和线型绿化。以南北朝向多户拼联为主的低层住宅和东西朝向客房形成犹如方形土楼的建筑，依山就势、高低错落、大小各异，使其与周边道路、山形地势、自然水系，互为融汇，相得益彰。既提高了土地使用强度，又传承了土楼文化，灵活的布局形成了造型独特和极富变化的天际轮廓线，取得良好的景观效果（图 9-4）。

（4）建筑设计

① 低层住宅的设计　在低层住宅设计中，为了突出展现城镇低层住宅使用功能的双重性、持续发展的适应性、服务对象的多变性、建造技术的复杂性和地方风貌的独特性五大特点以及包括厅堂文化、庭院文化、乡土文化的建筑文化，每户住宅都设置了内天井，以确保多户拼联时，所有功能空间都能做到具有独立的对外采光通风，提高居住环境的质量。为了便于使用和布置，采用了 A 型（图 9-5）和 B 型（图 9-6）两种低层住宅的设计：A 型为底

层车库在北面，B型为底层车库在南面。

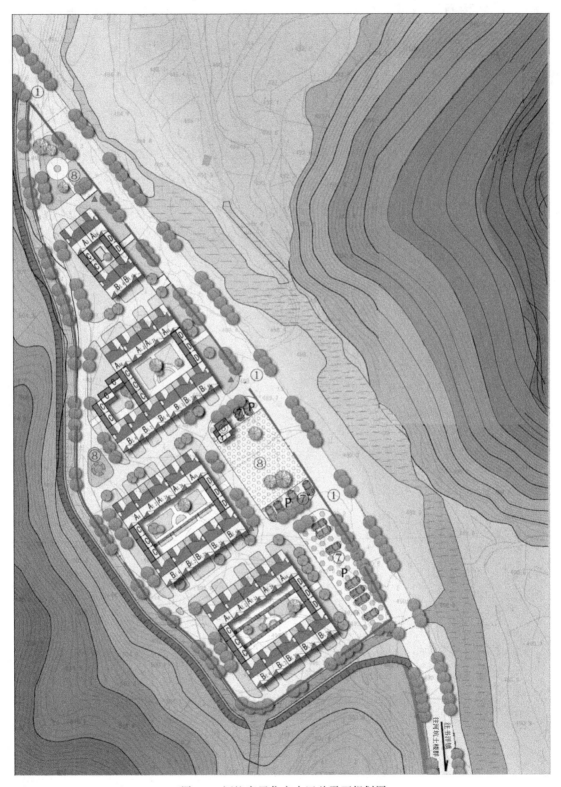

图 9-4　河坑安置住宅小区总平面规划图

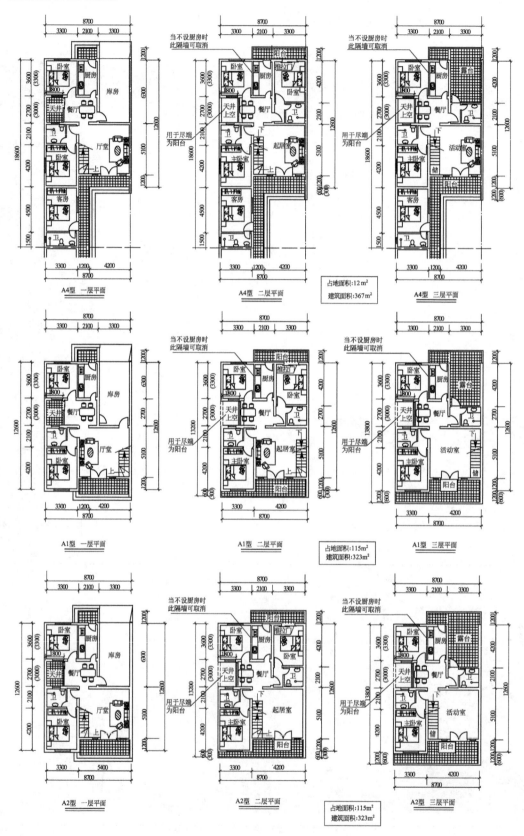

A4型 一层平面

当不设厨房时此隔墙可取消

用于尽端为阳台

A4型 二层平面

当不设厨房时此隔墙可取消

用于尽端为阳台

占地面积:12 m²
建筑面积:367 m²

A4型 三层平面

A1型 一层平面

当不设厨房时此隔墙可取消

用于尽端为阳台

A1型 二层平面

占地面积:115m²
建筑面积:323m²

A1型 三层平面

A2型 一层平面

当不设厨房时此隔墙可取消

用于尽端为阳台

A2型 二层平面

占地面积:115m²
建筑面积:323m²

A2型 三层平面

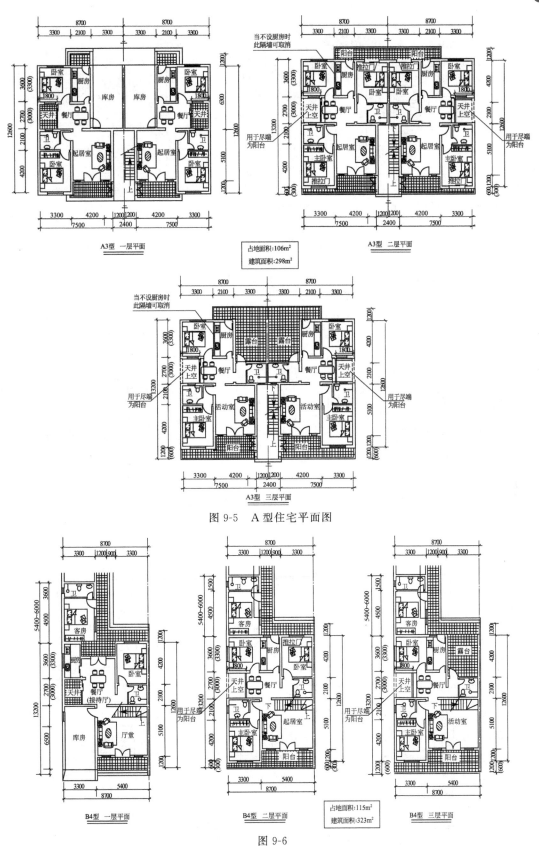

图 9-5 A 型住宅平面图

图 9-6

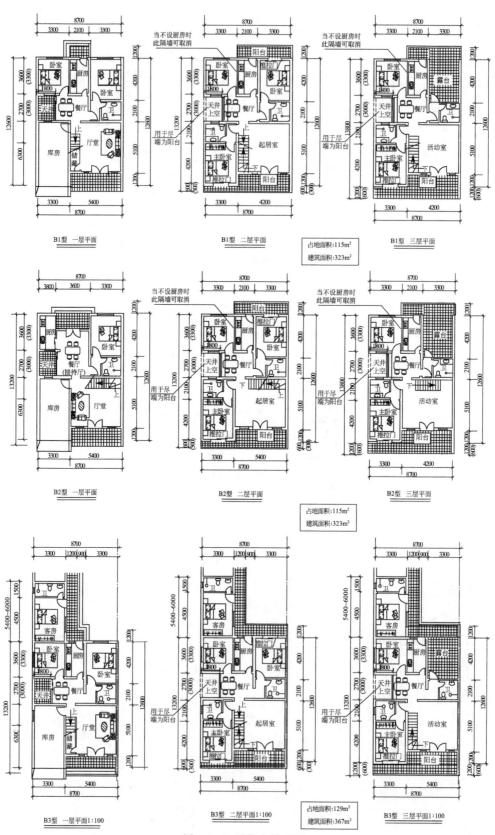

图9-6 B型住宅平面图

② **客房设计** 客房均布置在每座户型群楼的东西两侧，设单侧走廊。既可以与南北座向低层住宅的尽端相连，形成尽端型低层住宅的延续，也可自下而上三层形成独立对外的客房。

③ **造型设计** 河坑安置住宅小区的建筑设计，立足于弘扬土楼文化，不仅屋顶采用了土楼住宅灰瓦的不收山的歇山坡屋顶造型，而且在总体布局中，更是充分吸取土楼建筑对外封闭、对内开放的布局手法。方形群楼东西向外立面以浅黄色的墙面为主，配以带有白色窗框的方窗洞，展现了浑厚质朴的土楼造型（图 9-7）。由南北相向拼联而成的低层住宅和东西朝向客房围合的内部庭院，层层吊脚回廊相连（每户设隔断），再现了土楼住宅对内开敞的和谐风采。尽管是为了适应现代生活的需要，对于南北朝向的多户拼联低层住宅的南、北立面均采用较为敞开的做法，但也都仍然在敞开的做法中保留了层层设置延续吊脚回廊的做法。既充分呈现土楼的神韵，又富有时代的气息（图 9-8、图 9-9）。

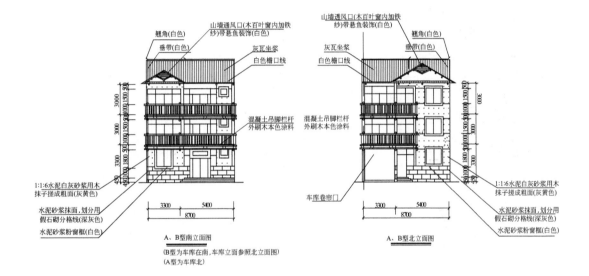

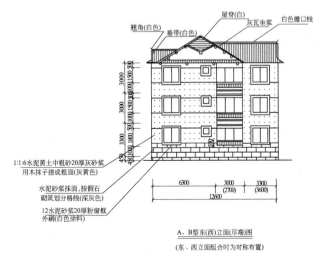

图 9-7

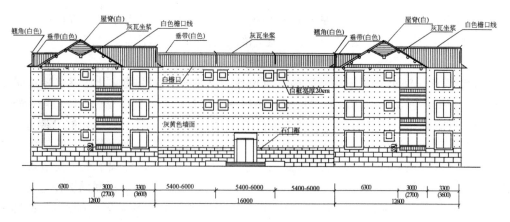

3号楼东立面图

(C型西立面图或参照D型东立面,但一层取消门)

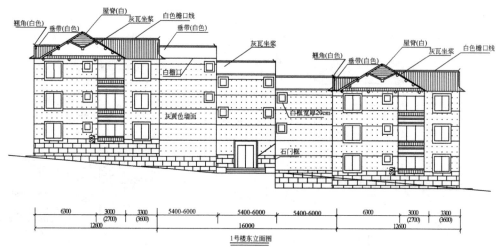

1号楼东立面图

(C型西立面图或参照D型东立面,但一层取消门)

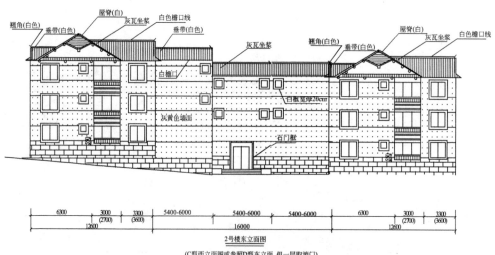

2号楼东立面图

(C型西立面图或参照D型东立面,但一层取消门)

图 9-7　群楼建筑立面图

图 9-8　河坑安置住宅小区透视图

图 9-9　河坑安置住宅小区鸟瞰图

9.1.2　龙岩市适中古镇中和住宅小区的规划设计

（设计：福建村镇建设发展中心　范琴　指导：骆中钊）

（1）概况

① 区位　龙岩是距离厦门最近的内陆临海城市，也是海峡西岸经济区延伸两翼、对接两市、拓展腹地的交通枢纽与重要通道。龙岩是闽江、九龙江、汀江的发源地，是享誉海内外的客家祖地，客家文化、河洛文化和土著文化在此相互融合。

新罗区位于福建省西南部，辖4街道12镇3乡；东连漳平，西接上杭，北邻连城、永安，东南与南靖交界，西南与永定毗邻，地处闽粤赣三省边区的要冲，是厦门经济特区和闽南"金三角"的腹地，也是闽西的中心。

适中地处闽西南大门，毗邻漳平、永定、南靖等县（市），是闽西南通往闽东南和沿海经济发达地区的必经之路，也是闽西对外联系的重要"桥头堡"。

② 自然条件 属亚热带海洋性季风气候，夏凉无酷暑，冬暖无严寒，且雨量充沛，现已形成了具有适中特色和规模的农业产业化种养基地。

③ 交通条件 中和住宅小区交通条件较好，用地西北侧紧邻国道319线，现状北侧和中部已各有一现状水泥道路与国道相连，路面条件较好，规划中可结合整治拓宽作为小区主干道和民俗街主街。

"中和小区"地势较平，自然环境优美，人文气氛浓郁，紧邻振东楼、奋裕楼、符宁楼、望德楼、悠宁楼等适中特色土楼，南面适中文体公园、陈氏宗祠和自然山体，西北不远处为白云堂，用地中有清澈的水流自东向西潺潺流过。图9-10是中和小区用地现状平面图，图9-11是中和小区现状景观。

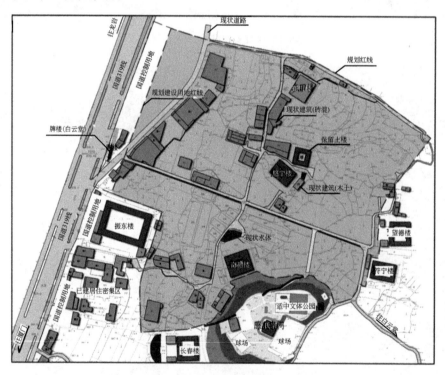

图9-10 中和小区用地现状平面图

④ 现状建筑和公共设施 规划用地现状较平整，东高西低，现状建筑以砖混结构为主，少量土木结构，由于建筑质量一般、建筑风格与周边土楼不一致，故仅需保留3幢价值价高、保存完整的土楼（按6户计）。

无现状公共建筑，需配置。图9-12是中和小区及周边拟保存的土楼。

（2）规划总体设想

1）朝向和规划布局

① 朝向与间距 根据当地的地形地貌和习俗，建筑朝向主要采用南偏西，住宅日照间

(a) 现状道路及水渠

(b) 现状用地俯瞰

(c) 现状道路

(d) 现状国道及入口牌坊

图 9-11　中和小区现状景观

距采用 1∶1。

② 规划布局　中和小区规划设计中采用"集约用地、充分保护和延续土楼及其文化底蕴建筑特色"的设计，形成"一街、两轴、三组团"的结构系统。如图 9-13 所示。

a. 一街。指民俗街。

b. 两轴。

主轴一："起势的景观节点"（入口小广场）——"高潮景观节点"（民俗街中心广场）——"结束景观节点"（民俗街东广场、保留土楼符宁楼、望德楼）。

主轴二："起势的景观节点"（小绿地、悠宁楼、保留土楼）——"高潮景观节点"（民俗街中心广场）——"结束景观节点"（文体公园、陈氏宗祠和青山）。

c. 三组团。由民俗街和主干道自然地将小区分为三个组团，便于未来的规划管理和分期实施。

图 9-14 是中和小区空间序列和组团结构分析。

③ 居住组团与院落空间　根据道路系统的组织和用地条件，以民俗街和两轴为核心，形成 3 个居住组团。组团以公共绿地为中心（半开放空间，为居住住宅所包围，主要供各个组团的居民使用），用道路和绿化相互隔离，加上各组团建筑细部、色彩等的变化，形成形态各异、风格统一的空间环境，提高了住宅组团的识别性。

以 4～16 户联排式住宅组成一个休闲的院落（图 9-15），由若干个这样的院落围绕组团

(a) 古丰楼现场

(b) 望德楼现场

(c) 符宁楼现场

(d) 悠宁楼现场

图 9-12　中和小区周边拟保存的土楼

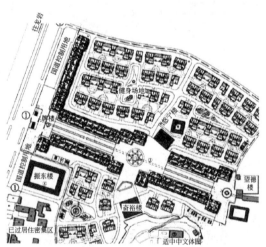

图 9-13　中和小区规划总平面

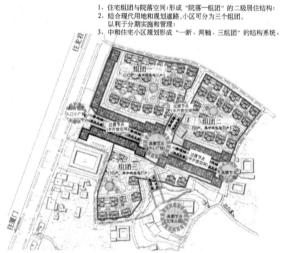

图 9-14　中和小区空间序列和组团结构分析

绿地形成居住组团；同时小区整体为民俗街和主干道自然地分为三个组团，将有利于规划的分期实施和建成后的分组团管理。

④ 民俗街的规划布局　东起保留土楼的望德楼和符宁楼（图 9-16），并与建于宋代供奉民间图腾"圣王公"白云堂相接，以确保盂兰盆节庆典活动时，满足抬请"圣王公"出巡队伍浩浩荡荡的需要。

西至南北贯穿适中镇过境 319 国道的白云堂牌楼，穿过 319 国道再往西可达国家级文物保护单位的典常楼（最为豪华的土楼之一）（图 9-17）和建于宋代的古丰楼（建设年代最早的土楼之一）（图 9-18）。街道中心节点把需要保护的土楼——奋裕楼、悠宁楼有机地组织在一起，不仅形成了中和住宅小区东西景观轴交汇处的核心景观中心广场，既适应盂兰盆节大型群众集会活动的需要，又便于组织景观，满足开展适中方形土楼旅游。

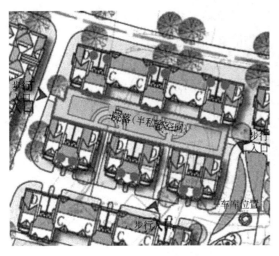

图 9-15　中和小区住宅院落示意

图 9-16　望德楼、符宁楼

(a) 典常楼外景

(b) 典常楼平面

(c) 典常楼内景

图 9-17　国家级文物保护单位的典常楼

　　a. 借助街道中心需要设置自东向西排洪沟，在将其组织为宽 2.0m，深 0.5m 的开放式的景观水渠（局部封闭以满足车辆调头和行人过往的需要）的同时，在中心广场地下设蓄水池及地面上人水交融的激光音乐旱喷泉，使得水渠、旱喷泉、奋裕楼前的月形水池和景观轴

南侧的山上文化体育公园共同构成了融自然和人工于一体的显山露水的诱人景观。图 9-19
是中和小区景观结构分析。

图 9-18　建于宋代的古丰楼

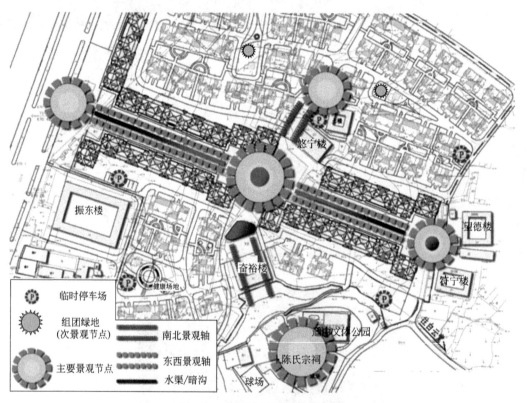

图 9-19　中和小区景观结构分析

b. 街道两侧的垂直界面，充分吸取适中方型土楼内庭中（周环通长的）吊脚挑廊和坡
顶披檐逐层退台的布局特点（图 9-20）。使得街道剖面在街道宽度 18.0m 时，街道垂直界面
的高度和街道宽度的比值都控制在（1：1）～（1：1.5）之间，民俗街街道断面如图 9-21
所示。既能起到便于两侧往来围合聚气、繁荣商业活动的作用，又颇显宽敞开放避免压抑
感。立面造型虚实对比、层次丰富、高低错落、进退有序，以及时长时短的通廊处理，呈现
了适中土楼的独特风貌和诱人的文化内涵。

(a) 方型土楼内景之一

(b) 方型土楼内景之二

(c) 方型土楼内景之三

图 9-20 适中方型土楼内庭

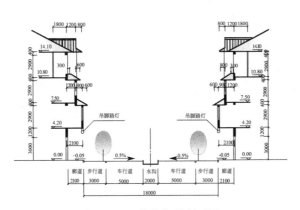

图 9-21 民俗街街道断面图

c. 吊脚挑廊的设置，既便于铺面的经营和管理，又为行人创造一个遮阳避雨的街道人行廊道，突出了地方特点，还便于旅游活动的开展、夜市的开发、创造更为活跃的商业活动。

d. 廊道前布置了 3.0m 宽的步行道，既可用作墟集和夜市、摊商设摊的场地，也是城镇居民出行上街的停车场地。对于方便群众生活、繁荣城镇商业活动起着极为重要的作用。

e. 为了适应大型群众民俗活动的需要，中心水渠两侧设置了 5.0m 宽的车行道，但在日常生活中，可在路边有停车时，确保车辆顺利通行的需要。

f. 街道两侧的步行道和车行道之间不设分道的道牙石，仅以不同材料和铺砌方式区分，并在步行道上设盲道，以扩大街道的视觉感受，提高社会文明。

步行道上不设通常的行道树，而是在与铺面开间相对应的位置相间种植观赏性的四季常青的乔木（桂花或玉兰）和灌木（美人蕉等花卉）。以提高街景的绿化景观效果，并提高生活环境的质量。

图 9-22 是民俗街平面详图。

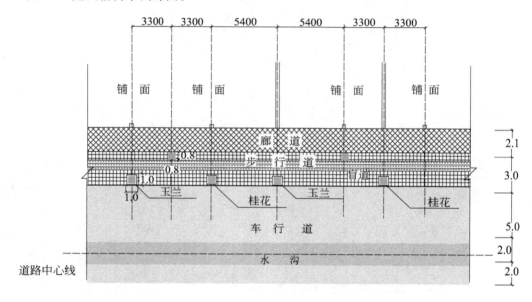

图 9-22 民俗街平面详图

g. 规划中民俗街采用五种底商住宅，分别是 A、B 型为垂直分户低层底商住宅；甲、乙型为两代居（或跃层式低层底商住宅）；I 型为多层底商住宅。所有平面尺寸面宽均为 8.7m，进深均为 13.2m；极便于在建设时根据实际需要进行调整。

h. 民俗街所有商店招牌和灯箱广告统一布置在吊脚挑廊内商店门上 1.0m 高的范围内，其他地方不得随便悬挂，以免破坏街景的外观。利用街道两侧吊脚挑廊的吊脚，设置特制的艺术造型路灯，不仅可以减少灯杆的障碍，还可避免路灯对二层以上居民的灯光干扰，也可以提高街道的景观效果。节庆的大红灯笼统一布置在吊脚挑廊下和各层的外廊。街道夜景照明统一采用分段向建筑立面投射彩色灯光，图 9-23 是民俗街剖面详图。

2）道路系统规划

规划中首先理顺道路骨架，用主干道和规划中的国道 319 线衔接，保证出行的便利，同时严格控制国道上的开口，保证安全的同时避免对国道功能发挥的过度干扰；内部用三级道路，形成通而不畅的交通系统，保证了小区的日常出行需求（图 9-24）。

道路系统分为三级。

① 小区主干道

a. 民俗街主干道（道路红线 18m，含 2m 水渠、双侧 5m 车行道和双侧 3m 步行道）：廊道前布置了 3.0m 宽的步行道，既可用作墟集和夜市、摊商设摊的场地，也是城镇居民出行上街的停车场地。对于方便群众生活、繁荣城镇商业活动起着极为重要的作用。

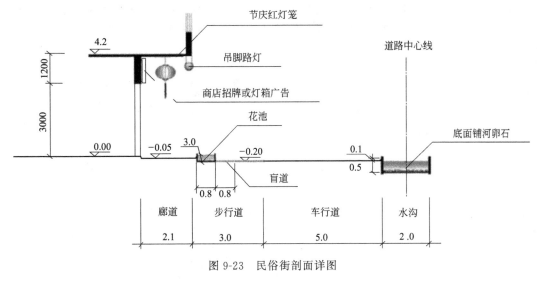

图 9-23 民俗街剖面详图

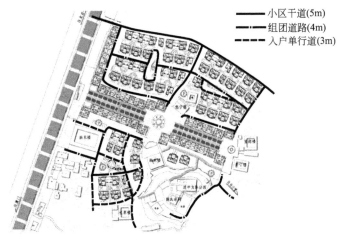

图 9-24 中和小区道路系统分析图

为了适应大型群众民俗活动的需要,中心水渠两侧设置了 5.0m 宽的车行道,但在日常生活中,可在路边有停车时,确保车辆顺利通行的需要。

b. 小区主干道 5m,双侧建筑退距均控制在 5m 以上,形成 15m 以上建筑间距。

② 小区次干道 4m,双侧建筑退距均控制在 3m 以上,形成 10m 以上建筑间距。

③ 入户车行道 3m,双侧建筑退距均控制在 3m 以上,形成 9m 以上的建筑间距。

3)绿化系统

① 绿化与景观设计 小区规划结合现状,形成具有浓郁地方特色的民俗街和以两条空间序列为主导的十字的绿化系统,并在各主要节点及组团绿地、步行绿地分别布置形态各异的建筑小品及景色,根据不同位置,建议种植名树异草,使其具有鲜明的地方特色,同时形成林荫道,提供生活的便利和视线走廊。

② 绿化系统 本次规划本着"因地制宜,以人为本"的原则,绿化尽量结合现状道路节点布设,形成"点、线结合"的绿化系统。

4)建筑设计

根据当地的居住现状和今后的发展趋向，结合土楼建筑风格和地标性元素，共提供了七种户型（五种底商住宅；两种底层纯住宅，纯住宅提供两种进车方式）。图 9-25 是七种户型平面图。

(a) 民俗街东北街段南立面图

(b) 民俗街东南街段北立面图

(c) 民俗街西南街段北立面图

(d) 民俗街西北街段南立面图

图 9-25　民俗街街道立面图

① 五种底商住宅共 174 户：a. 垂直分户低层底商住宅共 18 户，包括 4F 户型 A 计 12 户、4F 户型 B 计 6 户；b. 两代居（或跃层式低层底商住宅）共 60 户，包括 4F 户型甲 44 户（22 幢，每幢 2 户）、4F 户型乙 16 户（8 幢，每幢 2 户）；c. 多层底商住宅 6F 户型Ⅰ共 96 户（16 幢，每幢 6 户）；

② 两种低层纯住宅共 112 户，包括 3F 户型 C 计 31 户、3F 户型 D 计 81 户。

建筑设计上尤其注重了土楼文化的传承和建筑空间丰富和多样的塑造，详述如下。

① 户型设计　既可以做到有天有地，也可以分层使用，使其既保证多代同堂，又互不干扰。

② 功能齐全　所有的功能空间均有直接对外的采光通风。以客厅和起居厅作为家庭对内对外活动中心，方便户内联系。南向的厅堂、起居厅、活动室和卧室前都布置了挑檐，避免太阳直晒。库房目前可作为储藏间或农具间使用，未来有车可作为车库使用，体现了规划的可持续性。

③ 造型设计　主要突出福建土楼建筑造型特征，尤其是民俗街两侧的垂直界面，呈现了适中土楼的独特风貌和诱人的文化内涵，使中和住宅小区的立面呈现出虚实对比的建筑风格、丰富多样的建筑天际线，呈现现代气息和土楼风貌完美结合的独特中和住宅小区，相信在未来将成为适中镇，乃至新罗区又一亮丽风景线和地标性建筑。

④ 抗震规划设计　所有建筑物必须全部按六度抗震设防。

5）道路竖向规划

竖向规划通过研究地形变化规律，选择合理的竖向设计标高，满足规划区修路、建房、排水等使用功能要求，同时达到安全防灾、土方工程量少、综合效益佳的目的（图 9-26）。

规划区的雨水污水排放和道路的舒适安全性都要依靠竖向设计去控制。本区的竖向规划在紧密结合路网规划基础上，每一个路口高程点都是相互作用和控制，在每一个局部的建设中，都应满足竖向规划要求，中和住宅小区最高点在东北侧小区主干道与次干道交点处

图 9-26　中和小区道路竖向规划图

679.86，最低点在南侧小区次干道交点处为 669.06，坡度从 0.5%～4.9%，基本控制在 3% 以内，少数受地形限制，也都控制在 5% 以内。

建筑室外地面标高要与街坊地平、道路标高相适应，建筑室外地面标高一般要高于或等于道路中心的标高。

6）给水工程规划

采用市政给水水源，从中和住宅小区西侧入口处由市政给水管接入，顺中和住宅小区道路布置给水管向住户供水（图 9-27）。

消防用水量按消防规范同一时间发生火灾次数为一次计算。

室外消火栓系统：小区室外消火栓用水量为 20L/s，室外消火栓按不大于 120m 设置，设置室外消防栓 11 套，满足室外消防用水量的要求。

7）排水工程规划

① 体制　本区排水体制为雨水、污水分流制（图 9-28）。

② 污水管道系统规划　小区污水分南、北两个组团分别收集，污水经过"住户预处理→化粪池"二级模式，向西排入市政污水管。

③ 雨水管道系统规划　雨水采用重力流，分南、北两个组团分别收集，分别收集该侧雨水，分两个口排入市政雨水管中。

8）电力电讯工程规划（图 9-29）

图 9-27　中和小区给水工程规划图

图 9-28　中和小区排水工程规划图

图 9-29　中和小区电力电讯工程规划图

① 电力　根据中和住宅小区负荷分布图，室外箱式变设在三组团中心绿地处，10kV 的高压电源由中和住宅小区西侧主入口引入。

② 电视　电视电缆进线由中和住宅小区西侧引入。在中心绿地处设户外型电视前端箱。

③ 电讯　由当地电信部门引至本工程电话交接箱，交接箱引若干条配线电缆对各自所属电话用户的电话分线箱配线。电话电缆进线由中和住宅小区西侧入口引入。

9）环卫规划设计

① 采用塑料袋装垃圾，并结合小区的车行入口和道路节点处，分别设置垃圾收集点，集中转运，统一消纳。

② 在道路交点和小绿地附近各设废物箱若干，废物箱应有分类收集，同时建议采用造型独特，最好能带有地域特色的垃圾箱，与周边环境、建筑相协调。既方便居民的使用，同时又是公共绿地中的一个小品，达到了绿色环保的效果。

（3）主要经济技术指标（表 9-1）

9.1.3　福建省南平市延平区峡阳古镇西隅小区规划设计

（设计：南平市规划设计院季清辉　指导：骆中钊）

西隅小区地处南平市省级历史名镇——峡阳镇的西端。地形狭长，南北宽 80m、东西长 460m，地势较为平坦，总用地面积 4.02hm²。西隅小区规划充分利用南低北高、依山傍水的有利地形，沿着等高线自由弯曲地布置拼联式住宅。这一狭长的地带，被中间道路和小区绿地分成东、西两个组团，并采用柔和的曲线道路系统，使东、西组团之间，以及两个组团与周围道路（尤其是与峡阳镇主要道路滨溪路）的联系方便。

小区规划布局突出地方特色，院落组合从传统"土库"民居中探求文脉关系，追求住宅

表 9-1   中和小区主要经济技术指标

项　　目	指　　标	项　　目		指　　标
规划用地	6.6hm²（合 99.4 亩）		A 型	12 户
规划建设用地	62737m²		B 型	6 户
总建筑面积	71251m²	居住户数（共 292 户，其中新建 286 户，纯住宅 112 户，民俗街 174 户）	C 型	31 户
居住人口	1287 人（4.5 人/户计）		D 型	81 户
建筑密度	31.1%		甲型	44 户
容积率	1.14		乙型	16 户
绿地率	36.2%		Ⅰ 型	96 户
民俗街店面	128 间		保留	6 户（3 幢）

布局的"根"和"源"。峡阳古镇的"土库"，是闽北古建筑的奇葩。"土库"布局严密和谐，高高的马头墙，深深的里弄，外低内高，呈阶梯层进式，显得深远而不憋蔽。房屋四面环合，宽敞的天井采光通风，冬暖夏凉，其布局类似北京四合院。

在住宅设计中，由于巧妙地解决了 4 户拼联时，中间两户的采光通风问题，因而采取北面一幢 4 户拼联、南面两幢两户拼联，组成了基本院落的住宅组群形态，既弘扬了历史名镇传统民居的优秀历史文脉，又为住户创造了一个安全、舒适、宁静的院落共享空间。随着地形的变化，院落组织也随之加以调整，使得整个住宅组群形态丰富多彩，极为动人。

西隅小区的院落，或以 6 栋，或以 8 栋，或以更多栋，围合成一个大庭院。每个院落只设 1 个主入口，建筑主入口均面向院落，车辆从外围道路进入住宅停车库。院落以绿地和硬地组成，并配置老人活动和儿童游戏的场所、庭院标志，周围以低矮露空围墙围合，形成一个既封闭又通透的院落。各个院落依着道路自由而有序地安排，在中心绿地两旁，整个小区宛如一只展翅飞翔的蝴蝶。

小区绿地的构思，颇具匠心地在富屯溪旁构筑了伸入溪面半圆形观景台，它既改变了溪边防洪堤的呆板造型，又使人们更便于亲近水面，同时还大大加强了小区绿化的作用，以院落绿地、组团绿地和小区绿地组成了层次分明，富于变化的绿化系统。

整个小区的环境，体现闽北建筑文化和峡阳民居的相交融的地方历史文化特色。民居建筑采用坡屋顶和马头墙，高低错落有致。中心绿地公共建筑融入地方特色，并有以南宋理学家朱熹讲学为主体的喷泉雕塑，以及"百忍堂"等历史典故为背景，形成独特的文化内涵。

西隅小区总体布局，通过规划手段控制视觉环境。根据道路是富有景观表现力的动感视廊这一原理，规划利用小区沿河道路的弯曲、折点，在小区主入口以硬地、花朵、喷泉雕塑、绿地、观景台等，形成一条有序的视线中轴。每个院落主入口都面向开阔的河面。沿河道路外侧，设有小凳子、钓鱼台，供居民休憩活动。

规划图如图 9-30～图 9-34 所示。

9.1.4　福建省邵武市和平古镇聚奎住宅小区规划设计

（设计：南平市规划设计院季清辉　指导：骆中钊）

邵武市和平镇是一个有着悠久历史的千年古镇，古镇有着许多保留较为完好的明清时期的古民居，道路纵横交错，古镇整体风貌并未被破坏。为了进行古镇保护，适当疏散古镇人口，根据总体规划，拟在西门前与新区相交接处兴建用地为 3.2hm² 的聚奎住宅小区。地形呈长条形，现状地势较为平坦，没有不良的地质现象。

小区的设计在力求展现高度文明的现代化形象的同时，特别注重传统民居建筑文化的继承，突出地方特色，使其与古镇相互呼应，营造温馨和谐，富含传统文化的居住氛围，引导

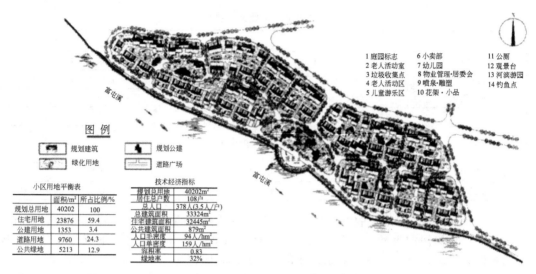

图 9-30 峡阳古镇西隅小区总体布局

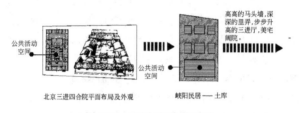

图 9-31 历史文脉的延续

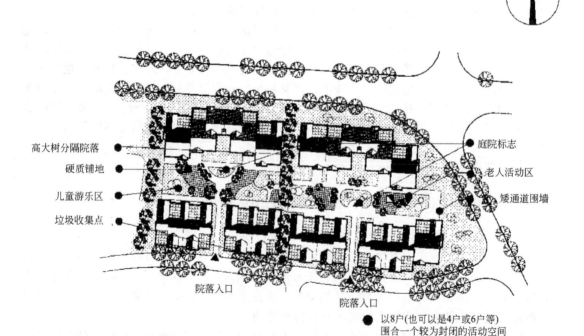

图 9-32 典型院落分析

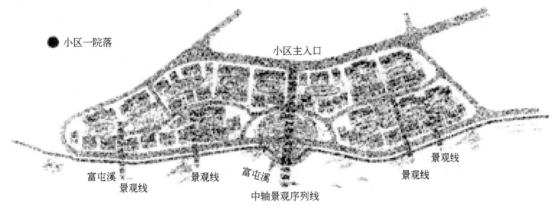

图 9-33 结构分析

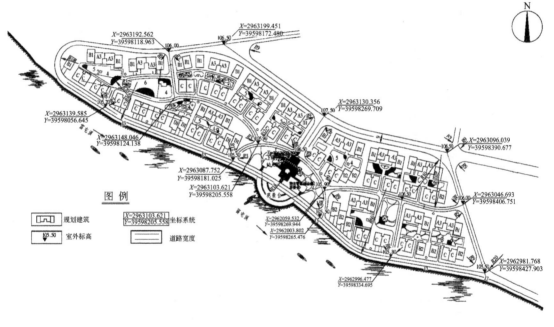

图 9-34 道路竖向

群众建设美好的家园。

和平镇聚奎住宅小区设计是和平古镇一个重要建筑风格体现，为了更好地发扬古镇的传统风格，规划设计体现传统文化与时代精神的有机结合，力图营造既具有地方风格，又富有现代气息，和谐自然的人性空间，并为城镇化的可持续发展创造条件。

怎样才能使聚奎住宅小区的规划设计能够传承古镇的文脉，使其能与古镇融为一体，是这个规划的关键所在。

（1）规划布局

① 在道路网的规划设计中，努力体现新区与旧区的内在联系。小区内一条弯曲的主干道是与古镇老街、明城墙以及镇区南侧的河流，聚奎大道线型上取得一致的，再由主干道引出九条组团级路。

② 小区规划结构采用小区-院落结构，由 4 座首尾呼应的建筑围合成一个约 130m² 的活

动空间，由 4 座院落组成院落组群，这与古镇区内典型的建筑——大夫第的布局结构是一脉相连的，体现了历史文明延续。

③ 在小区靠近古城墙边，规划一莲花池，再现了古代用荷花露水研墨书写作画的典故，增强了小区文化内涵。

④ 在小区中间设计一条以鹅卵石铺筑的步行道，路边上设小水沟，延续了古镇街巷道路和引水渠密切配合的古朴风貌，增强了小区的山乡品味。

⑤ 青砖灰瓦、坡顶马头墙和过街亭的布置，形成了和平古镇独特的地方风貌。六条景观走廊加强了聚奎住宅小区与古镇城垣之间的联系。

⑥ 小区内院落式的组群不仅弘扬了传统居民院落式平面的优秀布局特点，又创造了一个人车分流的交通系统，为居民提供了一个不受外来车辆干扰的休闲和密切邻里关系的内庭，充分体现了以人为本的设计思想。

（2）道路交通

小区交通道路分三级：小区主干道 4m，院落级路 2.5m，入户道路 1.5m。在道路的布置中，结合院落的住宅组织，力求使入户道路为两侧的住宅服务，既减少了道路长度，又可实现人车分流，为住宅组群创造了一个供人们休闲交往的内庭空间。

小区步行系统合理分布，还设计了院落的人行侧入口，在小区中间设计一条以鹅卵石的人行便道，为人们提供品味古镇风貌的休闲活动。

（3）绿化与环境景观

小区首先创造了 6 条景观轴线，在主干道以莲花池中间的亭阁的对景，为小区主入口增添了独特的景色，以院落内庭绿化，形成小区"点"绿化，二个组团级的绿化，是"面"的绿化，以道路和城墙下的绿化，形成"线"上绿化，绿化中配置小品和多种树种，满足不同绿色景观的要求。

（4）技术经济指标、用地平衡表（表 9-2 和表 9-3）

表 9-2　聚奎小区用地平衡表

项　　目	面积/m²	比例/%	项　　目	面积/m²	比例/%
规划总用地	32155	100	道路用地	7095	22.17
住宅用地	18695	58.41	公共绿地	5912	18.51
公建用地	453	1.41			

表 9-3　聚奎小区技术经济指标

规划总用地	32155m²	公共面积	103m²
居住总户数	75 户	人口毛密度	89 人/hm²
总人口	285 人(3.8 人/户)	人口净密度	152 人/hm²
总建筑面积	24229m²	容积率	0.75
住宅面积	24126m²	绿地率	33.8%

（5）规划图

规划图如图 9-35～图 9-38 所示。

9.1.5　福建省三明市三元区岩前镇桂花潭小区景观规划设计

（设计：南平市规划设计院季清辉　指导：骆中钊）

三明市岩前镇桂花潭小区位于岩前镇东南角，规划总用地约 4hm²，总户数 97 户。桂花

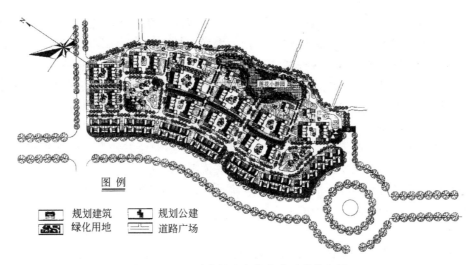

图例

规划建筑　　　规划公建

绿化用地　　　道路广场

图 9-35　和平古镇聚奎住宅小区总体布局

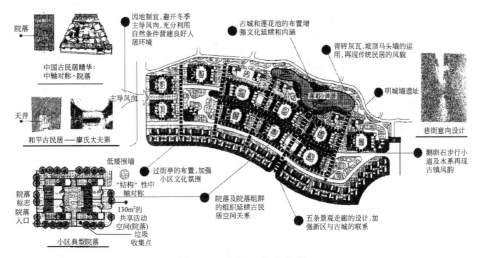

图 9-36　构思·特色分析

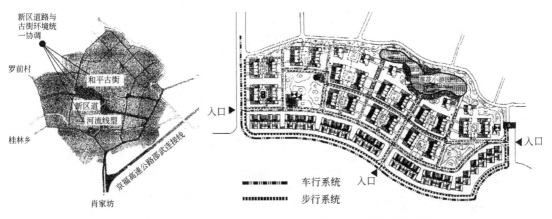

图 9-37　和平镇镇区道路网　　　　　图 9-38　道路系统分析

潭小区有着优越的自然条件，清澈的鱼塘溪环绕小区而过，河滩上天然形成的洁白沙滩，河岸乔灌植被景观丰富，还有一片天然古树群，丰水期和枯水期各形成不同的美丽自然风景。因此，在进行桂花潭小区规划时，特别注重了充分利用自然环境，运用借景、对景、夹景、框景等造园手法，把自然环境引入小区，同时将小区公共设施向自然环境延伸，形成蓝色水面、黄色沙滩、绿色植被、白色墙体、红色屋顶等层次丰富的景观视觉效果，不但提高了小区的居住环境质量，而且提升了岩前镇镇区建设的品位和档次。

小区规划结构采用"两组团、一轴线"，根据小区半圆形地形特点，以中轴线为分割线形成东、西两组团。景观规划因地制宜，借助城镇休闲广场为核心，点线面相结合。休闲广场、古树群、组团绿地和园林小品点缀构成点状景观，中心景观轴和河滨步行观景走廊构成线状景观，河滩公园和庭院绿化构成面上景观。

① 中心景观轴　小区中心景观轴由两个半圆广场和一条步行道构成，作为旧镇区规划轴线的延伸和收尾，因此在小区人行入口处设置休闲广场，轴线的末端设置一半径为20m的半圆形小广场作为轴线的结尾，并用弧型踏步过渡到河滩公园。两个广场以8～17m宽的步行道连接组成步行景观轴，采用空间收放手法，布置花坛、园椅、雕塑等园林小品将休憩、观景与交通功能有机结合起来。

② 河滩公园景观带　河滩公园采用半自然景观引入城镇的设计理念，保留现有古树群，运用水面、沙滩、园林小径、绿化配植等不同色彩、不同材质的要素，构成色彩层次丰富的特色景观。由于河滩公园的标高在洪水线以下，汛期可能被淹没，因此在河滩公园主要用各种抗涝性强的园林植物造景，卵石小径穿梭其中，营造出曲径通幽的园林意境。环绕小区的渔溏溪可分为几段，每段以坝蓄水，利用地势不同的高差，造就自然叠水的景观。

③ 河滨步行观景走廊　在小区沿河道沿河一侧布置步行观景走廊，以步行道与小区外部连接，漫步于步行观景走廊，步移景异，河滩公园景色尽收眼底。同时，在各路口的对景

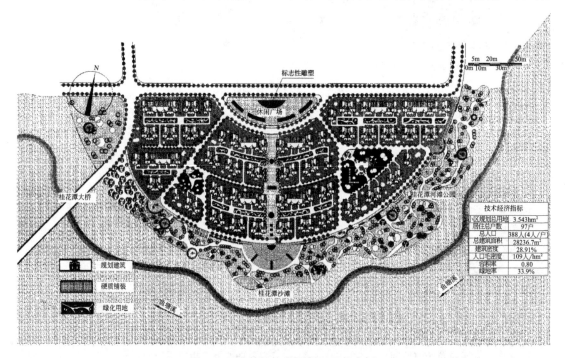

图 9-39　岩前镇桂花潭小区总体布局

处设置园林小品和半圆形观景台，作为行人休息和赏景的场所。堤岸采用自然叠石挡墙处理手法，与河滩公园景色协调一致。

④ 组团绿地 东、西每组团设置相应的组团绿地。因为靠近桥头保留的古树群能被充分利用，因此西组团的绿地面积相对较小，只服务于组团内居民；东组团布置了儿童乐园和老人活动中心，兼起组团绿地和小区中心绿地的作用。桂花潭小区具备得天独厚的自然环境，如能严格按规划实施，桂花潭小区必将建设成为具有自己独特景观特色、环境特色和设计特色的示范小区。

⑤ 规划图如图 9-39～图 9-41 所示。

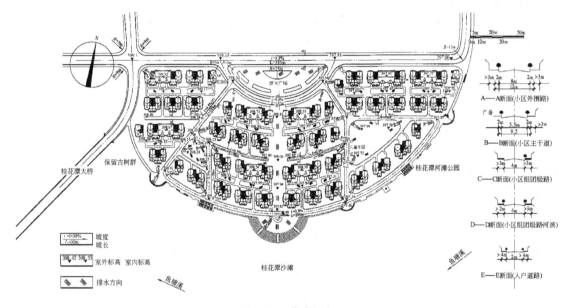

图 9-40　道路竖向

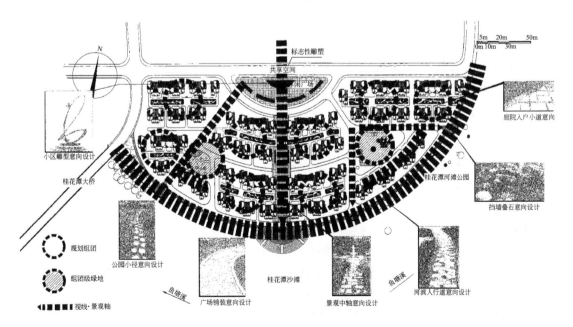

图 9-41　结构·景观分析

9.2 城镇小康住宅示范小区规划

9.2.1 浙江省温州市瓯海区永中镇小康住宅示范小区规划设计

(设计：浙江省城乡规划设计研究院)

永中镇小康住宅示范小区用地位于永中镇东北部，东侧为北洋大河，西至罗东大街，南至三号横街，北临永宁大街。规划总用地 9.3hm²，其中小区用地 6.85hm²。

(1) 规划结构与功能布局

① 规划结构　小区以"Y"字形小区级道路联系两个相对独立的环状组团级道路为骨架，组织一个小区中心和两个居住组团。人车分流，车道与步行绿地系统相互分离。

② 功能布局　在小区中部临罗东大街规划小区主出入口。结合主出入口布置公共服务设施和小区中心广场。小区中心南北两则布置两个居住组团。

(2) 道路交通组织

① 出入口选择　为避开出入城镇主干道永宁大街大量的人流、车流和永宁大桥引桥坡道的地势高差，同时加强小区同周围中学、小学、商业服务设施的联系，在上区基地西侧中部，面临本镇生活性道路罗东大街，设置小区主出入口。南组团次出入口接三号横街，北组团次出入口接永宁大街。为联系沿河城市公共绿带，小区中心的东侧设置一处步行出入口。小区四处出入口的选择符合小区居民的出行轨迹，同时能保证消防救护的要求。

② 道路骨架　充分考虑小区居民的出行便捷和安全，小区级道路采用"Y"字形，以此为基础连接二个相对独立的环形组团级道路，形成清晰的小区道路骨架。结合小区的功能布局，规划将城市公共绿带延伸至小区中心和组团，组成"山"形步行绿地系统。考虑残疾人和老年人车辆的通行，满足无障碍通行的要求，使小区交通组织功能明确，人车分流，内外联系通而不畅。

③ 道路等级　小区道路规划分为四级。小区级道路宽 7m；组团级道路宽 4.5m；宅前路宽 3m。绿地步行道宽 0.6～1.5m。

④ 停车系统　停车方式以集中为主，分散为辅。两个组团出入口直线路段西侧，各设置一处半地下集中停车库。独立式住宅、联立式住宅、点式住宅及两个组团道路外侧部分住宅设置室内停车库。停车位按住宅总套数 100% 设置。组团道路外侧规划室外临时停车位，物业管理楼南侧布置公共停车场及小车洗车位。自行车停放在半地下集中车库。

⑤ 道牙处理　组团级环形道路内侧设置单侧道牙；外侧无道牙，以行道树、护柱、路墩、镶草硬质铺地进行区分与布置，以利于临时停车。

(3) 住宅布局

① 日照间距、朝向、小气候　住宅日照间距不小于 1：1.2，大于"住宅建筑日照标准"及当地标准要求。住宅的朝向为南偏西 13°和正南向两种。通过组团架空层、大面积组团绿地、中心广场、林荫步行道等室内外空间的组织，形成良好的小环境气候。

② 住宅类型　根据市场需求，结合小区特点，住宅类型以多层公寓式为主，低层联立式、独立式住宅为辅。规划各类住宅共计 540 户，户均建筑面积 120.6m²/户。

③ 安全防卫　通过小区主入口和组团次出入口的设置以及几幢住宅对应布置形成、基本围合的组团，为小区封闭式管理提供了有利条件，并保证小区灾情发生时的疏散、救灾

需要。

④ 组团空间 小区组织南北两大组团，住户分别为 290 户和 250 户。南组团以独立式住宅、联立式住宅和公寓式住宅为基础围合成 L 形空间组团绿地。北组团以点式住宅、联立式住宅、公寓式住宅为基础围合成 L 形组团绿地空间。两个组团统一中求变化。

（4）公共设施和环卫设施布置

① 镇区公共设施 邻近小区有公共设施如中学、小学、幼儿园、农贸市场等，项目齐全，使用方便。沿组团公共绿地的住宅底层架空，为居民提供半室内活动空间，并为当地传统的家庭喜庆聚会等提供了场所；组团外住宅底层基本作为停车库或沿街商业用房。架空层使外侧住宅居民与组团绿地有便捷的联系和更开阔的视觉空间。组团公共绿地与架空层相互渗透，形成自然环境与人工环境交融，室内空间与室外空间流动，封闭空间与开敞宽间结合的特点。

② 小区配套公共服务设施 根据有关规范，考虑小区周围的服务设施配套现状，规划二级服务设施。小区级服务设施有 3 班幼儿园、文化活动俱乐部、物业管理楼、老年活动室等。幼儿园布置在主出入口路段的北侧，文化活动俱乐部正对小区主入口，物业管理楼设置在主出入口路段南侧。在中心广场南北两栋住宅底层设置老人活动室。使小区中心既安全方便，又富有生活气息。组团级公共服务设施主要由分布在架空层的室内活动室以及布置在两个组团主入口的安全保卫室和基层商店组成。

③ 环卫设施 为顺应组团居民生活流向和垃圾收集运送有序，南、北两组团各设置三处袋装垃圾收集点，实行分级、袋装化垃圾收集。小区中心广场东南角设有一处生态厕所。

（5）绿地系统

① 绿地系统 滨河城镇绿地与小区中心绿地、组团公共绿地形成既相对独立又互为渗透的"山"字形公共绿地系统。公共绿地系统与小区机动车道互不干扰、相互分离。人均公共绿地面积 $5.7m^2/$人。

② 绿化层次 小区绿化分为五个层次。第一层次：滨河城市公共绿带。以自然草坪疏密有致的乔灌木丛为主，规划自然流畅的游步道。与小区中心绿地相交处，布置隐喻地方传统建筑特征的台门、石埠码头等。第二层次：中心广场绿地。由构架廊、叠泉、镶草硬质铺地、绿地以及具有地方性的大榕树、亭子和水面的组合构成。第三层次：组团公共绿地。主要由缓坡草坪、园林小品、点状乔木、青石板步道、儿童游玩设施、羽毛球场组成。第四层次：垂直绿化。主要为家庭绿化，以花木、绿篱、屋顶花园和攀援垂直绿化为主。第五层次：道路绿化。结合小区入口，小区级道路和组团级道路配置行道树和镶草硬质铺地。

（6）空间景观规划

① 空间层次 规划把整个小区空间分为四个层次和四个不同使用性质的领域。第一层次：公共空间——小区主出入口、小区中心广场，是为小区全体居民共同使用的领域。第二层次：半公共空间——组团空间，系组团居民活动的领域。第三层次：半私有空间——院落空间。第四层次：私有空间——住宅户内空间。

② 空间序列 通过空间的组织，形成一个完整连续、层次清晰的空间序列，在小区整体空间组织上，形成两组空间序列。第一组序列：小区出入口-小区中心广场-水乡巷道-城市公共绿带。空间体验特征：收-放-转折、收-放-收-放。第二组序列：小区出入口-环形组团道路-住宅架空层-组团绿地。空间体验特征：收-放-转折、收-放-收-放。

③ 空间处理手法 运用传统城镇建筑空间组织手法，追求江南城镇空间肌理特征，组

织不同层次空间。水乡巷道空间，两边低层房屋＋两条道路＋一条小河，成为小区中心广场与城市公共绿地的过渡空间。中心广场：临水建亭＋大榕树＋水面，成为具有地方传统环境特征的小区广场。道路及其他：道路转折形成的小广场、河埠码头等，形成丰富的过渡空间，体现传统巷道转折、河埠码头功能所形成的灰空间特征。

④ 景观规则　建筑层数分布从沿河二、三层过渡到五、六层，层次较丰富。两个组团之间有小区主入口和人工河道分隔，节奏分明，有较强的可识别性。建筑造型简洁明快，为避免台风侵扰，屋顶以平顶为主，局部运用坡顶符号。建筑色彩以淡雅为主，檐口点缀蓝灰等较深色彩。环境设计把开敞明快的自然草坪泉地与体现传统水乡城镇神韵的水乡巷道相结合，运用台门、亭子、石拱桥、青石板路、石埠码头等环境符号，还有地方材料、地方树种（榕树、樟树等）的运用，强化小区的可识别性和地方性，创造既有现代社区气息，又有强烈地方特色的小区风貌。

（7）现状商住楼改造

改造小区西侧沿街 6 幢多层联立式农居，使其与小区及周围环境相协调。拆除主入口两侧部分房屋，结合小区主入口规划物业管理楼等，既突出了小区主入口的位置，又使沿街建筑有高低起伏、空间有进退变化。根据新建住宅和公建的造型及外饰面特点，对几幢保留建筑的外饰面加以改造，同时，以高大的乔木使新旧建筑之间适当分离和过渡。

（8）探索与创新

① 课题　创造具有江南水乡特色的小康住宅区。

② 背景　本镇地处平原水网地区，老镇街巷与河流的关系，基本是"一河两路两房"、"一河一路两房"等典型江南水乡格局。小桥流水、粉墙黛瓦的江南水乡风光还依稀可见。与大多数江南水乡一样，近年的大规模开发建设，河流被埋、古老的民居被拆，代之而起的是大量农居住宅，呆板的行列式布局，千篇一律的"现代"建筑，传统风貌几乎消失殆尽。探索具有江南水乡特色，能适应二十一世纪生活的小康住宅区的规划设计手法，对地方文化的延续、传统风貌的保护、具有地方特色的居住环境创造都较有意义。

③ 措施　延续传统水乡空间肌理。根据市场调查和居住实态调查，联立式住宅颇受居民欢迎，我们将两排三层联立式住宅布置在两个组团相邻处，中间规划人工河，河上布置石拱桥，河边设步行道，形成"一河两路（花园）两房"的格局，其格局、空间尺度、建筑形式均有传统神韵，联立式住宅背河面有车库，运用传统街巷的转折、视线的阻挡，创造丰富的路边小广场、河埠码头等过渡空间。紧邻组团绿地的住宅架空层，为居民提供了交往、喜庆聚会的场所，符合地方生活习惯。借用传统城镇环境符号、利用地方材料，如台门、亭子、石拱桥、石埠码头、驳岸以及丰富的地方石材、大榕树等。强化环境的地方特色。通过上述措施，结合现代规划设计手法，形成结构清晰、布局合理、功能完善、设施配套，又有浓郁地方特色的小康住宅区。

（9）技术经济指标（表9-4、表9-5）

表 9-4　永中镇小康住宅示范小区用地平衡表

用地		面积/hm²	所占比例/%	人均面积/(m²/人)
一、小区用地		6.85	100	36.2
1	住宅用地	4.46	65.1	23.6
2	公建用地	0.54	7.9	2.9
3	道路用地	0.75	10.9	4.0
4	公共绿地	1.10	16.1	5.7

续表

用 地	面积/hm²	所占比例/%	人均面积/(m²/人)
二、其他用地	2.45		
1　城市道路用地	0.68		
2　城市公共绿地	1.07		
3　现状住宅用地	0.70		
小区规划总用地	9.30		

表 9-5　永中镇小康住宅示范小区技术经济指标表

序号	项　目	单位	数量	所占比重/%	人均面积/(m²/人)	备　注
一	小区用地	hm²	6.85	100	36.2	
1	住宅用地	hm²	4.46	65.1	23.6	
2	公建用地	hm²	0.54	7.9	2.9	
3	道路用地	hm²	0.75	10.9	4.0	
4	公共绿地	hm²	1.10	16.1	5.7	
二	住宅套数	套	540			
三	居住总人数	人	1890			按 3.5 人/户计
四	总建筑面积	m²	75910	100		
1	住宅建筑面积	m²	65851	86.7		其他建筑面积指停车库与住宅
2	公建建筑面积	m²	333.82	4.4		架空层,按面积计算规则规定,层
3	其他建筑面积	m²	6725.19	9.0		高超过 2.2m,计算一半面积
五	住宅平均层数	层	4.3			
六	人口净密度	人/hm²	435			
七	住宅建筑面积净密度	10⁴ m²/hm²	1.48			
八	建筑面积密度	10⁴ m²/hm²	1.1			
九	总建筑密度	%	28.6			
十	绿地率	%	41.5			

（10）规划图

规划图如图 9-42～图 9-48 所示。

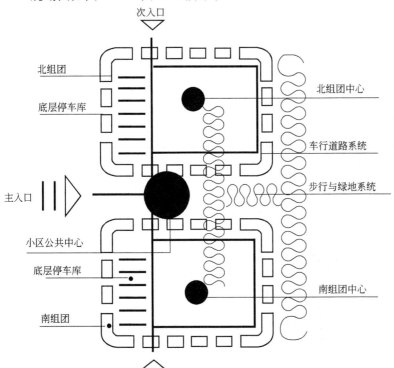

规划特点：

延续传统城市支脉，尊重居民生活习俗，运用现代规划设计手法，创造具有浓郁地方特色的小康住宅示范小区。

延续本镇具有江南水乡特色的空间肌理，借用传统环境符号，利用地方材料，配置地方树种。

一个中心，两个组团，人车分流两套系统，布局合理，结构清晰。

功能完善，环境优美，节约土地，有利管理。

图 9-42　永和镇小康住宅示范小区结构示意

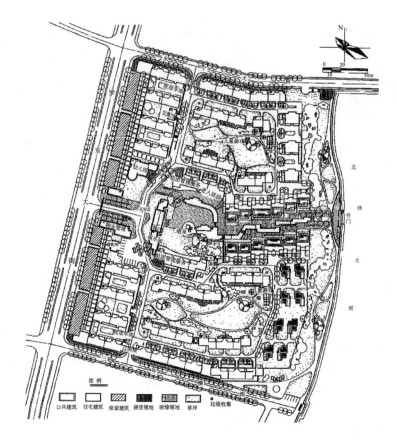

图 9-43 规划总平面图

图 9-44 道路交通图

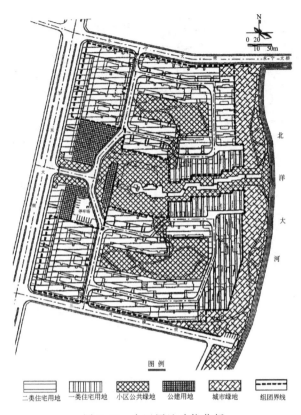

图 9-45 小区用地功能分析

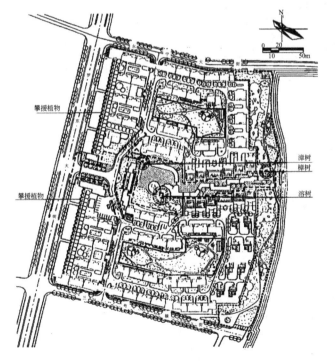

绿阴、绿地、绿壁、大树

三级公共绿地

1. 城市公共绿地，林阴步行道。

2. 小区中心绿地，入口广场绿地。

3. 组团中心绿地

三级绿地，相对独立又相互渗透

层顶花园，垂直绿化，古树

地方树种和传统配置民居＋樟树＋

亭子＋石埠、小桥

图 9-46 绿地系统规划

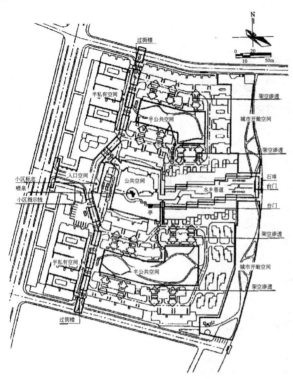

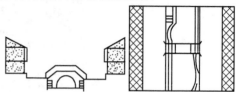

延续江南城镇空间肌理

体现水乡民居格局特色

水乡巷道空间＝两房＋两路＋一河，小区中心广场与城市公共绿地之间的过渡空间

灰空间：道路街巷转折形成的交往空间，河埠空间

空间序列：

第一组：入口空间—小区广场—水乡巷道空间—城市公共空间

特点：收-放-转折（收)-放-收-放

第二组：入口空间—组团道路空间—底层架空—组团绿地

特点：收-放-转折（收)-放

空间形式：封闭与开敞，室内与室外，人工与自然

图 9-47　景观分析图

图 9-48　公建分布

9.2.2 江苏省宜兴市高塍镇居住小区规划设计

（设计：中联环股份有限公司　天津大学建设系）

高塍镇位于宜兴市区北郊，距市区中心 10.5km。

规划示范小区位于高塍镇东南，现为农田，规划面积为 4.37hm²。其中西北角有几户农宅和一个养老院，规划予以保留。西面 30m 宽的城市干道——东环路已初步形成，为高塍镇主要干道之一。南面和东面规划为 20m 宽的城市次干道，北面与高塍大河相距 50m。基地平坦，无较大的填挖土方工程。

（1）功能结构

建设良好的居住小区首先应有合理的功能结构，本规划从人的需求出发，依据小区道路的布局将小区划分为三个组团，再将三个组团划分为十二个"交往单元"。"交往单元"不仅使居住者享受阳光绿色的自然环境，而且还是家居生活的空间延伸，住宅布局力求打破行列式格局，增加空间的个性，采用院落式布局，增强了空间的私密性和可防卫性，使居住者有归属感和安全感，从而提高了居住者户外活动的概率，促进邻里间的接触和交往。

组团和"交往单元"具有较明确的领域界限，一般设一到两个出入口，在出入口处设信报箱、袋装垃圾存放处、停车场等设施；小区中低层住宅的住户按户均拥有一部小汽车考虑，住宅中各有自己的车库；多层公寓式住宅按 20％户拥有小汽车的考虑，在"交往单元"出入口附近设置停车场，考虑到既要停放方便，又要尽量减少对居住环境的干扰。

（2）空间形态

小区规划中的建筑布局和空间形态力求丰富有序，尽量避免水平方向的"排排房"和垂直方向的"推平头"。整个小区的建筑布局呈北高南低，空间形态错落有致。基地北面与高塍大河之间地带现有许多陈旧的民宅，规划为远期改造。因此，小区北侧以五层公寓式住宅为主，作为保证小区内创造优美环境的视线屏障，同时也有利于整个小区内建筑间合理的日照要求；由于小区西面临主要干道，东、南两面为次要干道，为了达到合理的空间比例形态，临干道面以多层住宅为主，间杂以低层住宅。而多层住宅又有点式、条式、院落式不同类型，构成形态丰富、疏密相间的景观特色；小区中央是公共绿地，周围环以低层独立式或联排式住宅，不使建筑遮挡绿地，外围的多层住宅则加强了小区总体的围合性和向心性；规划中同时考虑了进出小区道路两侧建筑的形态和布局的合理配置，并在空间的重要结点和对景位置，点缀以小品或标志，作为丰富空间形态的必要的辅助手段。

（3）道路系统

小区道路是城市道路的支网，道路设计的原则应保证居住者既有方便的交通条件，又有安静的居住环境。本小区内部道路分为三级：a. 小区级干道，宽 15m；b. 车行道宽 7m，道路宽 3.5m；c. 步行道，为宅前小路，宽 2m，在满足救护车、消防车进入的前提下，一般禁止汽车通行。小区道路规划成曲线形，并尽量减少通往城市干道的出口，做到顺而不穿，通而不畅，减少穿行小区车辆的数量，并使驶入小区的车辆被迫降低速度，达到安静与安全的目的。

小区道路规划，还充分考虑到进入小区的沿街景观的运动变化和转弯处的对景处理，在主干道交汇处形成视觉中心，达到高潮，并在此设立小区的标志，以增强居民的向心性和凝聚力。

（4）绿化系统

绿化是小区规划的重要组成部分，它的存在使居住者得以接触自然，提高了生活的质量。本小区采用二级绿地方案，尽量使人们能够方便使用绿地，而不是仅仅满足于视觉上的美观。小区内部的绿化系统的布置采取集中与分散相结合的方式，小区中心设置一个集中绿地，形成整个小区居民休息活动的场所。

为了避免小区内绿地设置经常出现的"好看不好用"的弊端，本规划依据人们日常生活步行距离和邻里交往有效范围的确定，将组团集中地分散布置，既满足了人们日常晨练和户外活动的需要，又为邻里间的交往提供一个方便的场所。宅前绿地和宅前道路分块集中布置，打破以往宅前小路把宅前绿地划分过碎，既形不成大片的绿地景观，也失去了集中活动的场地。小规模、向心的"交往单元"布局，可以增强居民的凝聚力和参与意识，从而积极投入和维护"家园"的绿化、美化工作。

另外，沿各级道路骨架系统布置绿化带和建筑小品，成为可供活动和有情趣的用地。集中绿地、行道树、墙体绿化，加之居民自己庭院、平台的绿化，共同构成点、线、面相结合的绿化系统，使整个小区的绿化覆盖率达到 32.7%。

（5）公建系统

完善方便和服务设施是衡量小区生活质量的一个重要标准，由于本小区面积和户数规模较小，且紧临城市重要商业干道，小区内部可以适当减少商业、文教、娱乐服务设施的设置，避免重复性开发，造成浪费。

小区西侧道路对面设有集贸市场，沿街两侧设低层商店，因此在本小区西侧沿街也规划了 1~2 层底商，在为城镇服务的同时，也满足了本小区日常生活必需的购物需求。小区附近近期建一镇级幼儿园，服务范围包括本小区，因此本小区不再设立幼儿园。

在小区东侧入口处设一物业管理中心及文化活动中心，满足小区内综合管理、公共活动的需要。另外在组团内，同时考虑设置小型便利店、商亭以及住宅底层商店的可能性，方便居民生活。

（6）用地平衡表及技术经济指标（表 9-6、表 9-7）

表 9-6　高塍镇居住小区用地平衡表

项　　目	计量单位	数值	人均面积/(m²/人)	所占比例/%
总用地	hm²	4.37	45.38	100
居住用地	hm²	3.13	32.50	71.6
道路停车用地	hm²	0.58	6.02	13.3
公建用地	hm²	0.19	1.97	4.3
绿化用地	hm²	0.47	4.88	10.8

表 9-7　高塍镇居住小区技术经济指标表

项　　目	单位	数值
规划总用地	hm²	4.37
总居住户数	户	275
户均人口	人/户	3.5
总居住人数	人	963
总建筑面积	m²	39715
居住建筑面积	m²	37653
公共建筑面积	m²	2062
人口毛密度	人/hm²	220.37
人口净密度	人/hm²	307.67
居住建筑毛密度	m²/hm²	9088.1
居住建筑净密度	m²/hm²	1158.6
容积率	%	91.9
绿地覆盖率	%	32.7

（7）规划图

规划图如图 9-49～图 9-54 所示。

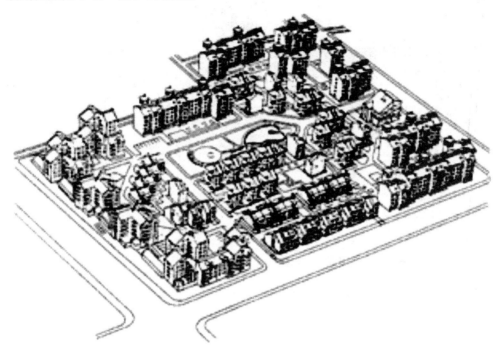

图 9-49　高塍镇居住小区规划设计

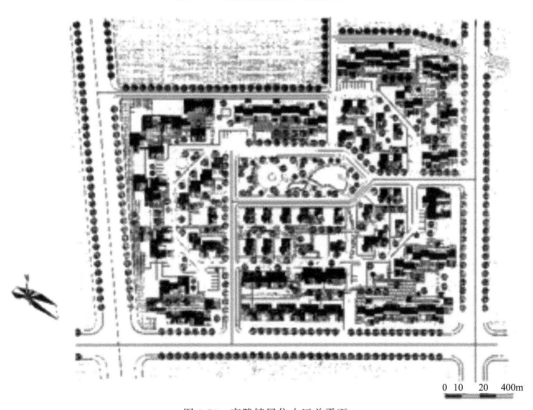

0　10　　20　　400m

图 9-50　高塍镇居住小区总平面

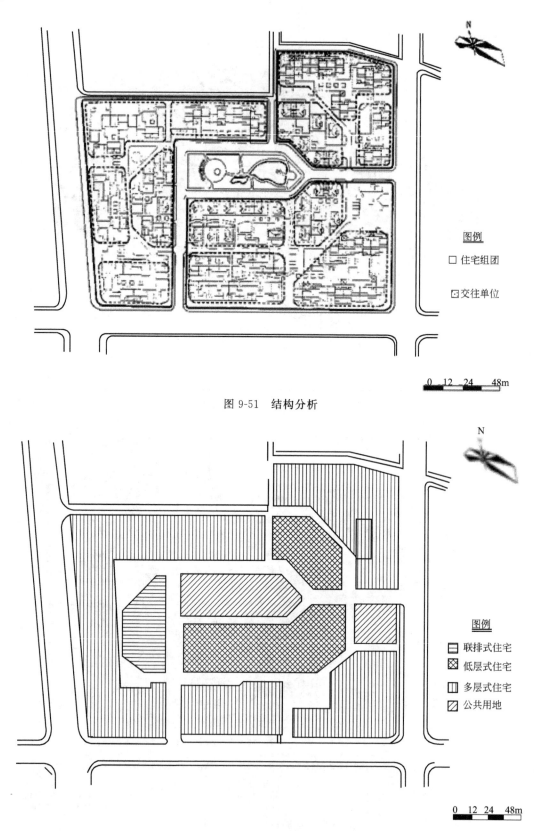

图例

□ 住宅组团

☒ 交往单位

0 12 24   48m

图 9-51 结构分析

图例

▦ 联排式住宅

☒ 低层式住宅

▥ 多层式住宅

▧ 公共用地

0 12 24   48m

图 9-52 建筑类型

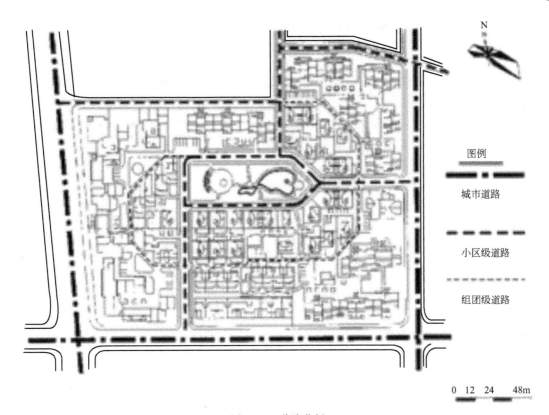

图 9-53　道路分析

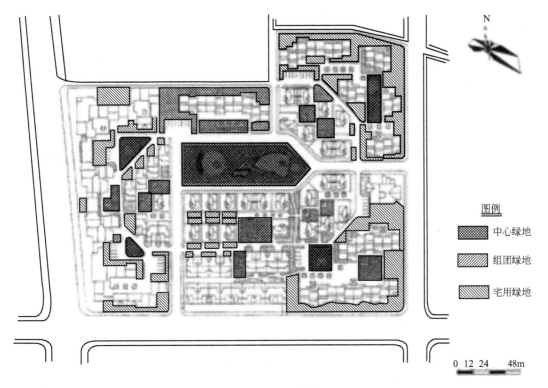

图 9-54　绿地分析

9.2.3　四川省广汉市向阳镇小康住宅小区规划设计

（设计：北京中建科工程设计研究中心）

向阳小区位于向阳镇新区规划的中部，老镇区以北，现地貌为农田，其间有农用灌溉渠穿过，东临已建成的新区主干道。基地为方形，南北长 294m，东西宽 146m，总用地 3.56hm²。基地往南约 1km 即为东西流向的清白江，江北为老镇区。东侧主干道为主要通达道路，西、北两侧为小区规划次干道，目前尚未形成。沿主干道南至新区建成区约 1km，东至成都（至德阳）主干道约 1km。

（1）小区规模与管理结构

乡镇级小区规模较小、管理直接，层次少是不同于城市住宅区的特点之一，也是规划布局阶段的主要根据之一。本小区共规划 210 户居民，较之城市小区的一个标准组团规模还小。经分析我们认为：结构简洁，层次少而分明、附属建筑功能集中、道路便捷通顺，适应小汽车停置宅房等设计要素。首先确定小区实行一级集中管理、一级车行道路、二级绿地（公共及宅间）、四类住宅类型。

（2）建筑类型与布局

① 商业服务建筑　本小区居民量少，主要考虑以社会服务为主，区内兼顾服务。将餐饮、商业、娱乐纳合为一栋公建，临主干道布置在主入口旁，便于区内、外服务。

② 物业管理建筑　将管理用房、变配电、水处理等用房集中为一栋建筑，沿规划次干道临近小区次入口布置。

③ 小区内服务建筑　区内的老人与儿童由于行为半径限制，规划中设置综合服务建筑，主要内容为托儿班、老人活动中心和健身房。尽管本小区规模较小，必需的服务内容对居民的精神需要，特别是对未来发展应留有充分的余地。

④ 住宅分为四类

a. 底层商业上层居住。适于商业经营对象，沿主干道布置。

b. 公寓式住宅。适于主要技术工人，新移民和政府人员。此类建筑密度较高分设于基地南、北两端。

c. 院落式联排住宅。适于 B 类与 C 类的部分居民，更适于企业集中安置。此类住宅密度较低、人流较少，布置于基地西侧距主入口的最远端。

d. 独户联体式住宅。独户独院两户联体，适于企业负责人等高收入者。此类住宅密度最低，布置于若干中心地带。私家庭院与小区公共绿地、水系连成一片，可构成整个小区的良好环境，达到私为公用的目的。

（3）道路系统与停车

考虑到基地规模小（南北长向距离仅 294m），住户平均配车率高（100%），小区道路系统设计有 3 个特点：

① 直路　四周最长直路段只 200 多米，曲路不宜，另因市政管网沿小区主干道设置，直路可节约投资；

② 一级道路系统　小区没有设置二级组团，因此没有设二级组团道路，一级道路红线 10m，路面宽 5m，双车道，直接通至各类建筑旁，对配车率高的居住区而言可达便捷之目的；

③ 行车与停车的缓冲设置　道路通往住宅的停车位均有绿化带或院落内铺地带作为行车与停车的过渡段，以克服一级道路设置带来的矛盾。

由于规划住房100%配车，区内停车成为主要问题之一。

（4）绿化系统

良好的绿化环境是乡镇环境规划的关键问题之一，其质量要求较之城市居住小区要求高。经多方研究提出设计目标为绿地率40%。绿地的适度私有化即可使有务农历史的居住者享有接近土地的满足感，也便于有着种植传统的居民在营造私家绿地同时，提高小区内的环境质量。

设计中保留主水系，水量调整水道走向，扩修泊岸，构成小区的中心绿化带。修河取地垫高道路及宅基，既可保护生态，也可降低工程费用，此举得到地方政府的充分肯定。在规划设计中，将密度低的独户住宅与水系、公共绿化带联片布置，降低了中心区域密度，公共环境得以形成，也为高收入的居住者提供了宁静、高雅的居住环境。

（5）空间与行为组织

居住区的空间环境通过居住行为的组织而形成序列：社区空间→小区公共空间→邻里空间→居家空间。

1）社区空间进入小区空间

以门饰类标志进入小区范围，较宽的公共绿地、公共停车场、迎面的拓宽水面，构成宁静高雅的高档居住区的空间感受，人们可驾车沿道路或步行穿过公共绿地、水面至居住空间。

2）居住者的邻里空间

① 公寓型邻里环境　（南北二区）上、下层住户和左、右邻近住户在户外形成有限交叉——入户路线平等但各自独立。一层住户在公寓入口处直接进入户门，上层住房通过室外梯直接到户门，公共楼梯只有二户共用，公寓主入口处仅四户共享。在公共活动空间内，更强调私有性、独立性，较适应居民现有的心理状态。

② 院落式邻里环境　（西区）由四至六户居民构成一个小院落，彼此或为乡亲、或为亲友、或为同事。院落为公共空间，可以栅栏门与主干道外的小区其他空间分隔，形成邻里感更强的半公有化空间。

③ 独立式联体住宅邻里环境　地处环境良好的中心地段，各家都有独立的院落、车库和住宅。强调了每户起居和社交活动的私密性，适应了物业所有者的独立意识和被尊重的心理状态。但在规划中用了一条尽端式入户道路将10户左右的独立住户连接起来，从而形成户与户之间的邻里关系，强调与公共行为有限划分的整体环境。

3）居家空间

在四种类型的住宅设计中都考虑到私有空间与公共空间、室内空间与室外空间的相互渗透。公寓底层住户、院落式及独立式住户通过前院与邻里相交流；通过后院与绿地及公共空间相融合。公寓上层住户通过室外楼梯与公共空间交叉，通过层顶平台形成由上而下，由私密空间向公共绿化环境的融合。

（6）用地平衡表及经济技术指标（表9-8、表9-9）

表 9-8　向阳镇小康住宅小区用地平衡表

项　　目	占地面积/hm²	占地百分率/%	人均占地面积/(m²/人)
总用地	3.5584	100	48.41
居住用地	1.7659	49.60	24.03
公建用地	0.3100	8.70	4.23
绿化用地	1.4550	40.89	19.79

续表

项　　目	占地面积/hm²	占地百分率/%	人均占地面积/(m²/人)
1. 集中绿化用地	0.7507	21.09	10.21
2. 宅间绿化用地	0.7043	19.79	9.58
道路用地	0.6520	18.32	8.87
其他用地	0.0798	2.24	1.08

表 9-9　向阳镇小康住宅小区经济技术指标

居住总户数	210 户	住宅建筑套密度（净）	118.90 套/hm²
户均人口	3.5 人/户	住宅面积毛密度	0.7746 万平方米/hm²
总建筑面积	3.2097 万平方米	住宅面积净密度（住宅容积率）	1.59 万平方米/hm²
住宅建筑面积	2.7565 万平方米	居住区建筑面积（毛）密度（容积率）	0.902
公共建筑面积	0.4481 万平方米	住宅建筑净密度	55.70%
其他建筑面积	0.0051 万平方米	总建筑密度	31.10%
住宅平均层数	2.8 层	绿地覆盖率	40.89%
平均每套建筑面积	131.26m²/套	车位数	210
人口毛密度	206.50 人/hm²	1. 公共车位	122
人口净密度	416.21 人/hm²	2. 私人车位	88
住宅建筑套密度（毛）	59.01 套/hm²	户均车位数量	1

（7）规划图

规划图如图 9-55～图 9-59 所示。

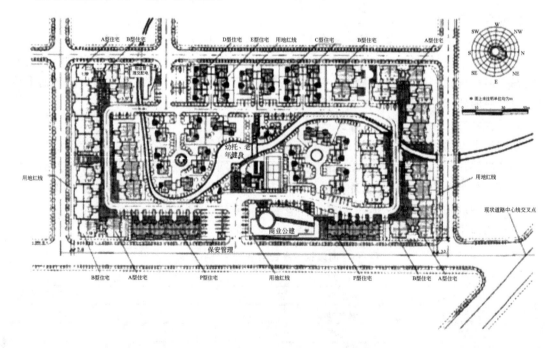

图 9-55　向阳镇小康住宅小区总平面

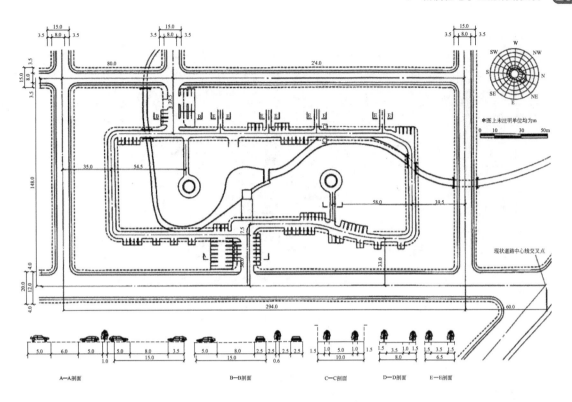

图 9-56　道路系统

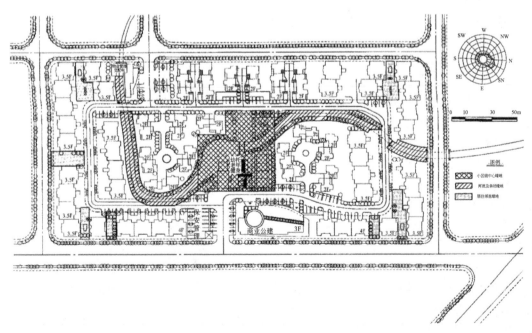

图 9-57　绿化系统

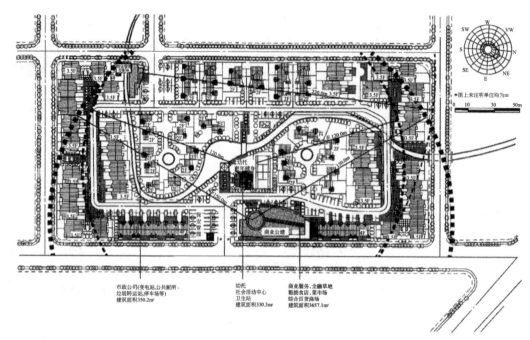

图 9-58　公建配置

市政公司(变电站,公共厕所、
垃圾转运站,停车场等)
建筑面积350.2m²

幼托
社会活动中心
卫生站
建筑面积330.3m²

商业服务,金融草地
粮拙食店,菜市场
综合百货商场
建筑面积3657.1m²

9.2.4　福建省莆田县灵川镇海头村小康住宅示范小区规划设计

（设计：北方工业大学宋效巍　指导：骆中钊）

海头村位于福建省莆田市县灵川镇西南约5km处，湄洲湾北岸，是湄洲湾开发建设的主要腹地，福厦高速公路经海头村北穿过，省级公路枫笏公路从规划基地北侧穿过，是海头村主要对外联络通道，向南约2km为湄洲湾内港北岸。

示范小区占地5.29hm²，规划安排低层联排式住宅及多层公寓住宅，共204套，可居住714人，平均占地255m²/户，人均占地74.1m²。

（1）规划结构与功能布局

示范小区作为海头村总体规划的重要组成部分，其规划结构以环境舒适，生活方便及有利于物业管理为原则，结合自然地形及道路条件形成了四个各具特色的居住组团，组团包含若干院落作为最小的结构单元。

示范小区除设置满足自身需要的幼托、变配电、公厕及物业管理用房外，公共服务设施则依托村级配套公建，以充分发挥其经济效益。

（2）道路系统

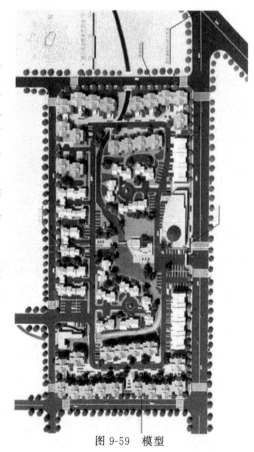

图 9-59　模型

示范小区的道路系统，既与全村总体规划路网涵接，又具有自身的相对独立性与完整性。既保证了居民出行方便、畅通，又有效地防止了外来车辆穿插行。其特点是"双鱼骨形"的人车分流系统。此系统正视现代社会家庭车辆问题，充分意识到它将为今后居住区规划带来的根本性变化，具有超前研究和创新的意义。结合我国目前经济较发达的村镇特点，采用小汽车入户和就近相对集中式停车结合的办法（近期多余的停车位可暂作绿化用地），避免了人流和车流交叉。

在出入口的选择上，考虑居民就业、购物、活动等出行的主要方向，在西北侧设人行主要出入口直接向村中心。在东侧、南侧设车行主要出入口。严格禁止在枫笏公路上开设小区的出入口。

（3）住宅组团与院落空间

组团与院落构成了示范小区的主体。四个组团的布置依用地条件而形态各异，围合成封闭半开敞空间，由二层和三层低层联排住宅有机围合成大小不等的院落作为最小的住宅组群，结合邻里交往空间，它的安全、宁静和富于变化的空间，创造了良好的居住交往和休憩的环境，并注意解决邻里交往与居住私密性的矛盾。

四个组团又围绕小区中心绿地围合成更大一级的"院落"，这种多重围合充分体现了中国传统居住空间特点，同时又形成围而不封、合而不闭的现代流通空间。

（4）绿化与景观设计

小区的绿化原则是因地制宜，以小区整体结构为基础形成具有地方特色的绿化系统。绿化分三大部分：一是沿枫笏公路边的绿化隔离带；二是充分利用海头溪（常年有水）和小区中心的公共绿地及步行系统营造的"休憩绿廊"，把各院落的散点绿地"串"成系统；三是组团院落里的南方园林式的庭院绿化。

小区景观设计结合基地靠山面海，层层坡下的自然地势，首先注意了各主要道路的"线形景观"——沿街立面的规划，做到高低错落有致，收放疏密相间。同时采用了轴线对景等常用手法，对驾车运动景观及透视效果等也都做了较细致的推敲。

对污水处理站地面上的圆筒形反应罐和垃圾收集都按照园林建筑小品的要求，加以精心处理。

（5）方便齐全的公共服务设施

根据总体规划，在示范小区内布置了幼托，沿小区主干道布置了三个塑料袋装垃圾收集点，方便集运。小区内设置配电间和在中心绿地设置水冲公共厕所。其他设施利用紧邻示范小区的村级中心设施（服务半径不超过300m），既方便居民生活，又美化了小区环境，减少了外界干扰。为方便居民的方便购物，可根据实际情况居民在沿街开设家庭个体商店和餐饮服务业。

（6）技术经济指标（表9-10）

表 9-10 海头村小康住宅示范小区技术经济指标

项　　目	计量单位	数量	所占比例/%	人均面积/(m²/人)
一、示范小区总用地	hm²	5.29	100	74.1
1. 居住用地	hm²	3.54×1	66.9	49.6
2. 公建用地	hm²	0.13	2.5	1.8
3. 道路用地	hm²	0.69	13.0	9.6
4. 公共绿地	hm²	0.64×2	12.1	9.0
5. 其他用地	hm²	0.29	5.5	4.1

续表

项 目	计量单位	数量	所占比例/%	人均面积/(m²/人)
二、居住套数	套	204		
三、居住人数	人	714		
四、总建筑面积	万平方米	36100	100	
1. 居住建筑面积	m²	28600	79.2	40.1
2. 公共建筑面积	m²	1500	4.2	2.1
3. 其他建筑面积	m²	6000	16.6	8.4
五、住宅平均层数	层			
六、人口净密度	人/hm²			
七、居住建筑面积净密度	万平方米/hm²			
八、示范小区建筑面积密度	万平方米/hm²			
九、示范小区总建筑密度	%			
十、示范小区绿地率	%		43.1	

注：1. 居住用地包括院落庭院 12hm²（21.2%）；2. 公共绿地不计庭院面积。

（7）规划图

规划图如图 9-60～图 9-67 所示。

图 9-60 海头村小康住宅示范小区总平面

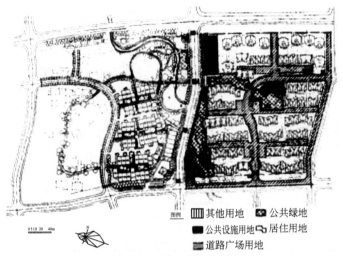

图 9-61 用地功能分析

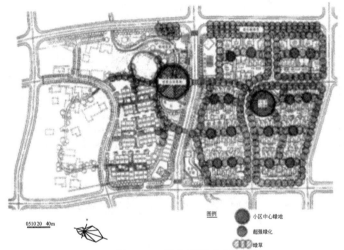

图 9-62 绿化系统分析

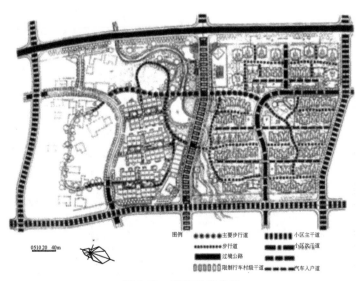

图 9-63 道路系统分析

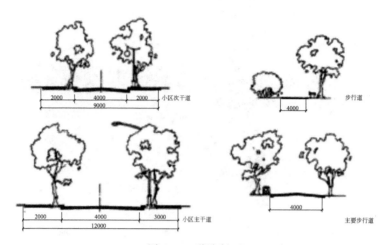

图 9-64　道路断面

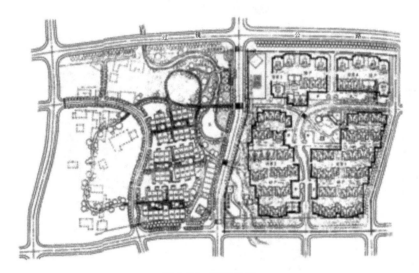

图 9-65　组团分析

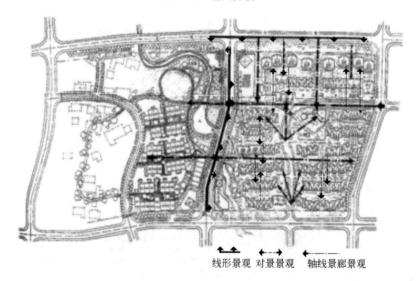

图 9-66　视线景观分析

图 9-67　模型

9.2.5　厦门市思明区黄厝跨世纪农民新村规划设计

（设计：华新工程顾问国际有限公司　指导：骆中钊）

黄厝村位于厦门岛东部，依山傍水，山石多姿，风景秀丽。与金门岛隔海相望，最近处仅 5000m。黄厝村在厦门市总体规划中是属于国家级风景名胜旅游区的组成部分，依照黄厝村经济发展的需要，将五个自然村集中建立一个新农村。新农村村民的经济发展方向将由现有的一般性瓜果经济作物走向高科技瓜果园种植业，同时服务于黄厝风景旅游区的开发事业。

黄厝总体规划占地 47.86hm^2，其中农村占地 15.88hm^2，规划 500 户农宅。

（1）总体布局

分为农宅区、集中绿化区、观光旅游区、商业区、传统文化中心、双门大厦、高科技果树植物园、湖滨度假村、山林休闲村和停车场十个区。

（2）道路布局

分为小区级道路和组团级道路。小区级道路将各组团联结成一体，红线宽 15m。组团级道路与院落组合在一起。

（3）绿化布局

充分利用绿化的开放空间、基地有着良好的绿化原貌和运用各种空间所提供的花园庭院、邻里公园、自然风貌、绿地等形式的绿地效果，适当布置集中绿化地带，并把区段绿地嵌入住宅组团内，使其与组团绿化有机地融为一体。沿小区干道组成了林荫的绿化走廊，小区绿化率达 54%。

（4）住宅组团布局的构想

① 为有效控制土地使用，在容纳 500 户农宅并维持高品质的生活空间的同时，采用适当的紧缩农宅建设，以便留出集中的空地作为邻里公园，融入中国传统农宅的四合院布局（组成了七个住宅组团），使其形成各有一个小型的邻里交往活动空间，并将空间分为公共、半公共、私密性三种空间层次，组团中间庭院为公共空间，宅前绿地为半公共空间，入户后即进入私密空间。

② 吸取闽南传统建筑风格，努力展现那富于变化的层次，优美柔和的曲线、吉祥艳丽的色彩和华丽精湛的装饰，形成独具风采的建筑特征。

③ 根据当地主导风向，将住宅朝向布置为理想的西南向和东南向。

④ 按照以上的构想，把农宅区划分为七个住宅组团，使整个农宅区的住宅群无论从海边、山上或平地各个方面都能看到一片浓绿葱郁的林木掩映着色彩斑斓的屋宇，使得整个农宅区的住宅组群蕴藏在充满着生活气息的浓郁田园风光之中。

（5）技术经济指标及分析（表 9-11、表 9-12）

表 9-11　黄厝新村技术经济指标一览表

项　　　目	计量单位	数量	所占比例/%	人均面积/(m²/人)
一、农宅区总用地	hm²	15.38	100	51.27
1. 居住用地	hm²	6.72	43.7	22.4
2. 公建用地	hm²	2.39	15.54	7.97
3. 道路用地	hm²	4.8	31.2	16.0
4. 公共绿地	hm²	1.47	9.56	4.90
二、居住套数	套	500		
三、居住人数	人	3000		
四、总建筑面积	m²	113302		
1. 居住建筑面积	m²	95064	83.94	31.69
2. 公共建筑面积	m²	18238	16.7	6.08
五、住宅平均层数	层	2.9		
六、人口净密度	人/hm²	446		
七、居住建筑面积净密度	万平方米/hm²	1.42		
八、农宅区建筑面积密度	万平方米/hm²	0.74		
九、农宅区总建筑密度	%	24.0		
十、农宅区绿地率	%	54.8		

表 9-12 黄厝新村土地使用面积分配表

使用分区	土地使用面积/m²	土地使用面积所占比例/%	宅基面积/m²	建筑楼地板面积/m²	容积率
农宅区	67249	14.09	32922	95063.81	1.41
商业区	18635	3.9	8686	34523	1.85
社区中心	18600	3.9	3800	13966	0.75
小学	13250	2.8	1520	4272	0.32
观光旅馆	19500	4.1	4735	44290	2.27
文化中心	29400	6.2	13480	13480	0.46
高科技果园	31700	6.6	1403	1403	0.04
度假休闲区	53080	11.1	7774	32688	0.59
道路	90779	19	—	—	—
绿地及其他	135107	28.31	—	—	—
合计	477300	100	74320	239686	0.50

（6）规划图（图 9-68～图 9-77）

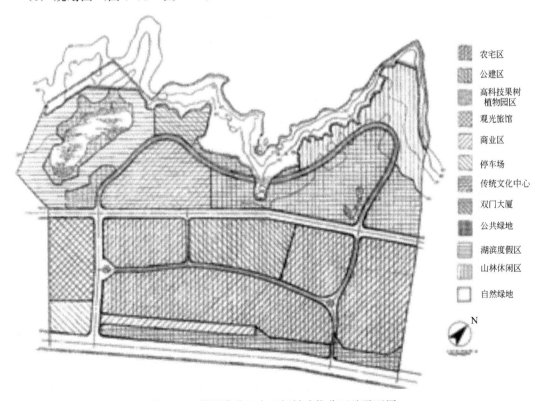

图例：
农宅区
公建区
高科技果树植物园区
观光旅馆
商业区
停车场
传统文化中心
双门大厦
公共绿地
湖滨度假区
山林休闲区
自然绿地
N

图 9-68 黄厝跨世纪农民新村功能分区总平面图

图 9-69 规划总平面

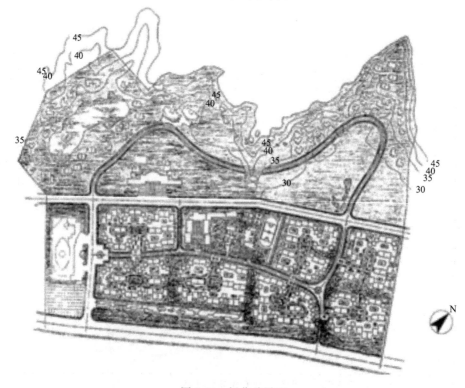

图 9-70 绿化总平面

图 9-71 视觉走廊示意图

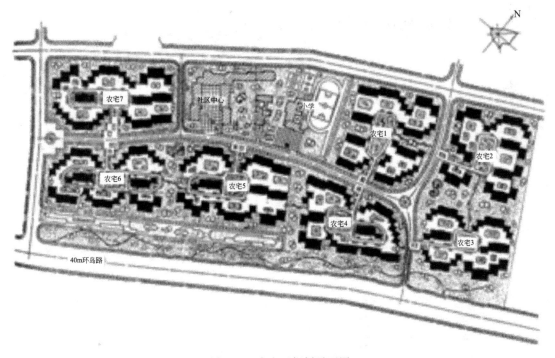

图 9-72 农宅区规划平面图

图 9-73 组团分区

<u>图例</u>

▬▬▬ 小区级道路

▬·▬·▬ 小区内道路

•••••• 组团级道路

40m环高路

图 9-74 道路系统图

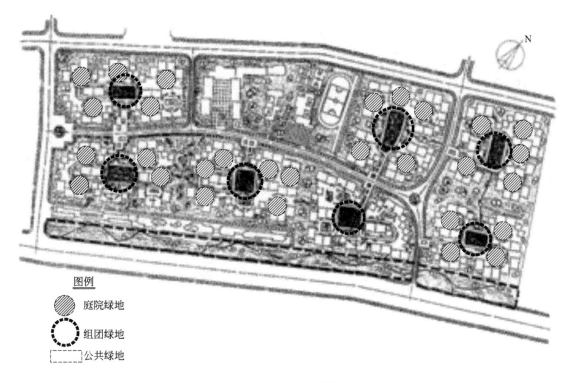

图例

庭院绿地

组团绿地

公共绿地

图 9-75　绿化系统

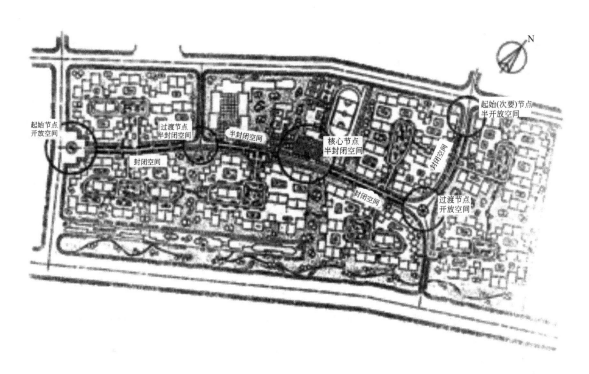

图 9-76　空间序列示意

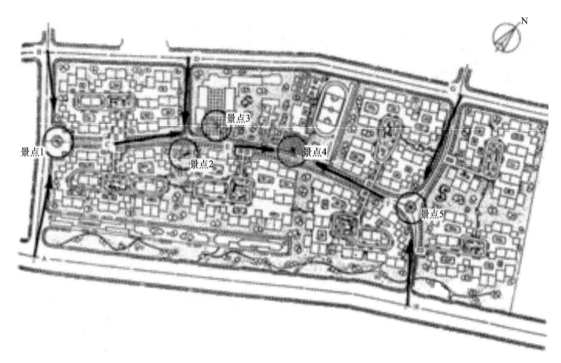

图 9-77　景观示意图

9.2.6　江苏省张家港市南沙镇东山村居住小区规划设计

（设计：同济大学规划设计研究院）

南沙镇东山村居住小区地处香山风景区东南面，基地共 28hm²，城区规划道路将小区分为东西两块，东块基地，东、南面以河道为界，北面临环路，西块北依香山脚下，西面为农田，基地中部原有排洪水渠和池塘。

（1）功能结构分析

设计原则：创造一个功能合理、结构明晰、特色鲜明的居住小区。

小区居住共分 6 个组团，为公众服务的各项公建和商业处于小区中部及南北向的城区道路两侧，结合水面组织广场步行系统；布置公共设施，改变以往农村商业沿街"一层皮"的做法，形成由自然水面步行系统、绿化、广场共同构成富于情趣、气氛活跃、舒适方便的公共活动环境。

居住的 6 大组团，各有特色（见功能结构分析图）：第 2、4 组团临近水面，采取较为灵活的组合方式，以流畅富有动感的曲线围合，组成住宅间的内部空间，与自由的驳岸相得益彰，互相呼应；第 1、5 组团，临近南北向的城区道路，采用较规整的组合方式，以直线或折线围合出住宅间的空间；第 3 组团，围绕公共中心区域，采用点式自由布置，生动变化；第 6 组团，依山就势布局，形成高低错落的山地建筑风貌，各组团间过渡自然，整体和谐。

（2）道路交通系统分析

设计原则：构造一个合理、通畅、便利、清晰的交通网络。

① 道路框架　城区道路将基地分为东西两块，本小区以一条环状的一级道路将东、西

两块基地贯通，并分别形成开向城市道路的出入口，由于东块基地面积大，并在其北面也有住户，因此向北也设一小区的出入口，便于联系。以一级环路为框架，由两级道路伸展到各个组团，并形成通畅道路，再由三级道路（即宅前后小路）延伸至各住宅单元，并同步行系统相联系。小区整体交通脉络分级清楚，道路通顺，交通方便。

② 道路等级　居住小区内道路分为两套系统三个等级。

两套系统为车行与人行分流系统，可避免主要道路人行车行的干扰，另可提供安全、舒适的人行通道。

车行道路分级：一级道路为小区的环路，宽 11m，为全区主要框架。

二级道路为各级团内主要道路，宽 5m，为各组团间联系。

三级道路为宅前宅后路，宽 3m，为组团内交通组织，也为步行道。

③ 步行交通　为了体现居住小区的现代功能格局，以及提供高品质的居住环境，规划中建立了一整套相互联系的步行交通系统，并与绿化系统、水体有机结合，共同构成一个安全、舒适、怡人的生活环境。小区中部有一条明显的东西向步行带，它将小区入口、下沉式广场、钟塔、葡萄架、观景平台、水面和各公共建筑串联起来，并以此为主轴向四方各居住组团延伸，和组团内的中心绿地相连，到达宅前后小路。另一方面，又与小区滨河步行带环通，共同构成完整的步行交通网络。

（3）空间形态及景观分析

设计原则：营造形态丰富、疏密有致，优美怡人的景观特色。

整个小区分为中部、西北部低层控制区（以二、三层联立式为主）；东北、西南部为多层控制区（以四层为主的公寓），形成一条由东南向西北较为开阔的视觉走廊，并顺应地势延伸到西北面的山景和烈士陵园；从山上俯视，居住区的风貌也一览无余，组成整个香山风景区的一部分。

基地原有泄洪水塘，进行规划整治后，使之贯通相连，汇集到东西方向的河道中，自然流畅的水岸给居住小区的景观注入活跃的因素，使整体小区依山环水，自然景观十分优越。对水体的利用和适当改造，形成一条与视觉走廊相对应的蓝色走廊，成为一大景观特色。

住宅组团形态也由地形不同分别处理，滨水住宅沿河道、水池采用放散状空间组织，将视线引向水面。临街住宅采用平直或曲折组织空间，围合内向空间，避免外界干扰。

（4）绿化系统分析

设计原则：形成一个纵横交织，互联成网的绿化系统。

绿化系统分为以下几个层面。

① 中心绿化　因小区位于风景区附近，周围又为大片农田，自然生态环境良好，因此不设大面积的集中绿地，而是与中心公建及其周围散点的住宅组成中心绿地，使中心绿地、水面和中心步行系统结合组成本区的公共活动中心。

② 滨水绿化　与水体相呼应，以花卉、草坪、灌木等和滨水步行道及休息广场相结合。

③ 组团中心绿地　各组团内部以建筑围合成中心绿地，每一组团有 1～2 个，供老人和儿童休憩和游戏。

④ 沿街绿带　在主要道路两侧布置行道树，形成绿色轴线，纵横交织，组成网络。

（5）公共设施

分建布置，商业除沿街设一部分外，结合广场水面布置商店、餐饮、幼托、农贸市场、文化活动中心。文化活动中心也可以提供村民举行喜庆宴欢之用，满足农村日益提高的文化和传统习俗的需要。东块半圆广场和葡萄架、钟楼组成整体，高耸的钟楼成为本小区的标志和认知点。

西块结合公寓的布置设一半圆形下沉式广场，提供村民们自娱自乐组织各类演出活动，提高社区文化及文明程度。

(6) 土地使用平衡与技术经济指标（表 9-13、表 9-14）

表 9-13　东山村居住小区土地使用平衡表

用地项目	面积/hm²	人均面积/(m²/人)	占地比例/%
小区用地	27.6	78	100
住宅用地	12.9	26.5	46.8
公建用地	2.1	5.9	7.6
公共绿地	9.8	27.7	35.5
道路广场用地	2.7	7.8	10.1

表 9-14　东山村居住小区技术经济指标

住宅套数	885 套	住宅平均层数	3.1 层
居住人数	3540 人	人口净密度	274 人/hm²
总建筑面积	$15.04 \times 10^4 m^2$	住宅建筑净密度	43%
住宅建筑总面积	$13.59 \times 10^4 m^2$	容积率	55.1%
公共建筑总面积	$1.45 \times 10^4 m^2$	绿化率	35.5%

(7) 规划图

规划图如图 9-78～图 9-82 所示。

图 9-78　东山村居住小区总平面图

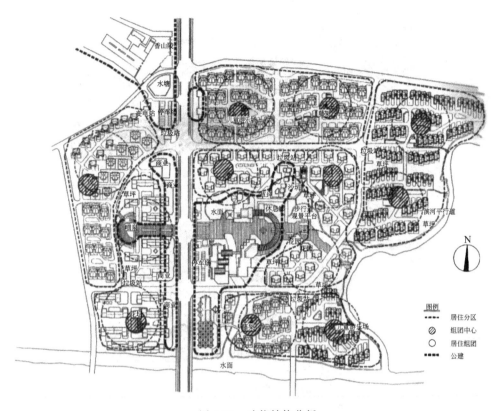

图 9-79 功能结构分析

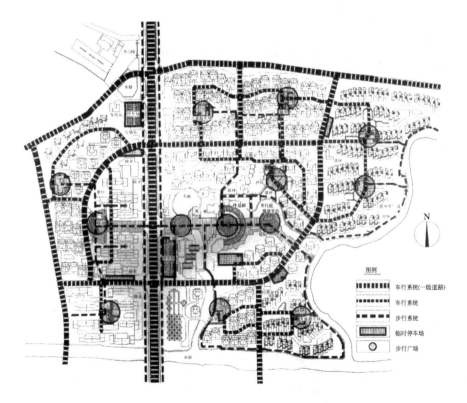

图 9-80 道路交通系统分析图

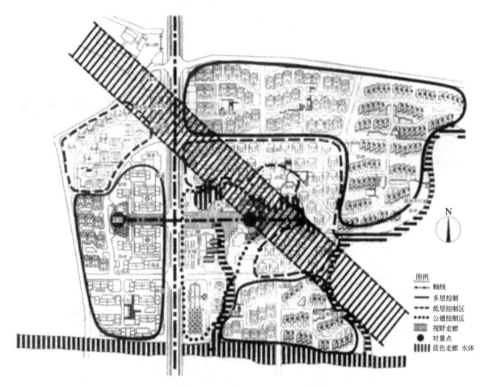

图 9-81　空间形态及景观分析

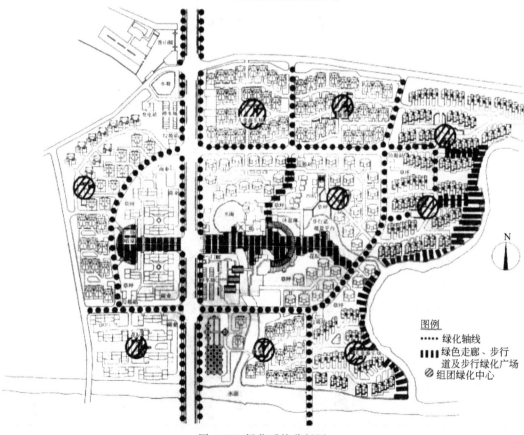

图 9-82　绿化系统分析图

9.3 福建省村镇住宅试点小区

9.3.1 福建省福清市龙田镇住宅示范小区规划设计

（设计：华新工程顾问国际有限公司 指导：骆中钊）

为了适应龙田镇经济蓬勃发展的需要，改善居住环境质量，体现高度文明的现代生活水平，根据龙田镇的总体规划，龙田镇党委、镇政府拟在镇区西北角建设住宅示范小区，以展现高度文明的现代化景象，引导广大群众按规划建设美好的家园。示范小区位于福清市区至高山的国家二级公路——大真路东侧，东邻已建镇区，是龙田镇镇区主要西入口。示范小区占地 11.88hm²，规划安排每幢建筑面积 300m² 的三层独立式住宅 202 幢。

（1）规划结构与功能布局

根据龙田镇的总体规划和现状，示范小区均可不设幼托、小学及相应的商业配套服务设施。

示范小区位于龙田镇的主要入口处，应努力展现龙田镇经济飞速发展以及现代文明的风姿，镇党委和镇政府希望扩大积库路二侧的绿地，同时考虑到龙田镇目前缺乏群众性公共活动场所的情况，在规划布局中，于示范小区的中心，跨积库路开辟了一个直径为 110m 的城镇中心广场，以供城镇居民的休闲及各项公共活动。积库路的北侧，在道路红线的基础上再后退 5m 以上以扩大城镇公共绿地，提高环境质量。

借助中心广场，布置彩虹柱廊，可兼作露天剧场，以提高广场的休闲功能。在跨越积库路的广场中心把人行天桥和龙田镇的标志——四龙戏珠塔巧妙地组合成塔桥，既可以方便跨越积库路两侧居民的交往和休闲活动，又可作为示范小区组合中心，形成了龙田镇独具风采的标志，大大加强了龙田镇入口的景观。

根据地形条件，以城镇公共活动的中心广场为核心，积库路南侧的住宅布置沿半圆形一环一环向外扩展至用地的边界，积库路北侧，即利用南侧小区半圆形主干道向北延伸的两个尽端圆形停车场为中心，组织向东西发展的居住组团。

在中心广场的两侧分别布置了社区服务中心和活动站，半圆形小区主干道的两个尽端和南侧两个中心位置各布置了一个服务点，为居民提供生活和小商品服务和各种方便条件，同时在社区服务中心，活动站和四个服务点，均布置水冲式公共厕所。

（2）道路系统

中心广场设步行和观赏双重功能的塔桥，避免人行、车行的交叉，它和以半圆环形的小区主干道形成了有机的车行和人行系统，把跨越积库路两侧的示范小区连成整体。这样，小区在积库路南、北两侧各有两个出入口。在一般情况下，进入镇中心的车辆是可以避免穿越居住区的，可以确保居住区的安全和宁静。而当利用中心广场举行大型公共活动时，可把中心广场东西两侧实行交通管制，车辆可在控制下，通过南侧半圆形的小区主干道进入镇中心。

由于本示范小区为独立式低层住宅区，每户均设有专用车库，为保证出入方便和安全，道路系统共分为四级：①小区主干道，道路红线宽 15m，车行道宽 6m；②组团道路，道路红线宽 12m，车行道宽 5.5m；③支路宽 3.5m；④宅前路宽 2.5m。

家庭用车停放在各家的专用车库；探亲访友的外来车辆可在小区主干道边划定的范围内停车。

（3）住宅组团与院落空间

根据道路系统的组织和用地条件，以示范小区中心广场为核心，形成两环的 13 个住宅组团，组团以公共绿地为中心，以道路的绿化相互隔离，加上各组团建筑色彩的变化，形成了形态、色彩各异的空间环境，提高了住宅组团识别性。

以四幢独立住宅组成一个休闲的院落，由若干个院落的独立式住宅组成一个居住组团。

考虑到目前居民的观念，以及远期的发展，在每幢住宅的南侧都布置了一个用镂空栏杆围成的私家庭院，并把独立式住宅底层的建筑面积和私家庭院面积总和控制在 160m² 左右。

（4）绿化与景观设计

如今，人们普遍认识到生态环境是人类赖以生存发展的基础。好的环境就能为人们提供空气清新、优雅舒适的居住条件，从而净化人们的心灵，陶冶高尚的情操，使得邻里关系和谐，家庭和睦幸福，人们安居乐业。因此，要提高住宅的功能质量，不仅要注重住宅建筑的质量，同时必须特别重视居住环境的质量。龙田镇党委、镇政府对此十分重视，明确地要求在规划设计中，要特别重视示范小区的绿化和景观设计。

小区绿化采用因地制宜的原则，借助城镇中心为核心，点、线、面相结合，形成以三条空间序列为主导的环状加十字的绿化系统，并在各主要节点及组团绿地、步行绿地分别布置形态各异的建筑小品及景色，根据不同位置，还可以配植名树异草，使其具有鲜明的地方特色。

本示范小区的住宅根据建设单位的要求，全部采用独立式住宅，这样，更应该注意院落及庭院的绿化布置。在施工图编制中应引起足够的重视，以努力使整个示范小区和每一幢住宅都十分和谐地融合在大自然的环境之中，从而创造出景观丰富，颇富乡土气息的示范小区。

（5）技术经济指标（表 9-15）

表 9-15 龙田镇住宅示范小区技术经济指标

项　　目	计量单位	数值	所占比重/%	人均面积/(m²/人)
一、小区总用地	hm²	11.88	100	106.93
1. 居住用地	hm²	8.63	72.64	77.68
2. 公建用地	hm²	0.36	3.00	3.24
3. 道路用地	hm²	2.14	18.00	19.26
4. 公共绿地	hm²	0.75	6.36	6.75
二、居住套数	套	202		
三、居住人数	人	1111（因村镇多为三代同堂，每户按 5.5 人计）		
四、总建筑面积	m²	63150.69	100	56.84
1. 居住建筑面积	m²	62650.69	99.21	56.39
2. 公共建筑面积	m²	500	0.79	0.45
五、住宅平均层数	层	3		
六、人口净密度	人/hm²	128.74		
七、居住建筑面积净密度	10⁴m²/hm²	0.73		
八、小区建筑面积密度	10⁴m²/hm²	0.53		
九、小区总建筑密度	%	21.14		
十、小区绿地率	%	60.85		

（6）规划图

规划图如图 9-83～图 9-91 所示。

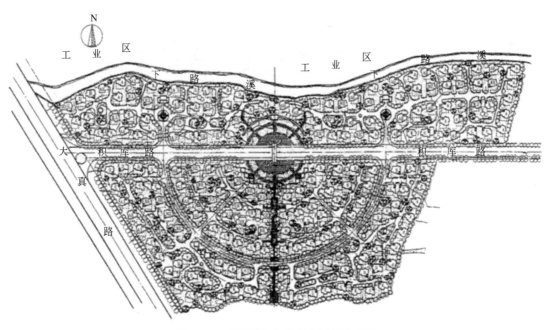

图 9-83 龙田镇住宅示范小区总体规划

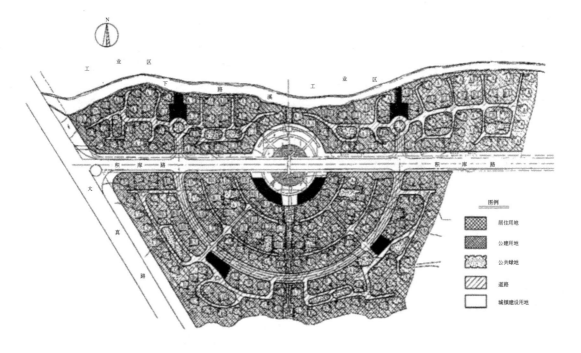

图 9-84 用地分析

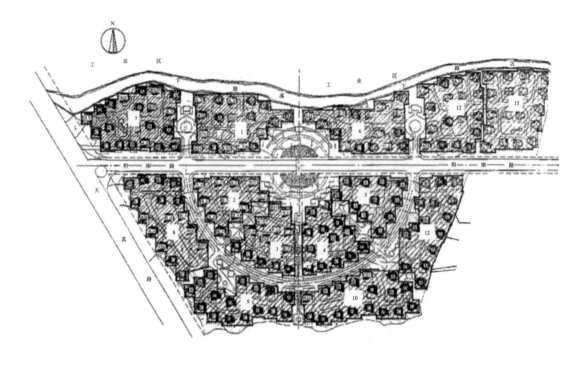

图 9-85　组团分析

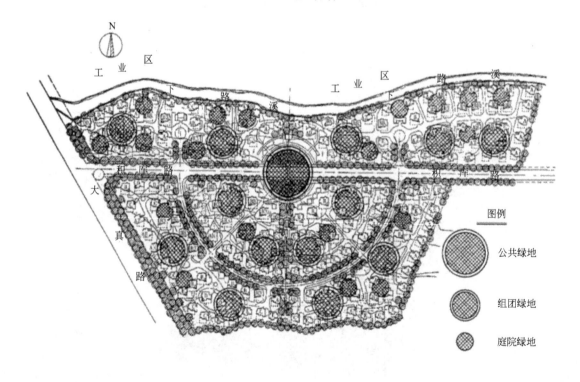

图 9-86　绿地系统

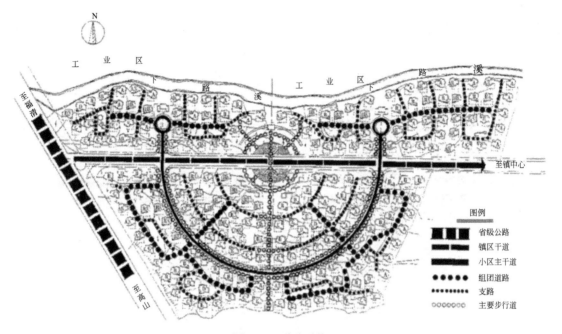

图 9-87　道路系统

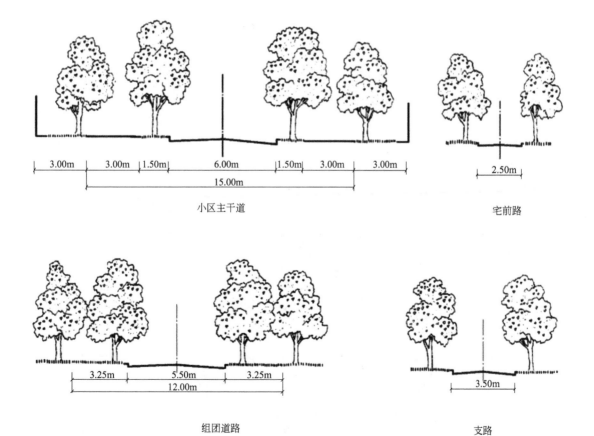

图 9-88　道路断面

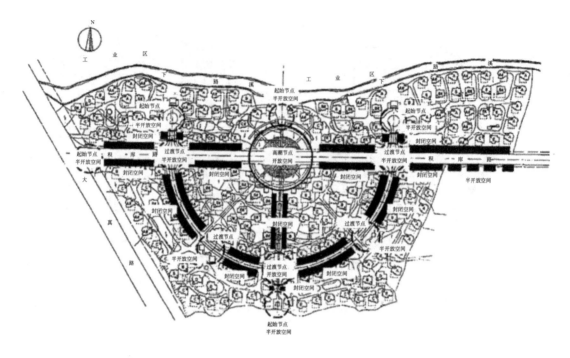

图 9-89　空间序列分析

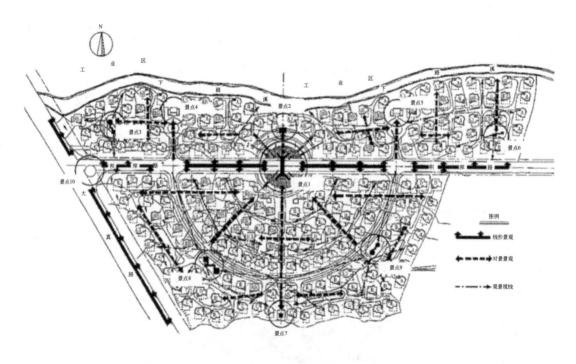

图 9-90　景观分析

图 9-91 模型

9.3.2 福建省闽侯县青口镇住宅示范小区规划设计

（设计：华新工程顾问国际有限公司 指导：骆中钊）

青口镇位于闽江下游，乌龙江南岸的峡南片区，是福州市闽侯县东南端福厦走廊进入福州的南大门。东南汽车城在青口镇建成投产将加快青口镇的经济发展。为了适应经济蓬勃发展的需要，拟在镇区总体的西北角，建设占地 9.765hm² 的住宅示范小区，规划安排低层拼联式低层住宅两个组团和多层公寓式住宅三个组团，共 480 套，可居住 1680 人，平均占地 203.44m²/户，人均占地 58.13m²。

（1）规划结构与功能布局

示范小区是青口镇城镇规划的一个重要组成部分，其南面为城镇的主要干道——新城大道，北面隔路为已建自然村落。规划时，以环境舒适、生活方便及有利于物业管理为原则，及时考虑到其建设将作为青口镇城镇居住建设的样板这一因素，根据青口镇党委和镇政府的要求，结合自然地形和道路条件，形成了以低层拼联式住宅组成的北区（包括新开河道东、西两侧的 1、2 组团）和以多层公寓式住宅组成的南区（3、4、5 组团）。在小区的中心布置社区服务中心（包括物业管理用房、老人活动站、水冲式公共厕所）和满足本居住小区及相邻小区所需的幼儿园、托儿所；在南区南端临近新城大道布置了两层的商业用房，以满足小区居民的购物要求，并充分发挥其经济效益。

（2）道路系统

根据城镇总体规划，示范小区在南、东、西布置了三个主要出入口。弯曲有序的小区 T 型主干道，环形的组团道路和进入院落或住宅的支路，形成既与城镇总体规划道路网相互衔接，又具有相对独立性与完整性的小区道路系统；既保证了居民的出行方便，又有效地防止了外来车辆的穿行。

在组团道路的组织中，合理布置了车行路线和停车场地，努力避免人流和车流的交叉。北区为低层拼联式住宅区，每户均设有专用停车库，车行路线避开了组团绿地和院落，减少车行对人们休憩场地的干扰；南区为多层公寓式住宅区，在每个组团的中间设绿阴停车场和住宅底层架空的停车位，严禁一般车辆进入院落，确保了居民休憩、出行的安全。

小区主干道采用单侧集中布置人行道的设计手法，保证人行道有足够的宽度，既便于居民出行，又为居民创造一个富有变化，利于交往的休憩绿廊。

小区道路分三级，小区主干道道路红线宽 15m，车行道宽 7m；组团道路道路红线宽12m，车行道宽 6m；支路宽 3.5m。

（3）住宅组团与院落空间

由南、北两区五个组团构成了示范小区的主体，每个组团依用地条件而形态各异。南区为多层公寓式住宅区，分为三个住宅组团，每个组团均由若干院落组成。每个院落由两幢多层公寓式住宅组成，结合绿地、树阴布置构成颇具浓郁生活气息的基本邻里单位，院落内严禁车辆进入。它的安全和富于变化的空间形态，为居民创造了良好的邻里交往空间和休憩环境，注意解决了邻里交往与居住私密性的矛盾，两幢住宅之间的最小距离都控制在 12m 以上。

（4）绿化与景观设计

绿化是提高小区环境质量的必要条件和自然基础，小区的绿化采取因地制宜的原则，以小区整体结构为基础，形成具有地方特色的绿化系统，并密切结合场地雨水排放的需要。小区公共绿地结合新辟的河道形成了小区中心。在每个组团的中心结合建筑小品和绿化布置，形成了风格各异的绿地。由前后两幢住宅的底层架空部分和间隔空地组成了供居民交往、纳凉的院落绿地。通过小区主干道的组团道路的绿廊，把这三部分公共绿地串联成点、线、面结合的小区绿化系统。

小区的景观设计，首先注意了小区主干道和组团道路的"线形景观"，在小区南端临街部分即着重于沿新城大道的沿街景观设计，对于小区北边临街部分，如建设中需增加的商业设施，也可把低层拼联式的住宅增加底部架空层。

在小区和组团的公共绿地中都分别布置了风格独特的建筑小品，以活跃绿地的气氛。

（5）技术经济指标（表 9-16）

表 9-16 青口镇住宅示范小区综合技术经济指标一览表

项 目	计量单位	数值	所占比例/%	人均面积/(m²/人)
一、小区总用地	hm²	9.675	100	58.13
1. 居住用地	hm²	6.843	70.08	40.47
2. 公建用地	hm²	0.581	5.95	3.46
3. 道路用地	hm²	1.543	15.8	9.18
4. 公共绿地	hm²	0.7977	8.17	4.75
二、居住套数	套	480(低层 94 套，多层 386 套)		
三、居住人数	人	1680		
四、总建筑面积	m²	60104.95	100	35.78
1. 居住建筑面积	m²	54804.95	91.18	32.62
2. 公共建筑面积	m²	5300	8.82	3.16
五、住宅平均层数	层	3.91		
六、人口净密度	人/hm²	234.41		
七、居住建筑面积净密度	10⁴m²/hm²	0.77		
八、小区建筑面积密度	10⁴m²/hm²	0.62		
九、小区总建筑密度	%	14.36		
十、小区绿地率	%	47.28		

（6）规划图

规划图如图 9-92～图 9-101 所示。

图 9-92 青口镇住宅示范小区总平面图

图 9-93 用地分析

图 9-94　组团分析

图 9-95　道路系统

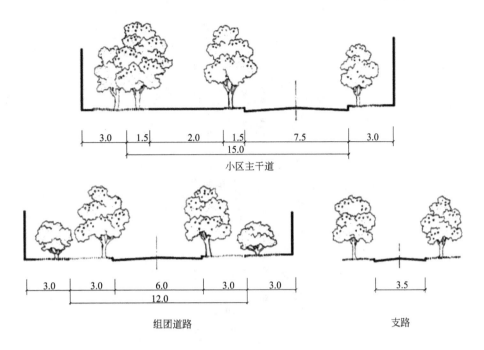

| 3.0 | 1.5 | 2.0 | 1.5 | 7.5 | 3.0 |

15.0

小区主干道

| 3.0 | 3.0 | 6.0 | 3.0 | 3.0 |

12.0

组团道路

3.5

支路

图 9-96　道路断面

■ 室内车库　　■ 绿荫停车

图 9-97　停车场布置

图 9-98 景观分析

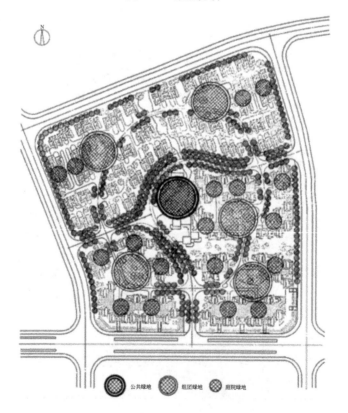

图 9-99 绿化系统

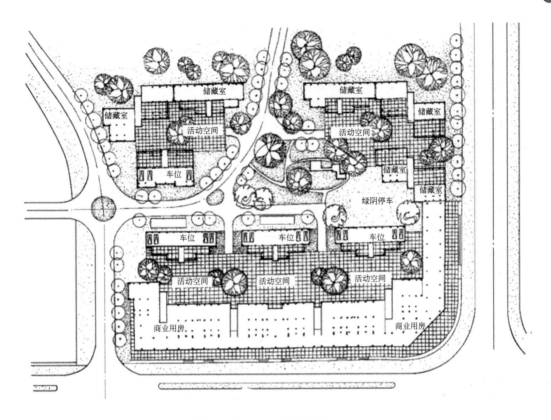

图 9-100 院落分析

图 9-101 模型

9.3.3 厦门市同安区西柯镇潘涂小区规划设计

（设计：福建村镇建设发展中心 范琴 指导：骆中钊）

厦门市同安区西柯镇潘涂住宅小区位于厦门岛外同集路东侧，北邻官浔溪，东望东嘴港湾，西近凯歌高尔夫球场和美人山。小区地理位置和交通条件都十分优越，公共设施也较为完善。小区的东侧已建有幼儿园、小学和中学。规划区内现有 1 条东西走向、14m 宽的主干道，道路两侧都建有 1 幢 4 层商住楼。

规划区地势较为平缓，呈西南高、东北低，气候温和，阳光充足。

小区规划根据自然地形和道路条件进行设计。规划总体构想是充分体现传统文化和时代精神的有机结合，力求展现高度文明的现代气息和富有地方风貌的历史文脉，营造温馨和谐氛围的居住环境，使其建设成为村民的美好家园。

小区规划用地面积为 4.83hm²，建筑总面积为 50589.3m²（其中：住宅 39231.3m²，公建 11358m²），容积率为 1.05，建筑密度为 33.2%，绿地率为 38%，人均公共绿地 6.4m²。小区规划居住 137 户、685 人。

（1）规划布局

① 小区功能布局，除已建沿街商住楼和文教配置设施外，在已建干道入口处的北侧布置村委会大楼，南侧布置综合楼，并在两幢大楼中间组织了供人们休闲活动的广场，完善了公共设备的配套。

② 根据已建的主干道及其两侧的商住楼把住宅小区划分成南北两部分的地形特点现状，南面组织一个组团，北面组织两个组团，从而克服了北侧用地东西过长的缺点。

③ 把组团公共绿地布置在已建商住楼和新建住宅之间，使得已建的沿街商住楼和新建的住宅组群有机地组成一个完整的群体，既克服了沿街一排房呆板的布局，又为住宅院落式的组群布置创造了条件，从而避免了排排房单调的住宅组群形态，形成了一个富于变化的居住小区，为居民提供一个安全、宁静、舒适的人居环境。

④ 住宅单体的合理设计为多户拼联创造了有利条件，形成院落式的住宅组群。这样，不仅弘扬了传统民居平面布局的优秀特点，创造了一个人车分流的交通系统，也为居民创造了一个不受任何车辆干扰的休闲和密切邻里关系的内庭，充分体现了以人为本的设计思想。

⑤ 为了展现新建住宅小区的崭新风貌，把南侧组团的沿街一层商铺布置了南北朝向的拼联式住宅，使其与其他住宅形成有机的整体。

（2）朝向与间距

① 潘涂住宅小区所在位置属于南亚热带海洋性季风气候，气温温和，日照充足，雨量充沛，台风影响季节较长，有明显干湿季之分，夏季主导风向为东南风，冬季主导风向为东北风。根据实际地形和现状，住宅布置与街道平行，坐北朝南偏东 3 度，为住宅取得较好的朝向。

② 根据日照计算，并考虑采光、通风、防灾和居住私密性要求，住宅南北向间距不小于 10m，山墙面积不小于 4m。

（3）道路交通

小区交通道路分为四级：①小区主干道，道路红线宽 20m，其中车行道 14m，双侧为人行道；②小区次干道，道路红线 12m，设单侧人行道，人行道、车行道各为 6m；③组团道路：车行道4m；④入户车行道，路宽2.5m。在道路的布置中，结合住宅院落式的住宅组群，力求入户车行道为两侧的住宅服务，既减少了道路的长度，又可实现人车分离，为住宅组群创造了一个供人们休闲交往的内庭空间。

家庭用车停放在各家的专用车库中，探亲访友的外来车辆停放在组团主入口处和公共建筑底层设置的停车场。

（4）绿化与环境景观

小区绿地因地制宜，以组团绿地为组团的核心，形成组团绿地-院落绿地（或宅间绿地）和道路绿化的点、线、面绿化系统。在各主要结点及组团绿地、院落绿地、步行绿地分别布置形态各异的建筑小品，根据不同位置配植各具特色的花草、树木，使其具有鲜明的地方特色，环境景观具有较强的识别性。小区入口处村委会大楼和综合楼之间组成的广场，其水景、绿景、小品与组团绿地景观遥相呼应，相互衬托，营造了和谐、宜人的人性空间。

（5）经济技术指标（表9-17）

表9-17 西柯镇潘涂小区经济技术指标

项目	指标	项目	指标
规划建设用地	4.8hm^2	建筑密度	33.2%
住宅用地	27132m^2	绿地率	38.0%
公建用地	11364m^2	容积率	1.05
道路用地	5594m^2	居住户数	137户
公共绿地	4417m^2	居住人口	685人
人均公共绿地	4.4m^2/人		

（6）规划图（图9-102～图9-104）

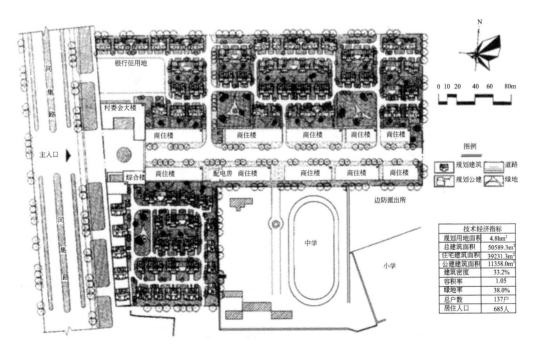

图9-102 西柯镇潘涂小区总平面布置

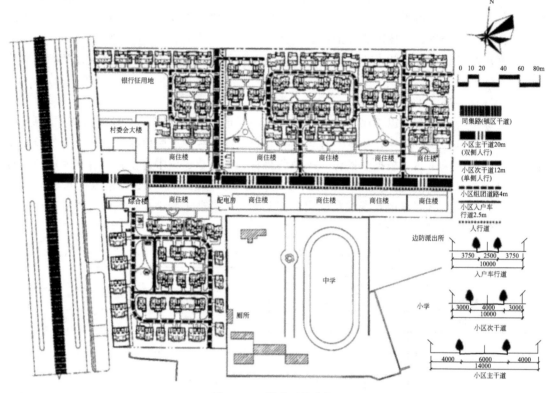

图 9-103 道路系统分析

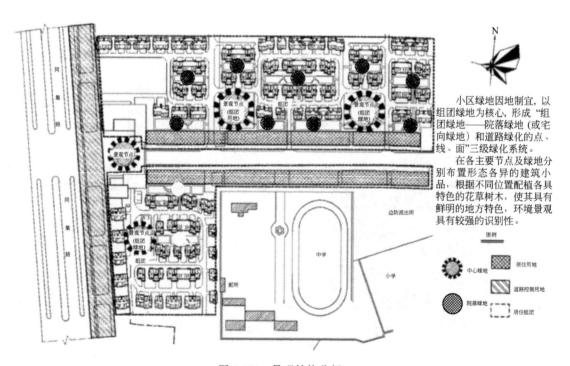

小区绿地因地制宜，以组团绿地为核心，形成"组团绿地——院落绿地（或宅向绿地）和道路绿化的点、线、面"三级绿化系统。

在各主要节点及绿地分别布置形态各异的建筑小品，根据不同位置配植各具特色的花草树木，使其具有鲜明的地方特色，环境景观具有较强的识别性。

图 9-104 景观结构分析

9.3.4　明溪县余厝小区规划

设计：陕西省城乡规划设计研究院厦门分院冯惠玲　指导：骆中钊

余厝小区地处明溪县城中心区，县实验小学东侧，距县政府不到 400m，小区区位优势明显，具有较高的开发价值，现状小区北侧为机关企事业单位用地，东侧有数排私人住房，其余大部分为农用地，小区地形高低起伏大，最大高差超过 20m。

由于小区内地坪标高比城市道路低 3~6m，因此，规划中巧妙利用该标高差，城市道路标高以下部分的半地下室用作车库或沿街商铺的半地下仓库，既不影响城市景观，又方便商铺或小区居民的使用，小区内住宅围绕面积近 4000m² 的中心绿地，呈院落式布置，住宅层数从西向东依次降低，结合西高东低的地形，从而呈现高低错落，并与东部低层住宅有机融合的完整小区。

整个小区共占地 14.6hm²，新建建筑面积 15.8×10⁴m²，总容积率 1.53，建筑密度 29.6%，绿地率 35.3%，新增住户 908 户（图 9-105~图 9-108）。

图 9-105　明溪县余厝住宅小区示意

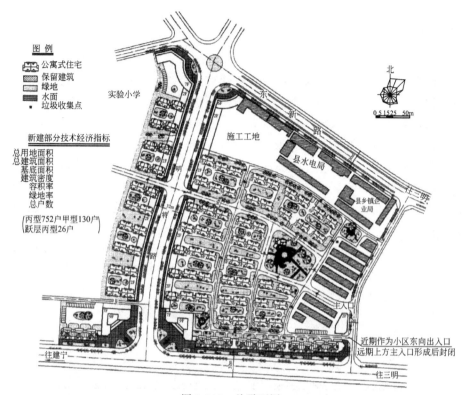

图例
- 公寓式住宅
- 保留建筑
- 绿地
- 水面
- ■ 垃圾收集点

新建部分技术经济指标
总用地面积
总建筑面积
基底面积
建筑密度
容积率
绿地率
总户数

（丙型752户甲型130户）
（跃层丙型26户）

实验小学

东　新　路

施工工地

县水电局

县乡镇企业局

往三明

北

0 5 15 25　50m

往建宁

往三明

近期作为小区东向出入口
远期上方主入口形成后封闭

主入口

图 9-106　总平面图

实验小学

图例
- 城市过境道路
- 城市主干道
- 小区主干道
- 小区组团道路
- 入户车行道

施工工地

县水电局

镇企业局

北

0 5 15 25　50m

图 9-107　道路交通分析图

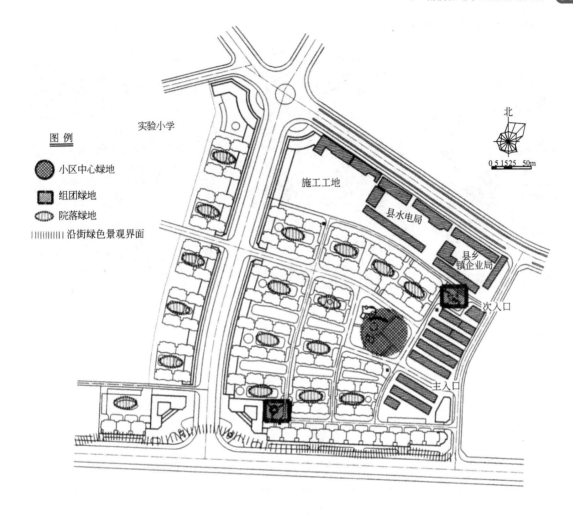

图例

⬤ 小区中心绿地

▨ 组团绿地

⬭ 院落绿地

|||||| 沿街绿色景观界面

实验小学

施工工地

县水电局

县乡镇企业局

次入口

主入口

北

0 5 15 25　50m

图 9-108　绿地景观系统图

9.3.5　明溪县西门住宅小区规划

（设计：陕西省城乡规划设计研究院厦门分院冯惠玲　指导：骆中钊）

西门住宅小区位于明溪县城关西侧，是西向人流、车辆入城必经之路，作为入城门户之地，现状建筑以私人建房为主，多数较为破旧，沿北侧街道为单位新建房屋，但总体建筑面貌较差，缺乏城市公共绿地，小区内住房拥挤不堪。

为改善城市门户景观，规划将西侧的三角地改建为城市街头绿地广场，形成入城的第一道风景线，小区内侧依据周边城市道路的走向，围绕中心绿地分别布置了三个组团，各组团住宅采用院落式住宅组群方式，避免了排排房的单调呆板，并创造出一个仅供人行的步行院落。同时规划中有意识地将新旧建筑并联建设，积极通过院落式的住宅组群方式，使小区新旧建筑变零乱为组织有序，通过良好的规划，从而形成立面造型美观、富于变化，精美的入城门户新景观，有效改善城市第一印象。

小区总占地 7hm²，总建筑面积 7.2×10⁴m²，容积率仅为 1.02，建筑密度 28.9%，绿地率 35.2%。

规划图如图 9-109～图 9-112 所示。

图 9-109　明溪县西门住宅小区鸟瞰

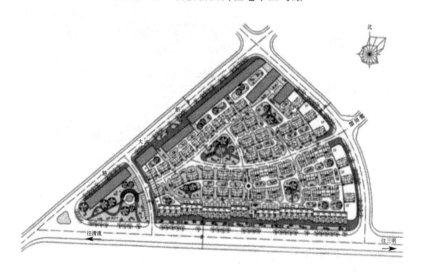

图 9-110　明溪县西门住宅小区总平面图

9.3.6　连城县莲峰镇西康居住小区规划

（设计：龙岩市规划设计院陈雄超　指导：骆中钊）

西康居住小区位于连城县城的西侧，紧靠县城外环路，与县城东侧的冠豸山遥相呼应。小区坐落于南北两座小山头上，地形起伏较大，坡度陡。

规划中，本着尊重现状地形地貌，减少土石方量，创造高低起伏的山地住宅模式的思想，小区围绕两个山头分成两个组团，道路顺等高线设置，住宅也依山就势，呈中间高，四周低的台阶式布置。很好地利用特有地形，形成独特的小区建筑呈现。小区中部沿外环路设一小区中心绿地广场，设有步行出入口和车行出入口，广场与沿街商住共同形成小区的公共活动中心。另外小区的两个组团山头，车辆无法到达的地方设置组团绿地，组团绿地为小区的最高点，登高望远，可远眺远处冠豸山美丽的山景，从而既保证了小区的景观独特性，又

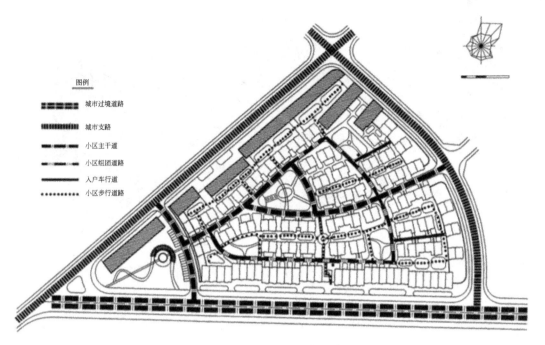

图 9-111　道路交通分析图

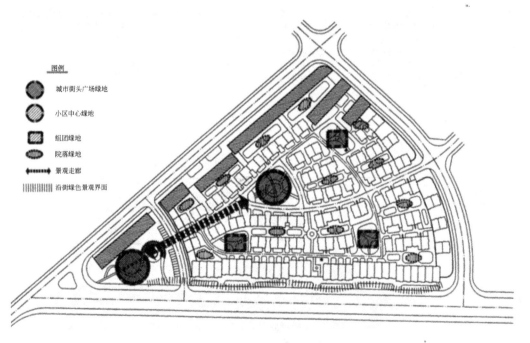

图 9-112　绿地景观系统图

减少了土方量，节约工程造价。

小区总用地面积 9.6hm²，总建筑面积 8.06×10⁴m²，建筑密度 26.0%，绿地率高达 35.5%，总居住户数 200 户，居住人口 800 人。

规划图如图 9-113～图 9-117 所示。

图 9-113　莲峰镇西康居住小区鸟瞰

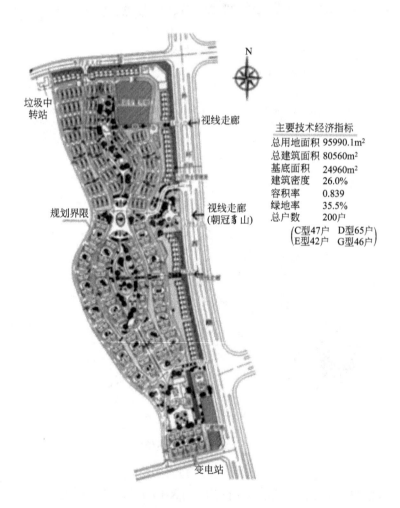

垃圾中转站

视线走廊

规划界限

视线走廊
(朝冠豸山)

变电站

主要技术经济指标
总用地面积 95990.1m²
总建筑面积 80560m²
基底面积 24960m²
建筑密度 26.0%
容积率 0.839
绿地率 35.5%
总户数 200户
（C型47户　D型65户
　E型42户　G型46户）

图 9-114　莲峰镇西康居住小区总平面布局

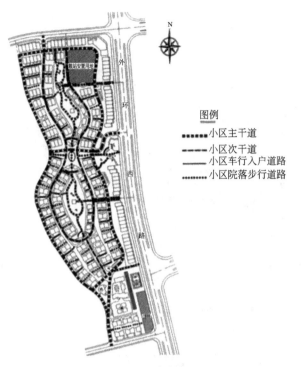

图 9-115 道路交通

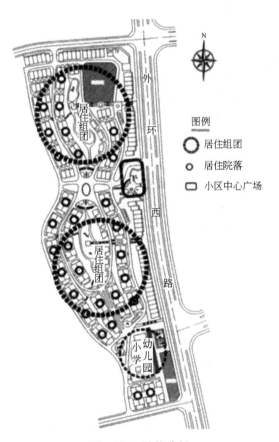

图 9-116 结构分析

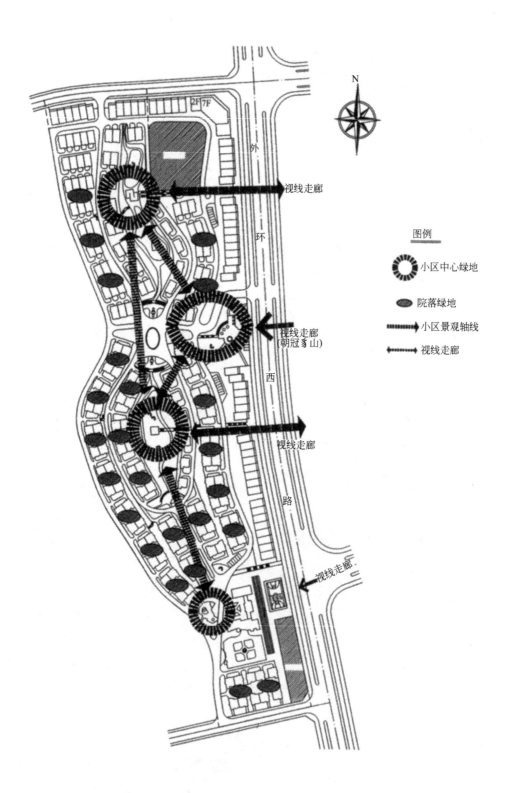

图 9-117 绿地系统

9.3.7 南安市水头镇福兴小区

设计：福建村镇建设发展中心

水头镇是南安市对外开放和经济发展重镇。作为镇区总体规划第一期工程的福兴商贸小区，占地面积约 11hm²，拆迁 148 户，16 个单位，拆迁面积 5.8×10⁴m²。新建总建筑面积 16 ×10⁴m²，分两批实施，首批工程 4 幢商住楼及一条步行商品街；第二批工程 20 幢商住楼及一幢商贸大厦。小区容积率 1.49，建筑密度 30%，绿化率达 36%（图 9-118～图 9-124）。

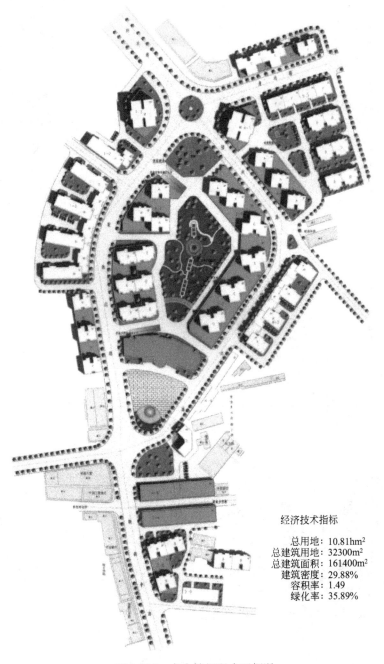

经济技术指标

总用地：10.81hm²
总建筑用地：32300m²
总建筑面积：161400m²
建筑密度：29.88%
容积率：1.49
绿化率：35.89%

图 9-118　水头镇福兴小区概况

图 9-119　水头镇福兴小区示意一

图 9-120　水头镇福兴小区示意二

图 9-121 水头镇福兴小区示意三

图 9-122 水头镇福兴小区示意四

图 9-123　水头镇福兴小区示意五

图 9-124　水头镇福兴小区示意六

9.4 住宅小区规划

9.4.1　福建省惠安县螺城镇北关商住区规划

（设计：中国建筑技术研究院村镇规划设计研究所　指导：骆中钊）

惠安县属福建省泉州市，地处闽东南沿海湄洲湾和泉州湾之间，螺城镇是惠安县人民政府所在地。西北依山，新福厦公路从东边擦城而过，形成了南北窄长的城区。螺城镇位于福厦公路的中点，南距泉州市区 29km，距厦门 137km；北距莆田市 59km，距省会福州市 169km；随着惠安东北部肖厝经济开发区的建设和发展，惠安县正为县改市作准备，经济发展重心也开始北移。为适应经济的迅速发展和加快旧城改造的实施，开辟北关商住区已成为当务之急。受惠安县人民政府的委托，在总体规划的基础上，我们本着舒适、安全、新颖、独特的原则，对处于新旧福厦公路夹角处的北关商住区控制性规划，现提请审议。

（1）位置与环境

规划用地处于县城北关，新旧福厦公路入口的交叉地段，呈北高南低、北窄南宽的三角形坡地。西临城区主要生活交通干道——建设大街（旧福厦公路），新福厦公路（过境公路）于东面擦城而过。过境公路与城区设置 20m 宽的绿化隔离带。南面为尚待开发的住宅区。这对于夏季多偏东风，秋至及早春则多东北风的惠安来说，这里拟用作商住用地是合适的。

（2）性质的确定

随着石油化基地的形成，湄洲湾肖厝港的发展和肖厝经济开发区的建设，惠安县改市势在必行，城区的发展将随之向北扩展。因此，北关商住区不仅是以缓解旧城区矛盾成为城市发展的新区，而且也将成为城市发展后的经济、贸易、金融中心以及新的行政中心。鉴此，北关商住区应包括除住宅以外的新型大小商业、金融、贸易、娱乐设施，同时尚应考虑到建设新行政机构的可能。

（3）规划指导思想

① 起步高上档次，建设山水城市。

② 弘扬传统文化，展现时代风貌。

③ 基础设施齐全，方便人们生活。

④ 留有足够弹性，具备可操作性。

⑤ 近远期相结合，便于逐步实施。

（4）规划设计

1）道路系统与交通组织

道路系统的合理布置，为创造舒适的环境、安全的交通和组织街道、街区的景观提供了先决条件。在对道路的密度、宽度、线形和功能分析的基础上，布置了一号路及三号路作为新、旧福厦公路之间通过商住区的主要道路，并于商住区中间设连接一号路及三号路的南北向二号路，为了方便生活，还适当布置了几条次要道路。一号路是道路红线 32m 宽的商业街，二号路是道路红线 24m 宽的林荫道，三号路是道路红线 18m 宽的林荫道。

为了沟通螺城镇商业中的广场与周围集中绿地的关系，沿螺城商业中心外围布置了步行街，使建筑与环境互为依存，融为一体。

停车的问题是现代交通组织中的一个主要问题，在商业中心和娱乐中心分设地下停车场。在二号路建设大街的入口处和综合行政大楼的庭院设地下停车场。在住宅组团里于多层住宅的底层分设供用户使用的停车场。

2）街区划分与住宅组团

根据地形条件、道路的分布，把小区划分为南北二个街区，每个街区均由三个住宅组团组成。每个街区设一幼托机构。二个街区之间通过二号路的林荫道和集中绿地、小学、商业中心连成一片，形成了一个有机组织的商住区。

3）绿化建设和城市景观

人离开自然，又要返回自然。山、水与城市浑然一体，对于形成特色起着极其重要的作用。在这方面中西有其一致性，但又不尽一样，形成了独具风采的中国园林。随着科学的进步、技术的发展，人们越来越意识到，必须尽力维持生态平衡，保护人类赖以生存的地球，创造幽雅的环境，这就提倡必须把人工环境与自然环境相协调地发展，形成二者相融合的人类聚居环境。

在北关商住区的规划中，着重于立足大环境，回归大自然，创造园林式的居住小区。

北关商住区位于城区北端坡地的高处，与西部省级风景区科山、螺山、莲花山、大坪山、潘山等相对。考虑到两者的关系，努力把它们作为一个整体进行规划。清晨，在商住区可以观赏到朝霞映照，层林皆染、连绵起伏群峰的英姿和独具风采的景点。夕阳西下，拾级登峰，可饱览楼群与园林绿化掩映的动人景象。规划中螺城商业中心广场的激光音乐喷泉和圆弧镜面玻璃幕墙形成的五光十色在高低错落的楼群和景点的烘托下，以其富于变幻的景象给夜幕增添了活力。不管是散步于螺城商业中心广场，或于台阶式的露台上消夏纳凉，这水与山、彩光与夜幕交织在一起的夜景，又将给人们带来凉意和乐趣，使得山与城，遥相呼应、互为借景、互为衬托，相映成趣，浑然一体，把自然环境的迷人景观和城区动人的新貌相结合，颇富生气，极其诱人。

由点（住宅组团中的小绿化）、线（林荫道）、面（集中绿地）组成的绿化系统和建筑物错落有序的布置形成了以五个节点为主，连接区段构成的时开时闭对比变幻的二条空间序列。

节点Ⅰ　一般开放的广场组成一个半封闭空间，把人们引向一号路商业街。

节点Ⅱ　以商业街交叉路口四周的商业建筑组成封闭空间，充满浓郁的商业气氛，使其与二号路的浓荫形成对比，起到过渡节点的作用。

节点Ⅲ　由集中绿地假山、石雕、喷泉、楼亭等景点与螺城商业中心及其广场构成一个既分又合的开放空间，成为小区的核心节点。

节点Ⅳ　以半封闭的内庭和景点组成半封闭空间。

节点Ⅴ　以城雕和绿地、水池组织一个开放的起始节点。

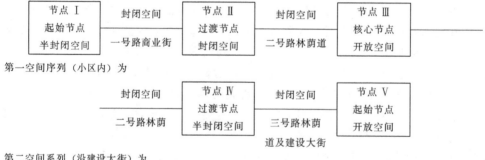

第一空间序列（小区内）为

第二空间系列（沿建设大街）为

在空间体形的环境设计中，以封闭的街道轴线组织对景的景点，使其更加引人注目。在小区内根据不同的位置，布置了以石雕、楼亭为主，在内容和形式上均颇富地方特色的八个主要景点（表9-18），通过景观组织，使其达到小中见大，步移景变。以绿树浓荫、山石亭台、小桥流水等幽雅情趣，形成了以人为中心的环境设计，从而以颇富诗情画意的环境陶冶人们的高尚情操。也使得城市环境更具邻里和睦、乡土气息和繁荣景象的人情味。

尽管这里地处南亚热带。四季有花长见雨，一冬无雪却闻雷。然而在旧城区里只见山不见水，树木稀少。无水不成园。在北关商住区的规划中，注重了对水的构想，中心绿地自由曲折的大片水面，城区北入口的成片水池，屋顶露天游泳池和庭院内的戏水池，中心广场上的激光音乐喷泉，不仅为各主要景点的特色增加了活力，而且也为改善居住区的小气候创造良好的条件。

表 9-18　小区主要景点一览表

景点	特　征
A	以石雕为主题，配以水池、树木、背景为镜面玻璃幕墙
B	以穹隆顶凉亭为主，配以庭院绿化及戏水池
C	以楼亭及建筑物组团错落有序的群体景点
D	以单层重檐古亭及花架连廊组成园林景点
E	以半角楼亭及建筑物组成层次丰富的景点
F	以假山为主题，配以自然曲折的水面，背景以榕树衬托
G	激光音乐喷泉以水池、花坛及广场
H	以石群雕作为城雕主题，以水池、绿化、镜面玻璃幕墙衬托

4）建筑特征和城市风貌

建筑造型特征及其群体效果是影响城市风貌诸因素中极其重要的因素之一。

闽南一带的建筑自古以来就以其极为精美，备受赞誉。不管是古朴典雅的古民居、融多种文化于一体的近代民居或丰富多彩的现代民居，它们都以那富于变化的层次，优美柔和的曲线，吉祥艳丽的色彩，华丽精湛的装饰形成独具风采的建筑特征。它们与充满繁荣景象的骑楼商业构成了这里不仅繁华且富闽南侨乡生活气息的城市风貌。通过对这些特征的分析，使我们看到这其中蕴存着中华民族弥足珍贵的传统文化和这里独特的民情风俗、气候特点，也富含着广大侨胞辛酸泪、创业史和对故土的眷恋。因此，在规划中，我们着眼于发掘这丰富的文化内涵，以求在弘扬传统的基础上，创造富有时代气息、风格独特的城市风貌。

① 建筑与街区

a. 螺城商业中心的构想。现代社会讲究高效率，舒适和方便。因此，集商贸、娱乐、健身、餐饮及文化熏陶等为一体的大容量、多功能、全设施的大型商场成为城市现代化的重要标志之一。

北关商住区既是现在县城的新区，也将是日后城市发展的中心。建设大街是城区内贯穿南北的主要生活交通干道。在规划中，于二个街区之间的中间地段布置了以螺城商业中心为组合中心，配以广场、集中绿地的核心结点，使得这里成为规划的重点。

在总体布局上，借鉴于传统的建筑布局，以半圆形层次丰富、立面高低错落的建筑群显示了丰富的文化内涵，地下设停车场，地上一至三层为台阶式的露台骑楼商场、四层以上为写字楼，这不仅可以利用台阶式的露台裙房使人们自室外可以直上一层、二层和三层的骑楼商场，同时还可以利用露台加强垂直和屋顶绿化，为人们提供更多、更富生气的消夏纳凉空间，满足当地繁华夜市的需要。在造型处理上，更希望以飞檐等富于变化的提案及轮廓线展现这里传统建筑的神韵。利用现代技术的圆弧镜面玻璃幕墙映现西部诸峰更显多姿，也使得山与城更为融合，颇具时代气息。室外除设置供人们得以享受的各种现代化设施，如自动楼梯、集中空调等外，尚应以较深文化内涵布置富有情趣的绿化、喷泉等中庭，使之与露台上天井、垂直绿化通过玻璃天窗互为呼应，相映成趣。二层露台上，留出三个门洞，使得广场与集中绿地得以贯通。带有激光音乐喷泉的半圆形广场在空间组织上以其极大的内聚力，把人们引导到商业中心，同时更为人们提供一个举行各种传统民间活动、欢庆聚会和丰富人们夜生活的优美环境。成为显示城市风貌、人们向往的地方标志，为新区增加诱人的魅力。

b. 商业街的遐思。建设大街是城区的主要生活交通干道。路面宽阔、交通流量大，应以布置大型现代化的各种活动中心为主。为此，必须把繁荣的商业街引进区内，这不仅可以满足这里"有街无处不经商"的意识，而且能为再现"店面全敞开、骑楼生意旺"的闽南侨乡城市风貌创造一个特定的空间环境。规划中把一号路开辟为连结建设大街和福厦公路之间的商业大街。县城地处城乡结合部，即使这里改为市，也由于其与周围农村的密切关系，使得这里仍具有城镇的特色。因此，对于商业街的规划，建议不要开辟农贸市场，应努力保留坐商、摊商、挑商，层次丰富的经营特点，并为居民提供业余活动的空间。

商业街的建筑即应弘扬骑楼商业建筑的独特风貌，使其更富乡土气息和生活情趣。

c. 住宅设计的立意。这里的居民以其丰富的文化内涵而独放异彩，是我国居民建筑中一朵鲜艳的奇葩。在新区建设中，应该为人们创造一个长住久安和幽雅舒适的家居环境，以适应这里的民情风俗和现代生活的要求。住宅以多层为主，条件许可时，可建部分高层住宅。住宅设计方案的特点是每户占二层的跃居式住宅（即楼中楼）。一梯二户。根据街区内住宅组团的布置，楼梯可在南或在北。方案强调为适应这里的气候特点，设置了大进深的阳台，避免风雨直侵室内，创造了一个过滤热风和遮阳措施，为居民消夏交往和晾晒衣物提供了一个颇有特色的半私密性室外空间。考虑到这里的民情风俗，布置了大客厅，并使其与阳台直接相连，面向主要朝向（南或东），为亲友交往和家庭的各种主要活动创造一个半私密性空间。安排了良好的家居环境，动静分离，一层布置客厅、餐厅和厨房、厕所，把卧室和起居厅集中布置在二层。提供了可供灵活分隔的空间，以适应时代发展的需要。卫生间的布置是现代居住条件的重要组成部分，可根据要求在二楼设置一个、二个或多个卫生间，也可以形成套间卧室。

住宅组团和街区的布置，即着重于为居民提供各种便于交往和休憩的幽雅环境。每个组团中都有分散布置各异的小片绿地。区内主要道路的二号路、三号路加强了行道树和花卉的种植，使其成为绿树浓荫的林荫道。大片集中绿地的水面、群栽的榕树和独具风貌的亭廊为居民提供了更富地方特色的休息场所。园林绿化与住宅组团互为渗透，融为一体，使其别致的人造环境把人们带进大自然。

② 建筑分类与高度　规划中在建设大街的东侧布置一些大型的公共建筑，沿区内主要道路即安排低层骑楼，使其成为商业街，封闭了每个住宅组团。高层塔楼即点缀于其间。

在建筑高度上，应特别重视高低起伏，使得城市的天际轮廓线变化有序。规划中表示的层数仅作参考，应该在今后实施时根据实际情况进行调整，使其每幢建筑都有层次的变化。

③ 建筑造型与色彩　一个地方的建筑造型都受着其独特文脉的影响。它必须与自然环境、文化环境相互协调，与地区的经济、技术水平相适应。传统的连续性并不意味着停滞，而是意味着发展。建筑造型与色彩对特色的形成关系极大，不能不重视一个城市的主调、配调。但又应切忌千篇一律的单调呆板。今后必需加强对个体建筑设计的审查。尤其是传统建筑中层次丰富优美柔和弯曲的天际轮廓线和暖和艳丽的色调，与大自然是那么的融洽，更值得努力弘扬，使其在现代建筑中得以发展。

5）市政工程与配套设施

市政工程与配套设施的完善是保证现代生活的重要手段，在新区的建设时，应把它们协调统一布置。

① 给水管线　由建设大街的城区给水管网引进。日最高用水量为 $1640m^3$。小时最高用水量 $32.5m^3$。

② 排水工程　生活污水经化粪池处理后排入城区排水管网及集中组织排放。

③ 雨水　沿自然坡度排至道路两侧的加盖明沟，集中排向城区的雨水管网。

④ 电力　用电力电缆自建设大街城区电网引入 10kV 至高压配电站，再引至四个负荷区的变配所，电压由 10kV 变为 380V/220V，输送给用户。

⑤ 电讯、有线电视　均自建设大街引入，并沿区内主要道路两侧布置至用户。

⑥ 道路的管线综合时尚应预留出城市煤气（或管道石油气）的位置。

⑦ 环境卫生　为了方便居民，创造一个优美、洁净的环境，在每一个住宅组团和集中绿地的附近各布置一个带有梳妆洗手前室的高标准水冲式收费公共厕所。在区内主要道路，每隔100m设一果皮箱。垃圾采用塑料袋装，集中后统一处理。

⑧ 消防　除保证道路畅通外，尚应沿区内主要道路的一侧每隔120m设一消防栓，保护半径≤150m。

（5）健全措施，加强管理

山水城市的建设依赖于规划的实施，只有统一认识，上下一致，坚强措施，加强管理才能保证规划的实施。在实施中，既要重视近期建设，又要考虑长远的发展。既要提高土地的使用强度，更应重视合理利用。尤其是对于绿化用地绝对不可侵犯，也应切实保证建筑物有足够的间距。

在小区建设规划实施的同时，必须制定周密的管理措施，方能保证规划的实现和完善。

（6）规划图

规划图如图9-125～图9-130所示。

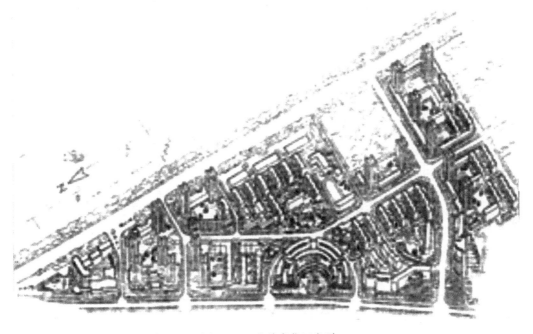

图9-125　北关商住区鸟瞰

（7）结束语

规划从宏观上对小区建设提出了一些设想，在建设中应严格控制。然而这毕竟是抛砖引玉，希望建筑师在单体建筑设计时能立足于环境，根据具体条件，努力创造，更上一层楼。

9.4.2　崇武镇前垵村旧村改造规划设计

（设计：深圳中海世纪建筑设计有限公司　郭炳南等）

9.4.2.1　规划背景

（1）区位

惠安县地处北纬24°49′～25°15′，东经118°38′～119°05′，位于福建省东南沿海，泉

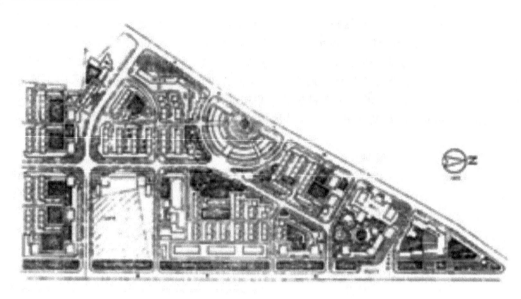

图 9-126 北关商住区总平面图

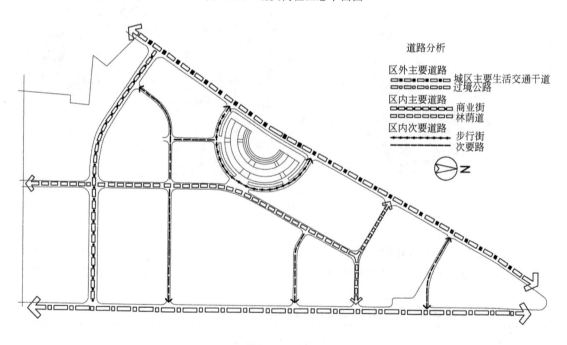

图 9-127 道路分析

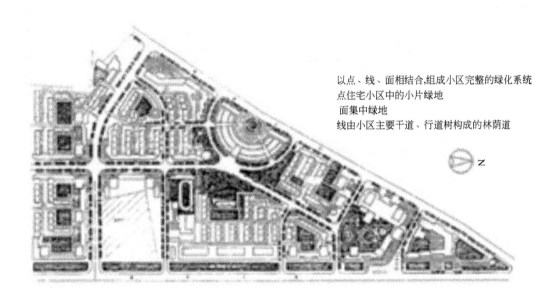

以点、线、面相结合,组成小区完整的绿化系统
点住宅小区中的小片绿地
面集中绿地
线由小区主要干道、行道树构成的林荫道

图 9-128　绿化系统

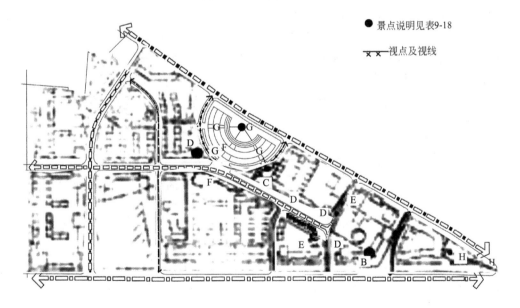

● 景点说明见表9-18

✕✕ 视点及视线

图 9-129　景观组织

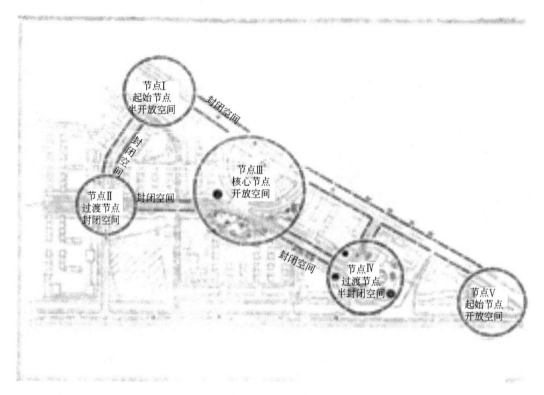

图 9-130 空间序列

州市东北部介于泉州湾和湄洲湾之间，向东呈半岛型伸入中国台湾海峡与宝岛台湾隔海相望，是福建省著名侨乡和中国台湾汉族同胞主要祖籍地之一。崇武镇处福建省泉州市沿海的突出部、泉州湾和湄州湾之间、惠安县境东南 24km 的崇武半岛南端。

前垵村隶属惠安县崇武镇，坐落在美丽的崇武半岛，西至下坑村、东至霞西村、北至西浦村，南邻泉州湾，境内有沿海大道贯穿而过，交通便捷。本次规划区南侧紧邻沿海大通道，规划总面积为 52.7hm²。

（2）历史沿革

① 惠安县历史沿革。

宋时隶崇善乡，元时属文质乡延寿里、安仁里、温陵里的卅一、卅二、卅三都，清时属黄坑铺、梅庄铺、吉庄铺、山前铺。民国时期设东岭乡，下辖 12 保。

1949 年 9 月，设第三区，下辖 21 个乡（包括净峰乡、小岞乡全部）。1952 年 6 月，划出 14 个乡，在净峰成立第四区，从辋川区划来东湖乡，共辖 13 个乡。同年 8 月裁撤西梁、东桥 2 个乡，计辖 11 个乡。1955 年 10 月，东岭乡改为镇建制，从净峰区划来西湖、延寿、彭城等 3 个乡，计辖 14 个乡镇。1956 年并区并乡，设东岭区，辖 8 个乡镇，管辖范围再度包括净峰、小岞半岛全部。1958 年，设东岭乡，辖 7 个联社、41 个分社；东桥乡辖 6 个联社、19 个分社、151 个生产队；净峰乡辖 6 个联社、15 个分社、216 个生产队；小岞乡辖 3 个联社、4 个分社、125 个生产队。其后，东岭、东桥合并为东岭乡，辖 14 个分社、207 个生产队。净峰、小岞合并为净峰乡。9 月，人民公社化，东岭乡改为飞跃人民公社一个管理区，辖 18 个生产大队。1961 年 9 月，成立东岭人民公社，辖 31 个生产大队、300 个生产队。1962 年成立大丘大队，计辖 32 个大队。

1984 年 10 月，成立东岭乡人民政府，同时成立潘湖、三村、湖埭头、官岭、小丘等 5 个大队，更名后曾大队为后建大队、屿头大队为屿头山大队。1985 年 1 月，生产大队改称村民委员会，计辖 35 个村民委员会、420 个村民小组。1989 年 10 月，省政府批准设置东岭镇，实行镇带村体制，辖 35 个行政村、142 个自然村。有 19272 户、98726 人。

1968 年设置飞跃公社。

1961 年改东岭公社。

1984 年改乡。

1989 年改镇，面积 11 平方公里，人口 1.2 万。

② 崇武镇历史沿革。

"崇武"乃"崇尚武备"之意。这里古名"小兜"，981 年（宋太平兴国 6 年）惠安置县时，设崇武乡守节里，续置小兜巡检寨。元朝初期改为小兜巡检司。1370 年（明洪武 3 年），活动在朝鲜和中国沿海的日本海盗集团——倭寇突然登陆祥芝的蚶江，对泉州地区的安全造成威胁。

1387 年（洪武 20 年），明太祖朱元璋为了防御倭寇入侵，委派江夏侯周德兴巡视东南沿海。周德兴是个军事工程专家，他根据泉州沿海地区海岸线曲折、地形险要的特点，"一郡者设所，连郡者设卫"。当年，泉州设永宁卫，管辖五个所，即福全、中左、金门、高浦、崇武五所。惠安设立五座城，崇武城即、獭窟城、小岞城、黄崎城、峰尾城。崇武城为五城之一，隶属福建司永宁卫的一个千户所。

《崇武所城志》载：城"四方设门，各置楼于上"，"东、西、北三面月城，南无月城，门外照墙为屏蔽"，城门及门楼至今保存完好。又载："东城厚设敌台一座，防贼舟随潮内讧，便于观察"，后于 1574 年（明万历 3 年）又在"南、北、西三面卜建四座，名曰虚台，其制上下四旁俱有大小穴孔，可以安铳，台内可容数十人"，这些敌台距城门约 50～100m 左右，现均完好。环城还有窝铺 26 座，供守城士兵休息用。

崇武城历代几经增筑维修。1417 年（明永乐 15 年）城增高 4 尺，加筑东西门月城；嘉靖年间（1522～1566 年）置四门楼，添砌跑马道，新建弓兵窝铺；1661 年（清顺治 18 年）因战乱而肆行迁界，城摧屋毁，至 1680 年（康熙 19 年）复界修治；1841 年（道光 21 年）重加整修。

此后，因失去军事上的作用，而长期废弃，部分城墙失修坍塌。1949 年，人民政府加强了对古城的保护和管理。1963 年列为县级文物保护单位，划定保护范围；1985 年公布为省级文物保护单位；1988 年公布为国家级文物保护单位。自 1841 年大修后，至 20 世纪 80 年代古城已失修 140 多年。改革开放后的 1980～1987 年，由国家分三期拨款对古城进行了全面重修，始自北门至南城角，次至水关门北，终及北城门，至 1987 年 9 月全部竣工。断者续，颓者葺，使古城恢复了昔日海上雄关胜概，成为中国军事建筑学研究的一份珍贵资料，同时也成为崇武旅游景区的核心。

③ 前坡村历史沿革。

前坡村从元末明初开始，前坡村有陈、黄等姓，其中以陈姓居多，黄次之，前后隶属惠安县溪底埔，崇武乡，崇武公社，1981 年，由前坡大队改为前坡村委会。

（3）区域设施条件

公路：已形成四通八达的交通网络，公路通车里程达 1250km，其中，高级路面和次高级路面 484km，形成以县城为中心，通往乡镇和沿海港口的"四纵四横"高等级公路网络；

福厦高速公路正全线拓宽改造，并在黄塘镇设立互通口，由惠黄二级公路连接通达，距县城10公里。通向斗尾港区的南惠高速公路正在建设中，连接辋川、紫山、黄塘、洛阳四镇的城西大道部分已建成通车。

铁路：连接鹰厦线的漳泉肖铁路在螺阳镇设立惠安站，距县城2km。在建的福厦沿海高速铁路从县域西面通过，在紫山镇设有惠安西站（近期缓开）。

港口：已建青兰山30万吨原油码头，已有崇武千吨对台贸易码头、一级渔业码头。

航空：距晋江机场40km，距福州和厦门国际机场一小时车程。

通信：通信发达，具有无线、有线等多种传播方式和传输覆盖网和海、陆、空立体通邮格局。城乡电话交换机容量27.6万门，泉灵通容量10万门，移动电话装机容量30万门，互联网用户近1万户。

供电：已建成霞光、厝都、洛阳、赤湖、玉围和东园6座110kV输变电站和长新、涂寨220kV输变电站，正在筹建加坑110kV输变电站、松村110kV输变电站各一座，年供电能力25万千瓦时。

供水：现有城南、北关2座自来水厂，日供水能力25万吨，已建成惠东、惠南供水工程，规划依托泉州湄洲湾南岸供水工程系统，筹建斗尾供水工程。

（4）区域自然条件与资源

① 地形地貌。

惠安县地貌属东南沿海低山丘陵区，地势自西北向东、东南呈明显的阶梯状下降，由低山过渡至丘陵和台地，除少数低山和沿海平原外，以丘陵台地为主。境内山峰有近千座，主要分布在西北部和西部，为戴云山东伸余脉。最高山峰有西北部的笔架山（752.3m）、鸡笼尖（646.6m）、天台山（646.0m）、苣莉山（640.6m）等。

② 气候、水系水文。

惠安县属于亚热带海洋性季风气候，冬无严寒，夏无酷暑。年平均气温16～21℃。雨量分布呈自东南向西北逐渐递增的趋势，年平均降水量1000～1400mm/a，主要集中在夏季。年平均有5～6次台风，集中在7～9月。惠安境内无大河流发育，溪流短小，多为季节性河流。全县溪流主要有林辋溪、黄塘溪、蔗潭溪。洛阳江系泉州洛阳区与惠安县的界河，另外，还有惠安山美水库及惠安乌潭水库灌渠。

③ 海洋资源。

惠安县海域面积1833km²，海岸线长214km，拥有崇武港、秀涂港和斗尾港等天然良港。崇武港被农业部确定为国家级中心渔港；秀涂港被确定为"大泉州"的中心港区，3万吨级综合码头正在建设中；斗尾港被交通部规划为全国四大中转港口之一，水深港宽，可建万吨级码头泊位17个，其中，20万吨级以上泊位4个，已建成的"福建炼化一体化"配套的青兰山30万吨原油码头，是"大泉州"北翼重工业区的重要依托港口，也是惠安县新世纪发展港口、临港工业的中心所在。惠安县海域广阔，海湾密，浅滩多，有利于海洋性生物生长栖息繁衍，海洋鱼类有59科115种。

④ 旅游资源。

惠安县环境优美，名胜古迹众多，境内县级以上文物保护单位60多处，其中，洛阳古桥、崇武古城、施琅墓列为国家重点保护单位，是福建省著名旅游风景区。2005年，崇武镇荣获"中国魅力乡土民俗风情名镇"称号，崇武海岸被评为全国最美八大海岸。"惠安女"更以其独特的民风民俗和神韵十足的服饰成为东海沿海一道亮丽的风景线，"黄斗笠、花头巾、蓝短衣、黑宽裤"构成了惠女风景的亮点，成为福建旅游五大品牌之一。惠安女服饰和惠安石雕成功入选首批国家非物质文化遗产名录。惠女、雕艺、滨海已成为惠安新形象和丰富文化内涵的代表。尤其通过第五届泉州旅游节的宣传，更加突显了惠安的知名度和影响力。县域西部以紫山为中心，以笔架山山地风光为特色，融入大寨山聚龙养生园、仙公山风景名胜区，方圆达 $100km^2$，正发展成为惠西主要的生态旅游区。县城建设已初具城市规模，拥有星级酒店 3 家，正在建设中的四星级酒店 1 家，有承办国际旅游业务的旅行社 1 家，以及一批体育、健身、娱乐、绿地等设施，城市环境配套日臻完善，社会稳定，治安良好。

⑤ 人文资源。

惠安历史积淀深厚，英才辈出，整体文化素质比较高。改革开放以来，惠安更是实施科教兴县与可持续发展战略相结合，努力构建和谐社会，扎实推进各项社会事业的发展。现有一流的中小学校，设有 5 所中等职业教育技术学校和 3 所大专学院；周边还有国立华侨大学、仰恩大学、泉州师范学院、黎明大学及厦门大学、集美大学、福州大学等。同时，惠安侨胞、台湾同胞、港澳同胞众多，全县旅居海外侨胞和港澳同胞 90 多万人，台湾同胞 90 多万人，他们造福桑梓，踊跃参与家乡建设。

⑥ 矿产资源。

惠安矿产种类较多，主要以花岗岩类石材、基性岩类石材、高岭土、长石、专用黏土、建筑用砂、玻璃砂及饮用天然矿泉水为主的 9 类 27 个矿种，其中，石材、碳砂、高岭土为优势矿种。

⑦ 淡水资源。

惠安县 5 年平均水资源量 $3.016×10^9 m^3$，其中，地表水资源量 $2.964×10^9 m^3$，地下水资源量（含重复量）$0.916×10^9 m^3$，人均水资源多年平均值为 $331m^3$，属绝对贫水区（年人均水资源量低于 $500m^3$）。

⑧ 人口及土地资源。

2008 年，全县常住人口 92 万人（含暂住人口），城镇人口 48 万人，城镇化水平 52%。2010 年，耕地保有量 31.56 万亩；2020 年，耕地保有量 29.48 万亩，其中，基本农田面积 23.52 万亩。

(5) 规划契机

泉州市域范围盛产花岗岩石材，沿海乡镇的石头房屋曾是侨乡的一道特色，也代表着一种石头文化。用石头建房便于就地取材，因泉州地处沿海，台风灾害多发，用石头建造的房屋坚固耐用，经得起风雨侵袭。因此，泉州的石结构房屋，不仅历史悠久，而且形式多样、分布广泛。但石结构房屋在使用功能和抗震性能方面存在很大缺陷。据 2011 年不完全统计，泉州市城乡石结构房屋总面积 1.9 亿平方米，约占全省 2/3。2013 年 8 月，泉州市委常委会研究并通过《关于加快推进城乡石结构房屋改造五年工作计划》，相关部门已加紧制订专项改造计划，提出力争通过 5 年的努力，基本完成全市石结构房屋改造任务。

规划区利用规石屋的改造的政策契机，充分结合自身的渔村区位特色优势，进行改造建设，大幅提升乡村面貌和人居环境，形成显著地域特色滨海社区。

(6) 规划任务、范围与依据

① 规划任务。

本次规划的任务是对崇武镇前坡村旧村改造规划编制。

② 规划范围。

前坂村隶属惠安县崇武镇，坐落在美丽的崇武半岛，本次规划区南侧紧邻沿海大通道，规划总面积为 52.7hm²。

③ 规划依据。

a.《中华人民共和国城乡规划法》(2008 年 1 月 1 日)；

b.《城市规划编制办法》(2006 年 4 月 1 日)；

c.《城市用地分类与规划建设用地标准 (GB 50137—2011)》(2012 年 1 月 1 日)；

d.《福建省城市规划管理技术规定》(试行)(2012 年 7 月)；

e.《惠安县域城镇协调发展规划 (2009～2030)》；

f.《泉州市中心城区崇武、山霞组团分区规划 (2010～2030)》；

g. 1∶1000 地形图及相关统计基础资料。

9.4.2.2　规划区现状分析与评价

(1) 现状地形地貌条件

规划区现状用地地势较平坦，西南临泉州湾，整个区域高程范围在 7～17m 之间，高差为 10m。

区内坡度较缓和，绝大部分坡度在 15% 以下，为适宜建设区。

(2) 现状建筑

① 现状建筑性质。

基地中的建筑为居住建筑、公共管理与公共服务设施建筑。以居住建筑为主。

② 现状建筑质量。

将片区中的建筑质量分成以下三类。

a. 建筑质量好：以混凝土结构为主，层数较高，建筑建成年限较短的建筑。

b. 建筑质量一般：以混凝土为主要建筑材料，建筑高度较低，有一定建筑年限的建筑。

c. 建筑质量差：以石材、砖木为主要建筑材料，建筑高度很低，临时搭建和年久失修的建筑。

规划区内的建筑以质量差建筑为主，由于历史原因，现状建筑建设过于密集，缺乏开敞空间，且具有一定的安全隐患，亟待进行整体改造。

(3) 道路现状

基地现状道路主要为"一横一纵"结构。现状道路宽度较小，局部硬化道路仅 3m 宽，难以进行机动车会车。整体道路路况较差、断头路较多。整个路网等级不完善，不成体系，道路密度严重不足，无法满足规划区的发展要求。

(4) 现状用地

规划区现状用地包括三类居住用地、文化活动设施用地、中小学用地、宗教设施用地、娱乐用地、公共绿地等。

(5) 现状总结

规划区内建筑质量参差不齐，从土结构、木结构、石材结构、砖木结构到钢筋混凝土结构建筑均有，且由于历史原因，区内建筑密度极高，大部分住宅建筑间距不符合要求，造成住宅建筑日照不足，且存在着极大的消防安全隐患。

现状缺乏公共服务设施用地规模偏小，且位置分布不尽合理，居民生活使用多有不便。

现状道路狭窄、道路网密度较低、不成系统。

绿地、广场少，除宗祠、老年活动中心、电影院等周边有少量空地、广场外，无其他公共活动空间。

9.4.2.3 规划原则与规划目标

对于规划区的改造、建设，规划要作为第一步，在分析城市和发展现状的基础上，结合国内外的经验教训，提出相应的城市改造和建设的对策，确立城市规划的理念、目标和原则，为政府对土地的合理开发，对规划区的有效决策和经营起到指导性的作用。

（1）规划指导思想、原则

① 尊重自然条件和现状的规划原则。

保持传统风貌和地方特色，并充分尊重规划区的自然地质、生态条件限制，综合考虑现状条件，科学合理地进行规划。

② 保护传统风貌和地方特色的规划原则。

严禁对规划区内的文物进行破坏，并采取相应的管理措施，强调历史文脉的传承和延续，提取地方特色，规划具有地方标识的区域。

③ 优化用地结构，提升土地综合价值的规划原则。

在尊重规划区现状条件基础上，通过对规划区用地功能调整和优化，提升土地的开发容量与综合经济效能，提高土地使用效率。

（2）规划理念、规划思路与目标

① 规划理念。

利用崇武得天独厚的特色——惠安女民俗、惠安石雕、崇武海岸，打造一个具有地域标志的村庄。

a. 惠安女民俗：崇武是闻名中外的惠安女的主要聚居区之一，惠安女民俗已列入第一批国家级非物质文化遗产保护名录。

b. 惠安石雕：惠安石雕历史悠久，源远流长，技艺巧夺天工，久负盛名，是中华民族优秀传统文化的一朵奇葩，是南派石雕的代表，素有"中华一绝"之美称。

c. 崇武海岸：崇武海岸被誉为"中国八大最美海岸线"之一。登上高楼，放眼万里烟波，鸥鹭翔集，渔帆竞发，正是"沧溟万里平如掌，蓬岛相携驾鹤游"。

② 规划思路。

从地域独有的"惠女、石雕、海岸"文化标签中，提取"服饰特色、海鲜饮食、闽南特色建筑"的独具特色元素融入本次规划。

③ 规划目标。

结合旧村石屋改造，利用区位及景观优势，将前坡村打造成集居住、海鲜、特产购物、美食、休闲度假为一体，具有惠安渔村文化特色的滨海社区。

9.4.2.4 用地结构与布局规划

（1）用地结构规划原则

以规划区整体发展为重，合理把握区域空间和未来发展的关系，统一规划、分期建设，有步骤地实施。

注重与原有机理、道路结构框架相结合，起到承先启后的作用，通过协调控制，形成良好的用地布局、村庄空间形态、建筑风貌、环境特色和景观效果，改善村庄环境，达到可持续发展的目标。

强化各项功能的有机结合，有利于各种功能的优化配置，建立道路、景观和生态系统的有机结合。

充分发挥现状地域文化特点，创造有特色的村庄形态。

（2）规划结构

规划区的功能结构概括为"一轴、一心、一带、四片区"。

①"一轴"——渔村风情商业轴。

体现渔村特色，经营地方品牌特色商业街，形成规划区的渔村风情商业轴。

②"一心"——商业服务中心。

一期建设区中的渔村特色超市、渔村特色商品街、渔村特色民俗商品街，形成规划片区的商业服务中心。

③"一带"——滨水景观带。

规划区沿海大通道规划环抱景观水系，水系两侧形成休闲绿地，良好的休闲环境大大提升了整个片区的生态景观。

④"四片区"——一期开发片区、二期开发片区、三期开发片区、旧村改造片区。

将规划区按拆迁的难易程度、景观优劣、开发模式区别、发展先后时序，将规划区划分为一期开发片区、二期开发片区、三期开发片区和旧村改造片区。

9.4.2.5 交通系统规划

（1）规划原则

突出道路系统的整体性、流畅性和可达性。

对现有道路充分利用，为合理划分用地创造条件。

完善交通网络，把握交通和生活、道路、景观之间的关系。

（2）道路结构

整体采用网格形式，形成高密度小宽度的密肋式路网结构，强化路网的密度，减小路面宽度，构建形成规划区中的道路体系，以此进行交通疏导。

（3）对外交通规划

规划区主要依托南侧的沿海大通道、西侧宽 34m、北侧和东侧宽 18m 及从规划区中部纵向穿过的 28m 城市道路进行对外交通联系。

（4）内部道路系统规划

规划区内部道路分为：规划区车行道、规划区步行道。

① 规划区车行道。

规划区内车行道的宽度根据车流量大小的预测分为 4m、9m 和 12m 三个宽度。

② 规划区步行道。

规划区步行道主要布置在规划居住组团内部，宽度为 2.5～3m。

（5）社会停车场

结合区中的品牌市场和规划南侧景观水体旁绿地设置集中停车场进行商业停车配套。其余用地中的停车根据《福建省城市规划管理技术规定》（试行）中，福建省建设项目停车设施配建标准进行设置。

（6）道路竖向规划

本次规划竖向设计要跟周边现有道路和现有场地竖向标高相衔接。设计道路坡度控制在0.3%～4.5%范围内，道路横坡为1.5%～2%。

9.4.2.6 绿地系统规划

（1）绿地系统规划原则

在改善和提高村庄整体生态质量的基础上，架构区内完善的生态绿地网络。

充分利用现有水系、绿地等自然地形地貌特征，建立多形式、多层面的绿地形态。

从人文的角度出发，充分考虑绿地系统组织的均匀性、共享性和开放性，最大限度地便于居民的休憩游览需要。

（2）绿地系统规划

规划区内部采用"点—轴—带"形式的绿地布局形式对规划区绿地系统骨架进行丰富和填充。

主要景观节点：规划区中的品牌市场、特色民俗商业街入口广场、渔村风情街节点、民俗休闲街入口广场、休闲娱乐场所、幼儿园等，结合周边绿地形成片区中的景观集聚点。

次要景观节点：规划区内各地块中心绿地及活动场地所形成的景观集聚点。

滨水景观带：沿海大通道南侧环抱景观水系及两侧绿地景观形成的滨水景观带。

9.4.2.7 市政工程规划

（1）给水工程规划

① 用水量预测。

规划区建筑以居住为主，采用单位建筑面积指标法预测用水量，居住与公建用水指标取$4L/(m^2 \cdot d)$，商业用水指标取$6 L/(m^2 \cdot d)$，其中，居住与公建面积为$374300m^2$，商业面积为$106900m^2$，未预见用水量按总用水量的10%考虑。经测算，本区最高日用水量为$2352.5m^3/d$。

日变化系数为1.4，时变化数为2.0，则最高日最高时用水量为$196m^3/h$。

区内消防用水量依据《建筑设计防火规范》（GB 50016—2006）确定，室外消火栓消防用水量为15L/s，室内消防用水量为20L/s。

② 水源。

规划区用水取自周边市政给水干道，在各地块周边的市政道路引两路$DN150$的给水接口引入地块内。

③ 给水系统布局。

规划区内的给水管网建设，应与道路同期设计，同期施工，使规划区内形成环状与枝状相结合的供水管网。规划区内低层部分市政压力能满足用水要求的可以直接使用市政管网供水，高层部分市政水压不够需自行加压。

每栋楼均单独设置总水表，各户设分水表，以便计量水费。

市政消防采用沿道路敷设的市政供水管网，而不设单独的消防系统，在供水管网上每隔90～110m设置一室外地上式消火栓，消火栓保护半径不超过150m。根据管网布置，道路单侧设置消火栓。

（2）污水工程规划

① 排水体制及原则。

采用雨污分流制，并结合地形条件和区内竖向设计，因地制宜，就近排入周边市政污水管网。

② 污水。

污水量按用水量85％计算，本区污水量约为2000m³/d。

区内污水以生活污水为主，采用分散设置化粪池的模式，污水经管道收集后排入化粪池，经化粪池处理后排入市政道路下的市政污水干管，经收集后排入到污水处理厂处理达标后排放。

（3）雨水工程规划

① 雨水量。

雨水量根据管网布置，按照各管段所服务的面积，进行逐段计算，雨水流量计算采用惠安县暴雨强度公式计算雨量。本区域设计重现期采用1～2年。

暴雨强度公式见式（9-1）。

$$q = \frac{892.031(1+0.688 \lg T_e)}{(t+2.055)^{0.534}} \tag{9-1}$$

式中　q——暴雨强度，L/s·hm²；

　　　t——降雨历时，min；

　　　T_e——重现期，a。

流量计算见式（9-2）。

$$Q = \psi \cdot q \cdot F \tag{9-2}$$

式中　ψ——地面径流系数，取0.70；

　　　F——汇水面积，hm²。

② 雨水系统规划。

雨水采用就近排放的方式，区内雨水经雨水管道收集后统一采用重力流排放至周边市政道路的雨水主干管，再统一排向水系。排水管均为重力流排放，排水管道坡度基本上和道路坡向保持一致，以减小埋深，节省投资。

③ 管材选择。

小管径管材采用水流条件好的新型材料——U-PVC加筋排水管，大管径管材仍采用习惯使用的钢筋混凝土排水管。

（4）电力工程规划

① 本工程用电负荷一类高层按一级负荷，二类高层按二级负荷，其他为三级负荷。

② 用电负荷预测。

规划区内建筑主要为住宅建筑，小部分为公建与商业建筑，按照建筑性质确定其用电负荷指标，依据有关规范和设计手册对各类用电负荷采用单位指标法进行预测，预测结果如下。

居住建筑：4kW/户；

商业：80W/m²；

公建：25W/m²。

道路照明及景观照明等公用设施用电按上述总和的5％计，则规划区内计算总负荷约为23394kW。

③ 电源规划。

规划区的电源市政道路的 10kV 电力缆管提供，在规划区内设置 2 座 10kV 开闭所兼变配电室和 6 座变配电室，每座变配电室容量为 3×1000kV·A，开闭所及变配电室之间采用环网式供电系统，各地块用户根据用电负荷容量自建变电所，电源由就近的开闭所引入。

在规划区内按规范要求，设置相应的变配电室，变配电室设置于地上一层附属房间内，建筑面积为 250m²。

④ 配电网。

规划区的 10kV 变配电室主要采用环网供电，根据地块负荷值及其分布组成环网，开环运行。环网电源取自周边市政道路的 10kV 母线段。

⑤ 路灯供电。

规划区路灯采用独立的供电系统，低压线路采用电缆直埋的方式敷设，电缆埋深 0.8m。

（5）电信工程规划

① 电话需求量预测。

电话指标：采用单位用地综合指标法计算电话需求，预测本区话务量为 4680 线。

② 电信系统规划。

本区电信缆管由周边市政道路的电信缆管引入。区内设置 6 个电视及电信机房，机房容量为 200～800 线，建筑面积为 80m²。

在各单体建筑物内设置电话分线箱，小区内配线电信电缆均穿 PVC 组合型多孔套管埋地敷设，管顶部埋设深度不小于 0.7m。在适当位置设置手孔，便于线路入户或连接。

③ 有线电视工程。

本规划区有线电视由建瓯市有线电视台提供信号源，有线电视电路和电信电路合用管块，占用 1～2 个孔位，并按 300～500 个用户为片区设一个光机向用户提供服务。在交叉口路和有光节点处设置手孔，有线电视手孔与电信手孔分开设置。若考虑行业不同，无法共用管孔，有线电视管线也可单独设置。其管位与电信管线同侧。

④ 小区智能化工程。

各住宅楼及相关服务配套用房均实现宽带入户。

安防系统：各栋住宅均在各梯间单元入口处设置可视对讲系统。

在小区的主要出入口设置闭路监控系统。

在小区的保安巡视路线设置巡更系统。

⑤ 管线建设。

通信管道的管孔数应满足各类通信业务（包括电话、数据通信、有线电视等信息服务行业）的要求。同时，实行地下通信管网统一规划、统一建设、统一管理，再按有偿使用的原则，提供给众多的通信公司或部门。

（6）燃气工程规划

① 用气量预测。

本区可容纳人口约为 7400 人，人均耗热定额为 2704MJ/（人·a），经预测，本区燃气总用气量为 2349m³/d。

② 气源及管网规划。

近期以液化石油气为主，远期以天然气为主。天然气由周边市政道路的燃气管道引两条较小管径的燃气管道至区内，在入口处各设置一座燃气调压柜。输配系统压力级制采用中压

（B）一级制，规划区内居民用户采用楼栋调压器，公建用户采用用户调压器。

（7）管线综合规划

本工程管线种类较多，有给水管、污水管、雨水管、电力、电信电缆、燃气管道等，管线平面布置和竖向高程控制必须做到统一合理安排，为各种管线的设计施工提供依据，避免在实施过程中发生矛盾。

① 平面布置。

管线平面布置主要原则如下。

a. 尊重已建或已做施工图设计项目的安排，协调与周边地块的关系。

b. 各管道布置详见管线工程综合规划图。

c. 考虑各种管线与道路绿化的相互关系，较大管线尽量远离行道树，以免影响树木的生长。

d. 管线的排列尽可能利用道路的人行道。

e. 道路直埋管线最小覆土深度≥0.7m。

② 管线竖向设计。

管线竖向设计，严格按照有关规范规定进行。管线自上而下原则上安排为电力电缆、电信电缆、燃气管道、给水管、污水管、雨水管。

遇到管线在竖向高程安排上有矛盾处，主要考虑按有压管让无压管，小管让大管，支管让干管，可弯曲管线让不可弯曲管线的原则进行处理。对个别高程发生冲突不能保证垂直间距要求的管道，采用套管施工、混凝土全包技术、交汇井等必要的技术措施，根据管线性质进行相应的处理。

9.4.2.8　建筑及环境设计引导

（1）建筑形式及高度控制与引导

建筑景观应注重表现城市文化的内涵和时代特色，追求建筑空间人性化的尺度，创造舒适、优美并富于地域特色的村庄。

① 建筑体量。

公共和商业建筑采取集约化布置，适当加大建筑体量和尺度，尽量减少零散、小面积、不规则的建筑布置。住宅建筑应从实际使用功能出发，选取宜人的建筑体量与尺度，营造舒适的居住空间。

② 建筑高度与城市天际轮廓线

通过建筑高度和空间的变化，塑造错落有致的城市竖向空间形态，形成起伏生动的天际轮廓线，强调天际线的表现力，注重低、中、高的有机搭配、重复，根据开放空间（道路、广场、水面、绿化）、多层建筑、小高层建筑和高层建筑四个高度层次来控制竖向形态，使中心区建筑群与开放空间疏密有序，富有节奏感和韵律感，增强景观的层次感。

③ 建筑风格。

居住建筑提炼出"惠安女"服饰特点，取其"头披花头巾、戴金色斗笠，上穿湖蓝色斜襟短衫，中部彩色宽腰带，下着宽大黑裤"的精华元素结合建筑设计，形成颇具地方特色的新颖建筑风格。

商业建筑提取当地传统建筑"灰瓦、红砖墙、木构架、毛石墙"等建筑材料和"弧形马头墙、起翘屋脊、精美的建筑装饰"等建筑元素，形成具有地域特色、文化特征的独特商业建筑景观。

④ 建筑色彩。

居住建筑："暖调居所"——居住建筑以温馨、平和的浅暖色为主色调，坡顶可采用原烧制瓦橙红色调，显示自然朴实的传统居住建筑色彩。

商业建筑：当地传统建筑"砖的红、毛石的青、瓦的灰、海蛎的银白"构成规划区中的商业建筑的色彩，走在其间，能感受到浓浓的传统街巷风味。

（2）景观环境各构成要素的控制及引导

影响景观环境的要素很多，除建筑、绿化、道路之外，雕塑、小品、夜景观、广告、地面铺装等，都应在景观设计的考虑之内，规划中对此做出了系列化、整体性的意象设计。

① 硬质铺地设计。

步道、广场、休憩性场地采用当地民居传统的铺装材料与铺装方式，力求简洁、明快、大方。

硬质铺地和材料的选用应体现人性化设计，在保证美观的同时应耐用、防滑。同时，应按有关规范铺装残疾人步道。

② 城市家具及公用设施系统。

片区中的城市家具及公共设施设置应以美化环境、体现以传统特色为原则，宜选用轻巧、耐用材料。

（3）夜景与灯光照明

重视夜间景观规划，夜景应作为系统工程进行综合考虑和设计，夜景设计既应尊重规划区的实际状况，又应体现出规划区的地域气息，使其白天绿起来，夜晚亮起来。

夜景设计要考虑道路夜景灯光、建筑夜景灯光和广场绿地夜景灯光。

道路照明：采用两种路灯，对机动车道和人行道分别照明，并注重与其他夜景照明的结合。

建筑照明：公共建筑、商业建筑都要进行夜景灯光设计。对不同性质的建筑做不同的处理，商业、娱乐性建筑色彩鲜艳，对比强烈，动态感强；公共建筑庄重简洁；居住建筑色彩柔和、淡雅。

广场绿地照明：突出雕塑、构筑物、乔木和草地，灯具造型应简洁。

夜景设计要考虑绿色照明，避免光污染。

夜景照明所用灯具不仅可满足夜间照明的需要，也能在白天美化装饰环境，并应与所在区域建筑风格、环境氛围相协调。

功能灯：道路照明灯，高约 9m，分布在绿化分隔带间，为路面提供充足的照明。

建筑夜景灯：多种照明灯具组合照明，突出建筑特征，突出建筑在夜色灯光效果中的魅力。

庭院灯：高约 3～7m，分布于步行道边，提供人行步道照明。

草坪灯：高约 0.6～1m，分布于草坪上，提供环境照明。

地埋灯：提供艺术照明，装饰照明。

9.4.2.9　环境保护规划

（1）规划原则与目标

① 规划原则。

因地制宜，符合实际。保护自然与特色人文景观，确保环境保护和生态建设措施。

统筹兼顾，纵横衔接。与国家政策和社会经济发展指引相符合，与福建省环境保护规划相衔接，与其他专业规划相互协调。

② 环境保护目标。

大气环境质量执行国标《环境空气质量标准》（GB 3095—2012）二级标准。

地表水环境质量执行国标《地面水环境质量标准》（GB 3838—2002）Ⅲ类标准。

声环境质量执行国标《声环境质量标准》（GB 3096—2008），按表 9-19 引导。

单位：dB（A）

表 9-19　环境噪声限值

声环境功能区类别	适用区域	昼间	夜间
1 类	以居民住宅、医疗卫生、文化教育、科研设计、行政办公为主要功能，需要保持安静的区域	55	45
2 类	以商业金融、集市贸易为主要功能，或者居住、商业、工业混杂，需要维护住宅安静的区域	60	50
3 类	以工业生产、仓储物流为主要功能，需要防止工业噪声对周围环境产生严重影响的区域	65	55
4 类（4a 类）	交通干线两侧一定距离之内，需要防止交通噪声对周围环境产生严重影响的区域	70	55

规划区属于 1 类声环境功能类别，声环境质量按昼间 55dB（A），夜间 45dB（A）控制。

（2）环境保护措施

① 水污染控制与水环境保护。

加大水环境综合治理力度，加强对废水的总量控制，实行雨污分流制度，地表水水质达标率达到 100%，生活污水集中处理率达到 100%。

② 大气污染控制与大气环境保护。

调整能源结构，大力推广使用清洁能源，从源头上控制大气污染；综合防治机动车尾气污染；加强建设工地管理，防止扬尘；完善绿地系统建设。

③ 固体废物污染防治措施。

对生活垃圾的收集、运输、回收利用、卫生处置的全过程实行管理。逐步实行生活垃圾分类收集，分选后回收利用。本区垃圾收集，处理应纳入城市垃圾收集处理体系，本区不设置垃圾处理场。

④ 声环境目标与噪声污染防治措施

加快噪声达标区的建设速度，覆盖全区；加强交通噪声、施工噪声管制；完善生态绿地系统，建设防护绿地。

9.4.2.10　综合防灾规划

（1）防洪（潮）规划

① 设防标准。

防洪（潮）按 20 年一遇标准建设。排涝标准中心城区、新城区采用 5 年一遇涝水不漫两岸的标准。

② 防洪（潮）工程措施。

重视和切实加强台风防御工作。提高防台信息的时效性、准确性，强化防台抗台工作统一组织、统一指挥、统一调度。

推进海堤、河道整治和生态堤防建设。结合水环境改造，开展河道疏浚、清淤、护岸、修堤、筑堰等工程建设，提高泄洪能力。

（2）消防规划

① 消防站。

依托崇武镇的消防站进行村庄的消防站配套。

② 消防供水。

区内主要道路按间距不大于 120m 设置市政消火栓。在居住区、商业区集中的地段，控制市政消火栓的间距，保护半径不大于 150m。

为了充分满足城市消防用水的需求，规划消防水源以市政自来水和天然水体相结合，在交通方便的地方设置取水点。

③ 消防通道。

消防通道主要为城区干路，消防通道净宽×净空高度不小于 4m×4m，尽端式消防通道应设回车场或回车道，尺寸不应小于 18m×18m。

交叉道路、路口应能满足大型消防车辆的转弯要求。居住区内部道路系统及消防主干道上，不得设置路障。

（3）人防规划

① 规划原则。

贯彻"长期准备，重点建设，平战结合"的人防建设方针，人防建设应与经济建设协调发展、与城区建设相结合。按照国家关于人防建设配套标准、等级、规模的要求，坚持全面规划与统筹协调、因地制宜与合理布局、在保证战备的前提下提高社会效益和经济效益。

② 地下空间开发建设。

各类建筑物应按规定建设地下人防设施。新建十层以上或基础埋深 3m 以上的民用建筑，应按地面首层建筑面积修建防空地下室，新建其他民用建筑，地面总建筑面积 2000m² 以上的，按地面建筑面积的 2% 修建防空地下室，并尽可能与公共建筑或绿地相结合，以利于平时充分利用。

（4）抗震规划

根据震发办 2001 号文件，按《中国地震动参数区划图》划分，规划区按抗震设防烈度 7 度设防。

① 避难场地规划。

规划区利用绿地、广场、小学操场、各居住区内公共绿地等空地作为避震疏散场地，就近疏散为原则。

避难疏散的组织以街道办事处为主，以村委会、村民小组为单位进行。其主要任务为：指导避震群众按规划的合适疏散路线，进入邻近分配的避难场所，并做好生活安排及治安管理工作。

② 工程抗震。

新建工程必须按国家颁布《建筑物抗震设计规范》经抗震设计和建筑设计，并达到标准要求。

在道路、广场、绿地等空间进行规划布局时，充分考虑抗震疏散的要求，同时应考虑次生灾害造成的危害及影响。

③ 疏散通道。

规划区内防灾疏散通道以沿海大通道、规划区内车行道为主。

④ 防止次生灾害。

次生灾害有可能导致比地震直接灾害更为严重的后果，分析次生灾害源，灾害形态与规模是采取可行性对策的基础。上述城区主要可能发生的次生灾害有以下几种。

a. 由房屋倒塌、工程设施破坏等诱发的火灾、水灾、爆炸；

b. 有毒有害物质的散溢；

c. 由于人畜尸体不能及时处理，引起污染和瘟疫流行。

对易引发次生灾害的单位，规划提出一方面进行合理的规划布局；另一方面逐步进行抗震加固的要求，要加强多地震火灾源的消防、抗震措施。

9.4.2.11 规划实施

借助社会主义美丽乡村的建设契机，积极实施镇村联动发展战略，坚持以科学发展观为指导，弘扬优秀传统文化，保护生态环境，以增加农民收入、提高农民整体素质和改善农民生活质量为中心，围绕农村产业和经济的发展，建设"生产发展、生活宽裕、乡风文明、村容整洁、管理卫生"的美丽乡村。

（1）大力发掘和弘扬地域文化

大力发掘和弘扬具有地域特色的渔村、惠女、石雕等极具标志性的地域文化，组织国内外大型活动，使其形成规范化、国际化、定期化的文化活动。

（2）促进传统村落向新农村的转变

借助县镇两级公共财政的倾斜政策，推动社会公共资源向农村倾斜、公共设施向农村延伸、公共服务向农村覆盖、城市文明向农村辐射。重点加强农村供水、供电、道路、通信、信息等基础设施建设，提高城乡基础设施的共享度，解决全村生产生活基础设施的瓶颈制约。制定和完善农村新社区建设规划和标准，加快推进特色村的建设，增加对农村公共产品的投入供给，大力发展各项社会事业培育规划区的公共服务业，构建产业服务、购物、文体活动服务圈。

（3）具体措施

特色村的建设是一个先行先试的试点，必须突出主题，弘扬传统，但缺乏成功经验可以借鉴，很多方面都处在研究探索之中。因此，必须加强领导，认真组织实施，及时总结，以确保试点建设的顺利进行。

① 组织保证。

a. 加强组织支持力度，由县、镇政府选派干部直接参加组织规划的实施；

b. 特色村的创意生态文化的建设是以弘扬渔村文化为主进行规划的，涉及各部门的工作，为避免重复实施，互相干扰，建议成立规划实施领导小组，由镇政府负责统一协调；

c. 建议以建设"前垵渔村文化特色村"作为研究课题，申报课题立项，开展专题研究；

d. 本规划是渔村文化特色村建设的规划，规划批准后，应抓紧各项详细规划，以确保规划的实施。

② 动员群众。

a. 召开村民代表大会，大力宣传建设特色村的目的意义和做法，以发动群众自觉参加建设；

b. 制定村规民约，发扬民主监督机制，严格按规划进行建设，干部带头、群众监督。

拆除违章的私搭乱建建筑，清理露天搭灶。拆取防盗网，清理杂物的杂乱堆放。

③ 引进知识。

a. 由规划实施领导小组统一聘请专家对规划的实施进行长期的跟踪指导；

b. 按照本规划组织各部门进行专项规则，并分期分步进行修建性详细规划和设计；

c. 全方位地引进各种专业人才。

④ 资金落实。

a. 可成立股份公司，在做好村资产评估的基础上，向银行贷款或引进资金，进行互利互惠共同开发，共同获利。

b. 申报科研课题，争取上级部门的支持。

c. 应坚持少投入，快建成，早收益的建设方法，先易后难，先简后繁地进行建设。切忌盲目追求大、洋、全，坚持就地取材、因地制宜。注重乡土文化，展现农村风貌。

9.4.2.12 主要规划图纸

（1）规划图

规划图如图 9-131～图 9-150 所示。

（2）建筑图

建筑图如图 9-151～图 9-158 所示。

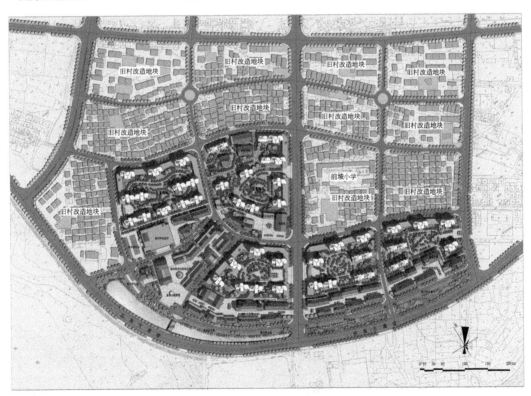

图 9-131　总平面布置图

9.4.3　云霄福锦中心广场方案设计

（设计：深圳中海世纪建筑设计有限公司郭炳南等）

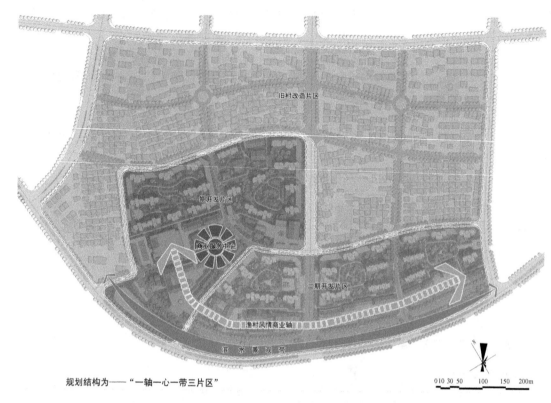

规划结构为——"一轴一心一带三片区"

图 9-132　功能结构分析图

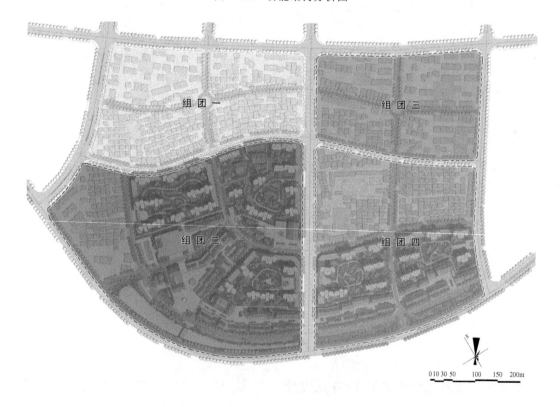

图 9-133　组团分布图

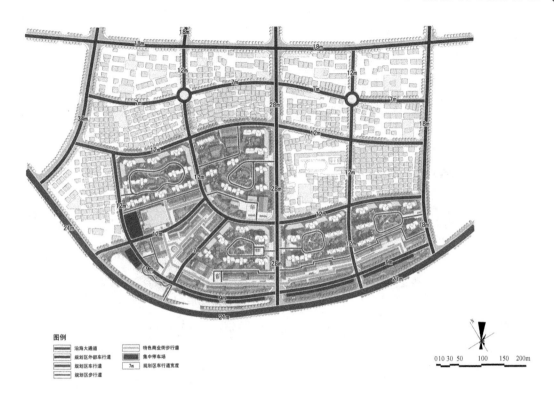

图 9-134　道路交通规划图

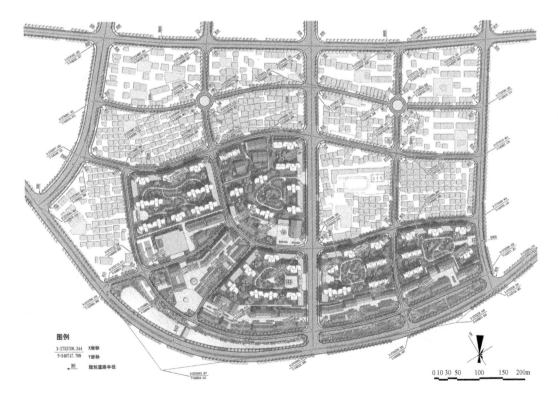

图 9-135　道路布置图

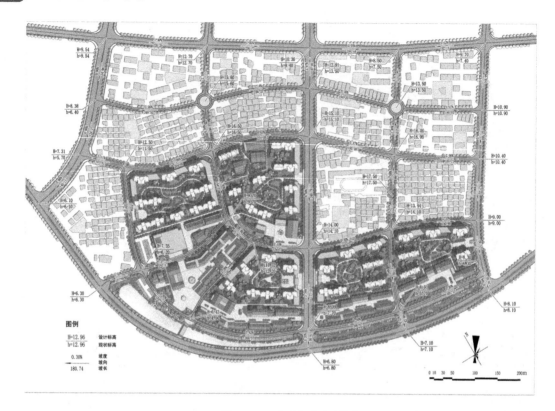

图 9-136　道路竖向规划图

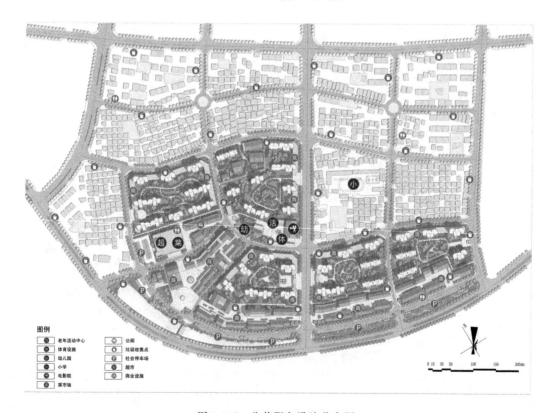

图 9-137　公共服务设施分布图

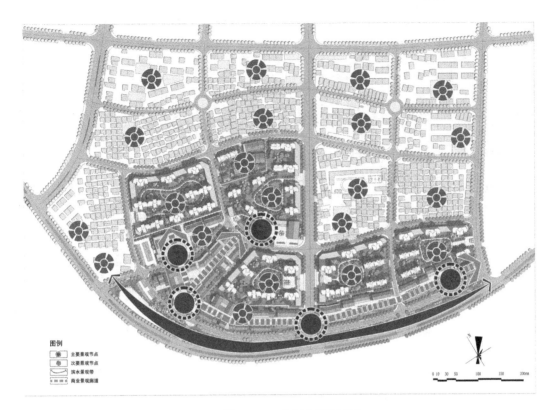

图 9-138　绿地景观规划图

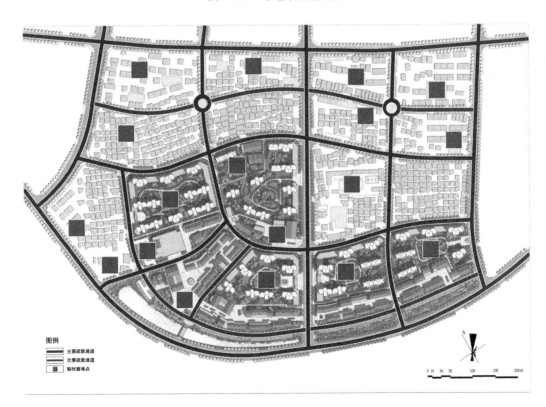

图 9-139　防灾减灾规划图

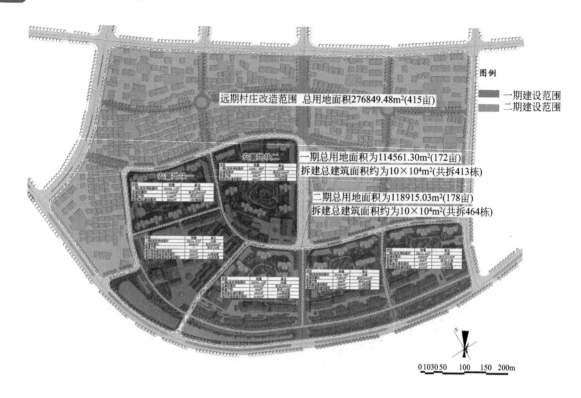

图 9-140　分期建设时序图

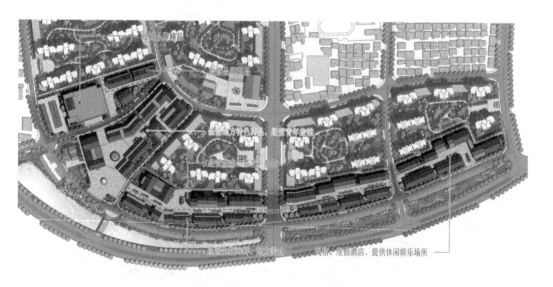

图 9-141　商业业态分布图

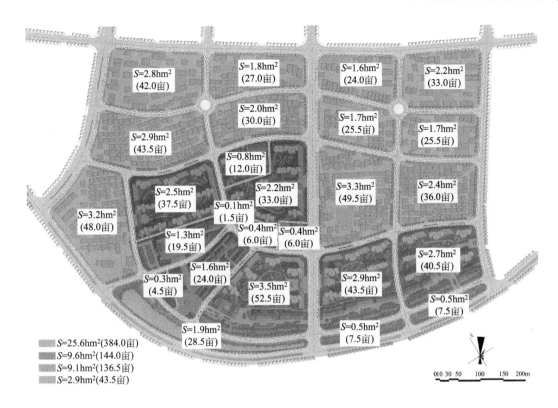

图 9-142　面积统计图

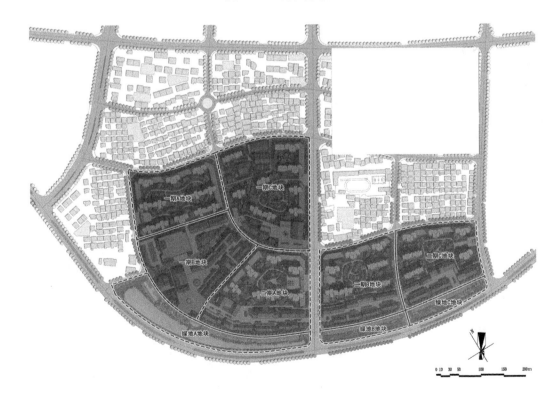

图 9-143　拆迁统计图

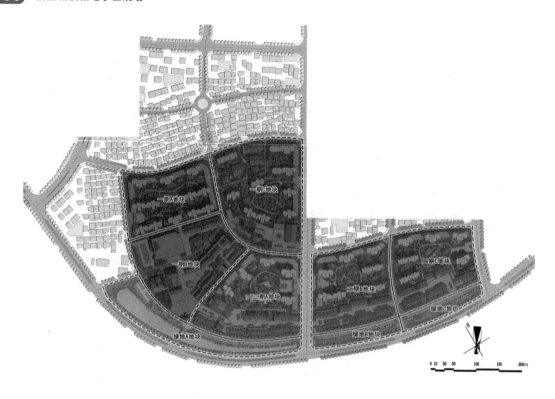

图 9-144 分地块经济技术指标

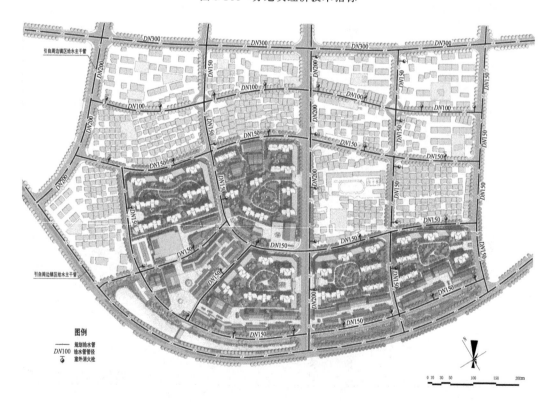

图 9-145 给水工程规划图

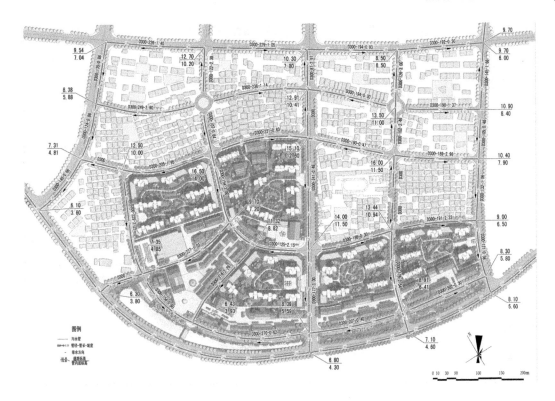

图 9-146 污水工程规划图

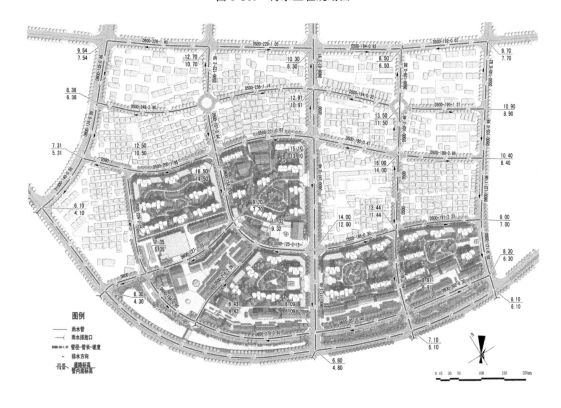

图 9-147 雨水工程规划图

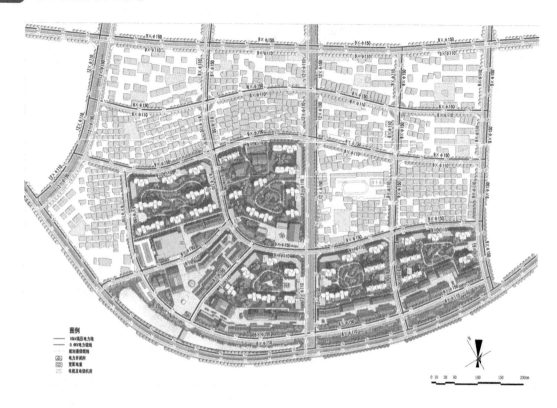

图 9-148　电力电信规划图

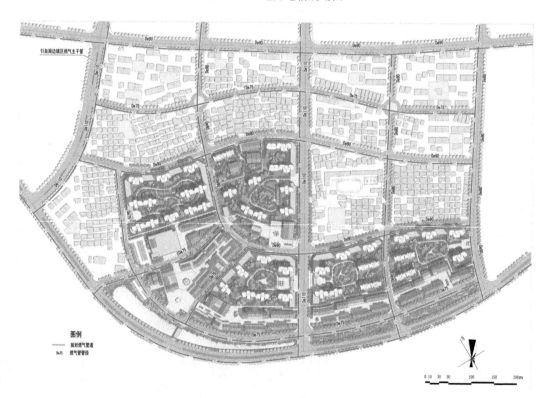

图 9-149　燃气工程规划图

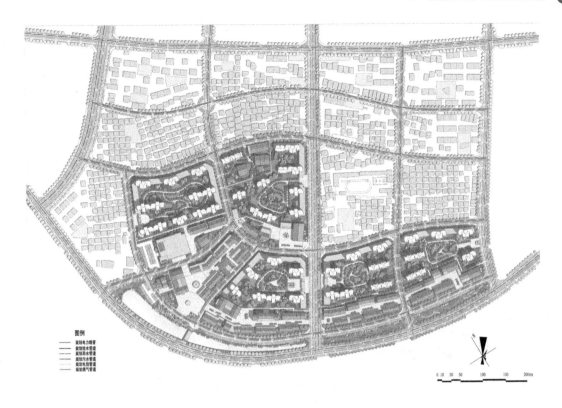

图 9-150 管线综合规划图

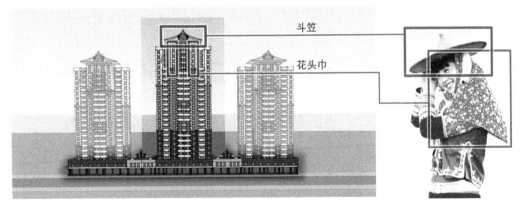

居住建筑风格构思——惠安女服饰

惠安县东北部地区，妇女的服饰与福建省内各地殊异。以县东沿海的崇武、小岞和净峰3个乡镇的渔家女及东岭、山霞等部分"内地"妇女为代表，其中崇武、小岞最具特色。

居住建筑提炼出"惠安女"服饰特点，取其"头披花头巾、戴金色斗笠，上穿湖蓝色斜襟短衫，中部彩色宽腰带，下着宽大黑裤"的精华元素，并采取了惠安女服饰中分段式的颜色搭配，结合建筑设计，形成颇具地方特色的新颖建筑风格。

图 9-151 建筑风格构思图一

商业建筑风格构思——闽南传统建筑元素

商业建筑提取当地传统建筑"灰瓦、红砖墙、毛石墙"等建筑材料和"弧形马头墙、起翘屋脊、精美的建筑装饰"等建筑元素，形成具有地域特色、文化特征的独特商业街巷。

商业建筑色彩采用当地传统建筑的"砖的红、毛石的青、瓦的灰、海蛎的银白"，走在其间，能感受到浓浓的传统街巷风味。

燕尾脊

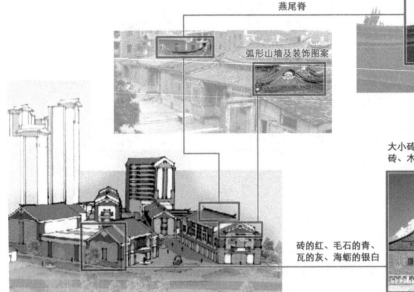

弧形山墙及装饰图案

大小砖的拼贴组合
砖、木、石不同材质相融合

砖的红、毛石的青、
瓦的灰、海蛎的银白

图 9-152　建筑风格构思图二

图 9-153　特色民俗商业街效果图

图 9-154 渔村风情街局部透视图

图 9-155 建筑实景图一

图 9-156 建筑实景图二

图 9-157 建筑俯视图

图 9-158 建筑实景图三

9.4.3.1 规划设计

（1）项目背景

① 区位概况。

云霄县位于福建省南部沿海。介于北纬 $23°45'\sim24°14'$，东经 $117°07'\sim117°33'$ 之间。东北与漳州和厦门接壤，西南与广东潮州毗邻。本方案位于云霄县总体规划西侧。

② 项目概况。

本方案位于云霄县将军大道东侧，景观南路南侧，地块南侧与东侧也有在建道路。地块总用地面积 135527.02m²，可建设用地面积 113042.97m²。地块性质为商业居住用地。

③ 基地概况。

基地内地势并不平坦，有多个小山包。整体高程范围在 11.0～27.0m。基地内大部分为荒地。整体地势南高北低，西高东低。地块周边路网配套基本形成，将军大道的道路红线宽为 40m，景观南路的道路红线宽为 40m，基地南侧与东侧在建规划道路的道路红线宽为 36m。基地北侧为云霄县新行政中心，基地西侧为山地，基地南侧为还未规划的农村，较为杂乱。

④ 建筑后退道路红线分析。

低层、多层建筑需退后景观南路与东侧南侧两条规划道路 5m，退后将军大道 10m。高层建筑需退后景观南路与东侧南侧两条规划道路 10m，退后将军大道 15m。

（2）规划依据

《中华人民共和国城乡规划法》（2008 年）；

《城市规划编制办法》（建设部 2006 年 4 月 1 日发布实施）；

《城市规划编制办法实施细则》［建设部建规（1995）333 号文发布］；

《城市居住区规划设计规范》（GB 50180—93）；

《城市道路交通规划设计规范》（GB 50220—95）；

《住宅设计规范》（GB 50096—2011）；

《民用建筑设计通则》（GB 50352—2005）；

《建筑设计防火规范》（GB 50016—2006）；

《汽车库建筑设计规范》（JGJ 100—98）；

《福建省城市规划管理技术规定》（2012 年 7 月）；

《漳州市城市规划管理技术规定》；

《云霄县城市总体规划》；

规划设计条件通知书［编号：（2013）云规条字 044、045 号］（详附录）；

现状地形图及其电子文件；

国家、云霄县其他有关的法律、规范和条例。

（3）规划原则

随着市场经济的逐步发展和完善，居民生活水平日益提高，人们对居住条件的要求也进一步提高，本次规划着眼现实，力求创造出既优美舒适又经济合理的住区环境，从而丰富云霄的城市景观，使人们的居住水平迈上一个新台阶。

本项目包含商业与住宅两大功能，其中，商业面积需达到 80000m²，并且不超过总计容建筑面积的 30%，即小于 101738.7m²。

① 商住分离规划。明确的商业区和住宅小区的分离设计才能满足商业区的活跃性、耐久性、经济性和住宅的居住性、舒适性、安全性。创造一个布局合理、功能齐备、交通便捷、环境优美的现代住区。

② 商业区的连续性和特色。本规划具有较大的商业体量，以大型超市为商业核心向周边扩散，辅助二层露天连廊等独特设计，满足车行需求的同时放大可用人行流线。营造功能连续、产品丰富的现代商业区。

③ 住宅区的均好性。规划采取点式和板式高层建筑进行穿插布置，小区中留出大范围的中心绿地，每栋住宅均有良好的景观视线，使每户居民都能享受到宅前宅后及中心绿化景观。

④ 建筑设计考虑当地的气候因素，照顾当地居住习惯，建筑单体力求造型丰富、户型多样，满足人们的不同需求。

⑤ 规划设计有一定弹性，户型、住宅套型面积、户室比等留有适当调整的余地，有利于今后的开发、建设。

（4）人口规模

规划总户数为 2335 户，按 3.5 人每户计，规划总人口为 8173 人。根据居住区规划设计规范，小区规模属于居住社区级。

（5）规划布局

本规划强调住宅与商业、环境与建筑、单体与群体、空间与实体的整体性。注意规划环境、建筑群体与城市发展风貌的协调。中心绿地、步行绿带、绿化节点等多层次富有人情味的生活场所的塑造，将增强居民的归属感和自豪感。商业广场、特色步行街的塑造将提高地块的人气和居民的生活质量。在提高经济效益的同时，因势利导，力求提高区内的环境质量标准，创造具有自然风貌的优美环境，形成绿树成荫、安逸雅致、舒适恬静的生活空间和开敞、活力的商业氛围。

① 对外交通与出入口。

规划区的对外交通位于规划北侧的景观南路（道路红线宽度为 40m）及南侧的规划道路（道路红线宽度为 36m）。

商业区主入口位于规划北侧中部，临景观南路；次入口位于地块东北侧和地块西北角。

住宅区人行主入口位于规划区中部道路；车行主入口位于规划区南侧，临南侧规划道路。

幼儿园入口位于规划区中部道路。

② 功能布局。

根据地块的具体情况，充分考虑到实施的可行性。本着统一规划、分块实施、远近结合的原则进行小区各类功能建筑的规划布局。将规划区划分为两大功能区，分别为商业区和住宅区。地块中部开辟一条 21m 宽的南北向道路，将规划区分为东西两部分。

住宅布局：住宅区分成东西两块独立的居住小区，西侧居住小区住宅建筑面积为 132478.15m²，东侧居住小区住宅建筑面积为 120754.89m²。环绕居住小区设置两层的沿街店面，建筑面积为 23346.05m²。

住宅区内高层住宅底层架空，围绕中心景观布置，力争每一户都能共享中心景观，通过层数的变化，形成一种错落有致，开合有序的空间界面。整个小区通过住宅单体的造型和空间限定，并结合户外绿化环境设计，形成内向围合的邻里空间，创造出空间丰富、亲近丰富且具有人情味的居住环境。

商业布局：商业区位于地块的北部与东部沿街，主要形式为三层的商业街，建筑面积为 29179.69m²。四层的大型超市位于地块东北部，建筑面积为 22635.27m²。在地块西北部商业街上部设置一栋八层的 SOHO，SOHO 楼 1～2 层裙房为商业，3～8 层为 SOHO。

商业区以大型超市为商业核心，向西北侧和东南侧沿街延伸出两道商业街，商业街二层通过露天连廊相互连接，形成一个商业整体。位于大型超市以及商业街连接处的广场将外部人流引导入商业街。营造出特色鲜明、流线清晰、业态丰富的商业环境。

小区公共服务设施布局：针对小区公共服务设施各自特有的服务对象及建筑特性，结合小区整体规划布置在相应的位置。幼儿园设置于西侧居住小区的东南侧，用地面积 4519.2m²，建筑面积为 3000.18m²，规划班数为 12 班。社区居委会位于西侧居住小区，建筑面积 150m²。西侧居住小区的物业管理用房建筑面积 552m²，东侧居住小区的物业管理用房 526m²。社区居委会和物业管理用房均设置于住宅区南侧的沿街店面二层。

(6) 道路交通规划

① 道路系统。

规划 5.5m 宽的道路作为住宅区的路网骨架，连接各栋住宅。2.5～3m 步行道路穿插于居住小区内，形成完善的步行系统，从而整个小区形成高效安全、顺畅便捷、层次分明的道路系统。

② 道路竖向。

竖向设计综合考虑基地的现状地形与住区外部道路的衔接防洪防涝以及工程管网的布置要求，道路竖向纵坡控制在 0.2%～8% 的范围内。

③ 步行系统与游线组织。

从 "以人为本" 的原则出发，住宅小区内以步行系统为基础组织社区居民游线和观景体系。小区内步行系统由景观漫步道、步行广场与步行街区组成。商业区步行系统在满足通便捷的情况下，设计特色二层露天连廊，增加了商业步行街的联系性和趣味性。

④ 静态交通。

为满足规划区停车需要，在商业区主入口广场与住宅区车行道路两侧局部布置机动车停车位，住宅底层架空布置非机动车停车位，满足公共与居民停车需要。在住宅区与大型商业底部规划地下停车场，面积为 80270.91m²；商业地下停车场出入口位于地块东北侧，住宅区内地下车库出入口与小区车行道路相连接，方便车辆进出。

（7）绿化景观设计

① 小区绿地共分三种，即中心绿地、宅间绿地和沿道路绿化带。

中心绿地集中设置在小区中部，结合小区会所布置水景、花架、坐椅、硬地、小品、儿童活动设施等，是小区内居民交往、游憩的主要场所，属开放空间。

宅间绿地主要以种植草皮、乔木常绿灌木为主，设置石桌、石凳、花架、沙坑，为院落邻里交往创造一个良好的室外活动空间。

沿道路绿化带以乔木为主，多种植观赏树木。

② 景观设计。

小区景观设计充分考虑地形特点和道路走向，将建筑景观与绿化景观相结合，形成富有特色的居住小区景观。

结合小区环形道路，通过住宅单元的错列围合，形成路移景变的沿街景观效果。在各个组团中心绿地景观之间，铺设景观步行小道，不仅可供居民步行休闲，还可增加小区绿化效果。

③ 环境小品。

规划在广场上设置景墙、小品、雕塑、文化柱、喷泉，既表现出组团的特征，又美化了居住环境。小区步行道采用有别于其他硬地的铺砌方式，从色彩和质感上来区分不同的活动空间，以达到丰富的景观效果。

9.4.3.2　建筑设计

（1）设计依据

《住宅设计规范》（GB 50096—2011）；

《民用建筑设计通则》（GB 50352—2005）；

《建筑设计防火规范》（GB 50016—2006）；

《高层民用建筑设计防火规范》（GB 50045—95）；

《汽车库建筑设计规范》（JGJ 100—98）；

《人民防空地下室设计规范》（GB 50038—2005）；

《福建省城市规划管理技术规定》（2012 年 7 月）；

《漳州市城市规划管理技术规定》；

《城市道路和建筑物无障碍设计规范 JGJ 50—2001》；

国家、云霄县其他有关的法律、规范和条例。

（2）设计要求

总用地面积：135527.02m²，其中，建设建筑用地面积 113042.97m²；

容积率：＜3.0；

建筑密度：＜38%；

绿地率：≥30%；

限高：≤80m。

（3）建筑单体

① 建筑风格。

立面设计采用厚重典雅的新古典主义风格，使人可以很强烈地感受传统的历史痕迹与浑厚的文化底蕴，同时又摒弃过于复杂的装饰，简化线条，兼容华贵典雅与时尚现代。追求高贵、淳朴、简洁，以其优雅、唯美的姿态，平和而富有内涵气韵。

建筑采用竖向三段式，以装饰艺术风格为基调，加以提炼、创新，在强调体积感、挺拔、沉着的基础上，强调时代感和创新性。整个建筑群体高低错落，天际线变化有致，立面上凹凸变化及窗户的不同比例，表现了建筑外观变化和丰富的一面，塑造出一个非同凡响的现代化高级住宅的形象。色调以暖调的黄褐色为基调，突出端庄、高雅的风范，在细部采用了比较简洁的设计，采用一些现代的设计元素，在经典风格上增加现代时尚元素，突出优雅的生活气息。

② 户型特点。

在满足基本居住需求的基础上追求合理创新和特色空间，如共享空间、大面宽的凸窗、落地窗等，实现明厨、明卫，客厅起居空间的尺度适当增大，兼顾好的景观以及风水，设置较好的户型，实现合理的建筑布局。大部分户型南北通透，南北面宽阳台，实现空气对流，也提供户型的可改造性。

（4）智能化设计

引进高科技技防及安防设施依据项目所处的位置，从客户安全的角度出发，选择相关的安防系统。

a. 小区周界红外线监控系统；

b. 小区各入口、公共走道、楼梯入口、电梯及走道均设电子监控系统，并设监控中心24h影像监控；

c. 设置智能刷卡门禁、车库管制系统、住户紧急报警系统、煤气泄漏紧急报警系统。

（5）生态设计

a. 以科技为先导，以推进生态环境建设与文化水平为总体目标，以居住单元与组团为载体，全面实施小区节能、节水、治污总体水平，带动相关生态链协调发展，实现经济、环境、居住、休闲、文化的统一；

b. 符合国家关于生态环境建设的总体方针政策，符合地方总体规划与建设要求；

c. 遵循节能、低碳、节约资源原则；

d. 充分考虑绿色能源（风能、太阳能、地热能等）的使用；

e. 遵循节地原则；

f. 始终贯彻生态环境保护原则；

g. 以人为本，营造和谐的居住环境与人文环境。

（6）地下室设计及人防设计

本工程地下室为平战结合人防地下室，核六级，平时为车库及设备用房，临战时通过转换措施改造为人防地下室。按《人民防空地下室设计规范》（GB 50038—2005）进行设计。地下室面积80270.91m²，其中，人防面积15301.18m²，8个人防单元。共设有4个车行出入口，疏散距离、疏散宽度均满足规范要求。

（7）建筑消防设计

本项目的建筑，建筑间距及建筑与周边建筑间距均满足建筑防火规范要求，沿建筑物长边，具有大于 1/4 周长的消防登高面，距外墙距离大于 5m，且小于 12m。消防车道最小宽度为 4m，转弯半径为 9m。

（8）无障碍设计

本项目无障碍设计以《城市道路和建筑物无障碍设计规范》（JGJ 50—2001）为设计依据对环境道路、底层店面和住宅楼公共部分进行无障碍设计。设置残疾人停车位、缘石坡道、轮椅坡道及扶手、无障碍电梯等。

（9）建筑节能设计

本项目力图通过合理的建筑规划设计争取良好的房屋采光、通风条件，通过生态绿化形成宜人的居住环境。选用热工性能良好的建筑材料，设计合适的窗墙面积比，以达到保证室内热环境的前提下节约能源的目标。

9.4.3.3 结构设计

（1）工程概况

本工程位于云霄县将军大道东侧，景观南路南侧，地块南侧与东侧亦有在建道路。

地上部分：A-1#、A-2#、A-3#、B-1#、B-2#楼为 15～17 层高层住宅建筑；A-5#、A-6#、A-7#、A-8#、A-9#、A-10#、A-11#、B-3#、B-5#、B-6#、B-7#、B-8#、B-9#楼为 22～26 层高层住宅建筑；商业、主楼断缝裙房为 2～8 层多层商业建筑；幼儿园为 3 层多层公建建筑。下部均有单层地下室。

（2）建筑结构的设计使用年限和安全等级（表 9-20）

表 9-20　建筑结构的设计使用年限和安全等级

结构单体	结构安全等级	设计使用年限	抗震设防类别
地下室； 　A-1#～A-11#、B-1#～B-9#楼高层住宅建筑	二级	50 年	丙类
商业、主楼断缝裙房多层商业建筑			
幼儿园 3 层多层公建建筑			乙类

（3）自然条件

风荷载见表 9-21，抗震设防的有关参数见表 9-22。

表 9-21　风荷载

基本风压	地面粗糙度类别
$w_0 = 0.70 kN/m^2$（50 年一遇）、$0.85 kN/m^2$（100 年一遇）	B 类

表 9-22　抗震设防的有关参数

抗震设防烈度	设计基本地震加速度值	设计地震分组
7 度	0.10g	第二组

（4）设计标准、规范、规程

① 已批准的审批文件。

② 建设单位提出的设计任务书。

③ 建筑方案条件图。

④ 依据国家及福建省颁布的现行设计标准及规范规程进行结构选型设计，主要如下：

《建筑抗震设计规范》（GB 50011—2010）；

《建筑结构荷载规范》（GB 50009—2012）；

《混凝土结构设计规范》（GB 50010—2010）；

《砌体结构设计规范》（GB 50003—2011）；

《建筑地基基础设计规范》（GB 50007—2011）；

《建筑桩基技术规范》（JGJ 94—2008）；

《建筑地基基础处理技术规范》（JGJ 79—2012）；

《建筑基桩检测技术规范》（JGJ 106—2003）；

《混凝土结构加固设计规范》（GB 50367—2006）；

《建筑抗震鉴定标准》（GB 50023—2009）；

《高层建筑混凝土结构技术规程》（JGJ 3—2010）；

《建筑设计防火规范》（GB 50016—2006）；

《高层建筑设计防火规范》（GB 50045—95）（2005 年版）；

《建筑设计防火规范》（GB 5008—2006）；

《福建省建筑结构设计若干规定》（2013 年 1 月 1 日执行）；

《福建建筑结构风压规程》（2011 年 10 月 1 日执行）；

《高强混凝土结构技术规程》（CECS 104：99）；

《建筑结构可靠度设计统一标准》（GB 50068—2001）；

《工程结构可靠性设计统一标准》（GB 50153—2008）；

《建筑工程抗震设防分类标准》（GB 50223—2008）；

《人民防空地下室设计规范》（GB 50038—2005）；

《混凝土结构施工图平面整体表示方法图规则和构造详图》（11G101-1）等规范规程。

⑤ 据《中国地震烈度区划图》，抗震设防烈度为 7 度。幼儿园按 8 度确定其抗震措施，其余楼按 7 度确定其抗震措施。

⑥ 建筑抗震重要性分类，本工程建筑物除了幼儿园为乙类建筑，其余楼均为丙类建筑。

⑦ 工程的设计正常使用年限为 50 年。

⑧ 除了幼儿园的其他建筑物的抗震设防类别为丙类，幼儿园的抗震设防类别为乙类，抗震设防烈度 7 度，设计基本地震加速度 0.10g，设计地震分组为第二组；幼儿园按 8 度确定其抗震措施，其余楼按 7 度确定其抗震措施。建筑场地类别暂定为 II 类，场地土特征周期暂定为 0.40s。

（5）荷载

对于《建筑结构荷载规范》（GB 50009—2012）明确活荷载标准值的房间，按照规范取值，对于荷载规范未明确荷载取值的房间，参照房间的具体功能及现行规范进行荷载取值。

① 楼面活荷载标准值。

住宅：2.0kN/m²；

阳台：2.5kN/m²；

商场、店面：3.5kN/m²；

办公、教室类：办公室、美术教室为 $2.0kN/m^2$，音体室为 $4.0kN/m^2$；

设备类：计算机机房、排烟机房、空调机房为 $8.0kN/m^2$；库房、储存为 $5.0kN/m^2$；变配电室为 $10kN/m^2$；电梯机房为 $7.0kN/m^2$。

公共休息类：休息厅为 $3.5kN/m^2$，有分隔的蹲厕公共卫生间为 $8.0kN/m^2$，卫生间为 $2.5kN/m^2$，大堂、候梯厅、门厅、走廊、报告厅前厅、楼梯为 $3.5kN/m^2$，露台、上人屋面为 $2.0kN/m^2$，不上人平屋面为 $0.5kN/m^2$，不上人坡屋面为 $0.8kN/m^2$，其余按国标 GB 50009—2012 取值及相关专业提资。

② 风荷载。

基本风压 $0.70kN/m^2$／（50 年一遇）$0.85kPa$（100 年一遇），地面粗糙度 B 类，风载体型系数 1.3～1.4。

（6）结构选型

① 地上部分为多栋高层多层单体组成，其具体结构选型如下。

a. A-1#、A-2#、A-3#、B-1# 楼为 17 层高层住宅，建筑物高度分别为 52.50m、52.50m、52.50m 和 53.55m；B-2（A）# B-2（B）# 楼为 15 层高层住宅，建筑物高度 53.8m。采用框架剪力墙结构。框架等级三级，剪力墙等级二级。

b. A-10#、A-11# 楼为 22 层高层住宅，建筑物高度 68.55m；A-9#、B-8#、B-9# 楼为 23 层高层住宅，建筑物高度 71.55m；B-3#、B-6#、B-7# 楼为 25 层高层住宅，建筑物高度 77.55m；A-5#、A-6#、A-7#、A-8#、B-5# 楼为 26 层高层住宅，建筑物高度 80.55m。采用剪力墙结构。剪力墙等级三级。

c. A 地块商业 3# 楼为 8 层高层商业，建筑物高度 39.7m，采用框架结构，框架等级二级；其余商业楼及主楼断缝裙房为 2～4 层多层商业建筑，建筑物高度均小于 24m，采用框架结构，框架等级三级；幼儿园为 3 层多层公建建筑，建筑物高度 12.8m，采用框架结构，框架等级二级。

② 屋盖及楼盖结构。

本工程地下室顶，底板均采用现浇钢筋混凝土楼盖，上部楼屋盖均采用现浇钢筋混凝土梁板式楼盖。

（7）主要结构材料

① 钢筋。

本工程梁墙柱主筋均采用 HRB400 级钢筋，箍筋、楼板配筋亦采用 HRB400 级钢筋，材料的力学性能及化学成分必须满足现行规范要求。

② 混凝土强度等级。

柱墙等竖向构件采用 C55～C25 混凝土，梁，板采用 C30～C25 混凝土。

③ 结构尺寸。

框架主梁高度取柱跨距的 1/18～1/12，梁宽为梁高的 1/3～1/2。

④ 砌体。

非承重砌体（用于主体结构的填充墙），外墙、分户墙、卫生间墙体采用加气混凝土砌体。

（8）结构计算分析

计算采用中国建筑科学研究院编制的 PK-PM 系列软件进行计算，内力及位移按弹性方法计算，考虑各抗侧力结构的共同工作；荷载考虑了重力荷载、风荷载和地震荷载以及温度效应，并按规范进行组合。

（9）结构设计的优化

① 选择合理的结构方案。

结构设计应按照安全、经济的原则进行，合理的结构方案是满足这一原则的基础和前提，在符合建筑条件要求的前提下，根据自然条件和建筑方案进行竖向、水平结构构件的合理布置，使结构布置简洁明了、整体性好、传力路线清晰，同时，对结构的薄弱环节做出明确的判断并采取相应的加强措施。

对不同结构方案进行试算比较，从而选出结构安全，经济性好，能很好地满足建筑功能要求的结构方案。

② 技术管理。

每一单项工程，应依据项目技术要求，确定结构体系及技术参数，对结构体系进行初步计算分析，采用 PKPM 造价分析软件进行经济指标测算，组织评审，经确认结构体系及指标合理后，方可继续进行下道工序工作。

③ 结构设计优化的部分构造措施。

a. 竖向构件：选择合理断面，在满足规范要求前提下优化结构经济指标。

b. 梁：合理选择次梁截面尺寸，当小次梁跨度≤3m 时，最小截面尺寸可取 150mm×250mm；

框架梁梁宽＝300mm 时，当需采用三肢箍时，仅要求在梁端箍筋加密区范围内采用三肢箍，非加密区采用二肢箍；控制梁架立钢筋配筋量等技术措施。

（10）基础设计

地基基础设计等级为乙级，基础建议采用 PHC 管桩基础。

（11）人防结构设计

① 本工程地下一层为常六核六级、平战结合人防地下建筑。平时为车库，战时为民防地下室，通过对某些部位战前封堵，达到战时防护要求。

② 地下室采用现浇钢筋混凝土梁板墙柱结构体系，地下室不设抗震缝和沉降缝；在核爆动荷载作用下，动力分析采用等效静载法验算结构承载力。对核爆动荷载，设计时只考虑对结构的一次作用；结构按平时使用条件和战时荷载作用两种状态进行设计，取其中的控制条件作为防空地下室结构设计依据。

③ 甲类常六、核六级人防等效静荷载值及构件截面如表 9-23 所列。

表 9-23 甲类常六、核六级人防等效静荷载及构件截面

序号	部位	抗力等级：甲类常 6、核 6	
		等效静荷载标准值/(kN/m²)	最小厚度/mm
1	顶板	60（覆土≤0.5 时）	200
2	土中外墙	50	250
3	底板	25	300
4	出入口临空墙	160	250
5	出入口门框墙	240	300
6	人防地下室与普通地下室的隔墙	110	250

④ 结构材料。混凝土强度等级：地下室梁、板为 C30、地下室柱、墙为 C40，钢筋采用 HRB400 级，封堵构件采用 Q235B，防爆墙及设备房间隔墙采用钢筋混凝土墙。

⑤ 有关技术措施。平战功能转换人防要求，平时完成各部分防护设备的安装，战时封堵部分临战前按图纸要求完成钢构件焊接。

9.4.3.4 给排水设计

（1）设计任务及设计依据

① 设计任务：生活给排水系统；消火栓给水系统；自动喷淋灭火系统；灭火器布置。

② 设计依据。

《建筑给排水设计规范》（GB J50015—2003）（2009 年版）；

《建筑设计防火规范》（GB 50045—95）（2005 年版）；

《高层民用建筑设计防火规范》（GB 50045—95）（2005 年版）；

《自动喷水灭火系统设计规范》（GB 50084—2001）（2005 年版）；

《建筑灭火器配置设计规范》（GB J50140—2005）；

设计任务书及外管线资料，其他专业提供设计条件。

（2）设计说明

① 生活给水系统。

水源：从市政管网引入两根 $DN200$ 的给水引入管，与小区给水主干管形成环状布置，不同性质的用水分别设水表计量。

a. 用水量定额见表 9-24。

表 9-24 用水量定额

序号	建筑物名称	最高日生活用水定额	使用时数/h	小时变化系数/h	用水量/m³
1	住宅	200[L/(人·d)]	24	2.5	1638.7
2	幼儿园	30[L/(人·d)]	10	2.0	12.0
3	商业	5(L/m²·d)	12	1.5	402.8
4	绿地	10(m³/hm²·d)	10	2.0	40.7

未预见用水量按总用水量的 10% 计算，则本小区最高日用水量为 2303.62m³。

b. 系统。市政水压为 0.15MPa。充分利用市政供水压力，在市政供水能力满足要求的楼层，由市政直接供水，下行上给式；其他为高区楼层，由设备房无负压给水设备装置供水，下行上给式。

② 生活排水。

a. 排水量：生活排水量按生活用水量的 85% 计算，为 1958.1m³。

b. 排水系统：采用单立管伸顶通气立管排水系统，地下室排水采用潜水泵提升至污水检查井。

③ 雨水。

a. 屋顶及阳台雨水。

屋顶雨水量：按云霄县暴雨强度公式计算，重现期 $P=5$ 年。阳台雨水采用间接排放。

b. 室外雨水。

雨水量：本工程设计暴雨强度公式为（$P=2$ 年）：

云霄县的暴雨强度 $q=347.972$L/(s·hm²)；

雨水设计秒流量 $Q=4716$L/s。

雨水系统：根据室外地势高差，采用重力自流排往市政道路雨水管。

④ 室外排水。

采用雨污分流系统，室内污水经化粪池处理后，采用重力自流排往市政道路污水管。

⑤ 给水计量方式。

采用不同的功能各自单独计量的原则。

住宅生活给水：在室外设一进水总表，分户表为每户一表，市政压力直接供给的住宅，水表出户落地；加压供给的住宅，水表分别设于各层的水表间。

店面给水：在室外设一进水总表，各卫生间内均设分表。

⑥ 管材、管道敷设及连接方式。

生活给水管采用 PP-R 给水塑料管，热熔连接。

消火栓及喷淋管材均采用内外壁热镀锌钢管，管径小于等于 $DN80$ 采用丝扣连接；管径大于 $DN80$ 采用沟槽式（卡箍）管接头及配件连接。

室内雨水管采用 UPVC 排水管，承插粘接，污水立管采用 UPVC 螺旋消音排水塑料管，室外雨、污水管采用 HDPE 双壁波纹管，橡胶圈承插连接。

除地下层部分管道采用明装外，其余管道均敷设在吊顶或管道井内。

⑦ 消防给水工程。

室外消火栓给水系统：沿建筑物周边布置，间距不超过 120m。

室内消火栓给水系统：保证每层任何部位均有两股水柱同时到达。

室内自动喷淋给水系统：地下室采用中危险级布置。

生活、消防水源由市政自来水管网引入；在地块内形成 $DN150$ 环状管网，作为消防的给水水源。

各消防给水系统用水量见表 9-25。

表 9-25　各消防给水系统用水量

序号	名称	设计用水量/(L/s)	火灾延续时间/h	设计用水量/m³
1	室外消防	30	2	216
2	室内消防	20	2	144
3	自动喷淋	60	1	216

地下消防水池：贮水量为 576m³，设于地下一层，分两格。

屋顶水箱：屋顶最高处设消防水箱一座，储存前 10min 消防用水量，有效容积为 18m³。

本工程每间店面、每个室内消火栓箱内、变配电室、消控室、电梯机房配置 2 具 MF3 磷酸胺盐干粉手提式灭火器（消防前室的消火栓除外）。

本工程按六级设防。

战时用水标准：饮用水 6L/(人·d)，储存 15d；生活用水 4L/(人·d)，储存 10d。人防蓄水池采用成品玻璃钢水箱，蓄水池中用隔板隔成两部分，以保证饮用水供应。

为了排除防护区内生活废水，防护单元内均设有废水池。

防护区的防毒通道均设有防爆波地漏将简易洗消水排入防护密闭门外的污水坑内。由人工提至集中处理后排放。

消火栓给水管，喷淋给水管、给排水管等穿越人防顶板、防护密闭墙、临空墙等，应设置 A9H-φ 型防爆波阀门或抗力不小于 1.0MPa 的闸阀。

9.4.3.5 电气工程设计

（1）设计依据

《高层民用建筑设计防火规范》（GB 50045—95）（2005 年版）；

《建筑设计防火规范》（GB 50016—2006）；

《民用建筑电气设计规范》（JGJ 16—2008）；

《建筑照明设计标准》（GB 50034—2004）；

《供配电系统设计规范》（GB 50052—2009）；

《低压配电设计规范》（GB 50054—2011）；

《火灾自动报警系统设计规范》（GB 50116—98）；

《10kV 及以下变电所设计规范》（GB 50053—94）；

《建筑物防雷设计规范》（GB 50057—2010）；

《人民防空地下室设计规范》（GB 50038—2005）；

《智能建筑设计标准》（GB /T50314—2006）；

《公共建筑节能设计标准》（GB 50189—2005）；

《民用闭路监视电视系统工程技术规范》（GB 50198—94）；

相关批准文件和依据性资料；

其他专业提供的本工程设计资料。

（2）设计说明

① 供配电。

本工程用电负荷一类高层按一级负荷，二类高层按二级负荷，其他为三级负荷。在整个小区内设置二个开闭所，A，B 地块各设置一个。由开闭所采用两路 10kV 高压引至小区内各变配电室。开闭所及配电房由电业部门专项设计。

用电指标：（按单位指标法） 商业建筑为 120W/m² 住宅楼为 6～8kW/户；超市为 150W/m²；底层店面为 100W/m²；车库为 10W/m²；物业用房、幼儿园为 60W/m²。

计算容量：小区 A 地块住宅区域设置 1 座变配电室，内设 8 台 SCB10-800kV·A 干式节能变压器。A 区商业区域 1 座变配电室，内设一台 1000kV·A 干式节能变压器。小区 B 地块住宅区域设置 1 座变配电室，内设 8 台 SCB10-800kV·A 干式节能变压器。B 区商业设置一台 800kV·A 变压器。超市设置 2 台 1600kV·A 干式节能变压器。

本工程在地下一层设车库设置 1 个柴油发电机房，内设 1 台备用功率为 800KW 柴油发电机组以满足本工程一级负荷需要柴油发电机组在市电停电时，能在 15s 内自动启动，并向应急母线供电。发电机出线侧与市电电源间应设联锁，不能并网运行。在超市地下车库设置 1 个柴油发电机房，内设 1 台备用功率为 660kW 柴油发电机组以满足本工程一级负荷需要柴油发电机组在市电停电时，能在 15s 内自动启动，并向应急母线供电。发电机出线侧与市电电源间应设联锁，不能并网运行。

用电计量：小区内住户及小商业用电采用"一户一表"计量。小区内同一性质、集中用电，原则上由配电室低压专柜供电，计量柜设于用户侧。超市采用高供高计。

② 防雷接地。

本工程依据《建筑物防雷设计规范》（GB 50057—2010）经过计算确定不同建筑物的防雷类别并采用相应的防雷措施，除采用接闪带、接闪网防直击雷；还设置防侧击雷和雷电波侵入的措施。

接地型式采用 TN-C-S 系统，并设置总等电位联接，所有电气设备正常不带电的金属外壳均与 PE 线相接，各种接地共用同一接地体，接地电阻小于 1Ω。

③ 弱电系统。

综合布线系统：工程综合布线系统的布线对象主要是电话通讯系统的话音点及计算机网络的数据点。外部进线采用大对数电话电缆和多模光纤线缆埋地引入小区电信机房，再通过弱电竖井引到各核心筒设备间。

有线电视系统：有线电视信号由室外市政有线电视网引入小区电视机房，系统采用 550MHz 带宽，用户电平要求 68dB±4dB，图像清晰度不低于 4 级，并考虑适应视频点播。系统根据用户情况采用分配-分配-分支方式。

可视对讲系统：本工程调协楼宇可视对讲保安系统，用户可在室内遥控入口大门的开启，并可与来访客人通话。当有紧急事情发生时也可向保安值班室报警。

智能化系统：本工程在小区各主要路口设置摄像头及紧急呼叫系统，单体主要部位设置紧急门禁呼叫按钮，为小区的安防提供良好的保证。

④ 火灾自动报警及消防联动统。

本工程按一级保护对象设计自动报警系统。在超市及住宅小区内 A-9＃、B-8＃楼首层设置消防控制室，并设置有集中火灾报警控制器、消防联动控制设备、火灾应急广播、消防专用电话、彩色 CRT、打印机等设备及可直拨"119"的直线电话。火灾自动报警系统除由消防电源作为主要电源外，另设直流备用电源。CRT 显示器、消防通讯设备等的电源，另设 UPS 装置供电。

在《高层民用建筑设计防火规范》（GB 50045—95）（2005 年版）、《汽车库、修车库、停车场设计防火规范》（GB 50067—97）等有关国家规范、标准规定的场所及根据火灾危险程度及消防功能要求需要的各有关场所设置火灾探测器，每个防火分区均设置手动火灾报警按钮，从一个防火分区内的任何位置到最邻近的一个手动火灾报警按钮的距离均不大于30m。所有报警信号均通过总线进入火灾报警控制器。

消防联动控制设备可通过总线实现以下控制及显示功能。

手动或自动切断有关部位的非消防电源，并接通警报装置及火灾应急照明灯和疏散标志灯；启动或关闭有关部位的排烟阀、送风阀或电动防火阀、常开防火门等，并接收其反馈信号；显示室内消火栓启泵按钮的位置；显示水流指示器、压力开关（每组报警阀各一个）、安全信号阀的工作状态等。

消防联动控制设备可通过多线实现以下控制及显示功能。

控制防烟和排烟风机的启、停并显示其工作及故障状态，能手动直接控制。消火栓启泵按钮应能直接启动消火栓泵，压力开关应能直接启动喷淋泵；压力表电接点应能直接联动稳压泵，并在超低水压时直接启动喷淋泵并联锁停稳压泵；控制电梯全部停于首层，并接收其反馈信号，并切断客梯电源；显示消防稳压泵工作及故障状态。

彩色 CRT 应能显示保护对象的重点部位、疏散通道及消防设备所在位置的平面图等。

在水泵房、公共电力配电间、排烟机房、柴油发电机房、消防电梯机房等处设消防专用电话分机，手动火灾报警按钮处设置电话塞孔，以保证火灾时的消防通讯。

所有消防设备应按实际订货尺寸进行布置，并符合 GB 50116—98 第 6.2.5 条要求。楼层消防各种消防模块均就近安装在其监控设备旁，底边距地 2.0m 安装，4 个及以上模块集中放置时应配置相应规格的模块箱。各火灾探测器吸顶安装在楼板或顶棚下，0.5m 范围内不应有遮挡物，到墙壁、梁边的水平距离不应小于 0.5m，探测器到送风口边的水平距离不应小于 1.5m，消防专用电话分机及手动报警按钮底边距地 1.4m，声光报警器距地 2.0m，地下室的火灾应急广播扬声器选用壁挂式喇叭，距地 2.5m，其余详图标注。

本工程报警系统采用总线传输方式。报警传输信号线路、消防通讯线路采用 ZB-RVS-$2 \times 1.5mm^2$ 型绝缘导线，报警系统主机电源线选用 ZB-BV-$2 \times 2.5mm^2$ 型电线，消防控制线路采用 ZB-KVV-0.6/1KV-$1.5mm^2$ 型多芯控制电缆或 ZB-BV-$1.5mm^2$ 型绝缘导线。

导线在管内或线槽内不应有接头或者扭结，导线的接头应接线盒内焊接或用端子连接。除另有注明外，线路在竖井内沿金属线槽或穿扣压式薄壁钢管敷设，水平线路穿扣压式薄壁钢管暗敷在混凝土板内，其保护层厚度不应小于 30mm，也可沿金属线槽或穿管明敷，明敷时其金属线槽、桥架、护管、支撑件等均应做防火保护措施。报警联动线路，消防通讯线路应单独布管，同一线槽敷设时应有独立的槽孔。所有消防线路沿金属线槽明敷时应改用 ZBN-BV-750V 型线缆。消防线路室外部分均应改用阻燃型多芯电缆穿管埋地暗敷。

⑤ 环保及节能。

合理确定配电系统的电压等级、将变压器设在负荷中心、选用高效低耗变压器、优化变压器的经济运行方式为最小损耗，缩短负荷线路，降低线路损耗。

依据《建筑照明设计标准》（GB 50034—2004）等相关标准规范要求，公共部位的照明采用高效光源、高效灯具和低损耗镇流器等附件，并采用定时和人体感应控制装置及 I-BUS 智能照明控制器，已达到节约照明用电的目的。合理设定建筑内公共区域的照明水平，在保证正常使用的前提下，实现电能消耗最小化。

选择高效节能的照明设备，包括高效的光源，具有合理配光的灯具及低损耗的镇流器等，保证照明质量及节能效果。

采用时钟和人体感应装置，减少开灯时间，降低照明电耗。

柴油发电机组应为高速柴油发电机组和无刷励磁交流同步发电机，配自动电压调整装置。机组放在地下层，可利用大地本身及建筑结构墙体对噪声的吸收，以减少对环境的噪声污染；机组排烟管道上装有消声器，以降低排气噪声；机组底座安装减震垫；柴油机废气利用竖井排放高空以降低对大气的污染。

⑥ 人防电气设计。

负荷等级：地下人防战时为二等人员掩蔽所，其中，应急照明、重要的通讯报警设备等属一级负荷；人防电动密闭门、重要的风机、水泵、三种通风方式装置系统等属二级负荷；其余属三级负荷。

本工程地下人防用电，平时由市电提供双电源供电；战时由内设的两座人防移动电站供内部人防用电。

在人防层还设有各种指示的应急灯，为正常及应急两用灯具。

人防区内照明与动力电源各自成系统分设。

主要出入口密闭门的内外侧上方设置显示三种通风方式的信号指示灯。控制箱安装在人防值班室内。

主要出入口防护密闭门的外侧设置呼唤音响按钮，音响装置在密闭门内侧和人防风机兼值班室旁。

从低压配电室至每个防护单元的战时配电回路，应各自独立。

进出防空地下室的电气线路，室外采用埋地敷设的电缆经电缆防爆波井引入，并预留备用穿线管。

穿越围护结构，防护密闭隔墙的电气管线及预留备用穿线钢管，均进行防护密闭或密闭处理。

战时不使用的电缆，电线应在 3d 转换时限内全部接地。

战时不使用的电气设备应在 3d 转换时限内全部接地。战时使用的电子，电气设备应在 30d 转换时限内加装氧化锌避雷器。

9.4.3.6 暖通设计

（1）设计依据

《民用建筑供暖通风与空气调节设计规范》（GB 50736—2012）；

《人民防空地下室设计规范》（GB 50038—2005）（2005 年版）；

《高层建筑设计防火规范》（GB 50045—95）；

《建筑设计防火规范》（GB 50016—2006）；

《汽车库、修车库、停车场设计防火规范》（GB 50067—97）；

（2）通风设计

① 地下部分平时通风及防排烟系统设计。

地下车库按防火分区设置若干个防烟分区，每个防烟分区单独设一套机械排风、排烟系统，车库部分排风、排烟量均按 6 次/h 换气次数计算；车库排烟补风无法利用车道进行自然补风设置机械补风，并保证机械补风量不小于系统排烟量的 50%。

地下部分设备房设若干个机械排风系统，排风量按≥15 次/h 换气次数计算。

不满足自然排烟条件的内走道设机械排烟系统，一个防烟分区的排烟风机排烟量按防烟面积×60m³/（h·m²）计算确定；多个防烟分区共用一个排烟系统时，排烟风机排烟量按最大防烟分区×面积 120m³/（h·m²）计算确定。

发电机烟气经风道排至高层屋面。

② 地上部分通风及防排烟系统设计。

厨房油烟经专用风道排至屋面。

所有无窗卫生间排气经风管或排气竖井排至室外。卫生间排气量按≥10 次/h 换气次数确定。

地上部分电梯机房、配电室等设备房不能开窗自然通风或自然通风满足不了设备使用要求时设置机械通风系统，系统通风量按≥15 次/h 换气次数计算。

③ 加压送风系统。

本工程地上部分均为高层建筑，各栋楼防烟楼梯间及其前室和消防电梯前室开窗面积满足自然排烟条件时，不设机械加压送风系统。其他不满足自然排烟条件的防烟楼梯间及其前室和消防电梯前室均设机械加压送风系统，各系统正压送风量按规范要求计算确定。

④ 地下部分人防通风系统。

地下一层为平战结合车库，按六级人防设计。每个人防单元内设置独立的进、排风口部，并设清洁式通风、滤毒式通风、隔绝式通风三种通风方式，且三种通风方式可通过阀门互相转换。战时新风量为：清洁式 5～7m³/（h·人），滤毒式 2～3m³/（h·人），隔绝时间≥3h，防毒通道≥40 次换气次数。

(3) 空调系统

根据建筑功能、平面布置及业主的使用要求，综合技术、经济、管理等因素，本工程设计为夏季冬季舒适性中央空调系统。考虑今后使用情况，空调系统分层控制。

① 空调室内设计参数（见表 9-26）。

表 9-26 空调室内设计参数

房间名称	温度/℃		相对湿度/%		新风量 /[%或 m³/(h·人)]
	夏季	冬季	夏季	冬季	
商场、超市	26～28		65～40		16
办公	26～28		65～40		30
大堂	室内外温差≤10		65～40		10

② 空调负荷。

按目前的商业建筑面积，空调设计计算冷负荷估算为 6250kW。

③ 空调系统。

大空间均设计低速单风道全空气系统，考虑过度季节，新风为变新风系统。

小房间房均采用卧式暗装风机盘管加新风系统的空调方式，气流组织方式为上送上回。新风系统集中设置，用风管分送至各个房间。新风机组为薄型吊装柜式空调机组。

其余消防控制室、监控室等房间，使用时间较特殊，均采用自带冷源的分体式冷暖空调器。

电梯机房除利用外窗自然通风外，另安装窗式或分体式空调器降温。

④ 制冷系统。

本选用水冷式冷热水机组，制冷机放地下室机房，冷却塔放屋面。

系统采用闭式循环双管制，竖向为异程式，水平为同程式，每层水平分支回水干管设平衡阀。

水系统由屋顶膨胀水箱定压，补水为软化水，由设在地下制冷机房内的软化水设备提供。制冷机组、水泵等均布置在地下制冷机房内。

⑤ 空调冷凝水系统。

空调冷凝水自成系统，空调器出口坡度不小于1%，水平管不小于0.8%。

⑥ 自动控制要求。

自动控制包括：温、湿度控制；联锁；噪声控制等方面。

⑦ 防火。

空调通风设备、管道及附件均采用不燃材料制作；管道保温材料选用不燃或难燃 B1 级材料。

风管穿越防火分区及机房隔墙处设防火阀；每层水平风管与垂直风道交接处的水平管段上设防火阀。

管道穿过机房及管井围护结构处，其孔洞四周的缝隙，应采用不燃材料填充密实。

9.4.3.7 技术经济指标

(1) 总技术经济指标

总技术经济指标见表 9-27。

表 9-27 总技术经济指标

总用地面积/m²				135527.02
其中	实际用地面积/m²			113042.97
	代征用地面积/m²			22484.05
总建筑面积/m²				418442.33
其中	地上建筑面积(计容)/m²			338171.42
	其中	住宅建筑面积/m²		253233.04
		商业建筑面积/m²		80078.92
		其中	小区沿街店面/m²	23346.05
			商业街/m²	29179.69
			SOHO/m²	4917.91
			大型商业/m²	22635.27
		配套用房面积/m²		4859.46
		其中	幼儿园/m²	3000.18
			居委会/m²	150.00
			物业管理用房/m²	1078.00
			变电配电室/m²	631.28
	地下建筑面积(不计容)/m²			80270.91
建筑占地面积/m²				41530.41
建筑密度/%				36.74
容积率				2.99
绿地率/%				30
停车位/个				3042
其中	地上停车/个			762
	地下停车/个			2280
非机动车停车位/个				8806

（2）A 地块技术经济指标

A 地块技术经济指标见表 9-28。

表 9-28 A 地块技术经济指标

总用地面积/m²				67764.02
其中	实际用地面积/m²			58768.50
	代征用地面积/m²			8995.52
总建筑面积/m²				214027.00
其中	地上建筑面积(计容)/m²			169476.71
	其中	住宅建筑面积/m²		132478.15
		商业建筑面积/m²		32980.74
		其中	小区沿街店面/m²	13291.10
			商业街/m²	14771.73
			SOHO/m²	4917.91
		配套用房面积/m²		4017.82
		其中	幼儿园/m²	3000.18
			居委会/m²	150.00
			物业管理用房/m²	552.00
			变电配电室/m²	315.64
	地下建筑面积(不计容)/m²			44550.29

续表

建筑占地面积/m²				20387.71
建筑密度/%				34.69
容积率				2.88
绿地率/%				30
机动停车位/个				1659
其中	地上停车/个			374
	地下停车/个			1285
非机动车停车位/个				3974

（3）B 地块技术经济指标

B 地块技术经济指标见表 9-29。

表 9-29　B 地块技术经济指标

总用地面积/m²					67763.00
其中	实际用地面积/m²				54274.47
	代征用地面积/m²				13488.53
总建筑面积/m²					204415.33
其中	地上建筑面积(计容)/m²				168694.71
	其中	住宅建筑面积/m²			120754.89
		商业建筑面积 m²			47098.18
		其中	小区沿街店面/m²		10054.95
			商业街/m²		14407.96
			大型商业/m²		22635.27
		配套用房面积/m²			841.64
		其中	物业管理用房/m²		526.00
			变电配电室/m²		315.64
	地下建筑面积(不计容)/m²				35720.62
建筑占地面积/m²					21142.70
建筑密度/%					38.96
容积率					3.11
绿地率/%					30
机动车停车位/个					1383
其中	地上停车/个				388
	地下停车/个				995
非机动车停车位/个					4832

9.4.3.8　工程费用投资估算

工程费用投资估算见表 9-30。

表 9-30 工程费用投资估算

号	名　称	单位	工程数量	单价/元	估算金额/万元
（一）	工程费用				
1	商业店面	m²	52525.74	2000	10505.15
2	超市	m²	22635.27	2500	5658.82
3	SOHO	m²	4917.91	2200	1081.94
4	15F 住宅	m²	13833.95	1700	2351.77
5	17F 住宅	m²	36053.27	1800	6489.59
6	22F 住宅	m²	16819.88	2300	3868.57
7	23F 住宅	m²	52670.1	2380	12535.48
8	25F 住宅	m²	47556.49	2520	11984.24
9	26F 住宅	m²	86299.35	2600	22437.83
10	地下室工程	m²	80270.91	3500	28094.82
	小计				105008.21
（二）	室外工程				
1	绿化、景观、小品	m²	33944.89	150	509.17
2	道路、硬地、路灯	m²	27763.54	200	555.27
3	市政基础设施配套费	m²	418442.33	80	3347.54
	小计				4411.98
（三）	电梯	部	68	50 万/部	3400
（四）	工程费用合计		（一）+（二）+（三）		112820.19
（五）	其他费用				
1	建设单位管理费		（一）×3％		3150.25
2	工程设计费		（一）×3％		3150.25
3	招标咨询费		（一）×0.3％		315.02
4	工程管理费用		（一）×1.2％		1260.10
5	地方规费		（一）×0.5％		525.04
	小计				8400.66
（六）	工程预备费用		[（一）+（二）]×8％		87536.15
（七）	总计		（四）+（五）+（六）		208757.00

9.4.3.9　主要规划图纸

（1）规划图

规划图如图 9-159～图 9-176 所示。

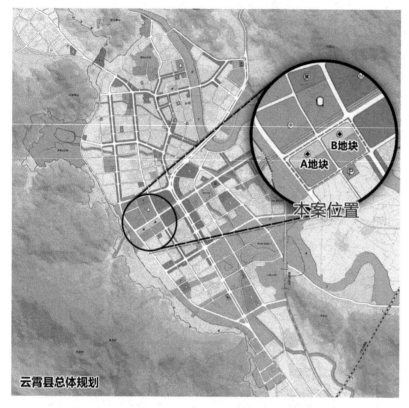

云霄县位于福建省南部沿海。介于北纬23°45′～24°14′，东经117°07′～117°33′之间。东北与漳州和厦门接壤，西南与广东潮州毗邻。

本案位于云霄县总体规划西侧，将军大道东侧，景观南路南侧。

图 9-159　区位分析图

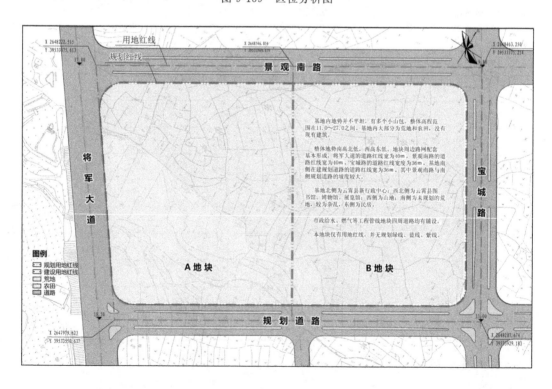

图 9-160　用地现状分析图

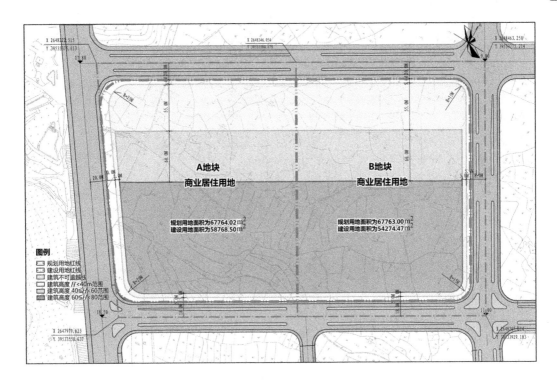

图 9-161　规划设计条件分析图

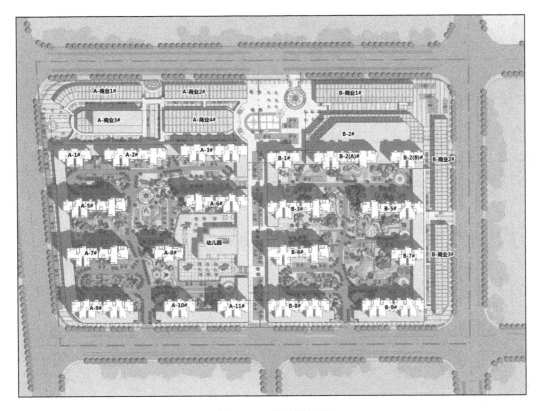

图 9-162　楼栋编号图

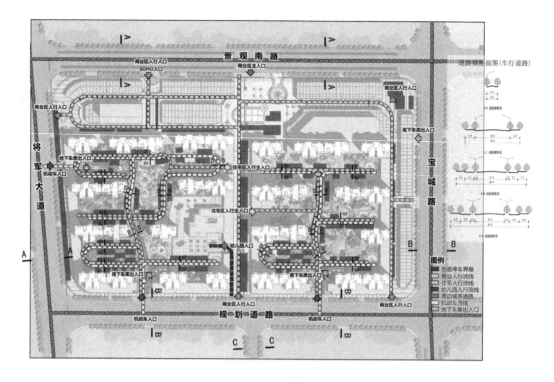

图 9-163 道路交通规划图

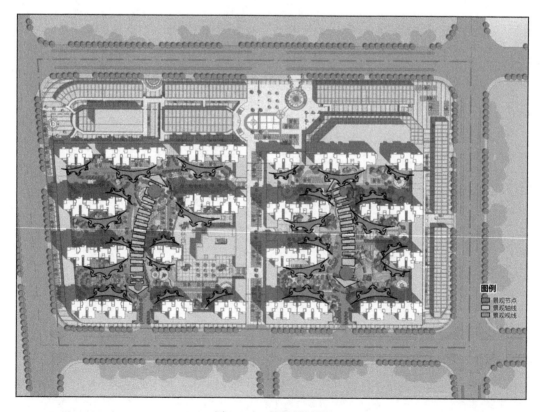

图 9-164 景观规划图

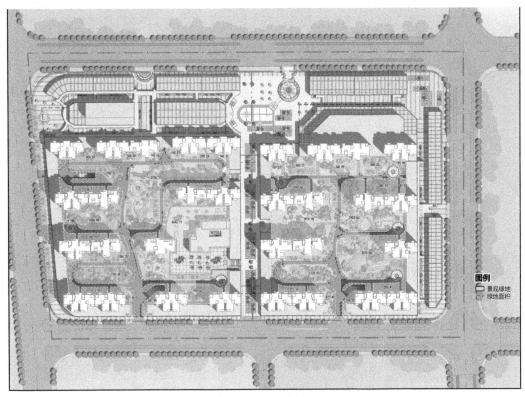

图 9-165　景观绿化图

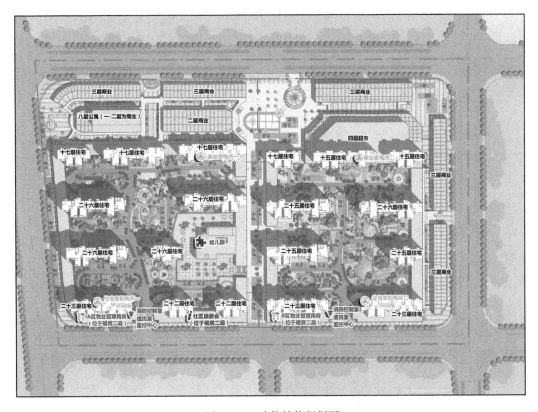

图 9-166　功能结构规划图

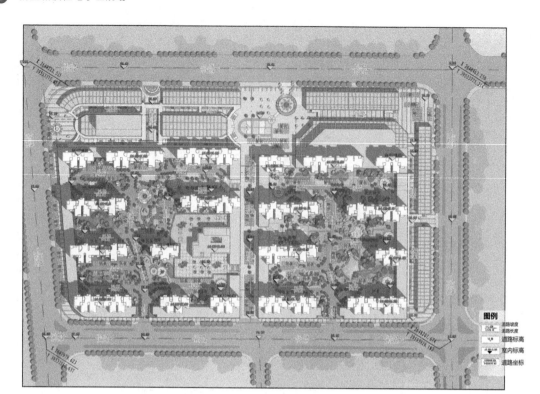

图 9-167　竖向规划图

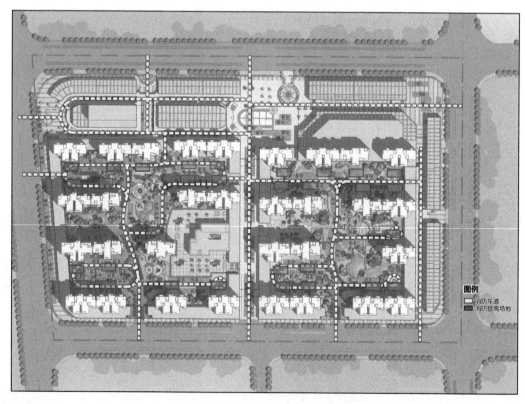

图 9-168　消防规划图

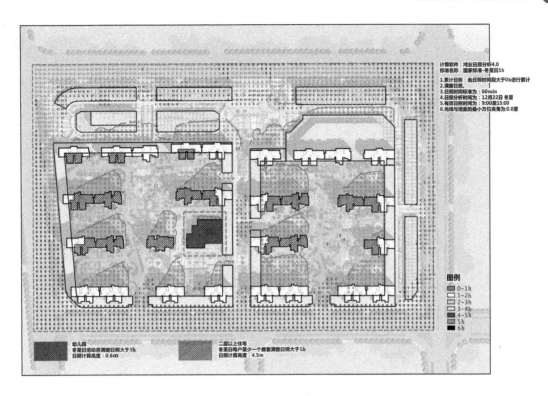

图 9-169　日照分析图一

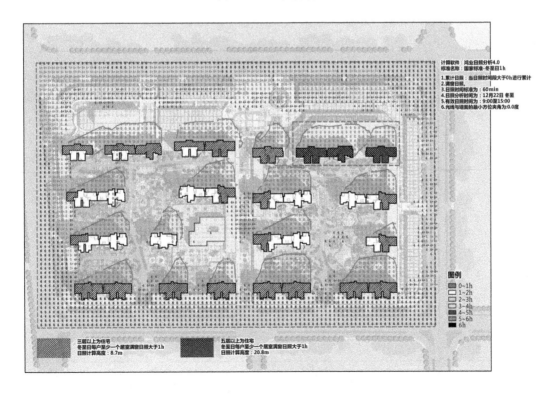

图 9-170　日照分析图二

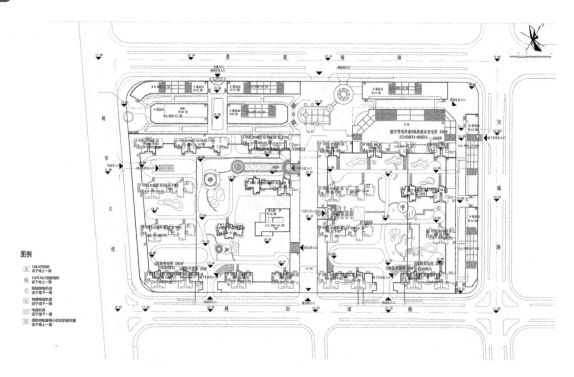

图 9-171　电气管线规划图

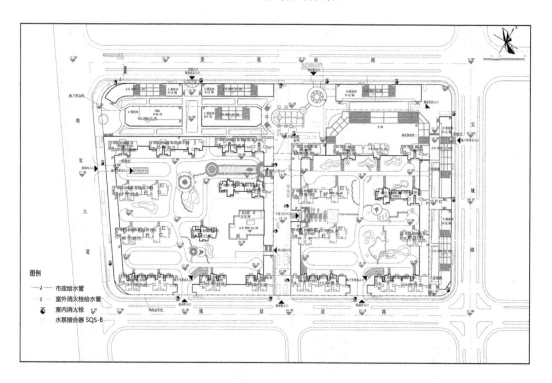

图 9-172　给水管线规划图

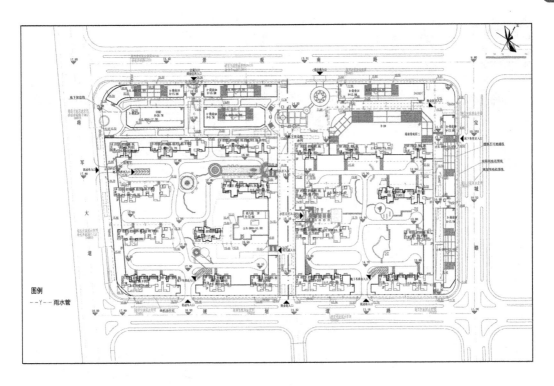

图 9-173　雨水管线规划图

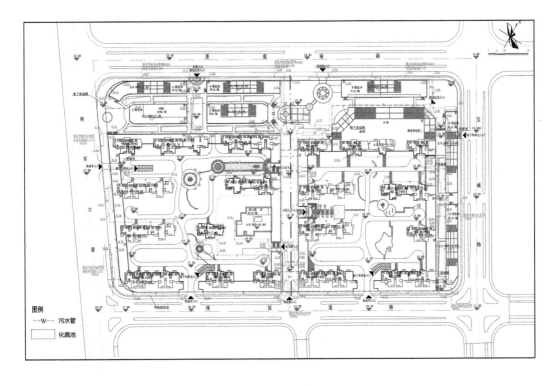

图 9-174　污水管线规划图

图 9-175　景观意向图

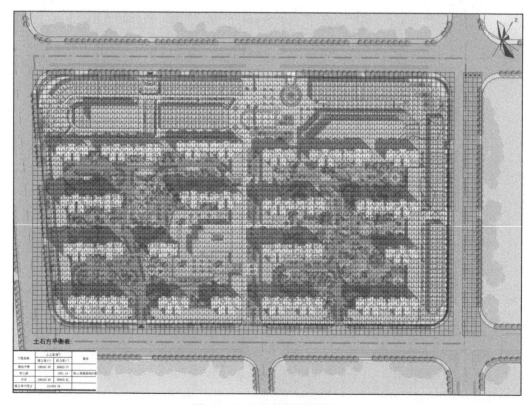

图 9-176　土方工程量分析图

（2）效果图

效果图如图 9-177～图 9-183 所示。

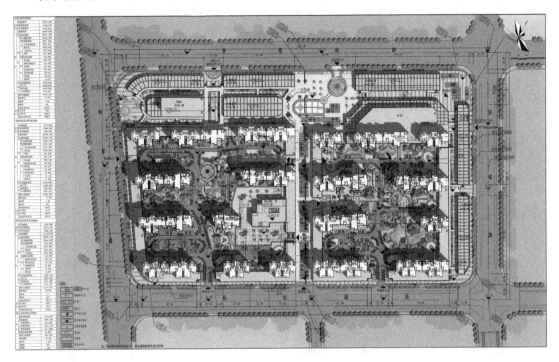

图 9-177 总平面图

图 9-178 云霄福锦·中心广场鸟瞰图

图 9-179　云霄福锦·中心广场入口广场鸟瞰图

图 9-180　云霄福锦·中心广场入口广场透视图

图 9-181　云霄福锦·中心广场中庭景观透视图

图 9-182　云霄福锦·中心广场景观南路沿街夜景透视图

图 9-183　云霄福锦·中心广场幼儿园透视图

9.4.4　许昌市观澜佳苑建筑设计

（设计：深圳中海世纪建筑设计有限公司郭炳南等）

9.4.4.1　规划设计

（1）规划范围

规划地块位于许昌市区中部偏东，西北为许昌市行政中心，北临建安大道，西为兴业路，南为安和街，东临德星路，规划范围总用地面积为 $60088m^2$，实用地面积 $49214m^2$。

（2）现状条件

规划区现状为闲置地，整体地势较为平坦。

（3）规划依据

《城市规划编制办法》（2006 年 4 月 1 日）；

《城市居住区规划设计规范》（GB 50180—93）2002 版（修改本）；

《城市用地分类与规划建设用地标准》（GBJ 137—90）；

《汽车库建筑设计规范》（JGJ 100—98）；

《民用建筑设计通则》（GB 50352—2005）；

《建筑设计防火规范》（GB 50016—2006）；

《许昌市城市总体规划》（2005—2020）；

《许昌市东城区分区规划》（2005—2020）；

《东城区 36 号地块控制性详细规划》（2010 年 7 月）。

（4）规划指导思想

随着市场经济的逐步发展和完善，居民生活水平日益提高，人们对居住条件的要求也进一步提高，加之住房制度改革的实施，越来越多的人把目光投向住宅，本次规划着眼现实，力求创造出既优美舒适又经济合理的住区环境，从而丰富许昌的城市景观，使人们的居住水平迈上一个新台阶。

（5）规划原则

景观视线均好。由于规划用地东西向较宽，南北向较窄，规划采取点式高层对建筑进行穿插布置，栋与栋之间无遮挡，每栋住宅均有良好的景观视线，每户居民都能享受到宅前宅后及中庭水体景观。

注重规划设计方案的经济可行性，满足住宅的居住性、舒适性、安全性、耐久性和经济性。创造一个布局合理、功能齐备、交通便捷、环境优美的现代住区。住宅设计充分考虑到各种不同的开发要求，设计出多系列、多户型住宅，以满足不同的居住需要。

发掘、研究和创造地方特色，注重景观风貌的规划，立足本身固有的特色，高瞻远瞩，博采众长，创造出特有的地方特色。

建筑设计考虑当地的气候因素，照顾当地居住习惯，建筑单体力求造型丰富、户型多样，满足人们的不同需求。规划设计有一定弹性，户型、住宅套型面积、户室比等留有适当调整的余地，有利于今后的开发、建设。

（6）规划设计理念与目标

① 主要规划设计理念。

生态小区理念：将"生态建设"与"小区建设"这两个基本理念在基地规划设计中有机结合，从小区这一区域层面构筑基地良好的生态环境，形成由宏观生态环境与微观生态环境有机结合的宜居小区。

以景观为导向的住宅设计：在住宅设计中充分考虑基地周边的城市景观和小区内部的绿地景观，住宅的单体主要观景面有意识的朝向最好的景观面，产生丰富多样的住宅房型。

富有现代感的空间特色：小区的特色体现在空间形式的组合、单体的设计及形式的创意。

本次规划注重空间特色塑造，南北向景观主轴和东西向景观次轴结合水景形成小区主要的开敞式公共空间，在整体格调统一的前提下，空间塑造独具魅力。强调住区环境与建筑、单体与群体、空间与实体的整体性。注意住区环境、建筑群体与城市发展风貌的协调。中心绿地、步行绿带、绿化节点等多层次富有人情味的生活场所的塑造，将增强居民的归属感和自豪感。在提高土地经济效益的同时，因势利导，力求提高区内的环境质量标准，创造具有自然风貌的优美环境，形成绿树成荫、安逸雅致、舒适恬静的生活空间。

② 规划目标。

a.具有健康、安全、舒适的居住空间；

b.具有和谐、宁静、友好的邻里交往空间；

c.具有向心力、凝聚力的住宅小区整体空间；

d.具有优美怡人的环境，并同文化相结合，同建筑融合、再生；

e.具有良好、完善的小区管理和服务功能。

（7）规划布局

① 主次入口规划。

规划区设置一个主入口，一个次入口和一个车行出入口。

主入口位于规划区南侧安和街中部位置；次入口位于东侧的德兴路，车行次入口位于西侧的兴业路，北侧为城市主干道，不设小区出入口。

② 功能布局。

根据地块的具体情况，充分考虑到实施的可行性。本着统一规划、分块实施、远近结合的原则进行小区各类功能建筑的规划布局。

住宅布局：小区西北侧布置纯住宅建筑，东南侧布置高级商住，主次入口处两侧布置对称的较高住宅楼，形成良好的入口建筑景观，其他住宅结合中心水景，穿插布置点式高层，力争每一户都能共享中心水景，并通过层数的变化，形成一种错落有致，开合有序的空间界面。整个小区通过住宅单体的造型和空间限定，并结合户外绿化环境设计，形成内向围合的邻里空间，创造出空间丰富、亲近丰富且具有人情味的居住环境。

商业布局：商业建筑沿安和街、德星路一侧布置 2 层商业店铺，形成商业街，在地块西南角设一农贸市场，为小区及周边居民提供服务。该商业街的形成不仅为本地块的规划设计带来商业效益，同时也完善了该块所在区域的商业设施配套。

小区公共服务设施布局：小区的主要公共服务设施结合沿街商业统一布置，主要包括服务中心、活动中心、各类休闲吧等。

（8）道路交通规划

① 道路系统。规划区采用自由式路网结构。区内布置一条 4m 宽的小区环路，作为小区内部的主要车行道，并兼做消防车道，西南角的农贸市场布置独立的环路，避免对小区造成干扰。

② 道路竖向。竖向设计综合考虑基地的现状地形与住区外部道路的衔接、防洪防涝以及工程管网的布置要求，道路竖向纵坡控制在 0.2%～8% 的范围内。

③ 步行系统与游线组织。

从"以人为本"的原则出发，小区以步行系统为基础组织社区居民游线和观景体系。小区的步行系统由景观漫步道与步行道、步行广场、步行街区组成。

④ 停车系统。

规划区除西南角农贸市场布置地面临时停车位，其他主要采用地下车库停车。

根据居住区停车库（场）设置标准测算，并结合设计要求，规划区共需要停车位 1036 个，规划布置地面停车 152 个，地下停车 884 个。

（9）绿化景观设计

① 小区绿地。

共分三种，即中心绿地、宅间绿地，沿道路绿化带。

中心绿地集中设置在小区中部，结合水景布置花架、坐椅、硬地、小品、儿童活动设施等，是小区内居民交往、游憩的主要场所，属开放空间。

宅间绿地主要以种植草皮、乔木常绿灌木为主，设置石桌、石凳、花架、沙坑，为院落邻里交往创造一个良好的室外活动空间。

沿道路绿化带以乔木为主，多种植观赏树木。

② 景观设计。

小区景观设计充分考虑地形特点和道路走向，将建筑景观与绿化景观相结合，形成富有特色的居住小区景观。

规划区内引入水体景观，水系的规划是本小区的一个重要景观元素，曲折变化的水系将整个小区景观串联起来，达到户户都能观水景的良好格局。

结合曲折变化的小区道路，通过住宅单元的错列围合，形成路移景变的沿街景观效果。在各个组团中心绿地景观之间，铺设景观步行小道，不仅可供居民步行休闲，还可增加小区绿化效果。

沿安和街和德星路建筑，充分考虑城市街道景观要求，立面造型丰富、连续，形成高低错落的街道景观界面。

③ 环境小品。

规划在广场上设置景墙、小品、雕塑、文化柱、喷泉，既表现出组团的特征，又美化了居住环境。小区步行道采用有别其他硬地的铺砌方式，从色彩和质感上来区分不同的活动空间，以达到丰富的景观效果。

9.4.4.2 建筑设计

（1）设计根据

《许昌市城市规划管理技术规定（土地使用、建筑管理）》；

《许昌市城市规划管理办法》（文政发 1995 年 1 号）（1995 年版）；

《汽车库建筑设计规范》（JGJ100—98）；

《许昌市民用建筑领域太阳能热水系统推广应用管理规定》（2009 年 1 月 1 日起施行）；

《民用建筑设计通则》（GB 50352—2005）；

《建筑设计防火规范》（GB 50016—2006）；

《高层民用建筑设计防火规范》（GB 50045—95）；

《人民防空地下室设计规范》（GB 50038—2005）。

（2）建筑单体

① 建筑风格。

规划用地，深受地域文化、海洋文化、时代性的影响，建筑风格主要采用地中海建筑风格，以黄色、棕色为色彩基调，建筑立面采用黄色以及石材等许昌地区常用建材，通过体块的雕琢塑造建筑丰富的光影和轮廓，门窗等细部采用木材镶贴作为点缀。建筑色彩轻快明亮，清新淡雅，质感对比强烈，在朴素中透着高贵，在简洁中透着精致，通过对建筑端部和顶部做坡屋面重点处理，使之成为整个小区的视觉焦点，形成典雅、别致、富有特色的建筑形式。

小区公建建筑形式丰富，使整个小区建筑具有浓郁的现代化气息。

② 户型特点。

在满足基本居住需求的基础上追求合理创新和特色空间，如共享空间、大面宽的凸窗、落地窗等，实现明厨、明卫，客厅起居空间的尺度适当增大，兼顾好的景观以及风水，设置较好的户型，实现合理的建筑布局。大部分户型南北通透，南北面宽阳台，实现空气对流，也提供户型的可改造性。

（3）智能化设计

引进高科技技防及安防设施依据项目所处的位置，从客户安全的角度出发，选择相关的安防系统。

小区周界红外线监控系统；小区各入口、公共走道、楼梯入口、电梯及走道均设电子监控系统，并设监控中心 24 小时影像监控；设置智能刷卡门禁、车库管制系统、住户紧急报警系统、煤气泄露紧急报警系统。

（4）生态设计

以科技为先导，以推进生态环境建设与文化水平为总体目标，以居住单元与组团为载体，全面实施小区节能、节水、治污总体水平，带动相关生态链协调发展，实现经济、环境、居住、休闲、文化的统一。

符合国家关于生态环境建设的总体方针政策，符合地方总体规划与建设要求。

遵循节能、低碳、节约资源原则。

充分考虑绿色能源（风能、太阳能、地热能等）的使用。

遵循节地原则。

始终贯彻生态环境保护原则。

以人为本，营造和谐的居住环境与人文环境。

（5）地下室设计及人防设计

本工程地下室为平战结合人防地下室，核六级，平时为车库及设备用房，临战时通过转换措施改造为人防地下室。按《人民防空地下室设计规范》（GB 50038—2005）进行设计。设四个核六级二等人员掩蔽单元及两个六级人防物质库。地下室面积34790.71m²，共设有两个车行出入口，疏散距离、疏散宽度均满足规范要求。

（6）建筑消防设计

本项目的建筑，建筑间距及建筑与周边建筑间距均满足建筑防火规范要求，沿建筑物长边，具有大于1/4周长的消防登高面，距外墙距离大于5m，且小于12m。消防车道宽大于4m，转弯半径大于12m。

（7）无障碍设计

本项目无障碍设计以《城市道路和建筑物无障碍设计规范 JGJ 50—2001》为设计依据对环境道路、底层店面和住宅楼公共部分进行无障碍设计。设置残疾人停车位、缘石坡道、轮椅坡道及扶手、无障碍电梯等。

（8）建筑节能设计

本项目力图通过合理的建筑规划设计争取良好的房屋采光、通风条件，通过生态绿化形成宜人的居住环境。选用热工性能良好的建筑材料，设计合适的窗墙面积比，以达到保证室内热环境的前提下节约能源的目标，并满足《河南省居住建筑节能设计标准实施细则》相关规定。

9.4.4.3 结构设计

（1）设计依据、条件

已批准的审批文件；

建设单位提出的设计任务书；

建筑方案条件图；

现行国家有关标准、规范及地方标准：

《建筑抗震设计规范》（GB 50011—2001）（2008年版）；

《建筑结构荷载规范》（GB 50009—2001）（2006年版）；

《混凝土结构设计规范》（GB 50010—2002）；

《砌体结构设计规范》（GB 50003—2001）；

《建筑地基基础设计规范》（GB 50007—2002）；

《建筑桩基技术规范》（JGJ 94—2008）；

《建筑地基基础处理技术规范》（JGJ 79—2002）；

《高层建筑混凝土结构技术规程》（JGJ 3—2002）；

《建筑基桩检测技术规范》（JGJ 106—2003）；

《混凝土结构施工图平面整体表示方法图规则和构造详图》（03G101-1）（修订版）；

《人民防空地下室设计规范》（GB 50038—2005）；

《防空地下室结构设计》（FG01～03）；

据《中国地震烈度区划图》：地震基本烈度为七度。抗震设防烈度为七度。

建筑抗震重要性分类，本工程建筑物均为丙类建筑。

工程设计正常使用年限为 50 年，设计地震分组为第一组。

建筑物的抗震设防类别丙类，抗震设防烈度 7 度，设计基本地震加速度 0.10g，设计地震分组为第一组，建筑场地类别暂定Ⅱ类，场地土特征周期暂定 0.35s。高层建筑采用剪力墙结构，多层建筑采用框架结构。剪力墙结构抗震等级为二级或三级，框架结构抗震等级三级；地下一层部分同一层抗震等级。

楼面活荷载标准值：住宅为 2.0kN/m²；电梯前室及走道为 3.5kN/m²；楼梯为 3.5kN/m²；阳台为 2.5kN/m²；卫生间为 2.0kN/m²；电梯机房为 7.0kN/m²；上人屋面为 2.0kN/m²；不上人屋面为 0.5kN/m²；商场为 3.5kN/m²；公共卫生间为 8.0kN/m²；其余按国标 GB 50009—2001 取值及相关专业提资。

基本风压 0.40（50 年一遇），0.45kPa（100 年一遇），地面粗糙度 B 类，风载体型系数 1.3～1.4。

（2）上部结构

结构型式：高层建筑采用剪力墙结构。

为保证建筑的整体刚度和抗温度应力建筑收缩应力，建筑设后浇带，地下室设后浇带以减小建筑收缩应力。

结构计算将采用 PKPM 系列软件中的 SATWE 进行结构电算。

框架主梁高度取柱跨距的 1/12～1/8，梁宽为梁高的 1/3～1/2。

混凝土标号≥C35 的必须采用商品混凝土。

钢筋：柱（混凝土）墙主筋采用Ⅲ级钢，梁主筋建议采用Ⅲ级钢。

外墙和分户墙采用 190 多孔砖，卫生间墙采用 120 多孔砖，其余隔墙采用 90 多孔砖。

（3）地下室设计

地下一层非人防区域顶板厚 180mm，人防区域顶板厚 250mm。

地下室部分外墙墙厚 300mm，地下室混凝土抗渗等级为 S6。

人防等级为六级，人防顶板人防荷载为 70kPa。

（4）人防等效静荷载标准值（六级）

顶板：70kN/m²；底板：50kN/m²；外墙：45kN/m²；门框墙：200kN/m²；临空墙：130kN/m²。

人防顶板厚 0.25m，外墙 0.30m，底板 0.50m，采用 C30，S8 抗渗防水混凝土，Ⅱ级钢。

临战封堵选用人防标准图集节点大样。

（5）基础设计

地基基础设计等级暂定乙级，基础待地质勘察报告后定，如地质情况允许建议采用 CFG 桩或预应力预制管桩。

9.4.4.4　主要规划图纸

（1）规划分析图

规划分析图如图 9-184～图 9-189 所示。

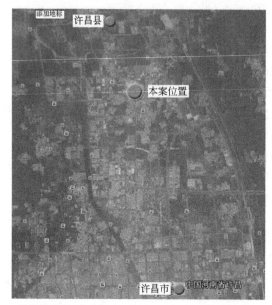 

　　许昌县地处河南省中部，环抱许昌市区，素有"九洲腹地，十省通衢"之称，是河南省首批对外开放重点县和发展开放型经济先进县。

　　本项目位于计昌市许昌县文峰北路与昌盛路交接处的04-2及05-2地块，规划范围总用地面积为67541m²，实用地面积61684m²。

图 9-184　区位分析图

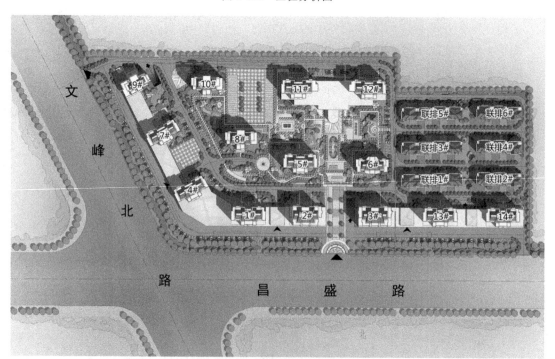

图 9-185　楼栋编号图

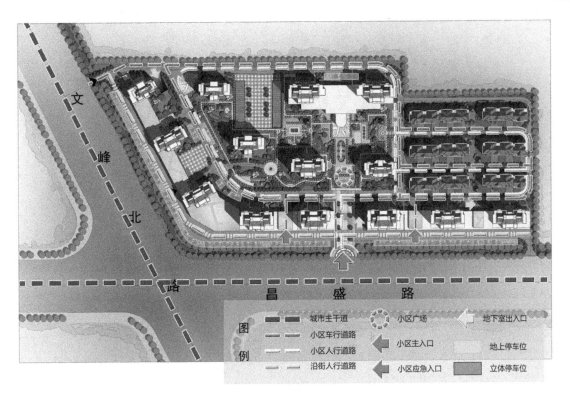

图 9-186 交通系统分析图

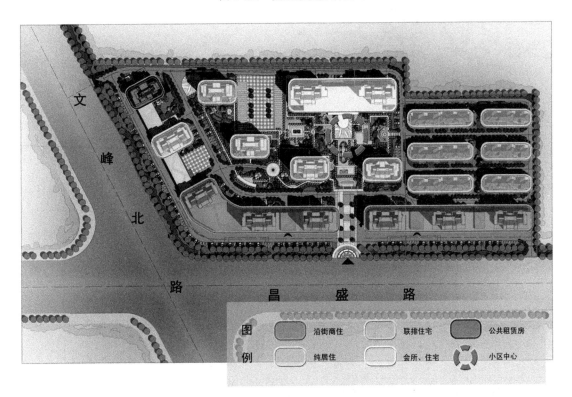

图 9-187 功能系统分析图

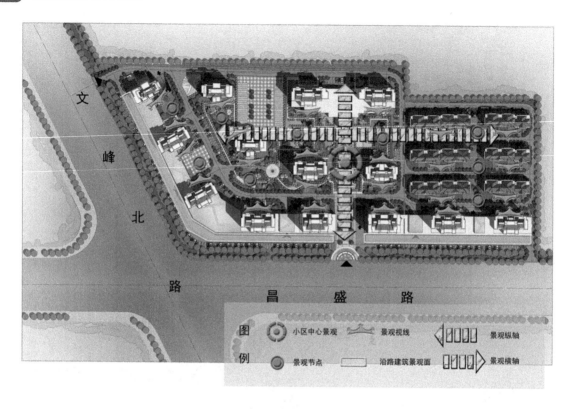

图 9-188 景观系统分析图

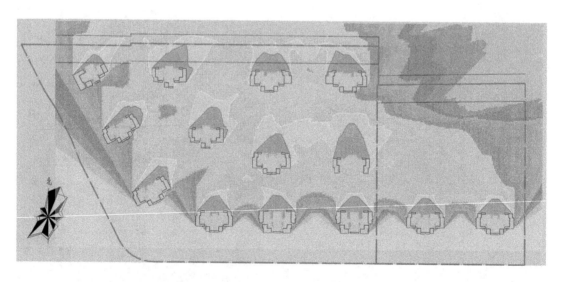

计算软件:鸿业日照分析4.0
标准名称:国家标准-2h

1.累计日照。其中,当时间段大于0min时进行累计
2.满窗计算
3.日照时间标准为:120min
4.日照分析时间为:1月20日。大寒
5.有效日照时间为:8:00:00至16:00:00
6.光线与墙面的最小方位夹角为:0.0度

图 9-189 日照分析图

（2）效果图

效果图如图 9-190～图 9-197 所示。

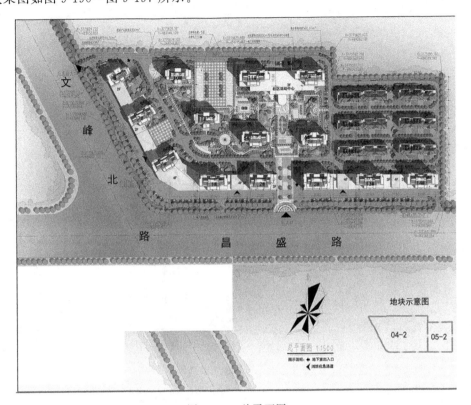

图 9-190　总平面图

图 9-191　鸟瞰图

图 9-192　沿文峰北路透视图

图 9-193　沿昌盛路透视图

图 9-194　小区入口透视图

图 9-195　会所透视图

图 9-196　别墅透视图

图 9-197　沿昌盛路夜景图

9.4.5 伊拉克南部油田工程师住宅小区规划设计

本规划设计是1985年作者骆中钊应邀代表中方参加国际招标的投标方案。

伊拉克南部油田工程师住宅区位于城市主干道的西侧，占地1km²，东西及南北均为1000m长，基地平坦。规划设计要求布置300幢单层住宅（二室户为163m²、三室户为205m²、四室户为222m²）及相关的配套公共设施，使其形成相对独立的住宅区。

（1）规划布局

考虑到伊拉克的地理位置和气候特点以及其为信奉伊斯兰教的国家，在规划布局时，把伊斯兰教教堂置于住宅区的中心位置，并以其为中心组织东西向的公共建筑用地，把整个住宅区划分为三段。中间为公共建筑用地，南、北为居住用地。形成了以伊斯兰教教堂为中心，东、西两个公共建筑区和南、北四个住宅小区的住宅区。

在公共建筑用地上，教堂的东面布置着与城市关系较为紧密的商业、医疗、文化活动建筑，而在教堂的西面，布置着直接为住宅区内部服务的市政办公和中学。

住宅区内共划分为四个住宅小区。由每10户组成的住宅组团作为住宅小区的基本组合单元，每个住宅小区分别由七个或八个住宅组团围绕小区的公共绿地进行布置，在公共绿地上布置着小商店、变电站及供老年人、儿童、居民活动的场所。

分别在南部和北部各两个住宅小区之间的绿化带中布置了小学和幼托，便于儿童就近上学。

在住宅区的西北角布置了为住宅区服务的动力设施。污水处理场在用地之外另行安排。

（2）道路交通

道路交通系统的组织。用三条不同宽度的道路组成了月牙形的环形主干道。20m宽的月牙形主干道使住宅区形成了两个与城市主干道连接的出入口；在其中间布置了联系住宅区公共建筑的12m宽中心环形干道，同时沟通了各住宅小区与教堂、商业服务、文化活动、医院等的联系；用15m宽的月牙形干道把住宅区两个出入口的20m主干道延伸进入住宅区的内部，形成联系各住宅小区的内部月牙形主干道。

以教堂为中心，在半个环形范围内向外放射的八条6m宽的次干道，不仅把12m宽的环形主干道和15m宽的月牙形主干道连接起来，还形成了每两条贯穿一个住宅小区的次干道。

整个住宅区的道路交通组织、构架清晰、分工明确、安全便捷。

（3）绿化系统

住宅区占地大、建筑密度低，再加上由组团的院落绿地、住宅小区的中心绿地和小区之间的成片绿化带、公共建筑用地上的大片绿地以及带形的林荫行道树，组成了点、线、面结合的绿化系统。营造起人工的绿色环境，使人们置身于林木之中，在这干旱炎热的沙漠地带中，时时都能感受到绿色的清凉。

（4）建筑设计

根据当地的气候条件，吸取了阿拉伯民族优良的传统建筑文化。公共建筑的设计，均以内庭和大挑檐来形成荫凉舒适的环境。内庭中布置各种水池，使其更富活力。大挑檐中的各种留洞，不仅有利于遮阳和通风，还使得墙面上形成了富于变化的光影效果，宽厚的檐口饰以绿色面层，檐下的各种拱券和拱廊、喷涂白色、米黄色、牙黄色的墙面和大片的玻璃窗，使其既呈现着伊拉克民族的传统文化，又颇具时代感。

住宅即是一律的单层平屋顶，以便于人们夜晚消夏乘凉。

规划图如图9-198～图9-202所示。

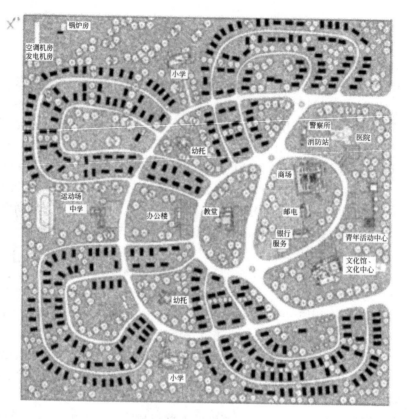

图 9-198　总平面

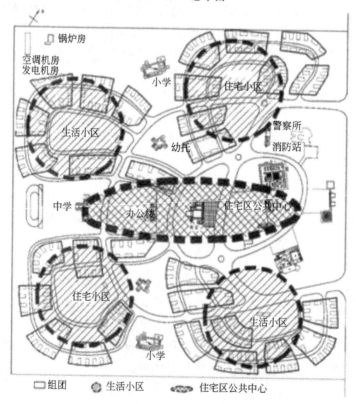

图 9-199　结构分析

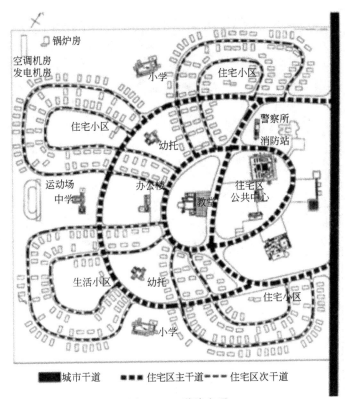

图 9-200 道路交通

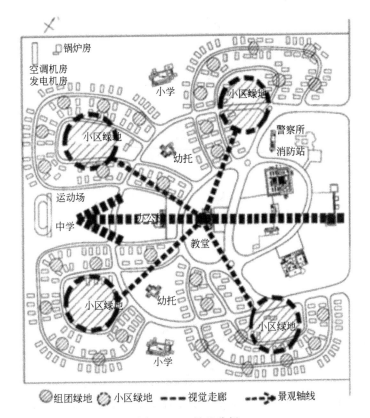

图 9-201 景观分析

图 9-202 模型

9.4.6 厦门市海沧区某小高层社区

（1）社区总平面图（图 9-203）

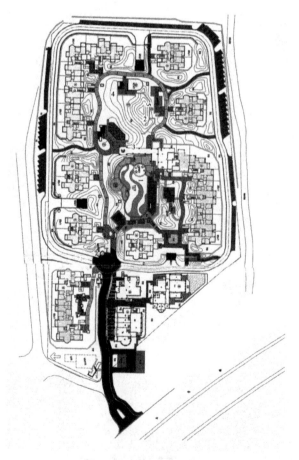

图 9-203 社区总平面图

1—游泳池；2—露天影剧场；3—大草地；4—儿童游戏场；5—老人活动站

　　(2) 围合式布局 (图 9-204)。传承中国优秀传统建筑文化的庭院布局方式,由 5 幢点式和 3 幢条形 12 层以下小高层住宅组成了围合式庭院布局的社区。楼高 42m,而间距达到 65m,容积率仅为 1.536,围合成大片中心绿地庭院,让人们享受充足的阳光,获得顺畅的通风,避免了钢筋混凝土高楼大厦给人逼仄感,达到住宅、人与自然的和谐融合。为人们创造了安全、健康、舒适的居住环境。

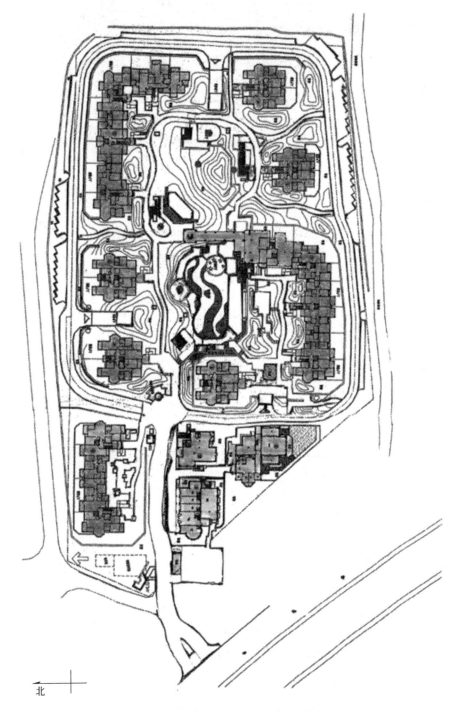

图 9-204　围合式布局

（3）人车分离的道路系统（图9-205）。组织人车分离的道路系统，可以让居民避免机动车的干扰，自由自在地在中心绿地享受庭院生活，进行邻里交往和休闲健身活动。

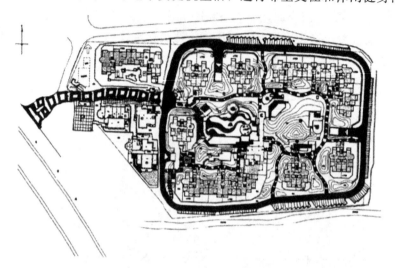

图 9-205　人车分离的道路系统

社区至城市干道		车行道	
P 公共停车场		步行道	
路边硬地		坡地台阶步行道	
地上停车位		地下车库入口	

（4）大片中心绿地与入户小庭院互为呼应的绿化景观系统（图9-206）。由廊道分成以游泳池为主和休闲绿地为主两个既分又合的大片中心绿地，成为该社区的亮点。而底层住户的入户专用庭院均高于周边车行道，确保了入户庭院的专用性和私密性，更成为热切期待回归自然的人们对底层的青睐。建成后的景观效果如图9-207所示。

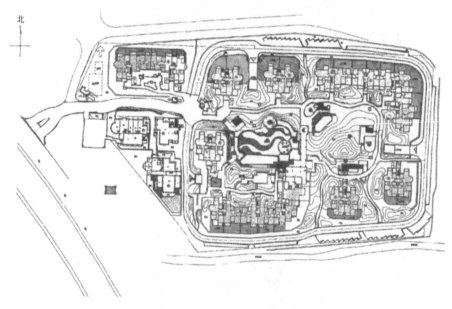

图 9-206　大片中心绿地与入户小庭院互为呼应的绿化景观系统
■底层入户庭院

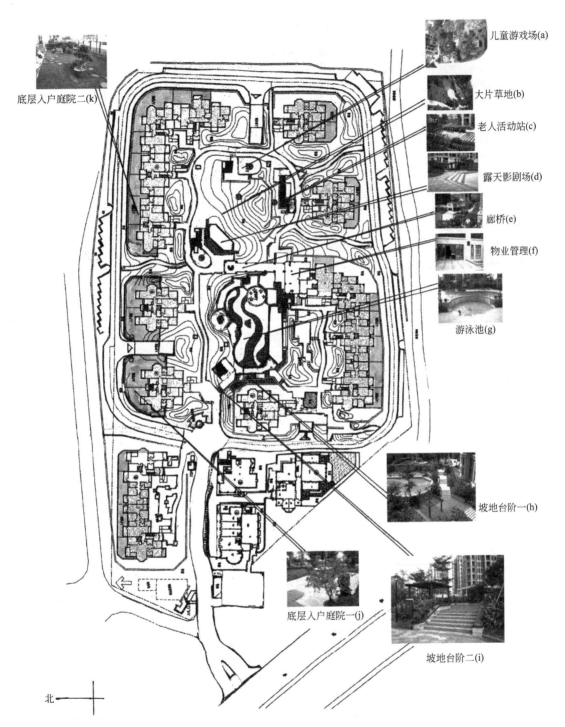

儿童游戏场(a)

大片草地(b)

老人活动站(c)

露天影剧场(d)

廊桥(e)

物业管理(f)

游泳池(g)

坡地台阶一(h)

底层入户庭院二(k)

底层入户庭院一(j)

坡地台阶二(i)

北

图 9-207　建成后的景观效果

参 考 文 献

[1] 骆中钊编著. 小城镇现代住宅设计. 北京：中国电力出版社，2006.
[2] 骆中钊，骆伟，陈雄超著. 小城镇住宅小区规划设计案例. 北京：化学工业出版社，2005.
[3] 骆中钊，张野平，徐婷俊等编著. 小城镇园林景观设计. 北京：化学工业出版社，2006.
[4] 刘延枫，肖敦余编著. 底层居住群空间环境规划设计. 天津：天津大学出版社，2001.
[5] 肖敦余，胡德瑞编. 小城镇规划与景观构成. 天津：天津科学技术出版社，1989.
[6] 赵之枫，张建，骆中钊等编著. 小城镇街道与广场设计. 北京：化学工业出版社，2005.
[7] 文剑刚编著. 小城镇形象与环境艺术设计. 南京：东南大学出版社，2001.
[8] 朱建达编著. 小城镇住宅区规划与居住环境设计. 南京：东南大学出版社，2001.
[9] 骆中钊，杨鑫编著. 住宅庭院景观设计. 北京：化学工业出版社，2011.
[10] 汤铭潭等编著. 小城镇与住区道路交通景观规划. 北京：机械工业出版社，2011.
[11] 骆中钊著. 小城镇住区规划与住宅设计. 北京：机械工业出版社，2011.
[12] 骆中钊编著. 风水学与现代家具. 北京：机械工业出版社，2011.
[13] 王宁等编著. 小城镇规划与设计. 北京：科学出版社，2001.
[14] 赵荣山，纪江海，李国庆，王广和编. 小城镇建筑规划图集. 北京：科学出版社，2001.
[15] 张勃，恩璬璇，骆中钊著. 中西建筑比较. 北京：五洲传播出版社，2008.
[16] 乐嘉藻. 中国建筑史. 北京：团结出版社，2005.
[17] 温娟，骆中钊，李燃等编著. 小城镇生态环境设计. 北京：化学工业出版社，2012.
[18] 骆中钊，商振东，蒋万东等编著. 小城镇住宅小区规划. 北京：化学工业出版社，2012.
[19] 骆中钊著. 中华建筑文化. 北京：中国城市出版社，2014.
[20] 骆中钊著. 乡村公园建设理念与实践. 北京：化学工业出版社，2014.